超深油气勘探开发工程技术丛书

塔里木盆地超深油气勘探实践与创新

主　编：杨学文

副主编：王招明　何文渊　田　军

石油工业出版社

内 容 提 要

本书系统总结了塔里木盆地 30 年来在 6000m 以下超深领域的油气勘探实践及其成果，详细梳理了库车前陆盆地超深碎屑岩、克拉通区超深缝洞型碳酸盐岩的工程技术和地质认识创新，内容涉及地质、地震、钻井、测井、试油与储层改造等专业领域。

本书适合从事石油天然气勘探、开发的管理及专业技术人员参考，也可供石油院校相关专业的师生阅读。

图书在版编目（CIP）数据

塔里木盆地超深油气勘探实践与创新 / 杨学文主编. —北京：石油工业出版社，2019.4
（超深油气勘探开发工程技术丛书）
ISBN 978-7-5183-3234-2

Ⅰ. ①塔… Ⅱ. ①杨… Ⅲ. ① 塔里木盆地 – 油气勘探 – 研究 Ⅳ. P618.130.8

中国版本图书馆 CIP 数据核字（2019）第 047128 号

出版发行：石油工业出版社
　　　　（北京安定门外安华里 2 区 1 号　100011）
　　　网　　址：www.petropub.com
　　　编辑部：（010）64523710　图书营销中心：（010）64523633
经　　销：全国新华书店
印　　刷：北京中石油彩色印刷有限责任公司

2019 年 4 月第 1 版　2019 年 4 月第 1 次印刷
787×1092 毫米　开本：1/16　印张：21.25
字数：400 千字

定价：180.00 元
（如出现印装质量问题，我社图书营销中心负责调换）
版权所有，翻印必究

《塔里木盆地超深油气勘探实践与创新》
编 委 会

主　任：杨学文

副主任：王招明　何文渊　田　军

委　员：杨海军　杨文静　胥志雄　王清华　廖群山　张丽娟
　　　　潘文庆　谢会文　唐雁刚　彭更新　祁新忠　顾乔元
　　　　郑多明　韩剑发　周　露　孙崇浩　罗日升　黄少英
　　　　梁红军　刘会锋　李　丰

顾　问：王　涛　邱中建　孙龙德　李鹭光

编写组成员：（按姓氏笔画排序）

于红枫　王月然　王克林　王招明　王　海　王清华
冯少波　冯觉勇　朱永峰　任登峰　刘会锋　刘洪涛
祁新忠　孙崇浩　严　威　杨文静　杨成新　杨　沛
杨海军　李　丰　李　宁　肖中尧　吴　超　何巧玲
宋　兵　张正红　张先龙　张　伟　张丽娟　张宝收
陈永权　陈　旭　范秋海　罗日升　罗　敏　周　波
周　磊　周　翼　周　露　郑多明　赵锐锐　胡剑风
段文胜　胥志雄　袁文芳　顾乔元　钱　玲　郭秀丽
唐雁刚　黄少英　章学岐　梁红军　彭更新　敬　兵
韩剑发　谢会文　谢俊峰　蔡振忠　廖群山　滕　起
潘文庆　潘杨勇

序 一

三十年前，为了适应国民经济快速发展对能源的更高要求，党中央、国务院决定，石油工业要实施"稳定东部，发展西部"战略。作为我国最大的含油气盆地，塔里木盆地成为发展西部的主战场之一，也寄托着无数石油人在这片广袤无垠的戈壁沙漠下面发现大油气田，为国家经济发展提供足够能源的殷切希望和美好愿景。

塔里木盆地是典型的古生代克拉通—中新生代前陆叠合盆地，具有基底时代老、沉积盖层厚、构造期次多、地温梯度低、目的层埋藏深等显著特征，其油气资源主要分布在深层和超深层。从1989年4月10日石油会战伊始，塔里木石油人面对深埋于荒漠戈壁和深山沟壑之下的复杂勘探对象及其带来的世界级技术难题，不畏艰难困苦和失败挫折，大胆实践，勇于创新，坚持向超深油气领域进军，形成了前陆盆地超深碎屑岩和克拉通区超深缝洞型碳酸盐岩两大油气勘探技术系列及油气成藏理论认识，开拓了库车前陆和塔北—塔中克拉通区两大超深油气勘探领域，发现了克拉苏大气田、哈拉哈塘大油田和塔中大型凝析气田，并实现了规模效益开发，使之成为我国乃至世界陆上超深油气勘探开发的成功典范。塔里木石油人也是贯彻和落实习近平总书记"向地球深部进军是我们必须解决的战略科技问题"（2016年5月全国科技创新大会）这一号召的先行者。塔里木石油人在超深领域的超前探索、规模勘探、持续发现和效益建产，使塔里木盆地不仅成为国内最早开始探索6000m以下超深油气领域的地区之一，也成为我国乃至全球陆上超深油气勘探开发工作量投入最多、成果最丰硕的地区。

近十年来，塔里木油田持续担当"稳定东部，发展西部"能源战略接替的光荣使命，大打勘探进攻战，2018年油气产量达2670×10^4t油当量，为"西气东输"工程稳定供气做出了重要贡献，为维护新疆社会稳定和长治久安发挥了不可替代的作用。作为一个长期关注塔里木盆地油气发展的"老石油",我对此感到非常的欣慰和自豪。根据2015年国土资源部第四次油气资源评价结果,塔里木盆地埋藏深度大于6000m的超深领域石油、天然气资源量分别为34.5×10^8t和5.98×10^{12}m³,分别占盆地石油和天然气资源量的46%和51%;目前超深油气资源探明率低于30%,还有相当大的勘探潜力。期待在不久的将来,塔里木油田超深勘探取得更加辉煌的成果,为国家能源安全、新疆经济发展和社会稳定发挥更大的作用。

编写出版《塔里木盆地超深油气勘探实践与创新》一书,对塔里木盆地三十年来,特别是对最近十年来在6000m以下超深领域的油气勘探工作进行系统总结和提炼,认真梳理在勘探实践中所得到的油气地质认识和所形成的工程技术体系,这项工作具有十分重要的意义。期望本书的出版能够指导今后塔里木盆地的超深油气勘探开发工作,对我国超深领域的油气勘探提供有益的借鉴,对国内外从事超深油气勘探的科研和生产人员有所启发。

2019年3月

序 二

　　塔里木盆地是我国最具勘探潜力的含油气盆地之一，是西气东输的主力气源地，油气资源十分丰富，具有勘探程度低、油气探明程度低、勘探领域广、勘探潜力大的特点。经过三十年来规模和系统的勘探，塔里木石油人克服了恶劣地面环境和复杂地下地质条件，发现了 31 个油气田，探明石油储量 10.6×10^8 t、天然气储量 2.2×10^{12} m^3。尤其是近十年来，塔里木盆地超深油气勘探捷报频传，在库车前陆盆地古近系盐下、克拉通区奥陶系碳酸盐岩两大超深勘探领域实现了持续规模发现与规模效益开发，推动了塔里木油田油气储量和产量快速增长，超深油气勘探新增探明石油地质储量 4.79×10^8 t、天然气地质储量 1.18×10^{12} m^3；2018 年全油田油气产量超过 2600×10^4 t（油当量），其中，超深油气产量 1027×10^4 t 油当量（石油 190×10^4 t，天然气 105×10^8 m^3），建成了中国陆上第三大油气田，盈利能力连续保持在国内上游企业前列，经济和社会效益十分显著。

　　塔里木盆地是一个典型的叠合复合盆地，古生界克拉通盆地周缘叠加了三大中—新生界前陆盆地，沉积盖层从震旦系到第四系，地层发育齐全。前陆区主要勘探目的层白垩系—侏罗系埋深一般为 6000~8000m，已发现最深的克深 9 气藏，气藏顶埋深 7400m，气水界面埋深达 7920m，克拉苏构造带发现了超深大气田群，秋里塔格构造带已经获得重大突破。克拉通区主力目的层奥陶系、寒武系碳酸盐岩埋深 6000~8500m，哈拉哈塘地区发现最深的果勒 1 奥陶系油藏，在 7750m 深度还能获得日产近百吨轻质油，塔北隆起南部斜坡、塔中北部斜坡以及满西低梁都发现大面积分布的油气藏，进一步呈现塔中—塔北大面积连片含油气，充分展示了塔里木盆地超深勘探领域巨大的勘探潜力。

　　塔里木盆地主力烃源岩的深埋造就了超深油气勘探领域成为最重要的勘探对象，无论是前陆区盐下（煤下）碎屑岩，还是克拉通区下古生界缝洞型碳酸盐岩，因为主力勘探目的层埋藏深度大，给油气勘探带来了一系列世界级难题。塔里木盆地超深油气勘探经历了三十年艰辛的探索，早在 1987 年，在轮南地区钻探的轮南 1 井完钻井深就达到了 6002m，在中深层奥陶系、三叠系、侏罗系获得重大突破，拉开了"六上塔里木"石油大会战的序幕，开启了塔里木盆地超深油气勘探探索。会战初期深层油气大量发现，并作为主要对象进行勘探和开发，随着时间的推移，直到 2008 年以来，通过库车、塔北、塔中"三大阵地战"的实施，以克深 2 井古近系盐下白垩系、哈 7 井和中古 8 奥陶系缝洞型碳酸盐岩为代表的超深油气勘探重大突破，标志着塔里木盆地超深领域进入了规模勘探、规模发现的新阶段，先后发现了克拉苏盐下万亿立方米超深大型气田、哈拉哈塘 5000 多平方千米的超深大型油田、塔中北部斜坡 10 亿吨级超深大型凝析气田，"三大阵地战"打出了大名堂。创新形成了含盐前陆冲断带和台盆区缝洞型碳酸盐岩超深勘探技术系列，创新形成含盐前陆盆地顶篷构造油气成藏理论、克拉通缝洞型碳酸盐岩准层状油气成藏理论，基本掌握了盆地两大超深勘探领域的地质规律，丰富发展了前陆盆地、克拉通海相碳酸盐岩油气地质理论。塔里木盆地超深油气勘探实践与地质认识、勘探技术的创新，不但支撑了塔里木盆地超深领域的规模勘探和持续发现，还支撑了超深油气田的规模建产与效益开发，极大地推进了塔里木盆地油气勘探进程，引领了我国乃至全球超深领域的油气勘探。

  王涛同志是当年塔里木会战的主要决策者，我作为在塔里木工作多年的勘探工作者，一直都在关注塔里木勘探开发事业的进展，亲眼目睹了塔里木盆地在库车前陆区、塔北—塔中克拉通区这两大超深领域的油气勘探和取得的丰硕成果，感到无比欣慰和振奋。塔里木盆地超深勘探领域因其自身地质条件的独特性，兼具国内外诸多前陆或克拉通盆地超深油气勘探难题于一体，因此，策划推动编写出版《塔里木盆地超深油气勘探实践与创新》一书，系统总结了塔里木盆地 30 年来特别是近 10 年来超深油气勘探实践、超深油气勘探成果、超深油气勘探技术以及超深油气地质理论认识，希望能更好地指导塔里木盆地超深领域油气勘探，为我国超深领域油气勘探提供借鉴，为世界超深领域油气勘探提供参考。塔里木盆地油气勘探整体进入了超深油气勘探阶段，期待塔里木油田在新阶段取得更加新奇的成果，也希望该书能够为从事超深油气勘探的科研、生产人员提供有益的借鉴和参考。

2019.3.14.

前 言

在油气地质和油气勘探中，埋藏深度是油气藏评价的重要指标，关于超深油气的定义，通常与油气价格、勘探成本等因素有关，国外也没有明确和统一的界定，不同国家和各类研究机构对超深的划分界线也各不相同。国内钻井工程行业分别将深度4500m、6000m和9000m作为深井、超深井和特深井的界线。中国石油天然气集团公司从我国东、西部地区地温梯度和地层压力变化规律以及多年的勘探实践出发，将东部地区和中部的鄂尔多斯盆地埋藏深度大于4500m作为超深领域；将西部地区和中部的四川盆地埋藏深度大于6000m作为超深领域。按照这一界定，则近十几年来在塔里木盆地发现的大部分油气藏都属于超深范畴。

国外超深油气勘探始于20世纪80年代，21世纪初进入快速发展阶段，近年来，随着国际油价下降和勘探成本上升，超深油气勘探进入相对缓慢发展阶段。截至2015年底，国外在31个盆地发现了122个超深油气田，累计探明可采储量约42.8×10^8t油当量，约占国外油气累计探明可采储量的0.73%（HIS，2015）。其中，以海上超深油气田居多，共有87个，占国外超深油气田总数的71%，累计探明可采储量约29.5×10^8t油当量，约占总数的69%。国外超深油气勘探工作集中在被动陆缘、前陆、克拉通和裂谷盆地四大领域，已发现的超深油气田主要分布在被动陆缘盆地。从地质年代和储层岩性看，国外超深油气田以中—新生代碎屑岩储层为主，共有106个，占超深油气田数量的87%；探明可采储量约41.6×10^8t油当量，约占国外超深油气探明可采储量的97%（C&C，HIS，2015）。

全球最深的油气田为墨西哥湾盆地深水区K2油田，埋深达8713m；前陆盆地最深的为巴布亚盆地Agogo油气田，埋深8591m；克拉通盆地最深的为意大利Pedealpine Homocline的Villafortuna/Trecate油田，埋深达7846m。

全球超深油气田规模普遍偏小,最终可采储量以千万吨级为主,亿吨级较少。前陆盆地中,超深油气田 16 个,规模最大的为南里海深海前陆盆地 Shah Deniz 油气田,油气藏最大埋深 6265m,最终可采储量天然气 $1.19 \times 10^{12} m^3$,凝析油 $2.73 \times 10^8 t$,合计 $12.86 \times 10^8 t$ 油当量。克拉通盆地中,超深油气田 19 个,规模最大的为我国塔里木盆地的塔中 I 号大型凝析气田,最大埋深 6273m,最终可采储量石油 $0.61 \times 10^8 t$,天然气 $2400 \times 10^8 m^3$,合计 $2.5 \times 10^8 t$ 油当量;国外最大的为南维京地堑 Brae South 油气田,最大埋深 6696m,最终可采储量石油 $0.46 \times 10^8 t$,天然气 $198 \times 10^8 m^3$,合计 $0.65 \times 10^8 t$ 油当量。

近十几年来,我国超深油气勘探取得了重大进展,先后在塔里木盆地的库车前陆冲断带、塔北南部斜坡、塔中北部斜坡和四川盆地的川中、川东北、川西等地区,发现了一批单井产量高、储量规模大的油气田(藏)。

四川盆地的超深勘探工作集中在克拉通领域,已发现普光、元坝、龙岗、安岳、双鱼石等大型超深气田(藏),2018 年产量合计超过 $200 \times 10^8 m^3$。其中,普光、元坝、龙岗气田产层主要为二叠系长兴组、三叠系飞仙关组礁滩体。普光气田埋藏深度 5000~6000m,探明地质储量 $3800 \times 10^8 m^3$,2018 年产量 $63.57 \times 10^8 m^3$;元坝气田埋藏深度 6200~7000m,探明地质储量 $2200 \times 10^8 m^3$,2018 年产量 $34.84 \times 10^8 m^3$;龙岗气田埋藏深度 5000~6700 m,探明地质储量 $780 \times 10^8 m^3$,2018 年产量 $4.14 \times 10^8 m^3$。安岳气田产层为震旦系灯影组、寒武系龙王庙组白云岩,埋藏深度 4600~6700m,探明地质储量 $8100 \times 10^8 m^3$,2018 年产量 $98.62 \times 10^8 m^3$。双鱼石探区产层为二叠系栖霞组、茅口组,泥盆系观雾山组白云岩和碳酸盐岩岩溶,埋藏深度 6500~7800m。

塔里木盆地超深领域的探索开始于 20 世纪 70 年代,1977—1979 年,为了探索塔西南前陆盆地超深领域,先后钻探了固 2 井(7002.41m)、固 3 井(6015.87m)、合 1 井(6050m)等超深井。20 世纪 80 年代后期,特别是 1989 年塔里木石油会战以来,加大了对超深领域的勘探力度,但对超深领域的规模勘探、规模发现还是发生在近十几年。2006—2018 年塔里木油田实施完成的 635 口井之中,大于 6000m 的超深井有 444 口(占总井数的 70%),2011—2015 年期间超深井比例更是高达 77%。截至 2018 年底,塔里木油田累计探明

超深油气地质储量 15.36×10^8 t 油当量，占油田累计探明油气地质储量的 55%。其中，2010—2018 年进入超深油气发现高峰，九年间共新增探明超深油气地质储量 12.77×10^8 t 油当量，占同期油田新增探明油气地质储量的 93%。同时，塔里木油田超深油气产量也逐年增长，由 2010 年的 52×10^4 t 油当量增长到 2018 年的 1027×10^4 t 油当量；在塔里木油田油气产量中的占比也逐年上升，由 2010 年的 2.6% 增加到 2018 年的 38.4%。

在全球超深油气勘探进展缓慢的背景下，通过坚持不懈的探索，塔里木油田超深领域勘探逆势而上，在库车前陆碎屑岩和克拉通区塔中—塔北碳酸盐岩两大超深领域均发现了大油气田，并实现了效益开发，成为我国乃至世界陆上超深油气勘探开发的成功典范。截至 2018 年底，库车克拉苏超深气田探明天然气地质储量 9792×10^8 m³，塔北哈拉哈塘超深油田探明石油地质储量 2.70×10^8 t，塔中Ⅰ号超深凝析气田探明石油地质储量 1.88×10^8 t、天然气 3000×10^8 m³，油当量合计 4.31×10^8 t。根据 2015 年国土资源部第四次资源评价结果，在塔里木盆地超深领域，石油、天然气总资源量分别为 34.5×10^8 t、5.98×10^{12} m³，分别占全盆地石油和天然气资源量的 46% 和 51%，勘探潜力巨大。

与此同时，超深领域的油气勘探面临的重大科学问题和关键技术难题，在勘探实践中已逐渐被解决和攻克。

塔里木油田创新性形成了前陆冲断带超深油气勘探技术、超深缝洞型古老海相碳酸盐岩油气勘探技术。针对前陆冲断带目的层埋藏深、地层倾角高陡、含盐地层复杂、油气藏高温高压等情况，持续开展地震、钻井、测井和储层改造等技术攻关，形成了山地超深复杂构造地震勘探技术，复杂地层安全高效超深井钻井、完井与控制技术，超深高温高压测井岩石物理与成像评价技术，超深油气藏试油与储层改造技术等。针对超深缝洞型碳酸盐岩勘探目标小、储层非均质性强、油气藏分布极其复杂等难题，攻关形成了沙漠区超深缝洞体地震成像技术、缝洞雕刻评价技术、超深缝洞体精确中靶技术、以长源距和电成像为核心的碳酸盐岩测井储层评价技术、大型酸压储层改造技术等。

实现了地质认识的创新，形成了前陆盆地超深碎屑岩、克拉通区海相碳酸盐岩两大超深领域的油气地质理论。构建了"盐上顶篷，盐下冲断叠瓦"构造模式，顶篷构造是控制超深砂岩储层的重要因素之一，构造应力中和面的引入，搞清了构造上砂岩储层的分布规律，盐岩沿构造带的加厚对天然气运聚形成垂向和侧向的有效封挡，盐下冲断叠瓦构造带控制油气富集；蓬莱坝组、鹰山组、一间房组、良里塔格组等多层系岩溶储层在平面上叠置连片分布，建立了准层状油气藏模式，主力烃源层寒武系生成的油气沿不整合面、走滑断裂带的岩溶缝洞体富集，塔北—塔中台隆控制了油气田的分布。

《塔里木盆地超深油气勘探实践与创新》一书，以《塔里木盆地超深油气勘探理论与技术丛书》为基础，在近几年开展国内外超深勘探领域调研和分析对比的基础上，对塔里木盆地超深领域曲折的探索历程进行了回顾和分析，系统总结和梳理了近十多年来库车前陆盆地碎屑岩、克拉通区海相碳酸盐岩两大超深领域的勘探实践、勘探成果、适用技术和地质认识，从塔里木盆地超深勘探实践中提炼得到的几点启示，期望能对国内其他盆地乃至世界类似盆地的超深领域油气勘探有所借鉴和启发。

本书由杨学文担任主编，提出编写思路和审定核心内容；王招明、何文渊、田军担任副主编，组织全书编写和负责统稿工作。中国石油塔里木油田公司、咨询中心和杭州地质研究院等单位的50多名地质研究和工程技术人员组成编写组，具体完成本书各章节的编写和修改。编写组开展了广泛的文献调研和检索，搜集、整理了大量数据资料，召开多次研讨交流会，制定编写提纲，细化任务分工，统一编写思路，规范编写体例，并就重大科学问题和勘探实践广泛征集了业内专家学者的意见。经过一年的艰苦努力和扎实工作，完成了《塔里木盆地超深油气勘探实践与创新》专著编写。

全书分为四章，第一章"塔里木盆地超深油气勘探概述"由杨文静、黄少英、罗日升、潘文庆、唐雁刚、彭更新、祁新中、梁红军、刘会峰、张先龙、宋兵等执笔；第二章"库车前陆盆地超深碎屑岩油气勘探实践与创新"由谢会文、唐雁刚、周露、潘杨勇、吴超、章学岐、王月然、彭更新、赵锐锐、段文胜、刘会锋、刘洪涛、王克林、谢俊峰、滕起、祁新忠、周磊、郭秀丽、梁红军、李宁、杨沛等执笔；第三章"克拉通区超深缝洞型碳酸盐岩油气勘探实践与创新"由潘文庆、张丽娟、孙崇浩、郑多明、朱永峰、陈永权、韩剑发、于红枫、彭更新、段文胜、祁新忠、陈旭、刘洪涛、刘会峰、任登峰、张伟、冯觉勇、梁红军、周波、杨成新、张宝收、张正红、敬兵等执笔；第四章"塔里木盆地超深油气勘探启示与前景展望"由杨海军、顾乔元、廖群山、罗日升、钱玲、张先龙、黄少英、范秋海、梁红军、冯少波、韩剑发等执笔；廖群山、顾乔元、李丰负责专著编写的组织、推进和日常管理工作。

在本书编写过程中，得到了王涛老部长、邱中建院士、孙龙德院士和李鹭光副总裁的大力支持和精心指导，梁狄刚、查全衡、吴国干专家提出了宝贵的修改和完善意见；张跃平、孙丽霞、阎世信、董杰、陆大卫、张绍礼、尚尔杰、费宝生、王慎言、姚超负责本书的审稿工作，在此对他们的辛勤劳动和无私奉献一致表示衷心的感谢！

谨以此书献给三十年来参加塔里木盆地油气勘探开发的工作者，献给长期关心、支持和鼓励那些在塔里木盆地超深领域坚持探索、勇于创新、寻找大油气田的人们！

目 录

第一章　塔里木盆地超深油气勘探概述 ·· 1
　　第一节　盆地基本地质特征与超深油气勘探领域 ································· 1
　　第二节　超深油气勘探历程 ··· 7
　　第三节　超深油气地质理论认识与技术创新 ····································· 11
　　第四节　超深油气勘探处于全球陆上领先地位 ··································· 16

第二章　库车前陆盆地超深碎屑岩油气勘探实践与创新 ··························· 34
　　第一节　前陆盆地超深碎屑岩油气勘探实践 ······································ 36
　　第二节　前陆盆地超深碎屑岩油气勘探技术创新 ································ 69
　　第三节　前陆盆地超深碎屑岩油气地质认识创新 ······························· 140

第三章　克拉通超深缝洞型碳酸盐岩油气勘探实践与创新 ······················· 162
　　第一节　超深缝洞型碳酸盐岩油气勘探实践 ···································· 162
　　第二节　超深缝洞型碳酸盐岩油气勘探技术创新 ······························ 212
　　第三节　超深缝洞型碳酸盐岩油气地质认识创新 ······························ 262

第四章　塔里木盆地超深油气勘探启示与前景展望 ································ 293
　　第一节　塔里木盆地超深油气勘探启示 ·· 293
　　第二节　塔里木盆地超深油气勘探示范与推广 ·································· 300
　　第三节　塔里木盆地超深油气勘探前景展望 ···································· 305

参考文献 ·· 318

第一章 塔里木盆地超深油气勘探概述

6000m以深的超深领域已成为塔里木油气勘探的重要领域。根据HIS资料统计，全球已在20多个盆地中发现了超深油气田。我国的超深油气正处于重要发现阶段，先后在塔里木库车前陆冲断带、塔北南部斜坡、塔中北部斜坡、川中磨溪地区以及渤海湾等地发现了一批规模储量，尤其是在塔里木盆地，先天的地质条件决定了其资源主要集中于深层和超深层，勘探潜力巨大。近10年来，塔里木盆地已整体进入超深油气勘探阶段，并先后发现克拉苏万亿立方米级气田、哈拉哈塘亿吨级油田、塔中北部斜坡奥陶系千亿立方米级凝析气田，这些超深油气勘探的实践及成果在国内外都具有重要影响。

第一节 盆地基本地质特征与超深油气勘探领域

塔里木盆地位于中国西部新疆维吾尔自治区南部，面积$56\times10^4 km^2$，是我国陆上最大的含油气盆地。

一、盆地基本地质特征

塔里木盆地是一个大型叠合盆地，是在古生代克拉通盆地边缘叠加了多个中—新生代前陆盆地（贾承造，1999）。根据构造背景、基底结构、断裂特征和沉积演化等方面的差异，盆地可划分为"四隆五坳"九个一级构造单元（图1-1），"四隆"包括塔北隆起、塔中隆起、巴楚隆起和塔东隆起，"五坳"则包括库车坳陷、北部坳陷、西南坳陷、塘古孜巴斯坳陷（简称塘古坳陷）和东南坳陷。其中库车坳陷、西南坳陷和东南坳陷是盆地周缘中—新生界前陆盆地的发育地区，盆地内部的塔北隆起、北部坳陷、巴楚隆起、塔中隆起、塔东隆起和塘古坳陷则是盆地的克拉通区（塔北隆起、塔中隆起及其之间的奥陶系台地部分统称为塔中—塔北台隆区）。

塔里木盆地沉积地层齐全，从震旦系到第四系都有发育，最大残余厚度可达18000m（图1-2）。震旦纪到志留纪主要沉积海相地层，震旦系发育海相碎屑岩，寒武系—奥陶系以碳酸盐岩为主，志留纪则沉积了海相碎屑岩。从泥盆纪开始，盆地进入海陆交互相沉积时期，泥盆系以陆相砂泥岩和滨岸相石英砂岩沉积为主，石炭系为石灰岩、砂泥岩夹部分蒸发岩的浅水台地相、海陆交互相、滨浅海相沉积，二叠系为石灰岩、海陆交互相—陆相砂泥岩夹火山碎屑岩沉积。三叠纪以后，塔里木盆地进入陆相碎屑岩沉积发育期，其中三叠系主要为深灰色、灰色湖泊—三角洲相砂砾岩、泥岩沉积，侏罗系为灰绿色、灰色湖沼相砂泥岩、煤层沉积，白垩系为典型陆相强氧化环境下的冲积平原河流沉积，古近—新近系为巨厚滨浅湖—河流相沉积，局部地区受古特提斯海侵影响，夹杂碳酸盐岩。

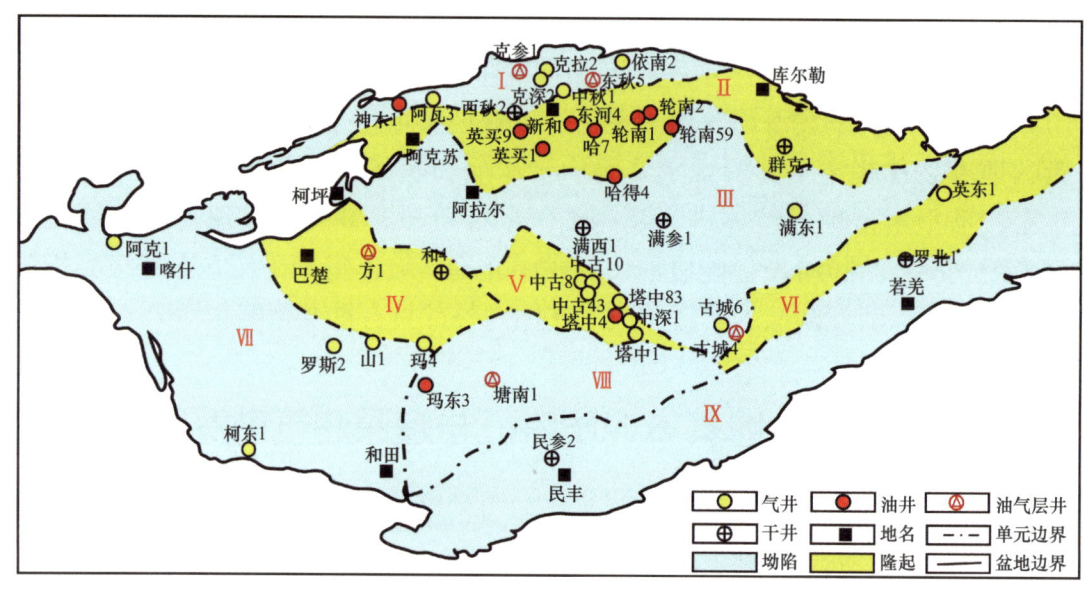

图 1-1 塔里木盆地构造单元划分图

构造单元：Ⅰ—库车坳陷；Ⅱ—塔北隆起；Ⅲ—北部坳陷；Ⅳ—巴楚隆起；Ⅴ—塔中隆起；Ⅵ—塔东隆起；Ⅶ—西南坳陷；Ⅷ—塘古坳陷；Ⅸ—东南坳陷

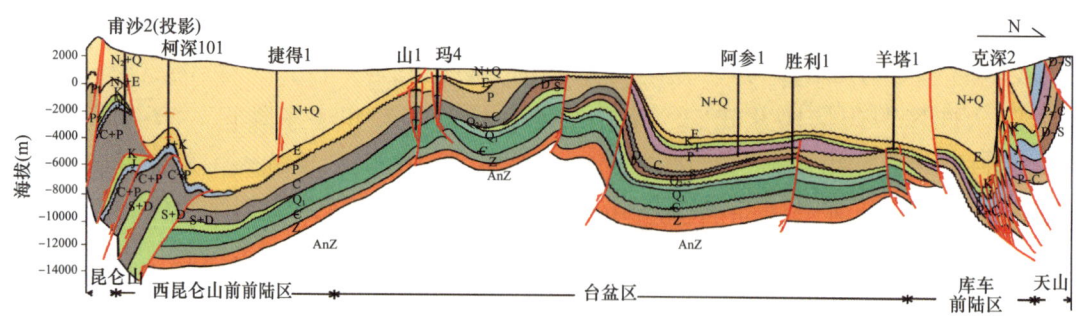

图 1-2 塔里木盆地南北向地质结构剖面

盆地主要发育碳酸盐岩和碎屑岩两大类储层。新元古界—下古生界主要储层是碳酸盐岩，上古生界和中—新生界的主要储层是碎屑岩，在海陆过渡相地层中也含有少量碳酸盐岩储层。目前盆地台盆区（克拉通区）的油气勘探主要针对碳酸盐岩储层，前陆区的油气勘探则集中于碎屑岩储层。

根据烃源岩发育层位、储盖组合特征和油气成藏控制因素综合分析，塔里木盆地可以划分为4个主要含油气系统：库车陆相含油气系统、台盆区海相含油气系统、塔西南含油气系统和塔东南陆相含油气系统。库车含油气系统的烃源岩主要为三叠系、侏罗系的湖相泥岩和煤系地层，储层为侏罗系—第四系的砂岩及古近系的白云岩。台盆区海相含油气系统的烃源岩主要为寒武系—下奥陶统的泥岩和泥灰岩，储层则包括下古生界的碳酸盐岩和志留系以上的碎屑岩。塔西南含油气系统的烃源岩主要为石炭系、二叠系和侏罗系，储层为白垩系砂岩、古近系碳酸盐岩和砂岩、新近系砂岩。塔东南陆相含油气系统的烃源岩主要是侏罗系泥岩和煤系地层，储层主要是侏罗系—新近系的砂岩。

塔里木盆地含有丰富的油气资源。2016年完成的盆地第四次油气资源评价结果显示，塔里木盆地的常规石油资源量为 75.06×10^8 t，常规天然气资源量为 11.74×10^{12} m³，油气当量 168.6×10^8 t。同时，盆地的致密气和页岩气等非常规天然气资源量约为 3.0×10^{12} m³。

塔里木盆地的油气资源主要分布在深层和超深层。针对中西部前陆盆地，按照埋深进行划分，0~4500m 属于中浅层，4500~6000m 属于深层，大于 6000m 则属于超深层。塔里木盆地的中浅层石油资源量约为 7.36×10^8 t，天然气资源量为 2.0×10^{12} m³，分别占盆地石油和天然气资源量的 9.8% 和 17.1%。盆地深层的石油资源量为 33.2×10^8 t，天然气资源量为 3.75×10^{12} m³，分别占盆地石油和天然气资源量的 44.2% 和 31.9%。盆地超深层的石油资源量为 34.5×10^8 t，天然气资源量为 5.98×10^{12} m³，分别占盆地石油和天然气资源量的 46% 和 51%。由此看来，盆地超深层的油气资源量约占盆地总资源量的一半。

二、超深油气勘探领域

塔里木盆地的超深油气勘探领域主要有前陆盆地和克拉通区两类。其中前陆盆地主要包括库车前陆盆地、塔西南前陆盆地和塔东南前陆盆地，超深勘探层系主要为中—新生界碎屑岩。克拉通区主要包括塔中—塔北台隆区、巴楚隆起及周缘，超深的勘探层系以寒武系—奥陶系海相碳酸盐岩为主。在这些地区中，超深勘探最主要的领域为库车前陆盆地和塔中—塔北台隆区。

（一）库车前陆盆地超深勘探领域

库车前陆盆地是一个晚喜马拉雅期形成的陆内前陆盆地。盆地发育三叠系—侏罗系厚层优质泥岩烃源岩和煤系烃源岩，烃源岩早期浅埋，少量生油，晚期快速深埋，大量生气。白垩系优质砂岩储层和古近系巨厚膏盐岩是库车前陆盆地超深层油气的主要储盖组合。喜马拉雅期的强烈构造挤压作用，在盐下的超深层中形成了一系列冲断叠瓦构造，背斜圈闭、断背斜圈闭成排成带发育。晚期大量生气期和构造定型期的良好匹配使得库车前陆盆地具备了优越的油气成藏条件,使之成为塔里木盆地超深层天然气勘探的主战场。库车前陆盆地超深层的勘探领域主要是指克拉苏构造带和秋里塔格构造带上超深层的碎屑岩层系。

（二）海相克拉通区超深勘探领域

塔里木盆地的克拉通区发育厚层的寒武系—下奥陶统优质海相泥岩和泥灰岩烃源岩。受周缘构造叠加作用的影响,盆地的克拉通区经历了挤压隆升和拉张坳陷等构造旋回,发育了多期碳酸盐岩岩溶储层和礁滩体储层,同时晚奥陶世到石炭纪还发育有海相碎屑岩储层。中寒武统膏盐岩、上奥陶统致密碳酸盐岩及泥岩、石炭系泥岩为三套最有利的区域性盖层。受多期构造变形的影响,克拉通区发育了多期断裂系统,特别是海西期的走滑断裂系统,沟通了寒武系—下奥陶统的烃源岩和储层,导致油气垂向运移至上部碳酸盐岩储层,形成了克拉通区大范围分布的准层状油气藏。后期燕山期—喜马拉雅期的构造运动使得油气进一步调整,形成了立体、多层系含油气的分布格局。塔里木盆地海相克拉通区超深勘探的领域主要指塔中—塔北台隆区寒武系—奥陶系的碳酸盐岩。

三、塔里木盆地富集超深油气藏的特殊地质条件

（一）有效烃源岩发育于盆地早期客观决定了资源的超深性

海相高丰度烃源岩多发育在被动大陆边缘背景下的裂谷、克拉通内裂谷、克拉通内坳陷盆地和克拉通边缘坳陷盆地,为欠补偿盆地、蒸发潟湖、台缘斜坡和半闭塞—闭塞欠补偿海湾等有利环境。陆相烃源岩多发育于陆相湖泊沼泽环境的煤系地层中。塔里木盆地克拉通区的寒武系—下奥陶统海相烃源岩和库车前陆盆地的三叠系—侏罗系陆相烃源岩都处于其盆地形成早期的伸展阶段地层层序中。

1. 叠合盆地成藏的源控性决定了油气成藏近源富集

塔里木克拉通区和库车前陆的油气富集都具有明显的源控性,即纵向近源岩层、平面近源岩区。克拉通区油气主要富集在满加尔凹陷寒武系—下奥陶统烃源岩区周缘至两侧古隆起区,库车前陆盆地的油气也是以中生界烃源岩区为中心呈不对称展布,最富集区为克拉苏构造带附近。且由于克拉通盆地的构造运动多是整体抬升剥蚀,其稳定性使得深部生成的油气长期处于深层,破坏较小。随着勘探的持续探索,从中浅层向深层—超深层,从隆起区不断推进至贴近烃源岩的深洼区成为必然。

2. 深层近源存在多套优质储盖组合，使油气多滞留于深部

克拉通区存在寒武系膏盐岩和奥陶系桑塔木组巨厚泥岩两大套区域性盖层，与其下的寒武系和奥陶系碳酸盐岩岩溶储层组成优质的储盖组合，控制了台盆区绝大部分油气；库车前陆盆地发育侏罗系多套煤系泥岩和古近系膏盐岩区域盖层，与其下的侏罗系和白垩系砂岩组成优质储盖组合，油气主要富集于古近系膏盐岩层之下，深部优质储盖组合是塔里木盆地超深层富油气的主要屏障。

3. 克拉通区、前陆两大领域在超深层均存在大型圈闭带作为油气储集空间

克拉通区发育碳酸盐岩潜山及斜坡大型岩性地层圈闭带，前陆区盐下发育成排成带的构造圈闭群，这些都为深层油气藏的形成提供了空间。

（二）早期浅埋、晚期快速深埋的冷盆是塔里木盆地超深油气勘探的地质基础

与中浅层相比，深层—超深层处于高温高压条件下，化学反应更加活跃，对油气的生成和相态保存、储层的成岩演化都会产生重要影响。

1. 早期浅埋、晚期快速深埋和冷盆使烃源岩深埋仍在生烃且类型多样

由于不同盆地不同地区古地温梯度不同，其深层—超深层的地层温度和油气生成演化的过程也各不相同。中国中西部的冷盆（地温梯度相对低，例如塔里木盆地，1.5～2.8℃/100m；四川盆地 2.0～3.0℃/100m）深层油气藏的埋深要比中国东部热盆（地温梯度相对高，例如松辽盆地，3.5～4.5℃/100m）的深层油气藏的埋深要更深。对比中国东西部含油气盆地地层温度（表 1-1）可以看出，在地层埋深 3000m 时，松辽盆地、渤海湾盆地、塔里木盆地、准噶尔盆地地层温度分别为 120～130℃、100～120℃、70～90℃、47～104℃，差异较大。另外，在松辽盆地地层埋深 2400～2800m 时，即达到生油窗生烃高峰（生油：R_o= 0.9%；生气：R_o= 1.3%），而塔里木盆地和准噶尔盆地地层埋深只有达到 5400～6200m 才能达到生油窗生烃高峰。这种地温场的差异直接影响着深层油气藏的生成保存过程。冷盆可以使烃源岩生烃演化时间更长，烃类保存的深度更深。

早期浅埋、晚期深埋的埋藏方式是深层或超深层油气相态及类型更加丰富的主要原因。塔里木盆地构造演化的阶段性，使烃源灶的演化也表现出明显的多期性，主要为加里东期、海西期和喜马拉雅期三期生排烃高峰。另外，中浅层油气一般直接来自干酪根的热演化，而深层油气则存在多种类型的烃源灶，除了干酪根外，早期形成的液态烃后期受到热力学作用可以进一步裂解成气，成为新的气源灶。

表 1-1　我国东西部含油气盆地地层温度对比表

区域		东部		西部	
		松辽盆地	渤海湾盆地	塔里木盆地	准噶尔盆地
$R_o = 0.5\%$	地层温度（℃）	65	95～100	100	95
	深度（m）	1200～1400	2500～2800	4000	4400
$R_o = 1.3\%$	地层温度（℃）	100～115	150	140	140
	深度（m）	2400～2800	4000	5400～6200	5400～6200
3000m 时的地层温度（℃）		120～130	100～120	70～90	47～104

2. 早期浅埋、晚期快速深埋和冷盆使有效储层的埋深下限大幅增加

低地温背景对碎屑岩有效储层的保存深度影响也很大。地层热成熟度条件直接影响着储层成岩变化和孔隙演化，冷盆的低地温梯度使储层进入成岩演化晚期、储层致密化的深度大大增加。表 1-2 是对比中国东西部不同地温场下储层的埋藏深度，可以看出在三叠系相似地质条件下，塔里木盆地的有效储层埋深要远大于中东部盆地中高地温场下的储层埋深。

表 1-2　不同地温场、深埋情况下的储层特征表（据朱国华，1994 修改）

地区	地层	最大埋深（m）	沉积相	岩石类型	孔隙度（%）	渗透率（mD）	地温梯度（℃/100m）	深埋时间
浙皖长广地区煤山向斜	三叠系龙潭组	2500	河道砂、河口沙坝	石英砂岩	<6	<0.1	3.64	中侏罗世末
鄂尔多斯盆地陕北地区	上三叠统延长组	2860	河道砂、河口沙坝	长石砂岩	7～9 局部 12～15	<1 局部 3～5	2.9	早白垩世
塔里木盆地轮南构造带	中—上三叠统	4700～5000	扇三角洲、水下河道	岩屑砂岩	18～20	10～100	2.0	古近—新近纪

在正常连续沉积、成岩压实条件下，碎屑岩有效储层下限一般为 3000m，由于塔里木盆地多期隆升浅埋、喜马拉雅晚期短暂深埋的沉积演化特点，使克拉通区 6000m 以下仍有高孔高渗东河砂岩优质碎屑岩储层；碳酸盐岩多期隆升形成的岩溶储层叠加改造，8000m 以下仍有大量缝洞体发育；前陆区受盐层保护与构造应力双重因素控制，发育裂缝性低孔高产的特殊砂岩储层，在 8000m 埋深之下仍然存在着巨厚的有效砂岩储层。

早期浅埋、晚期快速深埋，虽然使目的层埋深大，但由于深埋时间短暂，对储层和成藏的破坏作用很有限。

第二节　超深油气勘探历程

1987年，塔北隆起轮南地区的轮南1井完钻井深6002m，在奥陶系、三叠系、侏罗系相继获得重大突破，之后的轮南2井在三叠系—侏罗系连续获得多个高产油层，拉开了塔里木石油大会战的序幕，也开启了对盆地超深层持续不懈的探索。直到2008—2009年，克深2井、哈7井、中古8井相继获得突破，先后在超深领域发现了克拉苏大型气田、哈拉哈塘大型油田、塔中北坡大型凝析气田，才标志着塔里木超深领域进入了规模勘探和规模发现阶段。

一、初探盆地超深领域阶段

塔里木石油大会战的历史就是对超深领域不断探索的历史，1987—1990年会战伊始，从轮南1井、英买1井到塔中1井，为了实现"一手抓500万，一手抓大场面"的目标，一直坚持对超深层进行探索。

（一）轮南1井获得突破，发现轮南中深层亿吨级油气田群

1987年3月21日，在前期工作的基础上，上钻轮南1井，完钻井深6002m，在中深层的奥陶系、三叠系均发现油气藏。随后的轮南2井在4380~4939.5m井段的三叠系—侏罗系，测试了5个油层段，层层高产，获得日产281~631m³的高产油流，1989年4月10日开始了塔里木石油大会战。

会战初期，在1990—1991年发现了轮南、桑塔木、解放渠东、吉拉克等4个三叠系—侏罗系中型油气田，探明了石油地质储量8700×10^4t，天然气储量219×10^8m³，形成了年产能力130×10^4t，为塔里木会战建立了一个稳固的油气生产根据地。

（二）轮南8井奥陶系获得高产，整体解剖轮南大型潜山，初识碳酸盐岩的复杂性和非均质性

1988年5月23日，轮南1井在奥陶系试获工业油气流；1989年2月14日，塔北隆起西段的英买1井在奥陶系酸化后获日产原油211m³；1989年7月5日，轮南8井在奥陶系潜山斜坡区获得突破，5179~5230m井段，中途测试获日产原油376.8m³，并认识到轮南奥陶系是一个2450km²的巨型潜山背斜；随后相继部署了14口井进行整体解剖，有9口井获工业油气流，其他井亦均有油气显示，这些探井中，高产、中产、低产井间互，潜山高产而不能稳产，通过评价认为，奥陶系碳酸盐岩储层的复杂性和非均质性强，潜山油气藏呈"鸡窝状"或"云朵状"，主控因素不清，同时也缺乏有效的储层预测和储层改造的技术手段，使得当时技术条件下油气勘探难以展开。

（三）东河1井获得高产，发现海相砂岩油田，开启东河砂岩领域追索

1989年12月30日上钻的东河1井，完钻井深6001.15m，1990年7月在5755.40~5782.80m井段，用11.1mm油嘴中途测试，日产原油389m³，从而发现了石炭系滨海相东河砂岩高产油藏，此产层是我国陆上首次发现的连续厚度达257m的巨厚滨海相石英砂岩，含油井段101m，引起了人们的极大关注。由于东河砂岩储层极好，又以产油为主，随后塔里木以石炭系东河砂岩为重点，开始了盆地与东河砂岩相关的构造、地层油气藏的勘探，先后发现了塔中4、塔中16、轮南59等油气藏。塔中4油气藏，1992年4月，在石炭系3597~3607m井段测试，用11.11mm油嘴，日产原油285m³，天然气$5.3×10^4m^3$，5口水平开发井，单井日产油达千吨，由此建成了第一个沙漠油田。这些发现，奠定了塔里木年产$500×10^4t$原油的资源基础。

（四）塔中1井在奥陶系碳酸盐岩获得高产，实现沙漠腹地的战略突破

1989年5月5日，针对盆地中央隆起塔中奥陶系巨型台背斜，在沙漠腹地钻探了塔中1井，完钻井深6505.3m。1989年10月30日，在奥陶系3565.98~3737.61m井段中途测试，用32mm油嘴求产，日产原油576m³，天然气$34.07×10^4m^3$，首次在沙漠腹地获得油气勘探重大发现。但之后对塔中奥陶系潜山背斜8200km²进行的解剖性探索，探井多失利，仅在塔中北坡发现塔中16、塔中24奥陶系油气藏。钻探表明塔中潜山的东部和中央主垒带的高部位成藏复杂，主垒带低部位的北部斜坡带则相对简单，靠近塔中Ⅰ号断裂带，成藏条件比较优越。

二、甩开探索超深领域阶段

1991—2007年期间，随着石油大会战的全面展开，为了寻找大油气场面，塔里木油田坚持新区新领域甩开勘探，持续探索超深油气勘探领域，面对全盆地，在库车前陆盆地、北部坳陷、塔东隆起、巴楚隆起、塔西南前陆盆地等地区打了一批预探井，先后获得牙哈—英买力凝析油聚集带、和田河气田、哈得逊油田、克拉2气田等4个重大发现和一批出油气井点。

（一）英买9井在塔北隆起西部古近系、白垩系获得高产油气流，发现轮台断隆中—新生界亿吨级凝析油气田群

1991年6月，英买9井在白垩系4947.65~4980.32m井段，用15.5mm油嘴测试，日产油160m³，后又在古近系4683~4690m井段，用15.8mm油嘴测试，日产天然气$15.73×10^4m^3$、凝析油43.6m³，首次在轮台断隆发现了古近

系—白垩系高产油气层。研究认为这类油气藏受反向正断层的"屋脊块"控制，通过对塔北隆起轮台断隆的古近系底面进行连片构造成图，发现了2排、9个断裂构造带、34个局部构造，随后通过分批部署，先后发现了英买7、提尔根、红旗、牙哈、羊塔克等凝析油气田，一举拿下了轮台断隆古近系—白垩系凝析油气田群。

（二）玛4井在巴楚隆起南部奥陶系、石炭系获得突破，发现克拉通区第一个碳酸盐岩大型气田

巴楚隆起先后钻探了方1井、和4井、山1井、玛4井等探井。1997年9月27日，在玛扎塔格构造带上的玛4井首先在石炭系生物碎屑灰岩中发生强烈井喷，喷出大量天然气；之后重钻，在石炭系生物碎屑灰岩、奥陶系潜山均测试获工业气流。1998年，玛扎塔格构造带上又有5口探井获得成功，1998年上交天然气探明地质储量 $616×10^8m^3$。

（三）哈得4井在满加尔凹陷石炭系东河砂岩获得高产，发现我国最大的海相砂岩油田

在北部坳陷，先后钻探了满参1井、满西1井、跃南1井、哈得4井、满东1井、英南2井、胜利1井、沙南1井、丰南1井、古城4井等探井，以探索不同层系的含油气性，在志留系、石炭系、三叠系、侏罗系中均获得油气流。其中哈得4井于1998年在石炭系东河砂岩5069.64～5076.72m井段中途测试，用8mm油嘴测试求产，日产原油266m³，由此发现了哈得逊大油田，并于2000年首次上报探明石油地质储量 $2462.4×10^4t$，后经不断滚动勘探开发，到2015年累计上报了探明地质储量 $8650×10^4t$。

（四）库车前陆盆地发现克拉2大型气田，奠定西气东输资源基础

1993年通过地质评价，重上库车坳陷，针对侏罗系阿合组—阳霞组、白垩系—古近系储盖组合，部署了东秋5井、克参1井、克拉1井、克拉2井、依南2井等一批探井，1998年初，克拉2井、克拉3井、依南2井相继获得高产油气流，其中克拉2井于1998年8—9月，在白垩系巴什基奇克组3510～3895m井段测试，获得6个高产层段，日产（23～71）$×10^4m^3$的高产工业气流，发现了我国最大的高产高压高丰度的整装气田，上报探明天然气地质储量 $2879.76×10^8m^3$，带动了西气东输工程的启动。为了夯实西气东输资源基础，随后钻探了一批探井，大北1井、迪那1井、乌参1井等均获得突破。

（五）轮南、塔中奥陶系碳酸盐岩勘探取得重要进展

通过1996年工业试验区的建设，轮南中部斜坡区的成果不断扩大，在实践中初步认识到洞穴为"串珠状"地震反射、油气藏受岩溶储层控制、油气藏

模式为准层状,并且初步形成了基于三维地震的岩溶储层预测技术和大型酸压技术,发现并开发了轮古西油田。随后这些技术和勘探思路应用于塔中北部斜坡,又获得了塔中北部斜坡奥陶系礁滩体的突破。

这一阶段虽然区域甩开勘探在中深层也获得了一批发现,取得了一批重大成果,轮南、塔中勘探也取得了一些重要进展,但是还是没有发现与盆地相称的大型油气田,超深领域也仍然没有获得实质性的进展,特别是对巴楚隆起寒武系盐下、满加尔凹陷与阿瓦提凹陷深层、库车坳陷深层和塔西南坳陷深层的探索都遇到了挫折。

三、超深领域规模勘探规模发现阶段

2005年通过认真总结盆地油气勘探的经验,优选勘探领域,明确了库车、塔北、塔中为油气勘探的三大主攻领域,制定了"打好三大阵地战、坚持区域勘探"的勘探方针,全面深化地质认识,扎扎实实组织地震和工程技术攻关,2008年克深2井发现以来,超深领域的油气勘探不断获得重大突破,三大阵地战打出了大名堂,发现了克拉苏、哈拉哈塘、塔中北部斜坡等3个大型、特大型油气田,新区、新领域勘探也获得中深1井、古城6井、柯东1井、中秋1井等多个战略性突破。

(一)克深2井在库车前陆冲断带超深盐下领域获得突破,发现克拉苏万亿立方米大气田群

2005年上钻的克拉4井是克拉苏构造带克深区带的第一口预探井,在井深6130m因卡钻完井,钻井虽未钻揭白垩系目的层,但已揭示了深部存在古近系—白垩系最有利的储盖组合,其勘探实践带动了库车前陆冲断带盐下超深层地质认识的突破,推动了山地地震攻关,形成了复杂山地"宽线+大组合"地震技术,锁定了克深1和克深2圈闭,并钻探了克深2风险探井。2008年8月,位于库车坳陷克拉苏构造带克深区带的克深2井在白垩系取得战略性重大突破,该井的白垩系顶深比克拉2井低了近3000m,对白垩系巴什基奇克组6573~6697m井段酸化测试,用8mm油嘴求产,获得日产天然气$46.6\times10^4m^3$的高产,由此发现了克拉苏大气田(也称克深大气田)。在此基础上,通过在实践中不断深化地质认识,形成了"盐上顶篷、盐下冲断叠瓦"的构造模式,并通过不断强化山地地震攻关,形成了山地超深复杂构造区的地震勘探技术,通过不断扩展工程技术攻关,形成了复杂地质条件下超深井钻井技术、超深高温高压高产气层试油完井技术以及裂缝性低孔砂岩储层改造技术等,有效指导了克拉苏大气田的勘探开发实践。特别是近几年,在"构造转换带控制圈闭、构造古隆起控制储层、突发构造最有利"等认识的指导下,通过对断裂体系的

再梳理和再认识，发现落实了一大批新圈闭。除了克深区段外，在大北、博孜、阿瓦特等区段也都取得了勘探发现。10年来，克深区带持续获得大发现，已经成为万亿立方米大气田，塔里木主力气区已经被发现。

（二）塔中83井在下奥陶统鹰山组获得高产，打开了塔中超深领域油气勘探新局面

在塔中坡折带礁滩体的勘探开发过程中，2006年3月，塔中83井在下奥陶统鹰山组获得突破，在5666.1～5684.7m井段用11mm油嘴测试，日产天然气$63.92\times10^4m^3$、凝析油$10.6m^3$，由此发现了塔中奥陶系鹰山组层间岩溶型凝析气田，并初步形成层间岩溶油气成藏理论，迎来了塔中奥陶系油气勘探的新高潮。2008年以后，连续获得中占8、中古43、中古10、中古51等区块的勘探大发现，特别是近几年，横向扩边、纵向拓层又取得新进展，平面上中古29井区、中古26井区评价和建产进展顺利，纵向上鹰山组内幕的鹰1段、鹰2段、鹰4段先后取得发现，形成了多个含油气层系叠置连片的大型含油气区带。

（三）哈7井奥陶系获得高产油流，发现哈拉哈塘超深大型油田

在轮南奥陶系潜山油气勘探、塔中礁滩体油气勘探和塔中层间岩溶油气勘探的经验指导下，2009年2月2日在哈7井奥陶系一间房组对6626.40～6645.24m井段裸眼完井测试，日产油$300m^3$，实现了哈拉哈塘奥陶系层间岩溶油气藏的突破。在勘探开发实践中，形成和完善了缝洞型碳酸盐岩准层状油气成藏理论，指导了哈拉哈塘百万吨油田建设。近几年勘探成果不断向南扩大，先后发现了新垦、热瓦普、金跃、哈得逊、玉科、跃满、跃满西、富源、果勒等区块，含油气范围从塔北南缘扩展到了满西低凸起，纵向上一间房组、鹰山组的鹰1段和鹰2段均见油气，塔中—塔北台隆区上的油气层有纵向叠置、平面连片之势，台盆区大型油气区已经被发现。

总之，2008年以来，塔里木超深领域油气勘探持续获得新发现，保持了储量增长的高峰期，与塔里木盆地相称的大型油气田已经被发现，为超深复杂大型油气田。

第三节　超深油气地质理论认识与技术创新

通过多年攻关，针对塔里木库车前陆盆地和海相克拉通区，形成了两大地质理论体系和相应的勘探技术体系。

一、库车含盐前陆盆地地质理论认识与技术系列

与全球其他前陆盆地相比，库车前陆盆地具有超深、前陆冲断带叠覆逆掩

与含盐等特点，勘探面临着许多地质问题和技术挑战。

（一）科学问题与勘探技术挑战

库车含盐前陆盆地面临的主要科学问题有：（1）克拉苏大气田已发现气藏群埋深主体在5500～8500m，气藏普遍高温高压，单井产量高，属于国内外罕见的超深气藏群，其裂缝性低孔砂岩储层虽早已突破了常规储层埋藏的"死亡线"，但却还能形成日产气百万立方米以上的高产，其储层形成机理不清；（2）库车前陆冲断带受喜马拉雅晚期强烈的挤压推覆，盐下多排断裂带被挤压破碎、逆掩叠置，由于地表、地下地质结构复杂，地震信噪比低，构造建模、构造解释的难度极大；（3）库车盐下白垩系巴什基奇克组储层与三叠系—侏罗系的烃源岩之间发育一套厚3000m左右的以泥岩为主的地层，但储层中天然气充注程度极高，其成藏机理、油气分布与富集规律十分复杂。

库车含盐前陆冲断带的勘探过程中也面临着诸多技术挑战，主要包括：（1）前陆区的复杂山地、盐上高陡倾角地层、巨厚盐层屏蔽、盐下复杂构造，地震干扰波、折射波、绕射波发育，超深的盐下目的层特低信噪比，基本无法得到反射成像，地震速度变化剧烈，因而是全球地震勘探难度最大的地区之一；（2）目的层埋藏超7000m，高陡大倾角地层，巨厚复合盐层，砾石层，高强度、高研磨性地层等复杂岩性地层同时存在，目的层高压力，且多个压力系统出现在同一裸眼井段，多种钻井难题同时出现，因而这里也是世界上钻井难度最大的地区之一；（3）前陆区超深、超高温、高压地层井眼复杂，小井眼多，油基钻井液普遍应用，超深井筒环境恶劣，测井采集十分困难，受高陡构造与强挤压应力，以及岩性、物性与地层水变化等多种因素影响，流体识别、裂缝识别的难度很大；（4）测试段深度大，且以天然气为主，高产高压，井筒完整性差，生产井普遍带压，地层温度高，测试工作液稳定性差，裂缝性砂岩储层改造的实施难度大，压裂施工井口压力高达120 MPa以上。

通过技术难题攻关，形成了塔里木盆地适用的前陆盆地超深油气勘探配套技术系列，创新了理论认识，实现了库车前陆盆地油气勘探高水平、高效益。

（二）含盐前陆盆地油气地质理论认识

针对库车含盐前陆盆地，形成了"盐上顶篷、盐下冲断叠瓦"的顶篷构造理论认识：（1）刻画出盐上、盐层、盐下地层构造分层变形特征，这是解决地震低信噪比地区复杂构造解释难题的核心，据此发现了盐下冲断叠瓦构造带；（2）顶篷构造的形成减轻了上覆地层负荷，保护了超深砂岩储层，这是超深盐下砂岩有效储层得以区域分布的主控因素；建立的断背斜应力中和面模式，揭示了在构造变形过程中，巨厚砂岩储层在纵向不同部位的应力状态和有效储层的分布规律；（3）顶篷构造之下为相对低应力区和可容空间，从而导致盐岩沿构造带流动加厚，并进而形成盐下冲断叠瓦构造带的区域性优质盖层；（4）明确了盐下大气田的油气富集规律：由于源—储压差大，导致侏罗系—三叠系生成的油气，沿断裂缝网系统穿过几千米厚的泥岩地层，垂向运移到盐下断背斜（背斜）圈闭中聚集，形成了克拉苏大气田群。

（三）含盐前陆盆地勘探技术系列

通过技术攻关，攻克了一系列世界级难题，形成了含盐前陆盆地勘探技术系列，推动了前陆盆地的油气勘探不断快速扩展。

1. 复杂山地地震勘探技术

在地震采集处理方面，为提高山地信噪比和成像品质，将提高覆盖次数的宽线观测和有效压制噪声的大基距组合检波技术有机结合，形成了"宽线＋大组合"二维地震勘探技术。为了提高盐下成像品质，准确落实盐下构造圈闭，将大组合理念纳入常规三维，形成了山地三维地震采集技术，同时考虑到时间域的速度陷井，采用了各向异性叠前深度偏移处理技术和变速成图技术。为消除高陡复杂地表对深层的影响，提高克拉苏北部逆掩叠置带的信噪比和成像品质，满足勘探开发需求，引入了高密度采集和高分辨率表浅层层析反演技术，形成了新一代山地高密度三维地震勘探和拟真地表TTI各向异性叠前深度偏移技术。在地震解释方面，为提高低信噪比区的含盐构造解释精度，在与盐相关的建模和常规解释的基础上，引入了顶篷构造和Walkawy-VSP技术，形成了库车含盐前陆盆地地震解释技术。这些技术组合的应用有效地支撑了库车前陆盆地的盐下天然气勘探开发。

2. 复杂地层超深井钻井及提速技术

针对高陡、大倾角地层钻井过程中防斜与加大钻压之间的矛盾，形成了高陡构造垂直钻井技术。通过涡轮＋孕镶钻头提速试验和抗冲击性PDC钻头的研发，形成了巨厚砾石层钻井提速技术。优化设计了塔标Ⅱ、塔标Ⅱ-B井身结构，开发了配套高性能套管，规模化应用了抗高温、高密度油基钻井液体系，制定了防止盐底卡层的原则和措施，形成了复合盐膏层钻井技术。开发推广了可旋转复合片PDC钻头，试验了堵漏阀＋涡轮＋孕镶钻头提速技术，形成了超深目的层提速技术。

3. 超深井完井和储层改造技术

解决了高温高压气井温压资料录取难、完井管柱长期服役稳定性差、生命周期安全受控难、高应力裂缝性巨厚储层提产难等问题，形成了超深高温高压试油、完井投产、气井井筒完整性及储层改造技术。

4.超深高应力裂缝性低孔砂岩测井技术

针对山前复杂小井眼环境，自主研发了测井扶正导向器、高张力测井防井喷工具，配套完善了高张力测井电缆采集系统。形成了油基钻井液声电成像裂缝识别与评价技术，及高陡构造与高应力裂缝性低孔砂岩储层流体识别技术，创建了强挤压应力条件下应力差—电阻率与高陡构造各向异性地层条件下倾角—电阻率校正模型与饱和度计算模型，提高了测井流体性质解释符合率。

二、克拉通区缝洞型碳酸盐岩地质理论认识与技术系列

与全球其他地区的碳酸盐岩相比，塔里木盆地克拉通区的碳酸盐岩油气藏具有埋藏更深、地层时代古老、构造叠加改造强烈、油气成藏过程复杂和储层刻画难等特点，勘探过程中面临许多地质问题和技术挑战。

（一）科学问题与勘探技术挑战

塔里木盆地克拉通区缝洞型碳酸盐岩面临的主要科学问题有：（1）克拉通区超深缝洞型碳酸盐岩的形成机理、主控因素以及强非均质性储层的预测问题；（2）克拉通区超深巨厚、连续的碳酸盐岩沉积，油气来自哪里的主力烃源岩？在多期构造活动影响下，油气的成藏过程又是怎样的？（3）克拉通区超深碳酸盐岩低丰度、大面积的油气藏分布模式、油气赋存状态和油气水分布规律问题。这些科学问题的解决将提升我们对超深层碳酸盐岩储层的形成机理和发育特征、油气成藏和分布规律的认识，并为高效勘探奠定认识基础。

克拉通区缝洞型碳酸盐岩勘探过程中面临了诸多技术挑战，主要包括：（1）超深缝洞型碳酸盐岩地区地表沙漠大面积分布，地层速度界面、密度界面差别小，目标埋藏深、规模小等，给地震技术带来的一系列挑战；（2）超深碳酸盐岩非目的层巨厚、缝洞体目标小、钻井液压力窗口窄、高含硫化氢等所带来的打准缝洞体的钻井技术挑战；（3）超深复杂碳酸盐岩地层测井评价所带来的技术挑战；（4）超深井易喷易漏、高温、高含硫、强非均质、长水平段等所带来的完井和储层改造的技术挑战。

通过解决这些科学问题和技术难题，塔里木油田形成了独具特色的超深缝洞型碳酸盐岩勘探配套技术系列，快速提升了油田碳酸盐岩勘探技术水平，深化了地质理论认识。

（二）克拉通区缝洞型碳酸盐岩油气地质理论认识

通过研究攻关，形成了克拉通区缝洞型碳酸盐岩油气地质理论认识：（1）通过对台地沉积背景和古构造演化的分析，发现盆地中部发育相对稳定的巨型台隆区，由于受构造运动影响，台隆区呈现多次整体抬升和沉降特征，控

制了区内碳酸盐岩沉积相带、多期不整合和层间岩溶的发育；（2）构造挤压作用使全区发育多期走滑断裂，这些断裂具有切割深度大、单条规模小、分段连接、滑动距离短的特点；（3）在构造抬升和断裂作用控制下，台隆区内的碳酸盐岩岩溶储层发育，不同地区发育了潜山岩溶、层间岩溶和礁滩体岩溶等不同类型的储层，主要包括寒武系盐下白云岩和奥陶系石灰岩储层；（4）两套储层之上分别发育中寒武统膏盐岩和上奥陶统厚层泥岩，形成了优质的储盖组合；（5）台隆区内的下寒武统烃源岩，在走滑断裂沟通下，油气垂向运移至上覆储层中聚集成藏。走滑断裂对碳酸盐岩储层和油气成藏的控制作用非常显著。多期构造活动导致台隆区内的油气藏发生调整和改造，油气纵向上多层系分布，油、气、水关系复杂。台隆区具有整体含油气但局部富集的特征；（6）建立了台隆区碳酸盐岩准层状油气成藏模式：原地生烃、网状立体垂向运移，油气主要赋存于缝洞体中，并沿层间岩溶和走滑断裂带富集，油气展布不受局部构造控制，多层叠合连片、准层状富集。这些创新的理论认识指导了克拉通区复杂缝洞型碳酸盐岩的油气勘探。

（三）克拉通区缝洞型碳酸盐岩勘探技术系列

通过技术攻关，形成了克拉通区缝洞型碳酸盐岩勘探技术系列，推动了复杂碳酸盐岩油气勘探的进程。

1. 沙漠区超深缝洞型碳酸盐岩地震勘探技术

在地震采集方面，形成了基于缝洞成像精度的高密度宽方位三维观测系统设计技术、沙漠区高速层地震波激发技术和沙漠区组合检波技术，解决了克拉通区超深层资料品质差的难题。在地震处理方面，形成了火成岩相控速度建模技术、缝洞型储层 OVT 域地震处理技术和缝洞型储层逆时偏移成像技术，解决了超深层地震成像差的难题。在地震解释方面，形成了缝洞体地震响应模型正演技术、缝洞储层定量雕刻与评价技术和缝洞雕刻容积法储量估算方法，解决了缝洞体雕刻难的问题，提高了钻井成功率和储量估算精度。

2. 超深碳酸盐岩缝洞体精确中靶钻井技术

针对复杂超深钻井难题，形成了多靶点井身结构设计技术、长裸眼段快速钻进技术、精细控压钻井技术和超深缝洞体精确中靶技术，解决了超深井裸眼段长、地层可钻性差情况下的钻井提速问题，也解决了缝洞体目标小、准确中靶难度大的问题，保证了压力窗口窄，钻井过程中井漏、溢流并存情况下的井控安全。

3. 超深缝洞型碳酸盐岩油气层储层改造技术

为保证缝洞型碳酸盐岩储层改造成功，形成了储层压前综合地质评估与设计优化技术、碳酸盐岩储层深度改造工作液体系优选技术和超深缝洞型碳酸盐岩储层深度改造工艺技术等技术系列，解决了超深高温条件下储层改造工作液性能差、缝洞体展布及油水关系复杂、改造工艺复杂等难题。

4.超深缝洞型碳酸盐岩测井技术

创新性地形成了以成像测井为主的缝洞定量刻画技术、以远探测声波为核心的井旁缝洞探测技术和视地层水电阻率谱定性到定量流体评价技术等技术系列，解决了碳酸盐岩储层识别、刻画及流体性质判别等难题。

总之，通过地质理论的认识和创新，深化了对盆地两大超深领域的油气地质认识，为科学勘探超深层奠定了认识基础。通过技术攻关，形成了与两大超深领域勘探相配套的技术系列，确保了超深层领域目标的勘探成功。地质理论认识的创新和勘探配套技术的攻关，极大地推动了塔里木盆地超深层油气勘探的进程。

第四节 超深油气勘探处于全球陆上领先地位

全球大规模超深领域的勘探始于20世纪80年代，21世纪初进入快速发展阶段。近年来由于超深领域油气地质认识与勘探技术的限制，加之国际油价下降和勘探成本的提高，全球超深油气勘探发展相对缓慢。而在这一时期，塔里木盆地的超深油气勘探却逆势而上，在实践中，规模探明和开发了三大油气田并持续取得新发现，创新了油气地质理论认识，发展了先进适用的勘探技术系列，无论是超深勘探的规模还是勘探的效果，塔里木油田在全球陆上都处于领先地位。

一、超深油气勘探规模

（一）超深井深度大

塔里木盆地的油气层埋藏超深，库车、塔北及塔中主力油气层埋深一般都大于6000m，在油气藏探索评价过程中，钻了一大批超深井，完钻井深普遍在6000～8000m。

井深超过8000m的探井也不断出现，屡破亚洲深井纪录。2006年位于塔北隆起的塔深1井钻至8408m完钻，成为当时亚洲最深探井。2018年顺北蓬1井再次打破亚洲纪录，该井完钻井深达8450m，完钻层位为下奥陶统蓬莱坝组。2018年尚在钻进中的轮探1井设计井深为8500m，有望再次刷新亚洲井深纪录。

截至2018年，塔里木盆地内发现的最深气藏是克拉苏气田的克深9气藏，探明天然气地质储量 $548×10^8m^3$，气藏顶深 7400m，气水界面深 7920m，气藏评价井——克深 902 井完钻深度达 8038m，在 7813～7870m 白垩系砂岩储层中测试，日产天然气 $31×10^4m^3$。最深油藏是哈拉哈塘油田的果勒 1 奥陶系油藏，果勒 1 井完钻井深 7750m，在 7530～7750m 测试，用 3mm 油嘴求产，日产轻质油 $95m^3$，日产气 $1.26×10^4m^3$，这表明，塔里木盆地在 7500m 以下仍然有规模油气藏分布，这为盆地勘探不断向 7500m 甚至 8000m 以下的超深部"进军"提供了事实依据。

截至 2018 年，除塔里木盆地外，全球陆上含油气盆地井深超过 8000m 的仅有 4 口：俄罗斯西西伯利亚盆地 Tambeyskoye Yuzhnoye 油气田，最大井深 8196m；奥地利维也纳盆地 Zistersdorf Ubertief 1 气田，最大井深 8553m；巴布亚—新几内亚巴布亚盆地陆上的 Agogo 油气田，最大井深 8591m；四川盆地的川深 1 井，完钻井深 8420m。从超深井的最大完钻深度上看，塔里木盆地在全球陆上居于前列。

（二）超深井数量多

从 1989 年塔里木石油会战以来，塔里木盆地共钻探大于 6000m 的超深探井 528 口。特别是 2008 年以来，油气勘探在库车克拉苏构造带、塔北—塔中奥陶系碳酸盐岩取得重大发现，钻探了大于 6000m 的超深探井 400 口，平均每年完钻超深探井 36 口。高峰期在 2012—2014 年，平均每年完钻超深井 53 口（图 1-3）；2015—2018 年勘探规模有所收缩，但每年超深井仍保持在 25 口以上。

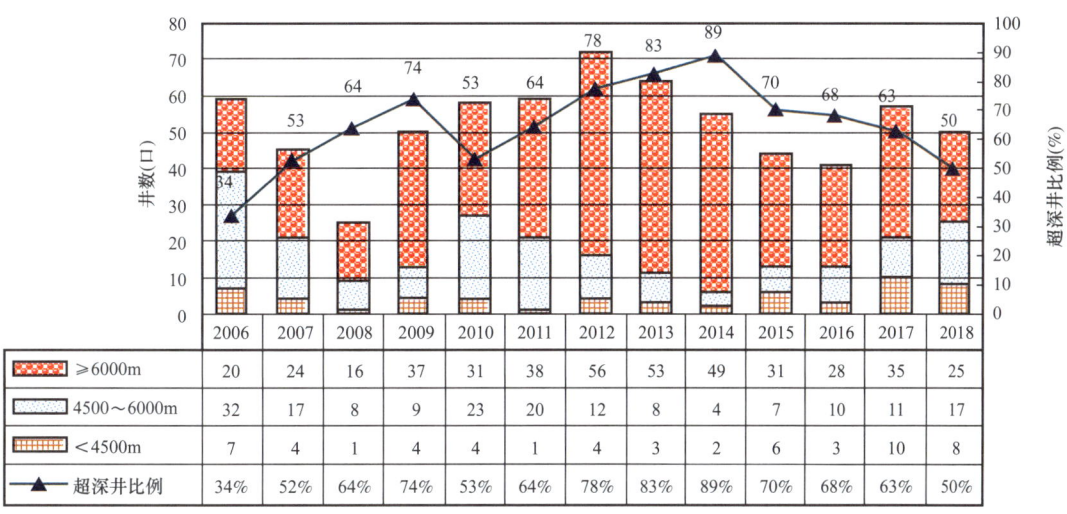

图 1-3 2006—2018 年塔里木盆地完钻探井深度与超深井比例统计

从全球范围上看，即使在超深勘探活动最为活跃的墨西哥湾地区，近 10 年钻探的超深井也仅有 76 口，平均每年约 8 口，其他盆地每年钻探的超深井

- 17 -

数量则更少，而塔里木盆地的超深探井数量却遥遥领先。

二、超深油气勘探成果

（一）超深勘探成果显著

自 2008 年克深 2 井的突破以来，塔里木盆地全面进入超深油气勘探阶段。2008—2018 年 10 年间，盆地超深领域连年获得勘探大发现，已规模探明并开发了三大油气田：克拉苏大气田、哈拉哈塘奥陶系大油田、塔中奥陶系大型凝析气田。此外，还在库车坳陷秋里塔格构造带、塔中隆起寒武系盐下、北部坳陷古城地区奥陶系鹰山组等超深新领域也取得重要的战略发现。

1. 克拉苏大气田

克拉苏大气田位于库车坳陷克拉苏构造带，东西长 260km，南北宽 15～30km。2008 年 8 月，克深 2 井在白垩系 6573～6697m 获日产气 $46.6\times10^4m^3$，取得克拉苏构造带盐下勘探的重大突破。10 年来，克拉苏构造带不断取得勘探发现，截至 2018 年共发现气藏 24 个，探明气藏 15 个，天然气地质储量 $9792\times10^8m^3$，凝析油地质储量 524×10^4t，成为中国首个前陆区万亿立方米大气田，同时也是全球最大的陆上超深气田。

克拉苏气田已发现的气藏全部为构造气藏，受古近系盐下冲断叠瓦带的断背斜控制，含气层位为白垩系巴什基奇克组，储层类型为裂缝性低孔砂岩储层，孔隙度一般在 4%～7%。气田东部克深段气藏全部为干气气藏，西部大北、博孜、阿瓦特段气藏为凝析气藏。

克拉苏气田已探明的气藏普遍具有埋深大、规模大的特点。气藏中深以大于 6000m 为主，仅克深 6 气藏、大北 11 气藏略浅，最深为克深 9 气藏，中深达 7745m。单个气藏的储量规模分布于 $(172～1585)\times10^8m^3$，以大型气藏为主，规模最大的克深 2 气藏、克深 8 气藏，储量规模都在 $1500\times10^8m^3$ 以上，为特大型气藏。

2. 哈拉哈塘奥陶系大油田

哈拉哈塘大油田位于塔北隆起轮南低凸起的西南斜坡。2009 年 2 月，哈 7 井在奥陶系获高产油流，哈拉哈塘勘探取得战略性突破。通过连片部署三维地震，在哈 6、新垦、热瓦普、其格、齐满、金跃、哈得 23、玉科、跃满、富源、果勒、跃满西、鹿场等 13 个三维区块的奥陶系中获得油气发现，油田范围超过 $5000km^2$。油田构造整体呈向西南倾没的缓坡，坡度仅为 1°～3°。含油层位主要为奥陶系一间房组，局部在良里塔格组、鹰山组也有油气发现。储层类型为缝洞型碳酸盐岩储层，基质孔隙不发育，储集空间以洞穴、孔洞、裂缝为主，储层沿层间不整合面和走滑断裂破碎带规模发育。油气不受局部构造控制，而受缝洞储层控制，形成"准层状"油藏，呈现油气大面积分布、沿走滑断裂带局部富集的特点。

勘探开发实践中，重点针对沿走滑断裂发育的缝洞储层展开部署，取得良好成效。截至 2018 年，共探明区块 6 个，探明石油地质储量 2.70×10^8t。哈拉哈塘大油田已探明区块的埋深全部超过 6400m（南部的跃满、富源区块，深度已超过 7200m），是典型的超深缝洞型碳酸盐岩亿吨级大油田。

3. 塔中奥陶系大型凝析气田

塔中奥陶系大型凝析气田位于塔中隆起北斜坡。2003 年，发现了塔中奥陶系良里塔格组礁滩型凝析气田；2006 年，在更深层的下奥陶统鹰山组又发现了层间岩溶型凝析气田，塔中奥陶系凝析气田呈现多层含油气、叠置连片分布的特点。含油气层位以奥陶系良里塔格组、鹰山组为主，局部为一间房组。储层类型为缝洞型碳酸盐岩储层，与哈拉哈塘油田相似，油气受缝洞储层控制，形成"准层状"油气藏。

2008—2018 年，塔中奥陶系勘探不断取得重要发现，进入了储量增长高峰期，探明区块 8 个，探明石油地质储量 1.88×10^8t，天然气地质储量 3051×10^8m^3，油气当量 4.31×10^8t。塔中奥陶系油气藏已探明区块的埋藏深度均大于 5100m，其中大于 6000m 的占多数，超深区块油气储量占比 83%，表明塔中奥陶系也是以超深为主的亿吨级大型凝析气田。

（二）超深油气田储量规模大

塔里木盆地超深油气田储量规模大。全球超深领域共在 8 个盆地发现了 16 个亿吨级油气田（表 1–3），其中位于海上的 7 个，位于陆上的 9 个，塔里木盆地占了 3 个。在这 16 个亿吨级超深油气田中，库车克拉苏气田是全球陆上地质储量规模最大的超深气田，哈拉哈塘和塔中是全球陆上地质储量规模最大的超深油田和超深凝析气田。

（三）超深油气储量占比大

超深油气藏的持续发现支撑了塔里木盆地储量的高峰增长。截至 2018 年，塔里木盆地累计探明石油地质储量 10.58×10^8t，探明天然气地质储量 2.17×10^{12}m^3，其中超深层探明石油地质储量为 5.13×10^8t，探明天然气地质储量 1.28×10^{12}m^3，占比分别为石油 48%、天然气 59%；超深层探明油气总当量 15.36×10^8t，占比 55%。2008—2018 年，塔里木盆地共探明超深油气藏（区块）31 个，探明油气地质储量 14.89×10^8t 油当量，占同期总探明储量油当量 15.91×10^8t 的 93.6%，超深领域年均新增探明油气地质储量 1.35×10^8t 油当量，是塔里木盆地新增探明储量的绝对主力（图 1–4）。

表 1-3 全球超深亿吨级油气田统计表

盆地类型	盆地名称	油气田名称	最深油气藏埋深（m）	主要烃类型	位置	地质储量油当量（10^8t）
被动陆缘盆地	墨西哥湾深水盆地	Mad Dog	7658	油、气	海上	1.28
		Mars	6014	油、气	海上	4.29
		Shenzi	7121	油、气	海上	2.18
		Tahiti	6804	油、气	海上	1.64
		Thunder Horse	6356	油、气	海上	3.22
前陆盆地	马拉开波（委内瑞拉）盆地	La Ceiba 1X	6364	油	陆上	1.18
	南里海盆地	Shah Deniz	6265	油、气	海上	13.21
	塔里木盆地	库车克拉苏	7745	气	陆上	7.85
克拉通盆地	二叠盆地	Brae South	6696	油、气	海上	1.42
	哈西迈斯欧德（阿尔及利亚）盆地	El Agreb	5031	油	陆上	1.84
	亚平宁盆地（意大利）	Villafortuna-Trecate	7846	油、气	陆上	1.49
	塔里木盆地	哈拉哈塘	7320	油	陆上	2.70
		塔中	6273	油、气	陆上	4.31
	四川盆地	安岳	5400	气	陆上	3.5
		龙岗	6400	气	陆上	3.6
		元坝	6600	气	陆上	2.3

注：据中国国家探明地质储量数据库；国外 OOIP 数据库，2017。

（四）超深油气田产量占比高

截至 2018 年，塔里木盆地投入开发的超深油气田已累计生产石油 $1360×10^4$t，天然气 $467×10^8m^3$，油气当量 $5081×10^4$t。随着超深油气勘探发现逐年增多，超深油气产量占比也逐年增大（图 1-5），2008 年，塔里木油田累计生产油气当量 $2038×10^4$t，其中超深油气田仅有 $22×10^4$t，占比 1.1%；到了 2018 年，超深油气田年产油 $190×10^4$t、气 $105×10^8m^3$，油气当量 $1027×10^4$t，首次突破一千万吨关口，占比提升至 38.4%。

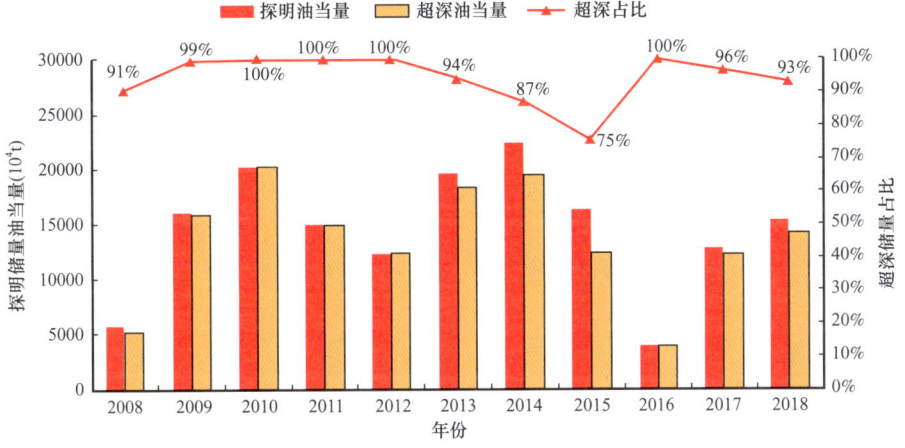

图 1-4　2008—2018 年塔里木盆地新增探明油气储量当量直方图

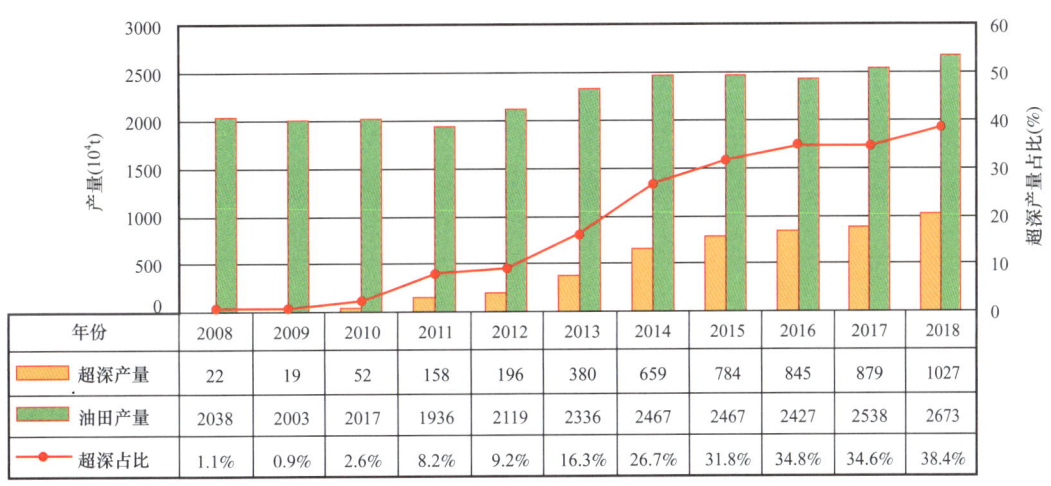

图 1-5　塔里木油田超深油气的产量与油田历年产量对比

三、超深油气勘探效果

（一）超深井钻探成功率高

1989 年以来，塔里木盆地共有 298 口超深探井获工业油气流，成功率 56%。其中 2008—2018 年，盆地共有 254 口超深探井获工业油气流，成功率 64%；特别是 2013 年以后，库车克拉苏构造带、塔北—塔中奥陶系碳酸盐岩两大超深领域的地质认识和勘探技术趋于成熟，超深探井的成功率平均在 68%（图 1-6）。

（二）超深井单井产量高

截至 2018 年，塔里木盆地三大超深油气田已全部投入开发。这些超深油气藏地层压力高，储层中裂缝发育，加上储层改造效果良好，有利于生产井高产稳产。2018年克拉苏气田克深、大北、博孜区块的平均单井日产气量分别为 $42.2 \times 10^4 m^3$、$30.5 \times 10^4 m^3$、$61.8 \times 10^4 m^3$（表1-4），且稳产时间较长。塔北—塔中奥陶系为缝洞型碳酸盐岩油气藏，生产井投产初期日产油普遍可达30～80t，钻遇大容积含油缝洞体的单井可持续高产稳产，钻遇较小缝洞体的单井则递减较快。2018年哈拉哈塘油田平均单井日产油23.3t，塔中奥陶系凝析气田平均单井日产油8.9t，日产气 $2.2 \times 10^4 m^3$。

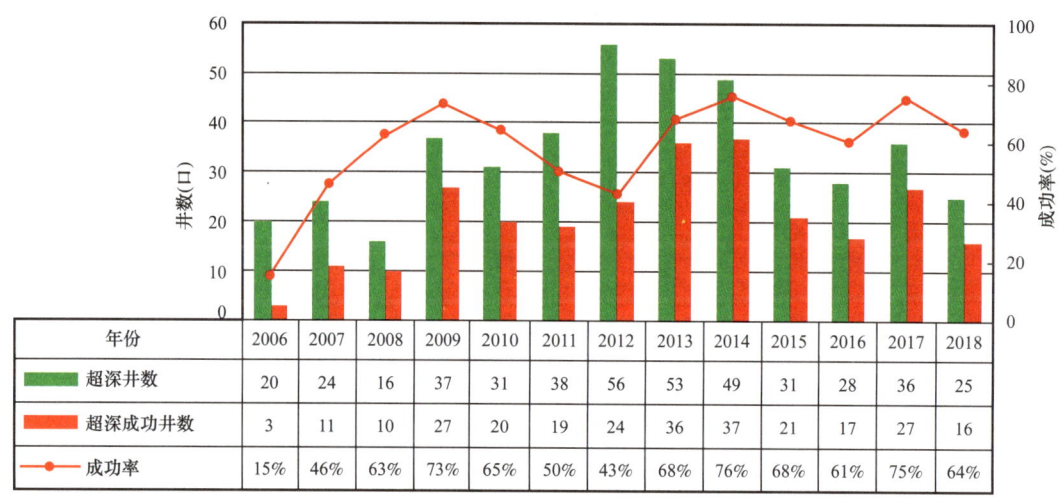

图1-6　2006—2018年塔里木盆地完钻超深探井成功率统计

2018年塔里木油田共开井1332口，平均单井日产油10.4t，平均单井日产气 $6.0 \times 10^4 m^3$，其中超深油气田开井381口，平均单井日产油13.3t，平均单井日产气 $8.1 \times 10^4 m^3$，超深油气田的单井日产量高于油田平均水平（表1-4），也远高于中石油平均水平（平均单井日产油2t，平均单井日产气 $1.9 \times 10^4 m^3$）。

表1-4　2018年塔里木盆地超深油气田平均单井日产量统计表

油气田		油气藏深度（m）	开井数（口）	平均单井日产油（t）	平均单井日产气（$10^4 m^3$）
塔里木油田合计			1332	10.4	6.0
超深油气田合计			381	13.3	8.1
克拉苏气田	克深区块	>6600	54	—	42.2
	大北区块	>6100	14	6.3	30.5
	博孜区块	>7000	1	23.5	61.8
塔中凝析气田		>6000	152	8.9	2.2
哈拉哈塘油田		>6400	160	23.3	—

（三）超深油气勘探效率高

在塔里木库车前陆区，从 2005 年瞄准盐下深层上钻克拉 4 井开始，到 2008 年克深 2 井突破，仅历时 3 年；从克深 2 井突破到 2018 年控制天然气万亿立方米地质储量规模，仅历时 10 年。同样属于陆上前陆盆地的委内瑞拉马拉开波盆地，发育陡窄前陆冲断带与宽缓前渊—斜坡带，油气沿断层和砂体输导，主要富集于冲断带和前渊区的始新统砂岩中，该盆地于 20 世纪初开始油气勘探，历经 46 年，到 1956 年才发现 La Ceiba 1X 超深亿吨级油田（表 1-3）。

在克拉通区塔北隆起，从 1987 年轮南 1 井奥陶系的突破，到 2009 年哈 7 井发现哈拉哈塘大油田，历时 22 年；从哈 7 井突破到 2014 年原油产量突破百万吨，仅历时 5 年。美国二叠克拉通盆地沉积构造背景与塔里木克拉通盆地相似，古生界以广阔浅水陆缘海碳酸盐岩沉积为主，油气主要沿不整合面运移，聚集在古生界以白云岩储层为主的背斜、鼻状构造圈闭中。二叠盆地勘探始于 20 世纪 20 年代，历经 50 年探索，才发现 Brae South 亿吨级超深油气田（表 1-3）。

（四）超深油气田开发效益好

超深油气田开发支撑了塔里木油田产量的持续增长（图 1-5），2018 年油田生产天然气 $266 \times 10^8 m^3$，年产油气当量 $2673 \times 10^4 t$，是中国陆上第三大油气田、第二大气区，盈利能力连续保持在国内油气田前列。超深油气田开发尽管面临钻井周期长、资金投入大等不利因素，但由于储量规模大、单井产量高，大规模开发仍然取得了良好的经济效益，按原油 70 美元 /bbl、天然气 945 元 /1000m^3 计算，三大超深油气田在方案评价期内所得税后财务内部收益率为 8.89%～20.96%，均有较好的经济效益。

四、超深油气勘探地位

（一）实现了超深油气地质理论认识创新

塔里木盆地超深勘探领域因其自身地质条件的独特性，兼具国内外诸多前陆盆地或克拉通盆地的超深油气勘探难题于一体，国内外一些超深盆地或相似盆地类型的油气勘探地质理论无法有效指导其超深油气勘探，在此情况下塔里木盆地创新性地形成了超深含盐前陆盆地油气地质理论和克拉通区碳酸盐岩油气地质理论。

1. 丰富了超深含盐前陆盆地地质理论认识

国外前陆盆地中最为典型的为扎格罗斯盆地和艾伯塔盆地。（1）扎格罗斯盆地沉积上具二元结构，为前陆海相碳酸盐岩叠加在被动陆缘海相碳酸盐岩之上,从前寒武系至新近系发育多套膏盐岩地层,深部前寒武系膏盐岩为滑脱层,浅部二叠系至新近系多套膏盐岩可作为盖层。前陆冲断带构造复杂,封盖条件差,极少有油气发现;前陆斜坡—前缘构造带构造相对简单,浅部膏盐层不发生塑性流动,地层整体褶皱变形,形成了一系列宽缓同心褶皱背斜,油气主要发现在该区域。白垩系—古近系海相碳酸盐岩与上覆新近系中新统膏盐岩形成主力储盖组合,储层埋深相对较浅,主要埋深为3200m左右,最深达5000m,原生粒间孔发育,物性较好,孔隙度7.5%~24%,渗透率0.01~20mD,油气田储量规模较大,如Mansuri&Ab Teymur油田石油最终可采储量达3.36×10^8t。(2)艾伯塔盆地沉积上也具二元结构,为前陆海相和陆相碎屑岩叠加在被动陆缘海相碳酸盐岩之上,仅中泥盆统发育一套无塑性变形的薄层蒸发岩,对油气成藏影响不大。前陆冲断带较窄,发育大量高陡断层,不利于油气聚集保存,前陆斜坡—前缘构造带宽缓,断层不发育,油气主要发现在此区域盐层之上的地层圈闭或岩性圈闭中,白垩系河流相砂岩与上覆页岩形成主力储盖组合,发现的油气田埋深浅,一般2000~3000m,最大埋深约5000m,原生粒间孔发育,物性好,最大孔隙度35%,最大渗透率6908mD,油气田储量规模一般较小。

通过对国外7个前陆盆地中的13个超深油气田(HIS,2015)的调研,国外前陆盆地超深油气田储层埋深相对较浅,物性相对较好,膏盐层较少发育或流动性差,油气主要富集在前陆斜坡和前缘构造带的构造、岩性或地层圈闭中,其地质条件远优于库车前陆,地下复杂程度和勘探难度也都无法与库车前陆相比。国外前陆盆地的超深油气勘探认识主要为中浅油气勘探理论的延续或补充,并聚焦在储层的形成与保存机理、油气成藏的规律与机理上。(1)超深碎屑岩储层方面,认为受应力稳定性和化学稳定性影响,超深层仍存在一定规模的优质有效储层;超深有效储层的形成主要受高能环境和高刚性颗粒含量的影响;溶蚀作用与溶孔保存控制了规模储层分布,并且超深优质储层的发育与浅埋期存在成因和演化上的继承性。(2)碎屑岩成藏方面,仍继承了浅层油气成藏地质理论,认为超深油气藏仍遵循源控性,主力烃源灶控制超深油气田分布;超深优质规模储层和厚层区域性盖层是超深油气田油气富集和高产的关键与保障;超深油气成藏主生气期与构造定型期的良好匹配决定了油气成藏的有效性与高效性。

塔里木库车前陆盆地超深油气勘探面临着比国外前陆盆地埋藏更深、油气富集于复杂前陆冲断带、发育巨厚膏盐层等诸多复杂特殊地质条件,油气储层为裂缝性低孔砂岩,埋深一般6000~8000m,裂缝发育,孔隙度2%~7%,渗透率1~10mD,储层之致密、成藏之复杂为国内外前陆盆地油气勘探之少见,国外超深油气勘探地质理论已无法为库车超深勘探提供理论借鉴和认识指导。

针对库车前陆盆地独特的石油地质条件，塔里木油田超深油气勘探创新性地提出了"顶篷构造"理论，建立了"盐上顶篷、盐下冲断叠瓦"构造模式，总结顶篷构造之下有效储层形成机理与分布规律，创新发展了应力控储的"断背斜应力中合面"地质理论，建立了喜马拉雅晚期天然气持续强充注的断背斜成藏模式。这些理论有力指导了库车前陆冲断带的勘探，不但发现了盐下超深万亿立方米大气田，而且可以很好地为国内外前陆盆地超深油气勘探提供借鉴。

2. 丰富了克拉通区碳酸盐岩油气地质理论认识

国外克拉通碳酸盐岩盆地最为典型的为美国的二叠盆地和俄罗斯的东西伯利亚盆地，二叠盆地、东西伯利亚盆地与塔里木克拉通盆地都为经历多期构造运动的叠合盆地。（1）二叠盆地主要目的层为二叠系—奥陶系白云岩储层，其奥陶系储层为陆棚—台地相碳酸盐岩沉积，受沉积相和近地表大气淡水溶蚀作用的影响而形成规模有效储层，物性较好，孔隙度0.9%～6.5%，平均5%，渗透率0.1～6.5mD，平均5mD，该套地层埋深相对较浅，为4000～5000m。二叠盆地的油气聚集受构造和岩性控制，主要聚集于构造背景下的岩性圈闭，发育鼻状或断背斜岩性油气藏。（2）东西伯利亚盆地地层古老，发育拗拉谷期里菲系优质烃源岩，主要目的层为里菲系、文德系和下寒武统，多期构造运动形成多套缝洞型台地碳酸盐岩储层，同时发育多套蒸发岩盖层，形成优质储盖组合，储层主要为发育溶孔、洞穴、裂缝、晶间孔等的中—低孔低渗型白云岩，孔隙度2%～25%，平均12%，渗透率0.1～4000mD，平均100mD，油气田埋深较浅，一般小于3000m。

通过对国外11个克拉通盆地中的16油气田（HIS，2015）的调研，国外克拉通区碳酸盐岩油气田埋深浅，盆地构造演化及地质结构相对简单，储层主要为物性较好的白云岩，油气富集于构造背景的岩性圈闭中。国外对超深克拉通盆地的主要地质理论集中在碳酸盐岩储层的形成与保存机理以及油气成藏的机制与规律方面。（1）碳酸盐岩储层方面，国外认为：碳酸盐岩储层，尤其是白云岩，早成岩导致的强抗压实性和高化学活动性使得超深层仍发育优质规模储层；超深碳酸盐岩储层具有相控性，礁滩体沉积是白云岩储层和岩溶储层发育的物质基础；超深碳酸盐岩储层继承性大于改造性，孔隙主要形成于沉积和表生环境，而埋藏环境是孔隙保存、富集和贫化的场所。（2）油气成藏方面，与碎屑岩相似，遵循源控性，超深优质储盖组合控制油气富集和高产，油气成藏期与构造定型期良好匹配是油气成藏关键等。

塔里木克拉通区碳酸盐岩超深油气勘探较国外具有埋藏更深、年代更古老、储层及成藏更复杂等特有地质条件，其主要储层为寒武系—奥陶系的岩溶缝洞型白云岩和石灰岩，埋深一般为6000～9000m，孔隙度2%～3%，渗透率0.01～1mD，油气局部富集于缝洞体中，没有统一的油水界面，其复杂的地质特点与国外克拉通区碳酸盐岩勘探存在明显区别，国外的相关勘探地质理论无法为塔里木克拉通区的超深勘探提供借鉴和指导。

针对克拉通区碳酸盐岩独特的地质特点，塔里木盆地超深碳酸盐岩油气勘探创新性地建立了独具特色的准层状油气成藏模式，明确多期层间岩溶和多期大型走滑断裂控储、控藏、控富集，这些不仅丰富了克拉通区碳酸盐岩油气地质的理论，而且有效地指导了塔中—塔北台隆区超深缝洞型碳酸盐岩的勘探实践，不但发现了克拉通区的哈拉哈塘和塔中北坡超大型油田和凝析气田，同时也为国内外克拉通区碳酸盐岩超深油气勘探提供了借鉴。

（二）形成了先进适用的超深勘探技术系列

在超深勘探的探索与实践中，针对塔里木盆地地表、地下存在的一系列勘探难题，塔里木油田通过攻关，在地震勘探、钻井、储层改造和测井等方面形成了先进适用的勘探技术系列。

1. 地震勘探技术系列及其对标

超深领域的地震信噪比较低，加之复杂的地表、地下条件，要获得清晰的地震资料非常不易。在过去30多年的地震技术攻关实践中，塔里木油田的物探人员通过引进、吸收和再创新，逐步形成了具有塔里木盆地特色的高陡复杂山地盐下超深地震勘探和沙漠区超深缝洞型碳酸盐岩地震勘探两大技术系列。

（1）在陆上复杂山地勘探领域，一些国际石油公司如ENI-Repsol、Shell、BP、俄罗斯LukOil、法国Total、挪威Statoil等，在中东扎格罗斯山前带开展了多年地震勘探，使用了宽方位和单点高密度采集，在巴基斯坦山地也开展了类似的技术攻关与叠前深度偏移成像处理技术的应用，在山前中浅层取得了良好发现。但由于近年来中东局势复杂化，进一步的投入和突破都十分有限。阿曼石油开发公司（PDO）也开展了复杂山地技术攻关，主要在加大偏移距和加强低频信号激发、接收、处理等方面开展了较多研究试验工作，取得了一定成效。Total与中亚国家合作，在复杂的地表、地下和深层开展勘探，但投入不大，技术突破不显著，勘探没有大的成效。

近年来，塔里木盆地在库车山前带超深层盐下的天然气勘探取得持续突破，发现了克拉苏万亿立方米大气田，近期又在秋里塔格7000m盐下发现了千亿立方米油气藏，这主要归功于高陡复杂山地地震勘探技术的规模应用，该技术包括"宽线+大组合"和山地三维地震。其中"宽线+大组合"技术2005

年首创于塔里木并在国内前陆盆地、国内西部山地和中亚山地等地区推广应用，效果显著；而山地高密度三维地震采集技术、拟真地表TTI各向异性叠前深度偏移技术和超深复杂构造地震解释技术等的集成和大规模应用（表1-5），使库车超深层高陡盐下构造的油气勘探快速地实现了持续突破。

（2）在克拉通区超深油气勘探中，国外地震勘探主要是地表平坦、地下条件简单的实例。阿曼石油开发公司与BP合作，是最早开展高密度、全方位、高效震源采集的石油公司，它们将此应用推广到了北非地区和中东沙漠地区。中东的石油公司针对沙漠区的侏罗系或白垩系目的层，主要采用高密度宽方位可控震源采集技术和时间域叠前时间偏移技术。在2010年前后，沙特阿美公司曾经对国际石油公司开放深层勘探，目的层在6000～7000m，包括中国石化、BP、Shell、俄罗斯国家石油公司、ENI-Repsol等，多采用高密度采集技术，但历经近10年的勘探，以失败告终。由于近年来国际油价大幅度波动，国外大型地球物理技术服务公司遭受重创，在超深碳酸盐岩领域的地震技术应用基本处于5年前的水平，几乎处于停顿状态。

反观塔里木盆地，近年来在沙漠区超深缝洞型碳酸盐岩地震攻关方面的投入力度和勘探成果，远非国外公司可比。这项攻关以缝洞体成像和量化雕刻为目标，采用宽方位高密度三维采集技术和火成岩建模、联合速度建模与OVT域叠前处理、逆时偏移处理相结合的高精度成像为核心的技术系列，在塔里木盆地碳酸盐岩油气勘探中得到全面推广应用，并取得良好效果，特别是碳酸盐岩缝洞体量化雕刻技术，提高了缝洞体的描述精度，使钻井误差由1%降低到0.1%，储层预测吻合率达到90%以上，该技术现已上升为国内行业标准。缝洞型碳酸盐岩地震勘探的实例在国际上尚未见到，也没有见到相关的技术文献（表1-5）。

总体上，塔里木盆地的复杂山地地震勘探技术水平达国际领先，沙漠区超深缝洞型碳酸盐岩地震勘探技术处于国内领先、国际先进水平（表1-5）。

2. 钻井技术系列及其对标

针对塔里木库车含盐前陆盆地、克拉通区缝洞型碳酸盐岩两大领域井深大、温度高、压力高等工程地质特点，塔里木油田开展了与国外墨西哥湾、北海和巴西近海等油田，以及国内中国石化元坝气田、中国海油南海莺琼盆地、中国石化塔河顺南区块、中国石油西南油气田等的钻井技术对标工作。对标的重点是国内外类似油气藏的钻井难题、主体工艺、实施效果和技术指标等。

（1）墨西哥湾普遍发育盐层，但盐岩纯度较高（NaCl含量98%），蠕变性弱，盐间薄弱夹层少。北海盐层深度范围2800～3400m，最大厚度600m，特点是层数多，不同类型盐的性质差别较大，同塔里木相比盐种类多，但厚度较薄。而塔里木盆地发育复合盐层，盐岩纯度低、蠕变性强，同时盐间含薄夹层和高压盐水，密度窗口窄；同时塔里木盆地的砾石层厚度大，地层倾角高，硫化氢含量高。因此，塔里木超深层的钻井难度全球少有、国内独有。

表 1-5 塔里木油田超深勘探地震技术对标表

盆地类型	关键技术	盆地名称	难度系数 地表	难度系数 地下	埋深（m）	技术有无	效果指标*	规模应用指标**
前陆盆地	宽线+大组合	库车山地	高陡山地	盐上高陡，盐下逆掩	6000~8500	有	4	4
		伊朗扎格罗斯山地	山地，地形复杂	盐下同心宽缓褶皱	3000~4000	有	3	3
		东委内瑞拉盆地	低缓山地及丘陵	无盐，发育叠瓦构造	4500~6100	无		
		南里海盆地	浅海	发育泥火山，局部构造较复杂	4500~6050	无		
		阿纳达科盆地	平原，丘陵	盐下地层平缓，构造简单	5428~6228	无		
		哥伦布盆地	浅海，水深约50m	无盐、宽缓背斜	5000~6050	无		
		绿河盆地	平原，地势平坦	无盐，宽缓背斜	4785~5889	无		
	山地高密度三维	库山车地	高陡山地	盐上高陡，盐下逆掩	6000~8500	有	4	4
		伊朗扎格罗斯山地	山地，地形复杂	盐下同心宽缓褶皱	3000~4000	无	3	3
		东委内瑞拉盆地	低缓山地及丘陵	无盐，发育叠瓦构造	4500~6100	无		
		南里海盆地	浅海	发育泥火山，局部构造较复杂	4500~6050	无		
		阿纳达科盆地	平原，丘陵	盐下地层平缓，构造简单	5428~6228	无		
		哥伦布盆地	浅海，水深约50m	无盐、宽缓背斜	5000~6050	无		
		绿河盆地	平原，地势平坦	无盐，宽缓背斜	4785~5889	无		

续表

盆地类型	关键技术	盆地名称	难度系数 地表	难度系数 地下	难度系数 埋深（m）	技术有无	效果指标*	规模应用指标**
克拉通盆地	沙漠区超深缝洞型碳酸盐岩三维地震采集	塔里木台盆区	沙漠、戈壁	准层状缝洞体	6500~8000	有	4	4
		二叠盆地	沙漠—平原，地势平坦	宽缓背斜	5958~6248	无		
		滨里海盆地	丘陵—平原，地形起伏不大	盐相关构造发育	4616~5840	无		
		东西伯利亚盆地	山地，地形高差大	多套盐层，塑性变形不明显，宽缓背斜	2400~3400	无		
		威利斯顿盆地	丘陵为主，高差较小	宽缓背斜	4865~5885	无		
		四川盆地	地形复杂，沟谷纵横	构造较简单，但储层难预测	4600~6500	无		
	沙漠区超深缝洞型碳酸盐岩高精度成像	塔里木台盆区	沙漠、戈壁	准层状缝洞体	6500~8000	有	4	4
		二叠盆地	沙漠—平原，地势平坦	宽缓背斜	5958~6248	无		
		滨里海盆地	丘陵—平原，地形起伏不大	盐相关构造发育	4616~5840	无		
		东西伯利亚盆地	山地，地形高差大	宽缓背斜	2400~3400	无		
		威利斯顿盆地	丘陵为主，高差较小	宽缓背斜	4865~5885	无		
		四川盆地	地形复杂，沟谷纵横	构造较简单，但储层难预测	4600~6500	无		
	超深碳酸盐岩缝洞雕刻	塔里木台盆区	沙漠、戈壁	准层状缝洞体	6500~8000	有	4	4
		二叠盆地	沙漠—平原，地势平坦	宽缓背斜	5958~6248	无		
		滨里海盆地	丘陵—平原，地形起伏不大	盐相关构造发育	4616~5840	无		
		东西伯利亚盆地	山地，地形高差大	宽缓背斜	2400~3400	无		
		威利斯顿盆地	丘陵为主，高差较小	宽缓背斜	4865~5885	无		
		四川盆地	地形复杂，沟谷纵横	构造较简单，但储层难预测	4600~6500	无		
		北科威特	沙漠、平原	非均质强，裂缝为主控因素	约4300	有	3	4

注：* 效果指标指技术应用产生的效益情况，** 规模应用指标指推广应用的规模大小；
4—国际领先，3—国际先进。

（2）墨西哥湾普遍采用7~9层套管结构（2~3层封盐），7in套管完井，由于盐层可钻性较好，使用随钻扩眼工艺+膨胀管或定制尺寸的非标套管应对盐层低压层和破碎带地层。巴西Santos油田主体采用六开井身结构，六开裸眼完井，其中盐层段两层套管，普遍采用随钻扩眼器，下14in和$10\frac{3}{4}$in套管。中国石油西南油气田双鱼石构造上的井深7300~7700m，雷口坡组—嘉陵江组发育石膏层（800m），同一裸眼多个压力系统，但压力系数不高（1.30~2.0），采用5开井身结构，用塔标Ⅱ结构即可满足。塔里木盆地大于7000m的深井压力系统最复杂，复合盐膏层普遍发育，套管层次最少，仅用5层结构就能满足地质需求。

（3）国内外高陡构造防斜打快均采用了垂直钻井技术；塔里木油田主要采用油基钻井液以降低井下卡钻等恶性事故，实钻最高密度2.59g/cm³（国内外最高），抗温达200℃。国外墨西哥湾、巴西深水区等的井身结构中各开次不存在超过3500m的长裸眼段；国内西南油气田双鱼石区块三开裸眼段长3300m、四开裸眼段长3800m，主要采用"空气钻井或螺杆+高效PDC钻头"提速，平均钻井工期180天；塔里木哈拉哈塘地区二开裸眼段平均长5200m，钻进工期60天；库车山前超深井的钻井周期从"十五"期间的492天降至近年的290天；台盆区超深井的钻井周期从"十五"期间的200天降至近年的90天。塔里木油田的钻井速度处于中高水平。

（4）大庆油田的薄砂层厚度0.4~0.5m，塔里木哈得油田的薄砂层厚度1.7m，两者厚度基本相当，但大庆的井深较浅，为2164m，哈得油田的井深则有5000~6000m。四川元坝碳酸盐岩储层类型单一，水平段长一般1000m以内；塔中的碳酸盐岩储集类型多样，采用精细控压技术解决了易喷易漏难题，水平段超1500m。塔里木油田的水平井技术处于较高水平。

（5）塔里木油田高温高压气井的设计方法和防窜思路较其他油田具有明显的先进性，长裸眼大温差固井技术在封固段长和温差范围方面均较其他油田更大；塔里木碎屑岩油藏的固井合格率为84.9%，投产6个月后综合含水率小于7%；委内瑞拉Caracoles油田的固井合格率为70%，投产后无水开采期不少于8个月；大庆、大港、吉林等油田，固井合格率为52.5%，投产6个月后综合含水率大于70%。塔里木碎屑岩油藏的固井质量及投产效果明显优于国内其他油田。

（6）据统计，2006—2016年，墨西哥湾发生井控险情132井次，井喷失控32井次；北海油田发生井控险情55井次，井喷失控48井次；中国石油西南油气田发生井控险情8井次，井喷失控1井次；塔里木油田发生井控险情18井次，井喷失控0井次。

总体上，塔里木油田的超深钻井技术以及提速技术达到了国内领先、国际先进水平（仅次于墨西哥湾）（表1-6）。

表1-6　塔里木油田超深钻井技术对标表

序号	对标技术	塔里木	国外						国内				
			墨西哥湾	北海	中东	巴西近海	东南亚	其他	元坝气田	西南油气田	南海西部	塔河油田	其他
1	超深复杂井井身结构设计	4	4	3	2	3	2	2	4	3	3	3	2
2	超深复杂井钻井提速	3	4	4	3	3	2	2	3	3	4	3	2
3	深井超深井水平井钻井	4	2	2	2	2	2	2	4	2	2	2	2
4	超深复杂井固井	2	4	3	2	3	2	2	2	2	1	2	2
5	高温高压井井控	4	3	3	3	2	2	2	2	2	3	2	2
6	钻井完井清洁生产	2	4	4	4	4	3	2	2	2	2	2	2
	综合得分	19	21	19	16	17	13	13	17	15	15	15	12

注：4—国际领先，3—国际先进，2—国内领先；1—国内先进。

3. 测井技术系列及其对标

塔里木油田的测井技术经过10多年不懈的实践与创新，形成了具有自主知识产权的三大技术系列：超深高温高压测井采集施工工艺技术、超深高温高压裂缝性低孔砂岩测井评价技术、超深缝洞型碳酸盐岩测井评价技术，并获得了一系列国家发明专利和软件著作权，形成了许多规范与标准。

（1）在超深油气勘探领域的测井资料获取方面，安全高效采集资料难度大是超深油气田所共同面对的难题。国内外超深油气田的资料采集系列多采用斯伦贝谢、哈里伯顿、贝克休斯的测井仪器，仅在施工工艺与关键设备检测技术方面略有差别。国外公司有单项专门的检测设备，但不对外提供技术服务。塔里木油田自主研制了超深井测井设备检测装置、水平井成像测井扶正器、密度姿态定向器等专利工具，达到了国外同类技术指标。

（2）在超深裂缝性低孔砂岩测井的裂缝识别与评价方面，中国石油西南油气田主要根据储集性、渗滤性、裂缝发育程度、孔喉结构等8项指标来进行储层有效性评价，长庆苏里格气田主要根据孔渗参数、岩性、孔喉半径等11项指标进行储层有效性评价。目前国内外水基钻井液条件下的裂缝评价均达到了定量水平；墨西哥湾采用斯伦贝谢新一代的油基成像测井仪（NGI）来识别裂缝，但尚未实现定量评价。塔里木油田针对不同钻井液体系，利用声—电联测技术，实现了油基钻井液条件下的裂缝定量评价。在超深裂缝性低孔砂岩储层的流体识别方面，国内外油气田大多采用阿尔奇公式计算饱和度、电阻率以及用孔隙度交会法、声波压缩系数法等来判断流体性质。塔里木盆地因受高陡构造、强挤压应力、地层水变化及钻井液体系等多因素影响，流体评价难度大，为国内外所罕见，塔里木油田独创了高应力条件下的储层流体识别技术，它可准确识别流体性质。

（3）在碳酸盐岩缝洞识别及储层评价方面，国内外油气田均是通过采集电成像资料来进行缝洞定性识别。在定量评价方面，斯伦贝谢公司采用的分段线性刻度法仅能对 FMI 电成像资料作定量处理。塔里木油田首先采用逐点刻度法来实现电成像资料的定量处理，这一做法适用于国内外已有的电成像（FMI、XRMI、STARII、MCI），并在国内进行了规模推广应用。在碳酸盐岩流体性质识别方面，国内外都采用电阻率法、核磁共振测井法、孔隙度插值法等方法。塔里木首次应用电成像视地层水电阻率谱技术，实现了流体定量评价，并在国内作了规模推广应用。

总体上，塔里木油田的超深测井技术水平达到了国际领先（表1-7）。

表1-7 塔里木油田超深测井技术对标表

序号	对标技术	塔里木	国外					国内				
			墨西哥湾	北海	中东	澳洲	东南亚	元坝气田	西南油气田	南海西部	塔河油田	长庆油田
1	超深高温高压测井采集施工工艺	3	4	3	2	2	2	3	3	3	2	2
2	裂缝性低孔砂岩裂缝识别与评价	4	4	3	2	2	2	3	3	2	3	3
3	裂缝性低孔砂岩储层流体识别	4	4	3	2	2	2	3	3	3	3	3
4	电成像测井资料逐点刻度定量处理	3	4	3	2	3	1	3	3	1	3	3
5	碳酸盐岩成像测井相储层评价	3	3	3	2	2	2	2	2	3	3	3
6	井旁隐蔽储层识别	4	2	2	1	2	1	3	3	2	3	2
7	电成像视地层水电阻率谱流体识别	4	3	3	1	2	1	3	3	2	4	3
	综合得分	25	24	20	12	15	11	20	20	16	21	19

注：4—国际领先，3—国际先进，2—国内领先，1—国内先进。

4.储层改造技术系列及其对标

面对塔里木盆地独有的工程地质挑战，塔里木油田经过多年技术攻关，已经形成了测试、完井、储层改造以及井完整性等技术系列：超深高温高压测试技术、超深高温高压完井技术、超深层储层改造技术、高温高压井完整性关键技术。

（1）在测试技术方面，国内外各油田普遍采用APR测试工艺，塔里木油田的APR测试综合指标仅次于墨西哥湾。

（2）在完井投产技术方面，大部分超深高温高压气田采用油管＋井下安全阀＋永久式封隔器工艺。由于温度压力高，对井下封隔器等工具的性能要求就高。塔里木油田的完井投产综合指标仅次于墨西哥湾。

（3）在储层改造技术方面，由于塔里木盆地的储层品质相对较差，自然产能低，主要采用体积压裂方法，而国内外大部分油气田不需要改造，或仅需要作简单的酸化处理，以清除近井带的伤害。塔里木盆地的储层改造难度更大，技术要求更高。

（4）在井完整性技术方面，墨西哥湾和北海已经形成了成熟的管理体系与技术、专门协调工作的部门和完善的标准，塔里木油田目前初步形成了高温高压及高含硫井完整性的关键技术和管理体系。

总体上，塔里木油田的储层改造技术水平处于国内领先、国际先进（表1–8）。

表1–8 塔里木油田测试、完井与储层改造技术对标表

序号	对标技术	塔里木	国外					国内			
			墨西哥湾	北海	中东	巴西近海	东南亚	元坝气田	西南油气田	南海西部	塔河油田
1	超深高温高压测试	3	4	3	2	3	2	2	2	2	1
2	超深高温高压完井	3	4	3	2	3	2	3	2	3	2
3	超深层储层改造	4	1	1	2	2	2	3	3	2	3
4	高温高压井完整性关键	3	4	4	2	3	2	2	3	3	2
	综合得分	13	13	11	8	11	8	10	10	10	8

注：4—国际领先，3—国际先进，2—国内领先，1—国内先进。

第二章 库车前陆盆地超深碎屑岩油气勘探实践与创新

库车前陆盆地是叠加在塔里木古生界海相克拉通盆地之上的中—新生界陆相前陆盆地，是一个典型的含盐前陆盆地，位于塔里木盆地北缘，南天山造山带以南，东西长550km，南北宽30～80km，盆地面积28500km²。盆地内地表复杂，断崖林立，沟壑纵横，河流和冲沟发育，地面海拔1200～4500m不等，相对高差达500～1200m。可将库车前陆盆地划分为"四带三凹"的构造格局，四带从北向南分别为北部构造带、克拉苏构造带、秋里塔格构造带和南部斜坡带，通常把北部构造带—克拉苏构造带—秋里塔格构造带统称为库车前陆冲断带；三凹由西向东分别是乌什凹陷、拜城凹陷和阳霞凹陷（图2-1）。库车前陆盆地属典型的陆相含油气系统，发育三叠系、侏罗系两套煤系烃源岩，厚度大、分布广、有机质丰度高，现今成熟度普遍较高，以生气为主，生烃强度大，为大气田的形成提供了物质基础；发育古近系盐下、新近系盐下、侏罗系煤下等多套优质组合，是勘探的主力层系，白垩系巴什基奇克组和侏罗系阿合组储层为宽缓湖盆沉积，物源充足，三角洲前缘砂体发育，纵向叠置、横向连片（图2-2）。

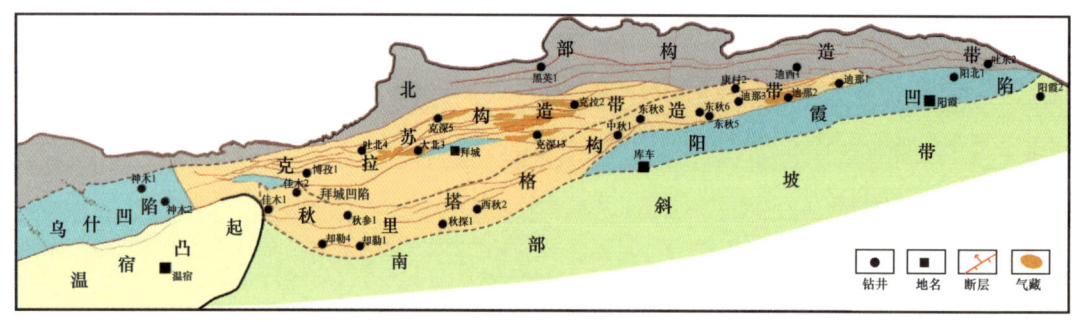

图2-1 库车前陆盆地构造单元划分图

库车前陆盆地大规模的油气勘探始于20世纪50年代，早期勘探以地面构造为主（1954—1983年），30多年的浅层勘探未取得实质性突破，仅发现依奇克里克小油田。20世纪90年代，随着塔里木石油会战的快速推进，继1991年库车前陆盆地南部斜坡带英买9井在白垩系—古近系砂岩获得高产油气之后，陆续发现和探明了英买7、牙哈、羊塔克等一批油气藏，累计探明油气储量超

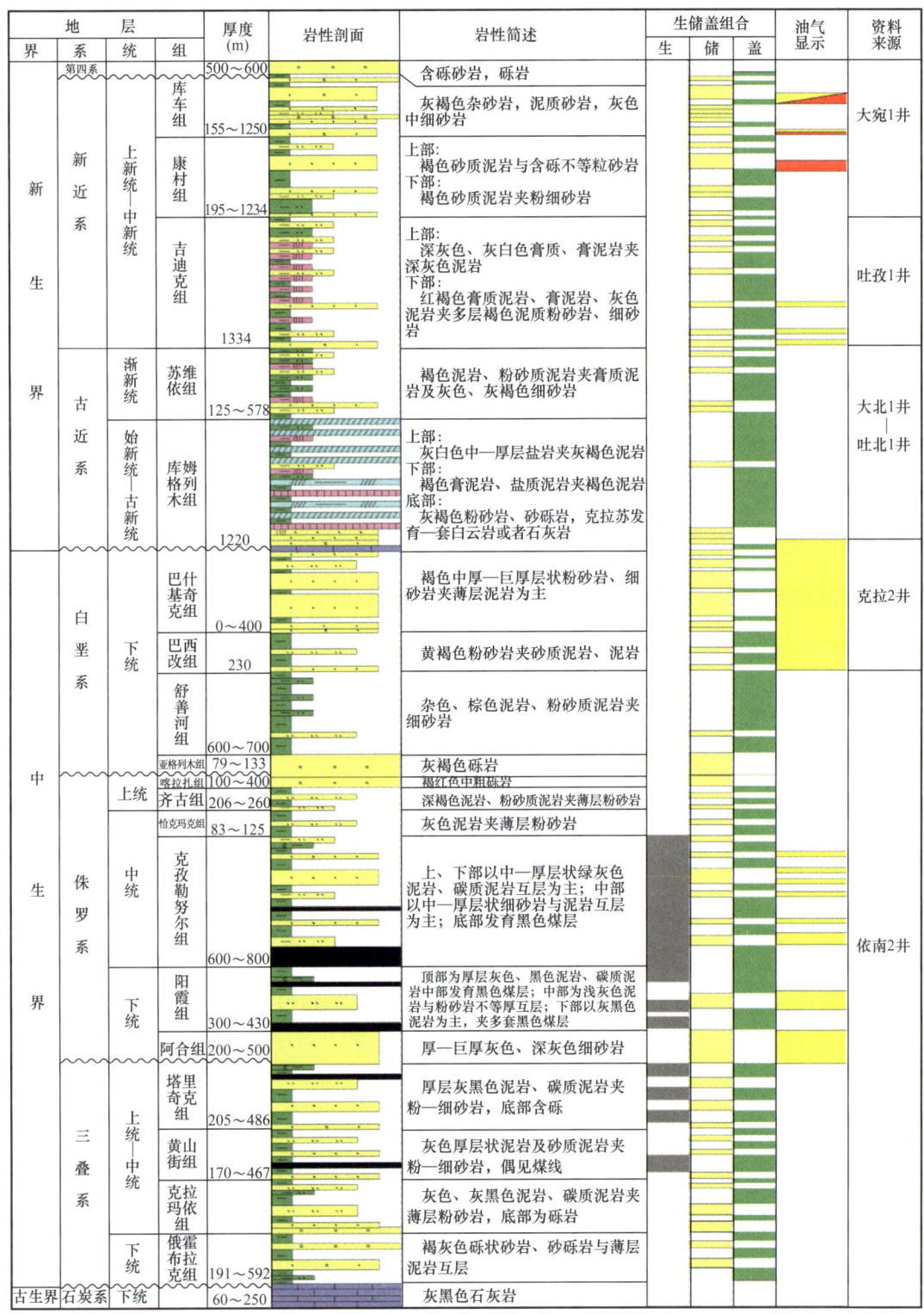

图 2-2 库车前陆盆地地层综合柱状图

过 1.5×10^8t 油当量，坚定了在前陆冲断带找油找气的信心，为库车前陆盆地大油气田勘探指明了方向。1993 年在重新评价库车前陆冲断带石油地质条件的基础上，以逼近烃源岩寻找原生油气藏的思路在克拉苏和东秋里塔格构造带分别钻探了克参 1 井、东秋 5 井两口区域探井，虽然两口井均未钻达设计目的层侏罗系，但揭示出古近系膏盐岩—白垩系巨厚砂岩这一优质储盖组合，并与地面露头对比良好。受此启发，油气勘探方向调整为主攻克拉苏构造带古近系膏盐岩—白垩系巴什基奇克组砂岩储盖组合。1997 年，在克拉苏—依奇克里克构造带自西向东部署上钻了克拉 2 井、克拉 3 井、依南 2 井等三口探井，到 1998 年初，三口探井均获得高产天然气流。尤其是克拉 2 井古近系盐下白垩系勘探的战略突破，发现了克拉 2 古近系盐下整装大气田，掀起了库车前陆冲断带第一轮天然气勘探高潮；通过总结克拉 2 大气田形成的地质规律，向西扩展发现了大北 1 气藏，向东于 2001 年在东秋构造带新近系盐下发现了迪那 2 气田，直接推动了"西气东输"工程的启动。2001—2006 年是库车前陆盆地油气勘探的低潮期，由于勘探方针转变为"油气并举、以油为主"，油气预探主要集中在阳霞凹陷、秋里塔格构造带和乌什凹陷，虽然取得了却勒 1 井、东秋 8 井、乌参 1 井、神木 1 井四个发现和野云 2 井的发现苗头，但展开评价勘探或甩开预探均颗粒无收。痛定思痛、深刻反思，重新认识了大气田形成的关键要素之后，提出了重回克拉苏构造带，主攻克拉苏盐下超深勘探领域，在克拉 2 之下找"克拉 2"。2006—2007 年，在克拉苏构造带实施"宽线+大组合"二维地震攻关，发现和落实了一批古近系盐下超深断背斜圈闭，2007 年优选上钻了克深 2 风险探井，2008 年 8 月，克深 2 井在白垩系巴什基奇克组 6573～6697m 井段进行完井测试，获高产工业气流，发现了克拉苏盐下超深大气田。从此，库车前陆盆地油气勘探整体进入超深油气勘探阶段，经历了 10 年的规模勘探与持续发现，落实了克拉苏盐下超深万亿立方米气藏群。秋里塔格构造带作为克拉苏构造带的战略接替领域，不论是地震准备还是区域预探一直未间断，尤其是对古近系盐下白垩系超深勘探领域更是不离不弃，直到 2018 年，中秋 1 井的重大突破打破了秋里塔格构造带多年油气勘探的沉寂（王招明等，2017）。

第一节　前陆盆地超深碎屑岩油气勘探实践

一、克拉苏超深大气田勘探实践

克拉苏大气田由多个断背斜砂岩气藏组成，东西长约 248km，南北宽 15～30km，是近 10 年来塔里木盆地最大的发现，也是迄今为止中国乃至全球陆上超深领域发现的最大气田。克拉苏气田位于库车前陆盆地克拉苏构造带（图2-1），北与北部构造带以逆冲断层相接，南与秋里塔格构造带以向斜和斜坡过渡，东西分别毗邻阳霞凹陷和乌什凹陷，北部为克拉2气田、南部为牙哈—英买力油气田。

（一）勘探历程

克拉2气田发现之后，为了实现更大突破，历经10年的艰辛探索，于2008年8月28日在克深2井获得高产气流，突破了库车前陆冲断带盐下超深新领域，又通过10年的规模勘探，落实了克拉苏万亿立方米大气田，其勘探历程大致分为四个阶段（杜金虎等，2018）。

1. 中深层优质背斜克拉2获重大发现，但随后的气藏勘探不尽人意（1998—2004年）

1998年1月20日，克拉2井首先在3499.87～3534.66m井段（古近系白云岩段）中途测试获得高产气流，日产量为$27\times10^4m^3$，从而发现了克拉2大型气田。通过继续钻探，在古近系底砂岩—白垩系巴什基奇克组砂岩中发现了主力气层，测井解释有效厚度达286.5m，完井测试在6个层段获得高产，日产天然气$(40\sim70)\times10^4m^3$，最终探明天然气地质储量高达$2840\times10^8m^3$。克拉2气田的发现和探明促进了国家"西气东输"工程的启动，为此，落实"西气东输"后备战略资源成了当务之急。

1999—2000年，按照寻找类似克拉2气田那种"埋藏较浅、幅度高、规模大"气藏的勘探思路，首先在克拉苏断裂上盘同一排构造带、同一勘探目的层中扩展勘探，先后向西100km、向北12km甩开预探了吐北1井、吐北2井、巴什2井，钻探结果全军覆没；接着，向西90km在克拉苏断裂下盘甩开钻探了大北1井，在古近系盐下实现了勘探新发现，钻揭白垩系巴什基奇克组46m，对白垩系5552～5586m井段进行完井压裂测试，用6mm油嘴求产，油压40MPa，折合日产天然气$30\times10^4m^3$，给克拉苏构造带的油气勘探带来一片曙光；然后，根据背斜构造勘探思路，钻探东秋里塔格构造带的迪那1、迪那2新近系盐下构造，获得了成功，发现了迪那2大气田。

克拉2气田、大北1气藏、迪那2气田发现之后，克拉苏构造带的中深层盐下背斜构造基本无可上钻圈闭，遂逐步转入攻关准备阶段，勘探方针也悄然转变为"油气并举、以油为主"，库车前陆盆地的油气勘探转向了阳霞凹陷、秋里塔格构造带和乌什凹陷，2000—2004年在这三个地区共部署上钻预探井8口，虽然取得了却勒1井、东秋8井、乌参1井、神木1井四个发现和野云2井的发现苗头，但展开评价勘探或甩开预探均颗粒无收，没有取得实质性突破，没有一个发现变成规模储量，库车前陆盆地油气勘探一度步入低潮。

五年中深层优质背斜的气藏扩展勘探给我们的启示：（1）盆地东西两厢储盖组合发生了明显变化，主力储盖组合不是缺失就是变差，故应及时调整寻找大气田的勘探方向；（2）钻探失利的主要原因是圈闭不落实，"高点带弹簧，圈闭带轱辘"的现象仍然困扰着库车前陆冲断带的圈闭落实，提高地震资料品质和改进圈闭研究方法已迫在眉睫；（3）要想在库车前陆盆地再次发现大气田，必须重新组织山地地震勘探技术攻关，重新审视勘探思路，重新确定大气田的勘探方向和主攻领域。

2. 锁定克拉苏盐下超深勘探领域，优选上钻克深 2 预探目标，发现克拉苏大气田（2005—2008 年）

1）古近系膏盐岩—白垩系巴什基奇克组砂岩储盖组合的区域分布

库车前陆盆地盐下中深层已取得勘探突破，在克拉苏逆冲断裂上盘钻探的克拉 1 井、克拉 2 井、吐北 2 井、吐北 1 井、巴什 2 井等，揭示了中深层古近系膏盐岩—白垩系巴什基奇克组砂岩优质储盖组合分布范围广，并与地表露头对比性很好。而在克拉苏逆冲断裂下盘钻探的大北 1 井、大北 2 井同样揭示了古近系膏盐岩—白垩系巴什基奇克组砂岩储盖组合的存在，并获得了高产气流，尤其是大北 3 井的钻探，在 7058～7091m 完井测试，获得日产天然气 $41\times10^4\text{m}^3$，展现了克拉苏构造带 7000m 以深的白垩系仍然还发育有效砂岩储层，证实了克拉苏断裂下盘区域分布有古近系膏盐岩—白垩系巴什基奇克组砂岩储盖组合，这里虽然属超深领域，但具有盖层优质、有效储层厚度大的特点。

2）克拉苏断裂下盘超深盐下圈闭成排成带分布

经重新认识构造地质模型，克拉苏盐下超深勘探领域可能存在冲断叠瓦构造带。2005 年 9 月钻探的克拉 4 井历经三次加深（5600m → 6150m → 6500m），后在 6392.5m 因卡钻而被迫完钻，实钻与设计误差大，钻揭了近 4000m 的巨厚膏盐岩层，表明构造地质建模和地震解释出现了严重的偏差。根据地震资料和构造变形特征分析，重新建立了巨厚膏盐岩条件下的构造地质模型（图 2-3、图 2-4），在克拉苏盐下超深领域解释出叠瓦冲断构造带，以及盐下构造可能成排成带分布。

针对库车地面为山地、地下构造复杂、大断裂之下地震资料品质普遍较差的情况，2005 年塔里木油田打响了地震攻坚战，制订了将盐下深层资料一、二级品率由 20% 以下提升到 60% 以上的目标，以"宁要一条过得硬，不要十条过得去；宁要一条精品，不要十条二级品"的理念作为库车山地地震勘探技术攻关的行动指南。在地震采集上，对宽线、大组合分别进行采集攻关试验，资料品质都有一定程度的改善，但效果不显著，在此基础上，部署实施了"宽线+大组合"采集技术攻关，实现了强强联合、优势互补，获得的地震资料品质有了质的飞跃，有效覆盖次数较单线提高4~6倍，信噪比提高明显，波场相对简单，成像效果得到大幅度改善，获得了克拉苏盐下超深勘探领域清晰的地震反射（图2-5），地震攻关获得重大突破。

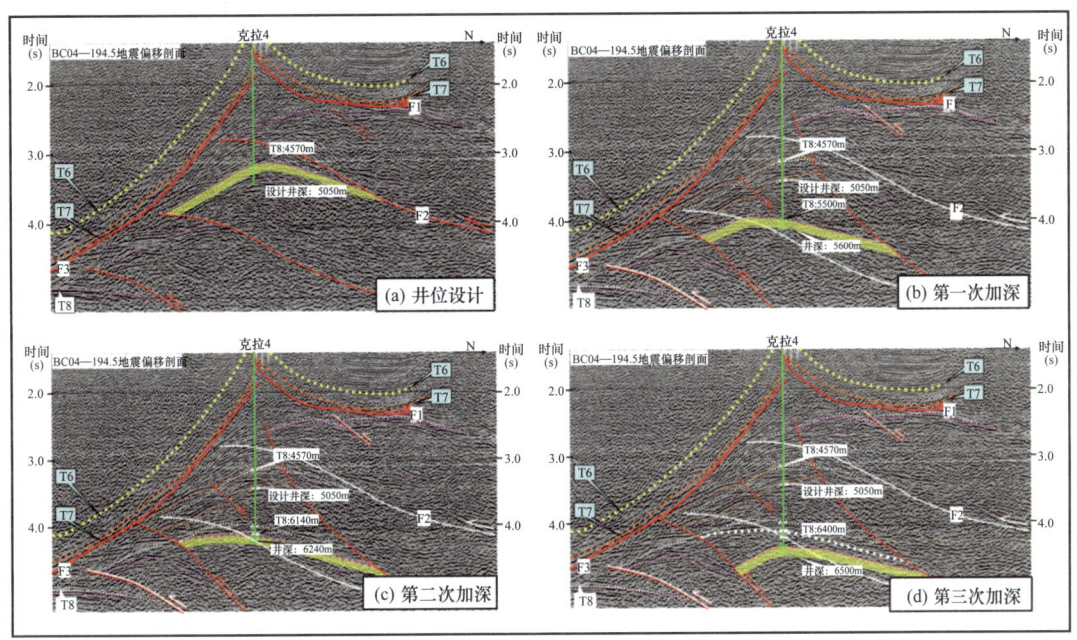

图2-3 克拉4井钻探前与钻探加深后地震解释模式对比图

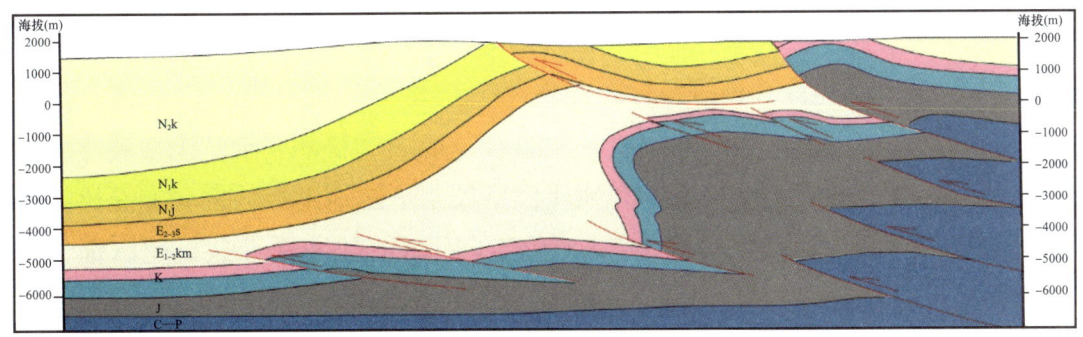

图2-4 克拉4井钻后地质模型图

"宽线+大组合"地震攻关提高了地震资料品质，2006年底，依据对克拉4井的钻探认识和盐相关构造的地质建模结果，指导克拉苏构造带"宽线+大组合"二维地震资料与常规二维地震资料的解释，完成了新一轮克拉苏盐下超深勘探领域的连片构造成图（图2-6），发现24个圈闭，面积达812km^2，初步揭示克拉苏盐下超深勘探领域发育成排成带的古近系盐下圈闭。据此，对库车前陆盆地油气勘探主攻方向做出重大调整，瞄准克拉苏盐下超深勘探领域，制

- 39 -

订了在克拉 2 之下寻找"克拉 2"的工作部署，继续强力组织地震攻关，落实钻探目标，开展盐相关构造地质建模攻关，不断深化地质认识，坚定了在克拉苏盐下超深勘探领域寻找大气田的信心和决心。

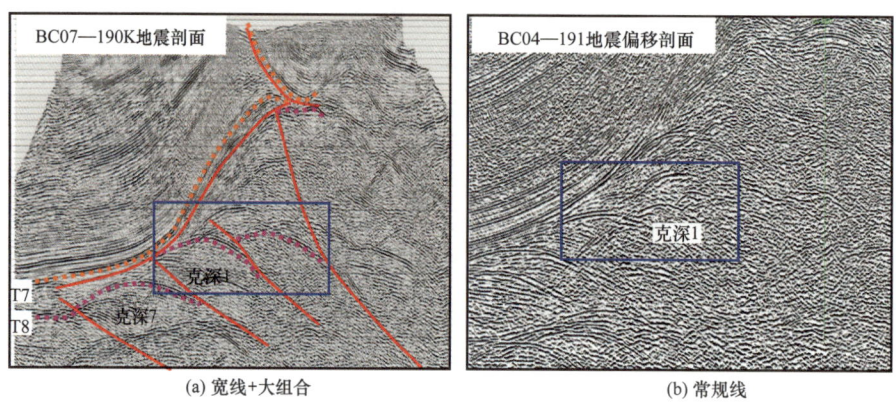

图 2-5 "宽线 + 大组合"攻关地震资料对比图

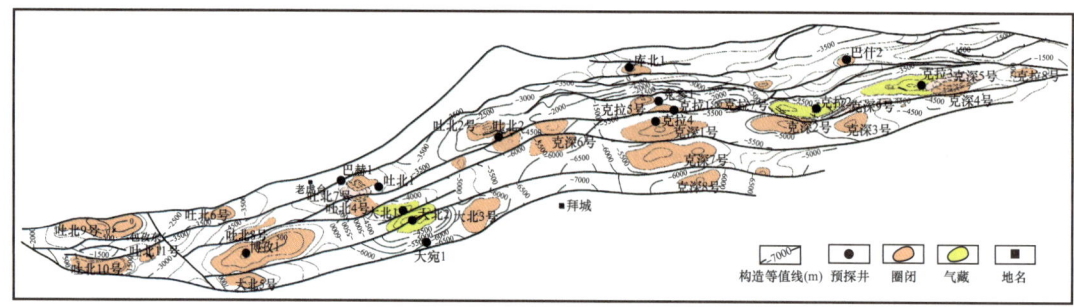

图 2-6 克拉苏构造带 2006 年勘探成果图

3）优选上钻克深 2 预探目标，发现克拉苏大气田

应用克深地区新采集的"宽线 + 大组合"地震资料和常规二维地震重新处理资料，开展了全层系精细解释和地质模型控制下的速度场研究，重新落实了克深 1 号、克深 2 号圈闭（图 2-7），锁定了库车前陆冲断带盐下超深油气勘探突破的目标。

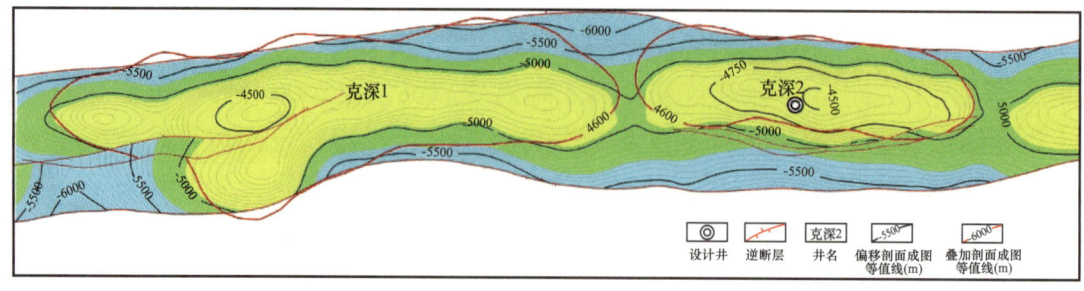

图 2-7 克深 1 号、克深 2 号构造 T8 地震反射层构造图（偏移）

在精细区带圈闭评价基础上，于2007年3月28日论证通过了克深2风险勘探井位，设计井深6950m，主要勘探目的层为古近系底砂岩—白垩系巴什基奇克组。中国石油高度重视该井的钻探，成立了克深2生产管理项目组，通过精心组织，该井于2007年6月19日开钻，2008年6月21日完钻，完钻井深6780m，揭开目的层210m，发现气层122m。2008年8月28日，克深2井在6500m以深获得高产气流，对6573～6697m酸化后求产，用8mm油嘴，油压45MPa，日产气$46×10^4m^3$（图2-8），至此克拉苏构造带盐下超深天然气勘探取得战略性突破，标志着克拉苏大气田的发现。

克深2井上钻的同时，针对克拉苏深层又部署上钻了克深5风险探井，该井于2008年4月15日开钻，2009年6月1日完钻，完钻井深6875m，揭开目的层172.5m，发现气层75.1m。2010年5月8日，对6703～6742m井段加砂压裂后求产，用4.76mm油嘴，油压40MPa，日产气$14×10^4m^3$。

3. 实施大面积三维地震，不断扩大克拉苏盐下超深勘探成果（2010—2015年）

克深2井发现后，勘探家们分析认为，克拉苏盐下超深勘探领域整体含气，资源丰度高，成藏条件好，同时认识到"宽线＋大组合"二维地震可以发现盐下超深大构造，但满足不了克拉苏盐下超深领域规模勘探和快速建产的需求。为此，基于对大气田成藏条件的宏观认识及勘探开发的需求，2008年塔里木油田果断决策，在克深地区一次性部署实施了高精度山地三维地震1000km²，这是当时全国面积最大的复杂山地三维地震勘探项目。随着克拉苏盐下超深勘探领域的持续发现，克拉苏构造带实现了三维地震大面积连片，从而为克拉苏盐下超深勘探领域整体解剖奠定了坚实的基础。

在采集方面，首次在三维地震采集中实施了大组合接收。采集的原始剖面显示，三维资料相对于二维资料，反射波组特征更真实与自然，符合地质规律，能够清楚刻画地质结构特征。

在处理方面，首次开展叠前深度偏移处理。地震资料的叠前深度偏移成像质量明显好于叠后时间偏移处理结果（图2-9），基本解决了盐上高陡、盐下复杂构造偏移归位不准的问题，表现为盐上、盐下地震资料信噪比明显提高，盐下断裂和构造特征清楚，实现了复杂山地地震资料叠前深度偏移的规模化工业应用。

在解释方面，应用盐上、盐体、盐下"三位一体、分层变形"的思路来建立构造解释模型，指导地震资料解释和落实圈闭，深化了对克深地区的地质结构认识：克深地区由克拉苏断裂与拜城断裂所夹持的楔状逆冲叠瓦断块组成，断层在南部沿基底滑脱，在北部断穿基底。通过三维地震规模勘探，发现了7排构造、9个圈闭，圈闭总面积达560km²。

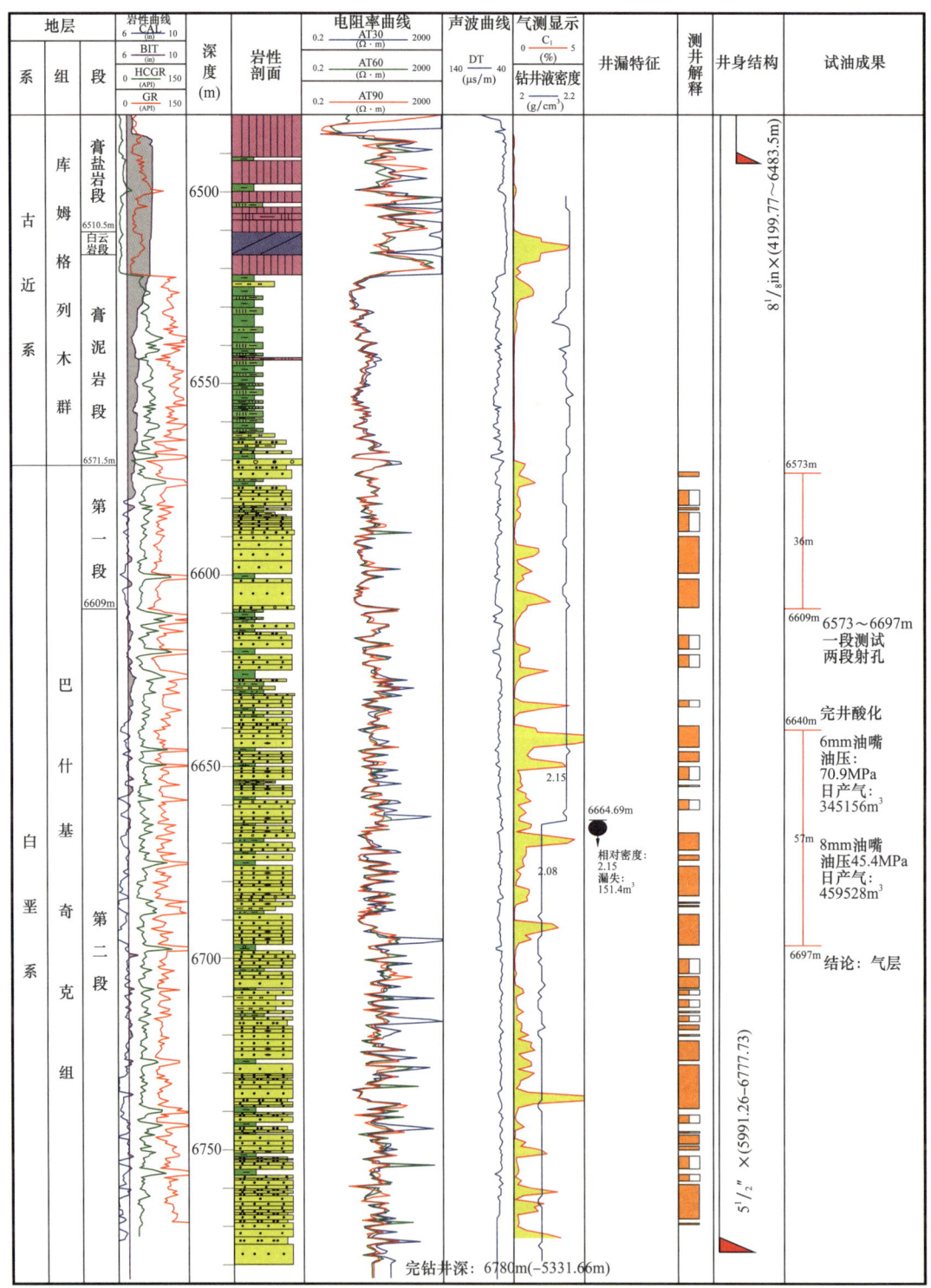

图 2-8 克深 2 井白垩系综合柱状图

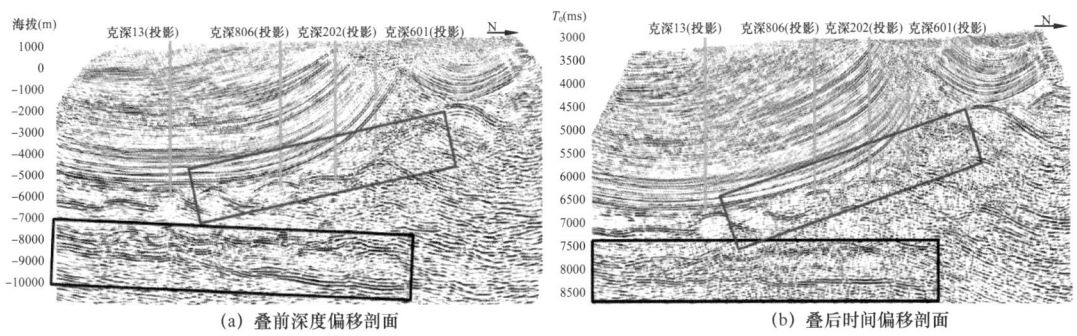

图 2-9 过克深 13 井—克深 806 井—克深 202 井—克深 601 井的叠前深度偏移与叠后时间偏移剖面对比图

综合评价认为,克深 2 构造以南虽然超深,但结构相对简单、成排成带性好,北带目的层虽然埋藏相对较浅,但地震资料品质差、构造叠置程度高、地震解释多解性强,因此,确定了优先在克深地区南部展开规模勘探的思路。

规模勘探克深地区南部,评价探明了克深 2 气藏,发现了克深 8、克深 9、克深 13 三个大气藏,同时向西甩开勘探,发现了博孜 1、阿瓦 3 等气藏,不断扩大了克拉苏盐下超深勘探的成果。

4. 发现逆掩叠置带和构造变换带,克拉苏盐下超深勘探持续发现(2016—2018 年)

在规模勘探克深地区南部的同时,开始了克深北部逆掩叠置带的勘探。2012—2014 年先后上钻克深 4 井、克拉 8 井、克深 6 井、克深 15 井、克深 16 井,遭遇了地质与工程双重复杂的局面。克深 4 井钻遇断层破碎带导致该井工程报废;克拉 8 井、克深 6 井虽然获得发现,但储量规模远不如预期;克深 15 井、克深 16 井在古近系盐下白垩系均告失利。克深北部逆掩叠置区的油气勘探出现了复杂局面。

失败之后经过认真研究与思索,重新认识了克深北部逆掩叠置带的地质结构,通过对已有叠前深度偏移资料的品质进行分析,认为导致深度偏移成像较差、偏移归位不够准确的主要原因是处理技术的问题。要想走出困境,必须深入开展山地地震资料处理攻关。在以往起伏地表大平滑面各向同性叠前深度偏移的基础上,开展了三维重磁电约束的小平滑面 TTI 各向异性叠前深度偏移处理攻关,提高了地震资料信噪比,改进了成像质量,提高了偏移归位的精度(图 2-10)。同时确定了"打一轮井,地震处理就攻关一次"的滚动工作程序,开展针对性的目标处理,甚至围绕解决工程问题而展开地震处理攻关。

在地震处理攻关的基础上,重新开展盐相关构造的建模与圈闭精细描述,部署上钻了多个预探目标,截至2018年底,在克深北部逆掩叠置带先后发现了克深5、克深6、克深10、克深11、克深24气藏,拉开了克拉苏大气田整体发现的帷幕。

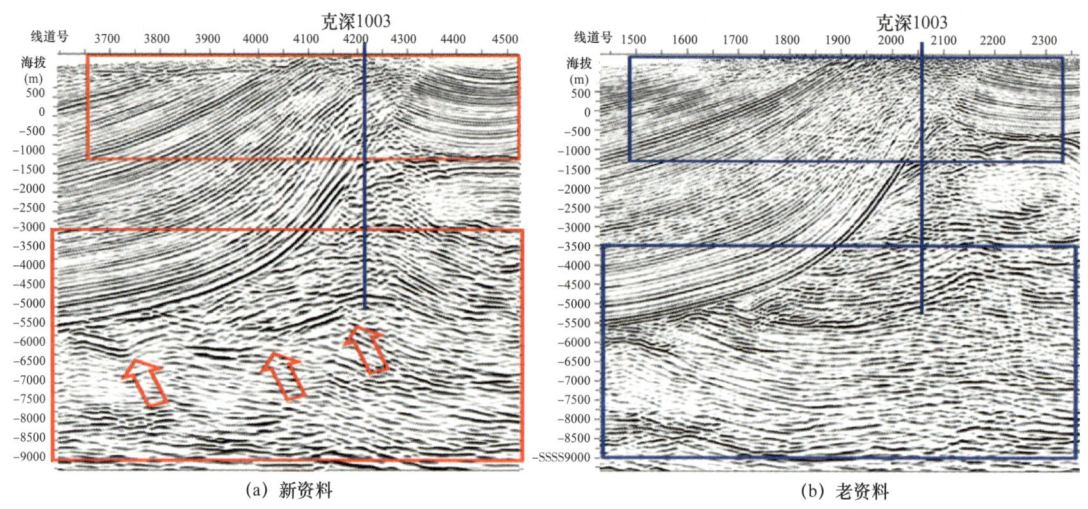

图2-10 过克深1003井南北向新、老地震处理剖面资料对比图

与此同时,通过创新思路,在克拉苏构造带发现了构造变换带。2015年之前,已发现克拉苏构造带的4个圈闭集中区,其中克深地区发育东西向断裂组合,构造较为简单;博孜—阿瓦特地区构造较破碎,构造形态难以准确刻画,圈闭空白区面积达622km²,占三维区的14%。为什么博孜—阿瓦特地区的圈闭无法拓展?为什么在空白区没有新圈闭发现?针对这些问题,需要通过转变研究思路,以发现新的圈闭。

2016年通过立足库车前陆盆地整体,充分利用二维、三维地震资料,结合区域构造地质背景,开展综合研究,综合分析认为,克拉苏冲断构造带的构造变形主要受差异造山挤压、南部基底古隆起阻挡、燕山期古构造及膏盐岩分布等四个因素影响,在喜马拉雅晚期构造变形过程中发生侧向走滑、调节,导致构造变形沿走向不连续分布,不连续构造之间的过渡带被称为构造变换带。为了在构造变换带发现和落实圈闭,启动了新一轮三维区块接合部的连片拼接处理,处理成果面目一新,识别了克拉苏构造带自西向东发育的博孜—阿瓦特、大北—博孜、克深—大北、克深—东秋等四大构造变换带(图2-11),目前储备圈闭主要集中在这四大构造变换带上。

由于四大构造变换带中圈闭的发现以及井位优选部署的迅速跟进,优先部署在博孜—阿瓦特变换带和大北—博孜变换带钻探的博孜3、大北11、大北12三个圈闭均获得了成功,推进了克拉苏盐下超深勘探的持续突破。

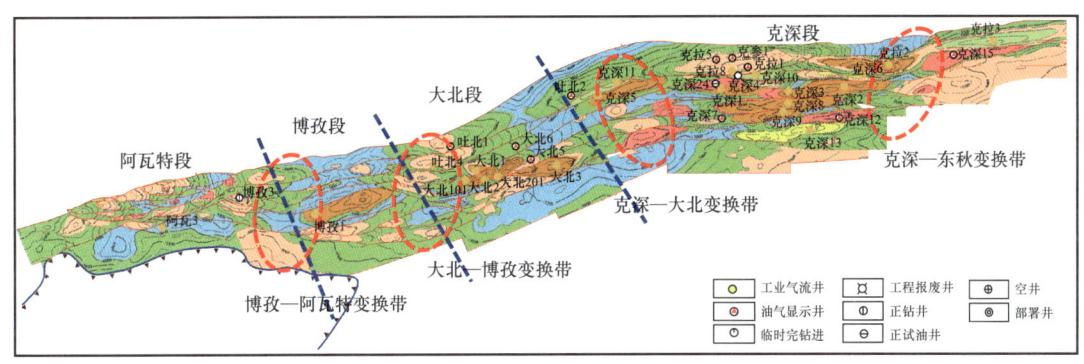

图 2-11 克拉苏构造带白垩系顶面构造图

（二）实践和创新

从克拉 2 气田到克深 2 井，距离上仅相隔数千米，构造位置上也仅是断裂上下盘关系，但从克拉 2 井的中深层天然气勘探突破到克深 2 井的超深勘探发现都经历了 10 年之久，又经历 10 年的持续规模超深勘探与实践，才落实了克拉苏盐下超深万亿立方米大气田。克拉苏盐下超深勘探领域目的层的埋深达 6000～8000m，又是含盐前陆冲断带，在这样的地区，艰辛的探索历程是一部超深勘探的实践与创新史，不管是地质认识的深化，还是勘探技术的进步，都凝聚了塔里木石油人的聪明智慧，更展示了塔里木石油人面对盐下超深勘探领域百折不挠、坚持不懈、攻坚啃硬、求真务实的科学精神，回顾起来耐人寻味。

1. 钻探克拉 4 井证实克拉苏盐下超深勘探领域，推进了关键技术攻关

1）锁定克拉 4 井预探目标

2000—2004 年，经历了 5 年勘探低潮期的迷茫，塔里木石油人必须回答库车前陆盆地油气勘探的主攻方向在哪、主攻领域在哪、主攻区带是哪些。通过重新梳理库车前陆盆地形成大气田的石油地质条件，重新确定了克拉苏盐下超深勘探领域作为再次发现大气田的主攻方向，当务之急就是要落实可供钻探的圈闭。克拉苏断裂上盘的地震资料品质相对较好，但早期完钻的克拉 1、吐北 1、吐北 2、巴什 2 等圈闭相继失利，再想落实像样的中深层圈闭难度很大，这不是大气田努力的方向。早在 1998 年，利用 BC98-239 地震剖面在克拉苏断裂下盘发现了古近系盐下构造显示（图 2-12），奇怪的是整个克拉苏构造带就这么一条地震剖面能较清楚地展示克拉苏断裂下盘存在着大构造，其他测线的地震资料品质很差，盐下圈闭难以落实，勘探无从下手。

构想是勘探的灵魂，圈闭是勘探的生命。地震资料差，地质构想的空间就大，通过新一轮构造地质建模攻关，构建了克拉苏构造带的构造地质模型，认

为克拉苏构造带发育被动顶板双重逆冲构造。在构造建模的认识指导下,对克深地区二维地震资料进行模式化解释和变速成图,编制了克拉苏断裂下盘白垩系顶面构造图,优选埋藏最浅的克深1构造作为克拉苏断裂下盘古近系盐下圈闭探索的首选(图2-13),落实克深1圈闭面积63km²,闭合幅度500m,高点埋深4480m,天然气资源量$1600×10^8m^3$(图2-14),于是论证上钻了克拉4井。

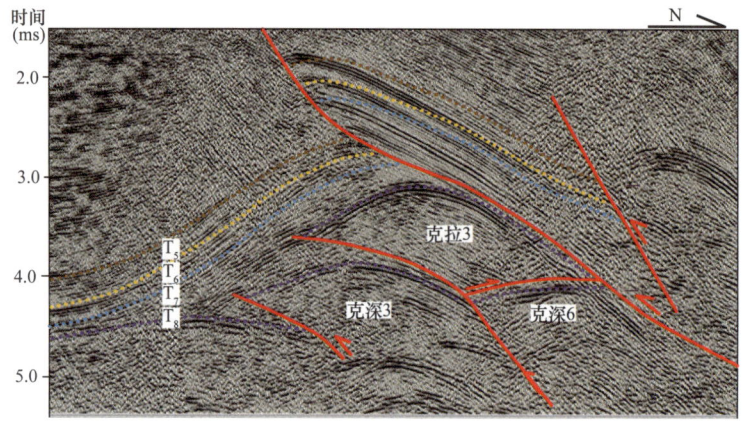

图2-12 克拉苏构造带BC98-239叠后时间偏移剖面

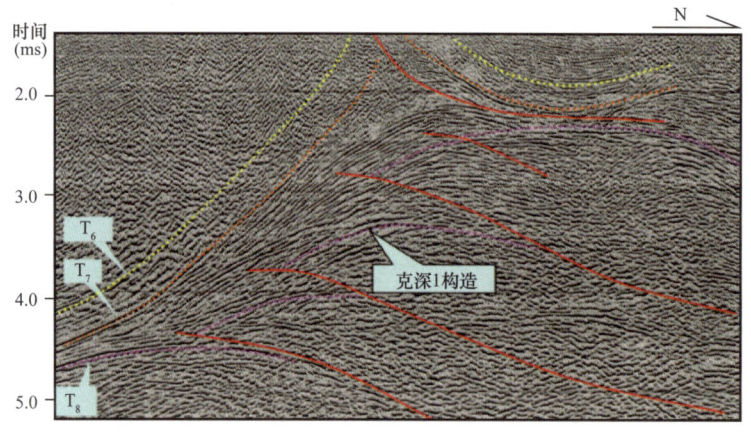

图2-13 克拉苏构造带BC04-189地震偏移剖面

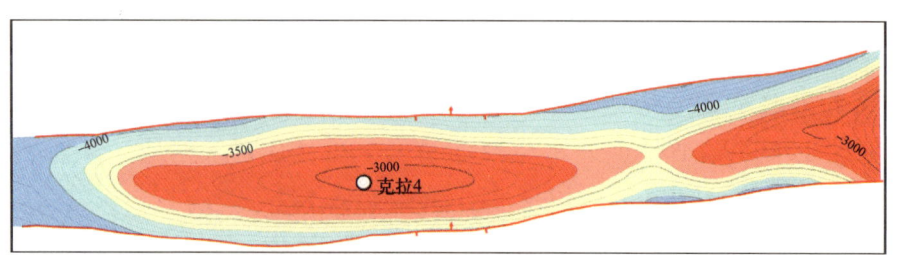

图2-14 克深1构造T_8地震反射层构造图

2）克拉 4 井三次加深，不断向深处挺进

2005 年 9 月 3 日，在克深 1 构造上钻克拉 4 井，开启了克深盐下构造的探索历程，预测古近系盐底（目的层顶）4570m，设计井深 5050m。然而钻探结果与设计相比出现了很大的偏差，钻至设计井深 5050m 时，井底岩性为膏盐岩，明显没有钻及白垩系砂岩目的层。面对较差的地震资料，在井底之下找了一个较弱的地震反射同相轴当作古近系盐底的反射，进行第一次加深，预测盐底 5500m，设计井深 5600m。当加深钻探至 5600m，井底岩性仍然为膏盐岩，白垩系砂岩仍然不见踪影。如何再次加深？有没有加深的必要？这时很难决断，然而钻井队却表现出可以继续向下钻探的能力和决心，受此鼓励，在 5600m 以深又找了一个较弱的地震反射同相轴当作可能的古近系盐底反射，进行第二次加深，预测盐底 6140m，设计井深 6240m。第二次加深钻探的结果真可谓天意弄人，钻至 6240m，井底仍然未见白垩系砂岩，为了实现地质目的，钻井队表示出继续向下钻探的决心，只要这口井没有"打废"，他们将勇往直前，在这无奈的情况下，只能大胆地再次预测、再次加深，第三次加深预测盐底 6400m，设计井深 6500m。第三次加深钻探在 6358～6363m 钻遇白云岩标志层，并见到气测显示，终于看到了一线曙光，预示着膏盐岩层即将钻完，但由于裸眼井段太长，又是巨厚的复合盐层，在 2006 年 8 月 5 日钻至井深 6392.50m 时，因井眼缩径、键槽等原因，起钻至井深 6130m 时卡钻，虽经处理也未解卡，只能被迫工程报废完钻。

3）证实克拉苏盐下超深勘探领域并推进关键技术攻关

克拉 4 井是探索克拉苏盐下超深勘探领域十分重要的预探井，虽然未钻达白垩系目的层，但是该井三次加深钻探意义十分重大，主要表现在以下四个方面：（1）克拉 4 井钻揭了古近系白云岩标志层，预示井底十分接近白垩系砂岩，证实了克拉苏古近系盐下超深勘探领域的存在，在该领域中，一定能发现大气田，坚定了克拉苏盐下超深天然气勘探的信心。（2）克拉 4 井钻遇古近系库姆格列木群膏盐泥岩厚度 3911m，地震剖面上目的层之上的多个地震反射层反映的是多套纯盐层顶界反射，膏盐岩内部岩性变化造成复杂的地震波场，现有山地地震资料品质难以满足地震层位标定、追踪与解释，表明复杂山地地震攻关刻不容缓，推进了山地地震攻关和技术的不断创新，形成了以"宽线+大组合"为特色的山地地震勘探技术，为快速锁定预探目标奠定了基础。（3）克拉 4 井实钻与设计出现严重的偏差，充分证实了在巨厚膏盐岩参与构造变形时，一直被奉为经典的断层相关褶皱理论与模型很难指导库车前陆盆地的构造地质建模与地震解释，要搞清克拉苏古近系盐下的构造变形特征和构造地质模型，必须转变构造地质建模思路，引入新理论和新技术。后来盐相关构造的建

模理论与技术应运而生，强力支撑了库车前陆冲断带构造地质建模，为克拉苏盐下超深勘探领域成排成带规模圈闭的发现提供了技术支撑。(4)要想实现克拉苏盐下超深勘探领域的突破，钻井工程技术攻关刻不容缓，必须针对几百米到数千米复合盐层开展针对性的钻井工程技术攻关，包括井身结构设计优化和应对复杂压力系统的钻井液技术等。

2. 克拉苏构造带中西部巨厚砾岩钻探遭遇复杂状况，开展速度研究及工程技术攻关

克拉苏构造带中西部第四系—新近系发育巨厚砾岩，厚度大、分布广、岩石成分复杂，给地震速度研究和钻井工艺带来了极大挑战。

1）博孜1井、大北6井浅层钻遇巨厚砾岩

克拉苏构造带西部第一口预探井博孜1井就吃到了在巨厚砾岩中艰难钻进的"苦头"，导致博孜1气藏的发现时间整整推迟了8年。博孜1井于2004年4月25日开钻，原设计井深6450m，由于受地震资料及地质认识的限制，钻井地质设计砾岩厚度仅预测了2300m，由于缺乏巨厚砾岩的钻井工艺技术手段，经过448d的艰难钻探钻至井深6134.20m，其中砾岩厚约5800m，且钻探过程中经常发生蹩钻、跳钻等事故。由于巨厚砾岩的发育导致目的层深度预测严重偏浅，重新预测博孜1井白垩系顶面埋深7150m，预计比设计深850m，完钻井深需加深至7300m。因钻具抗拉强度、钻机负荷不足等问题，于2005年7月8日被迫临时完井。

2009年3月，在大北201断背斜东北翼部署上钻了大北6井，在第四系—新近系钻进过程中同样遇到了巨厚砾岩遭遇战，原设计井深6230m，预测砾岩层厚度1500m，实钻揭示第四系—新近系大套砾岩厚约4220m，历时405天。由于新近系康村组、吉迪克组砾岩速度为6000m/s左右，导致实钻深度与设计误差较大，白垩系顶面深度比设计深了943m，经重新构造解释成图，显示大北6井位于大北201断背斜东北倾端气藏范围之外，故导致钻探失利。

2）克拉苏构造带西部第四系—新近系砾岩分布广泛

库车前陆冲断带现今构造格局主要受新近纪以来构造运动的控制，在南天山强烈抬升与干旱气候条件下，冲积扇十分发育，发育了巨厚的砾岩。

总体来说，新生界砾岩分布具有面积广、分布空间不规则的特征。砾岩主要集中在克拉苏构造带西部，厚度范围2000~5000m（图2-15）。纵向上表现为多期冲积扇叠加，岩相变化快。砾岩纵向上按照成岩程度可分成三段：未成岩段砾岩电阻率高，且深、浅电阻率幅度差明显，主要为花岗岩和变质岩，少量玄武岩和石英砾；准成岩段砾岩电阻率逐渐降低，砾岩组分横向上变化较

大，主要为石灰岩砾、花岗岩和变质岩，少量砂岩砾和石英砾；成岩段砾岩的电阻率与准成岩段的变化不大，砾岩组分含量比较均匀，以石英砾、砂岩砾、石灰岩砾、花岗岩和变质岩为主。由于砾岩三维空间的不规则分布和复杂的岩石成分，给钻井工艺和地震速度研究带来了极大的挑战。

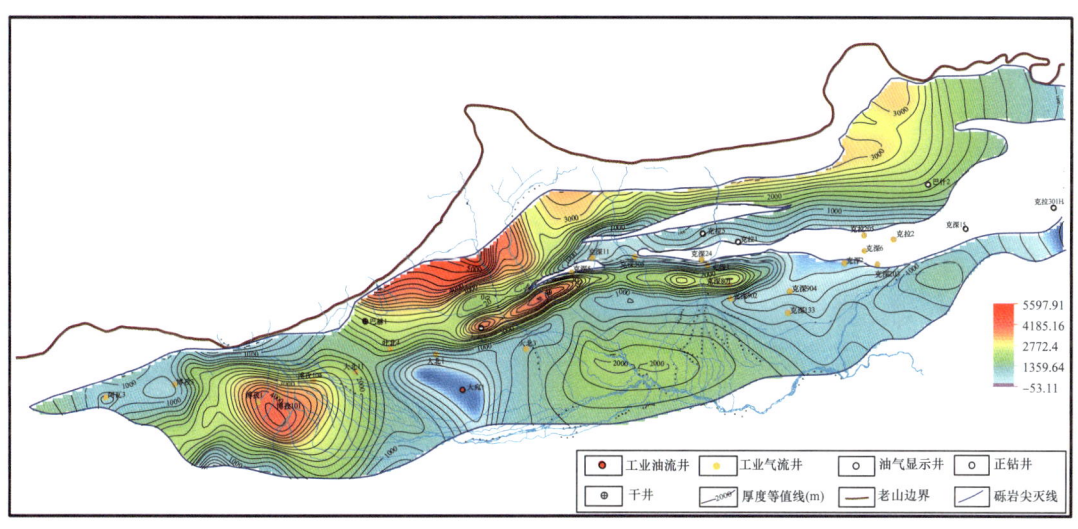

图 2-15 克拉苏构造带第四系—新近系砾岩厚度分布图

3）创新开展巨厚砾岩地震速度研究攻关

（1）发现巨厚砾岩地震速度异常。

博孜 1 井、大北 6 井实钻与设计时的地层岩性预测存在明显的差异，均钻遇数千米的砾岩，造成了三方面不可容忍的后果：① 深度预测误差严重超出预期，博孜 1 井白垩系顶面深度比设计预测深度深了 730m，大北 6 井白垩系顶面深度比设计预测深度深了 943m；② 圈闭形态描述精度和高点位置确定严重超出正常范围，大北 6 井在井位论证时为构造高部位，钻探之后变成构造低部位；③ 古近系盐下构造地震成像严重不合理。三方面的问题归结到一点就是地震速度问题，即砾岩岩性和厚度预测不准导致地震速度选取误差太大，博孜 1 井、大北 6 井从浅至深，地震速度从 3500m/s 至 6000m/s，明显与正常地层不一致。因此，巨厚砾岩的地震速度研究攻关已迫在眉睫。然而，已有的沉积研究认为，克拉苏构造带西部第四系—新近系巨厚砾岩表现为多期冲积扇叠置，具有三维立体空间不规则分布的特征，地质预测难度较大，同时，低信噪比地区的地震资料处理也很难求取巨厚砾岩准确合理的速度。

（2）地震、非地震结合刻画砾岩三维立体分布，井震结合确定速度。

通过单井地质分析，发现博孜 1 井、大北 6 井第四系—新近系数千米砾岩均表现出不同程度的高电阻率特征，埋藏越浅的砾岩，高电阻率特征越明显，受此启发，查阅博孜地区早期完成的 CEMP（连续电磁剖面）发现，第四系—

新近系砾岩存在不同程度的高阻异常，经对比分析，认为与第四系—新近系数千米砾岩有较好的对应关系，后来在克拉苏构造带采集三维地震资料的同时，采集了同样面积的三维重磁电非地震资料，为后期砾岩雕刻、地震速度研究和地震资料处理奠定了基础。

有了第四系—新近系砾岩三维立体分布模型后，其速度空间变化规律研究还不是那么简单，第四系—新近系砾岩从浅至深，地震速度从3500m/s至6000m/s，跨度太大。要想解决该问题，还得从单井分析出发。通过声波测井资料和岩屑资料分析发现，第四系—古近系砾岩分为未成岩、准成岩、成岩三段，分段特征明显，其中，未成岩段地震速度小于4000m/s，准成岩段地震速度为4000～5000m/s，成岩段地震速度为5000～6000m/s，基本搞明白了砾岩纵向上的速度变化规律。通过地震—非地震资料融合、井—震资料结合，基本查明了第四系—新近系砾岩地震速度的空间变化规律。

至2012年5月，利用新采集和重新处理的二维地震资料重新构造建模，重新研究速度，重新落实博孜1古近系盐下圈闭，并于2012年5月重新加深钻探博孜1井，终获得突破，发现了博孜1凝析气藏。

4）艰难探索巨厚砾岩钻井工艺技术

针对巨厚砾岩的钻井提速经历了长达15年的探索，初步形成了未成岩段高效牙轮钻头＋垂直钻井系统、成岩段涡轮＋孕镶钻头和异型齿PDC钻头＋垂直钻井系统的提速技术模板，钻井提速初见成效，博孜区块已完成井的钻井周期对比见图2-16。

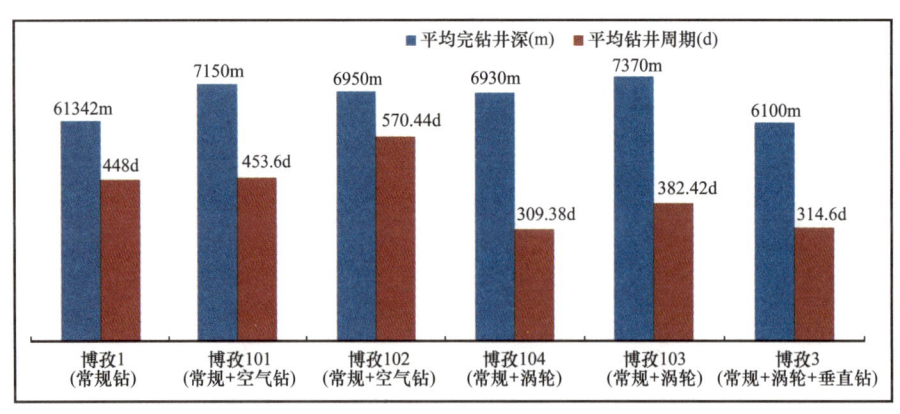

图2-16 博孜区块已完成井的钻井周期对比

（1）常规钻井技术进度缓慢。

博孜1井是库车山前第一口钻遇巨厚砾岩的预探井，由于对砾岩认识不足，对地层层位及砾岩成分了解不够，没有采取具有针对性的钻井工艺技术，导致钻井周期严重超过预期，且未实现钻探地质目的。该井在0～5800m井段钻遇巨厚砾岩，砾岩粒径大，可钻性极差。初期采用常规转盘钻＋牙轮钻头，全井使用牙轮钻头 87 只，平均机械钻速 0.89m/h，平均单只钻头进尺 70.5m，耗时 448d。如何实现巨厚砾岩防斜打快、提高钻井时效成为制约博孜地区油气勘探最关键的技术瓶颈。

（2）空气钻井提速试验又遇新问题。

为解决博孜 1 井巨厚砾岩钻井速度极慢的问题，2009 年在大北 6 井首次开展空气钻井现场试验，并相继在大北 5 井、大北 204 井等井进行空气钻井试验，平均机械钻速高达 7.6m/h。空气／雾化钻井尽管可以大幅度提高钻井速度，与常规钻井液钻井相比平均机械钻速提高了 5～12 倍，但也存在诸多问题：① 成岩性差的地层，井壁失稳风险大，不宜实施空气钻进作业；② 没有控斜手段，大北 6 井三开空气钻井最大井斜曾达 18°；③ 气体循环过程中井眼比较稳定，无严重垮塌，能够维持正常钻进，停止注气后，地层水浸泡井壁后会发生严重垮塌，对设备的承压能力要求高；④ 空气钻井转钻井液钻井时会发生严重井漏，转换钻井液后划眼耗时长。

针对初期空气钻井现场试验存在的问题，2012 年开始在博孜 101 井、博孜 102 井开展连续循环空气钻井现场试验，并在井斜控制技术、连续循环工艺技术和大井眼、长封固段、重负荷干法固井技术等三方面取得重要进展，但在博孜 101 井、博孜 102 井的井身结构条件下，钻机负荷、套管柱及钻杆柱强度设计不能完全满足空气钻井技术需求；同时钻井过程中井壁垮塌严重，当时的气体钻井工艺不能满足空气钻井的井眼清洁要求。

两个阶段的空气钻井试验表明，空气钻井虽提速效果好，但现有井身结构、钻机选型、套管设计与空气钻井工艺能力之间矛盾突出，且成本昂贵，空气钻井不太适合克拉苏构造带西部地区巨厚砾岩的钻井提速。

（3）异型齿钻头提速试验取得较好效果。

为了进一步探索经济高效的砾岩钻井提速途径，在巨厚砾岩地层成岩程度研究认识的基础上，2014 年在博孜 102 井开展了涡轮＋孕镶钻头提速试验，与该井常规钻井相比，平均钻速提高了 2.19 倍；且在博孜 103 井、博孜 104 井成岩段应用，同比牙轮＋转盘钻，平均钻速提高 2 倍以上，单只钻头进尺提高 3 倍以上，目前该组合提速技术已在博孜区块成岩段推广应用。

2016 年，博孜 103 井在含砾地层首次成功采用了屋脊形非平面齿设计方法以提高钻头抗冲击性，平均机械钻速 2.97m/h，单只钻头进尺 408.5m，与博孜 102 井同层位涡轮＋孕镶钻头指标相比，机械钻速提高 72%，单只钻头进尺提高 5.6%。非平面齿 PDC（聚晶金刚石复合片）钻头为自主研发产品，为克拉苏构造带西部巨厚砾岩的钻井提速提供了新的利器。

3. 克深地区三维地震资料多轮次处理，解决地震成像问题，不断发现新圈闭

2008年8月28日，克深2井在6500m以深获得高产气流，拉开了克拉苏盐下超深勘探的序幕，由于该井的突破，让勘探决策者果断地决策一次性部署实施克深地区山地三维地震1000km²。

1）用三维叠后时间偏移地震资料落实古近系盐下圈闭遇到挑战

克深地区地表和地下构造复杂，地震资料信噪比低，处理的关键技术首先在于高精度静校正和叠前去噪，在此基础上开展了叠后时间偏移处理，通过两者并行处理，叠后时间偏移资料在克深三维工区南部的地震资料成像较好，比较清晰地展现了古近系盐下断裂与构造，盐上、盐下的地震资料成像效果明显优于二维地震资料，发现落实了克深1、克深4等一批古近系盐下圈闭，但该叠后时间偏移资料展示出的克深7井位于古近系盐下圈闭的高部位，而完钻结果在白垩系砂岩中却没有取得勘探发现，经分析认为克深7井处在古近系盐下圈闭西北翼的低部位，说明利用三维叠后时间偏移地震资料来描述克深地区古近系盐下圈闭的形态和高点位置仍遇到了严峻的挑战，同时，克深地区北部构造的逆掩叠置带和构造复杂带，时间偏移地震波场十分复杂，古近系盐下构造解释与圈闭描述难度较大。有鉴于此，2009年仅在克深2气藏部署了两口评价井。

2）用叠前深度偏移资料落实古近系盐下成排成带的超深圈闭

由于古近系膏盐岩在构造挤压过程中表现为不规则塑性变形，导致克深地区地质结构十分复杂。要刻画和描述古近系盐下圈闭，地震资料时间偏移处理存在明显的局限性，表现为地震成像质量相对较差、地震成像位置不准、地震成像速度精度较低等。2010—2013年，开展克深地区三维地震各向同性叠前深度偏移处理并行攻关，开启了库车地区复杂山地地震资料叠前深度偏移处理的工业化应用，处理结果超出预期。一方面，克深地区北部构造逆掩叠置带和构造复杂带的地震成像质量明显变好，基本能解释和刻画古近系盐下断裂和构造；另一方面，克深地区南部多排古近系盐下构造的轴线和高点位置普遍南移，利用两种资料发现古近系超深盐下圈闭成排成带发育，由南往北共发育7排构造（图2-17），展现了地震叠前深度偏移处理的优势，优选上钻的克深8井、克深9井、克深6井、克深10井四口预探井均获重要发现，克深1、克深2气藏评价也取得重要进展。

3）精细处理重点区块，提升地震成像质量，解决生产问题，发现新圈闭

潜力蕴藏在复杂之中，克深地区的三维地震资料虽然通过多家单位的几轮处理，成像质量逐步改进，但随着克深2和克深8气藏评价井和开发井的钻

探，逐步显现出前一轮叠前深度偏移地震资料的短板：一方面，克深2和克深8气藏部分开发评价井的钻井深度、目的层地层产状、地层倾角与地震资料严重不符；另一方面，克深三维区北部逆掩叠置带和构造复杂带的地震成像仍然不太理想，部署预探井和评价井难度较大。于是，2014年又开展了各向异性叠前深度偏移处理并行攻关，重点针对克深2、克深8气藏两个区块。随着钻井逐渐增多，速度模型更接近实际，并开展了各向异性参数的求取和模型的建立，叠前深度偏移成像逐渐趋近合理，取得了三个方面的成效：① 克深地区北部逆掩叠置带和构造复杂带的地震成像质量进一步提升，发现克深24圈闭，钻探获得巨大成功；② 克深2和克深8气藏地震资料成像更加准确，基本解决了钻井与地震存在严重不符的问题；③ 克深地区南部砾岩发育区古近系盐下构造叠前深度偏移归位更加合理，满足了构造轴向和高点位置的确定，为克深9气藏的评价和克深13井的钻探奠定了良好的资料基础。

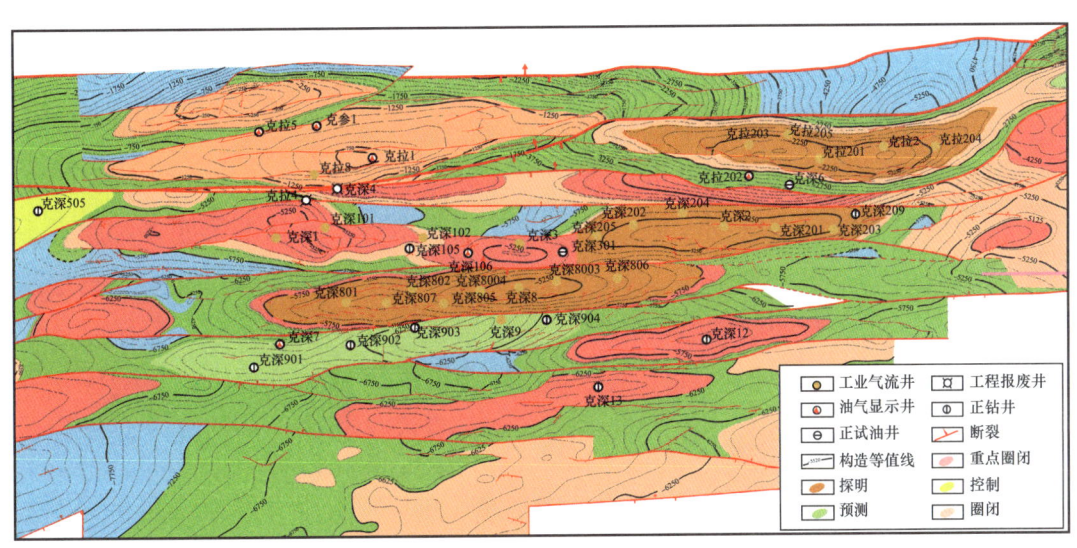

图2-17 克深区块白垩系顶面构造图

4. 用TTI各向异性叠前深度偏移解决"圈闭带轴辘、高点带弹簧"问题

克拉苏构造带位于天山南麓，沟壑纵横，第四系—新近系冲积扇发育，砾岩表现为不规则分布，古近系膏盐岩在晚期构造变形过程中同样表现为不规则的塑性变形，因此，克拉苏构造带由于陆相沉积和复杂构造，出现十分严重的各向异性问题，进而影响了叠前深度偏移成像的精度，包括成像质量、深度误差、构造高点位置等，这在克深三维区有两个典型的实例。

1）克深7井钻探前后圈闭变化大

早在"宽线+大组合"地震勘探阶段，克深7圈闭就非常引人注目（图2-18）。2008年克深2井突破后，同年10月，在克深7圈闭的高点，部署上钻了克深7井，然而克深7井历经两次加深钻探，白垩系顶面深度7953m，比设计深663m，完钻井深8023m，白垩系砂岩平均有效孔隙度6.4%，裸眼测试出水、见微量气，综合分析认为克深7井位于构造西北翼的低部位。

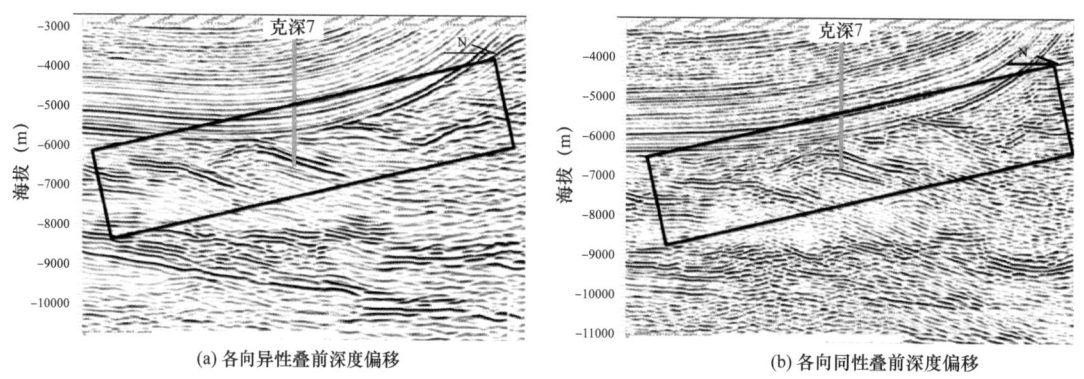

(a) 各向异性叠前深度偏移　　　　　　　(b) 各向同性叠前深度偏移

图2-18　过克深7井各向异性叠前深度偏移处理前后地震剖面对比

当时，比较困惑的是，这么好的地震成像怎么会出现如此大的偏差，不管是深度预测还是地震成像位置均不好理解。通过分析克深7井的钻井地质资料后发现，克深7井在第四系和新近系吉迪克组均发育较厚的砾岩，分析三维重磁电资料显示，第四系和新近系吉迪克组砾岩的发育与克拉苏河古今河道相关，砾岩体分布明显不规则。通过地震与非地震结合，刻画了第四系和新近系吉迪克组砾岩的三维立体分布，并利用克深7井的声波测井和VSP（垂直地震剖面）资料，基本查明了两套砾岩体的速度变化规律，同时通过井震结合，求取了各向异性参数和模型，经TTI各向异性叠前深度偏移处理之后，克深7井区古近系盐下的地震成像发生了重要的变化，克深7井位于构造北翼较低位置（图2-19a）。重新精细解释新处理资料之后发现，克深7古近系盐下构造高点不但向南偏移，而且东西方向上也发生了较大的偏移，克深9构造实际上就是原来克深7构造的东翼，于是根据新资料解释成果，推动了克深9井的上钻，并获得了重要发现（图2-19b）。

2）克深12构造用TTI各向异性叠前深度偏移见成效，水井旁钻出高产气井

无独有偶，2015年在克深南部克深12构造高部位，部署上钻了克深12井，钻探结果却出人意料，地层产状为南倾，地层倾角大于20°，钻揭白垩系巴什基奇克组175m，在白垩系巴什基奇克组上部进行完井试油，用3mm油嘴求产，油压27.304MPa，产气少量，折日产水108m³（水密度1.06g/cm³，水中氯离子浓度52000mg/L）。有了克深7构造的经验，克深12构造的构造轴线和构造高点偏移问题就不难理解和解决了。同样，还是通过地震与非地震结合，刻画第四系和新近系吉迪克组砾岩三维立体分布，井震结合查明两套砾岩

体的速度变化规律,并求取各向异性参数和模型,然后开展 TTI 各向异性叠前深度偏移处理,处理结果克深 12 古近系盐下构造地震成像所发生的变化与克深 7 圈闭的变化有相似之处(图 2-20)。克深 12 井位于构造南翼陡带,于是在克深 12 井以北 1.5km 处再次部署上钻了克深 14 井(图 2-21),2019 年 1 月在白垩系巴什基奇克组上部用 6mm 油嘴放喷求产,油压 93.449MPa,日产气 412088m^3,无水。至此,克深 12 气藏拨云见日,终获发现,而且还高产。

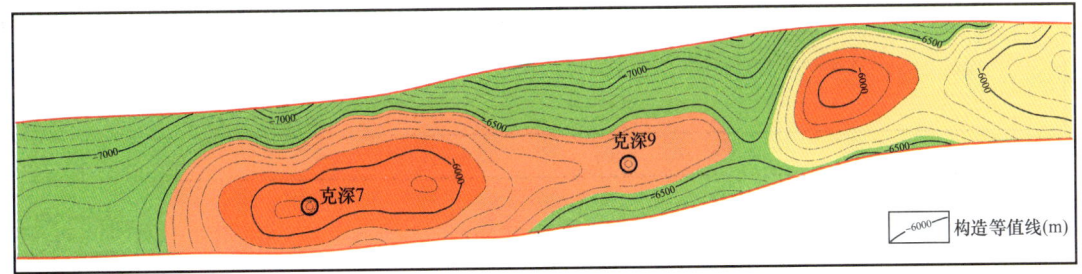

(a) 克深7井上钻前白垩系顶面构造图(二维地震)

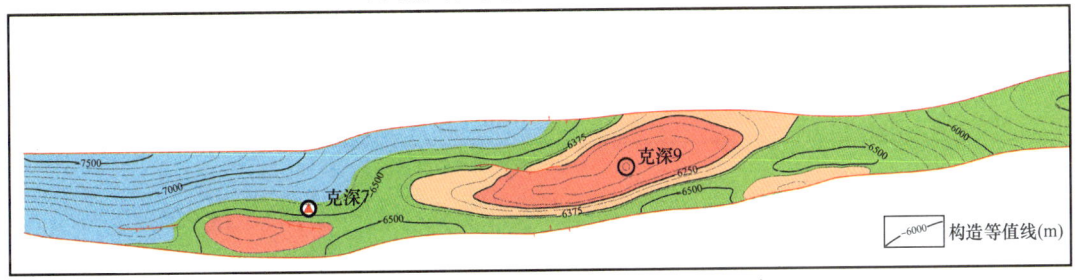

(b) 克深7井上钻后白垩系顶面构造图(三维地震)

图 2-19 克深 7 井上钻前后白垩系顶面构造图对比

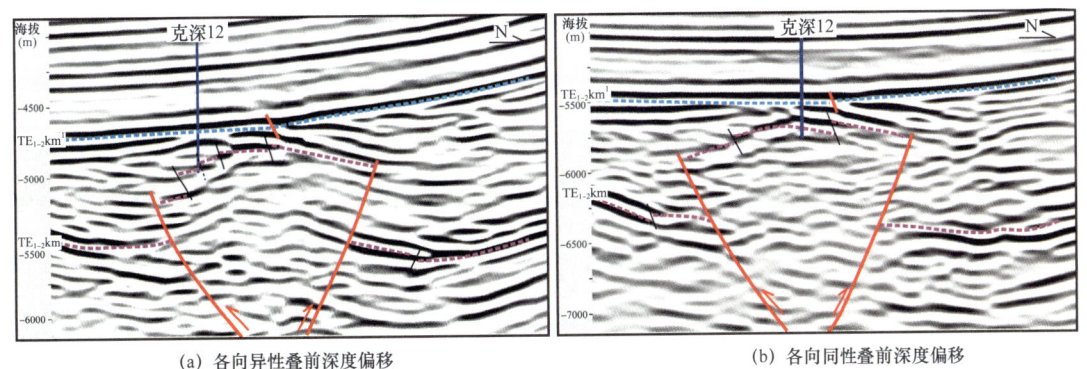

(a) 各向异性叠前深度偏移　　　　　　　　(b) 各向同性叠前深度偏移

图 2-20 过克深 12 井各向异性叠前深度偏移处理前后地震剖面对比

5. 超深高温高压低孔砂岩改造提产技术促进克拉苏盐下超深储层规模提产

1)克深 5 井盐下超深储层改造提产效果明显

克深 5 井是继克深 2 井之后,部署在克拉苏构造带克深 5 构造高点上的一口风险探井,钻探目的是探索克深 5 构造含油气性及克深—大北地区整体含气的可能性。该井于 2009 年 6 月 1 日完钻,完钻井深 6875m,白垩系目的层钻进过程中气测显示微弱,全烃最高仅0.33%。在6813.50～6875.00m井段中途测试,证实为水层(含气),气水界面之上测井解释气层、差气层27.5m/11层,孔隙度4.7%～5.8%,整体物性较差,泥质含量较高。

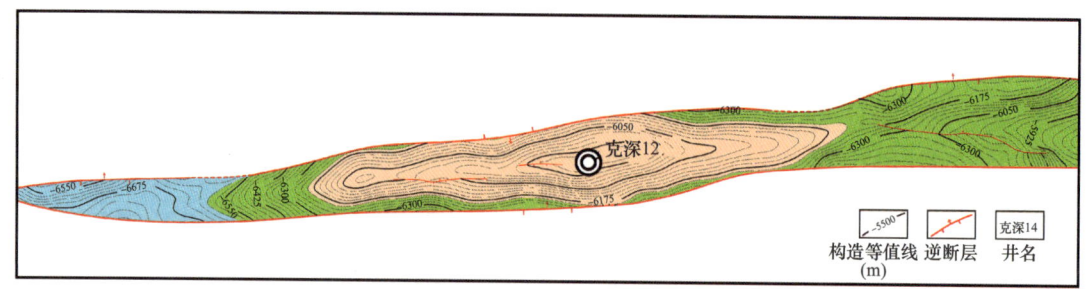
(a) 克深12构造各向异性偏移处理前白垩系顶面构造图

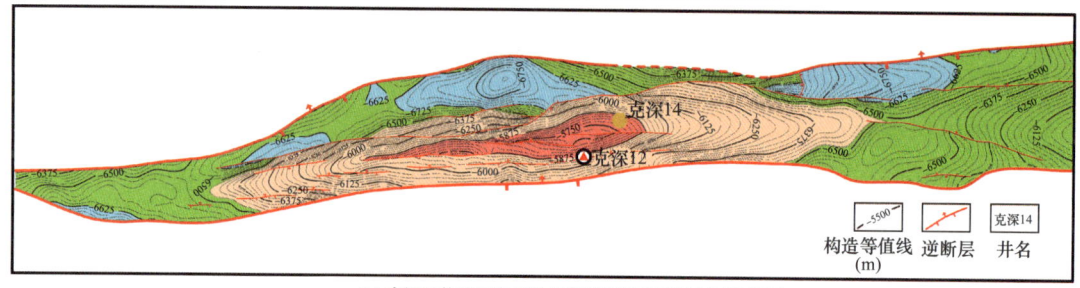
(b) 克深12构造各向异性偏移处理后白垩系顶面构造图

图2-21 克深12构造各向异性偏移处理前后白垩系顶面构造图对比

为落实克深5井的流体性质,2009年8月完井后针对6703～6742m井段进行分段射孔—测试—酸化联作施工,常规放喷,井口压力迅速降至0.93MPa,焰高2～3m。2009年9月结合储层认识及岩屑酸溶蚀情况,决定使用溶蚀率较高的土酸进行酸化改造,共挤入酸液150m³,采用3mm油嘴放喷,油压由33MPa下降至23MPa,日产气(1.89～2.75)×10⁴m³,起到了一定的解堵效果,但仍未达到工业产能。

当时认为克深5井埋深大、储层较差、气柱高度仅80m,不具备高产的基础。但通过酸化后评估分析认为,低产的主要原因还是储层条件差。克深5井白垩系巴什基奇克组储层属于低孔低渗—特低孔低渗储层,泥质含量重,砂地比77.8%,且钻井过程中目的层共漏失钻井液943m³,储层裂缝相当发育,而酸化并不能有效改善储层的渗流性能,如果进行加砂压裂,定能起到提产的效果,并且利用新采集的三维地震资料对克深5构造进行了重新落实,证实克深5井钻至构造低部位,构造高点实际在其东部。因此提高克深5井的单井产量,对于认清克深5气藏的规模具有很重要的意义。

2010年4月重新对克深5井白垩系巴什基奇克组气层段进行加砂压裂改造,希望在地层中造出更多更长的人工支撑裂缝,扩大渗流面积,沟通远井储层,提高天然气产量。特选了40%NaNO₃延迟交联加重压裂液体系(相对密度1.32），以降低井口施工压力，同时使用20000PSI型井口和20000PSI型压裂车组，运用小规模、多台阶、长步阶思路进行加砂压裂施工，共挤入地层液386.3m³，加砂18m³，采用4mm油嘴放喷，油压54.2MPa，折合日产气128315m³，提产效果明显。克深5井是克拉苏盐下超深储层第一口通过加砂压裂获得工业气流的预探井，为超深高温高压气井的加砂压裂作业积累了宝贵经验，也为该区后来储层改造提产技术的发展奠定了基础。

2）深化地质认识与裂缝发育规律，探索储层改造技术方案

面对克拉苏气田超深高温高压裂缝性砂岩气藏自然产能差异大、储层改造实施难度大的生产难题，为了支撑克拉苏盐下超深勘探领域持续发现，地质认识需要进一步深化，储层改造技术需要进一步配套完善。

通过在克拉苏盐下超深勘探领域的不断探索和实践，逐渐认识到裂缝是提高单井产量的关键。克拉苏构造带盐下超深储层发育三种成因的天然裂缝带，即东西向裂缝带、南北向裂缝带和网状裂缝带，储层裂缝带的空间组合模式差异控制了产能和动态特征差异，裂缝发育带中的储层普遍为中高产，裂缝欠发育的储层一般为低产。结合克拉苏盐下断背斜气藏储层裂缝发育特征及裂缝带空间组合特征，总结划分出三类产能区，并优化形成了针对三类产能区的不同改造工艺优选方案。

Ⅰ类高产区：发育南北向调节裂缝带，沟通东西向裂缝带，一般常规放喷或小型酸化解堵就能实现高产，日产气量一般大于50×10^4m³，典型井为克深8井和克深2-2-8井。Ⅱ类中高产区：仅发育东西向张性高角度缝或直劈缝，由于发育相对独立的东西向裂缝带，一般要进行酸化压裂或加砂压裂改造，日产气量为（30～50）$\times 10^4$m³，典型井为克深202井和克深3井。Ⅲ类低产区：远离裂缝带或处于裂缝带之间，储层裂缝发育程度低，裂缝带欠发育，储层改造如果能沟通裂缝带则中高产（典型井为克深806井），否则则为低产（典型井为克深2-1-1井），该类型储层建议进行大型加砂压裂。

为了保证Ⅱ类、Ⅲ类储层的成功施工和高效改造，重新配置了储层改造施工管柱，用$4\frac{1}{2}$in大通径改造管柱替代$3\frac{1}{2}$in管柱，并配套140MPa压裂车组和施工设备，实现施工压力138MPa下，施工排量可达到8.4m³/min；同时研发了不同粒径的纤维暂堵材料，设计了暂堵转向剂加入装备，并通过大量室内实验形成了纤维暂堵设计方法，自主创新形成了"软分层"分层酸压设计技术。最终定型的暂堵酸压和暂堵压裂两套主体工艺技术，成为库车前陆冲断带单井提产的利器。

3）山前超深井储层改造技术全面推广，有力支撑勘探开发

酸压工艺技术及加砂压裂工艺技术已全面推广，在库车前陆冲断带超深高

温高压气藏勘探开发中发挥了关键作用。截至 2018 年 12 月，库车山前酸压应用 68 井次，平均无阻流量由 $53×10^4m^3/d$ 提高至 $263×10^4m^3/d$；加砂压裂应用 25 井次，平均无阻流量由改造前的 $33×10^4m^3/d$ 提高至 $297×10^4m^3/d$，提产效果显著。以克深 9 井为例，该井 7445~7552m 井段酸压后，油压由 78.4MPa 提高至 96.1MPa，折合日产气量由 $40.6×10^4m^3$ 提高至 $113.4×10^4m^3$；再以博孜 104 井为例，该井储层物性差，储层裂缝虽发育，但有效性差，实施加砂压裂后日产气 $51×10^4m^3$，远高于同区块其他井的产量。

6. 地质力学研究成果创新性地应用于克拉苏盐下超深钻探与完井试油

1）克深 1 井在目的层同一深度两次卡钻引出地质力学研究需求

克深 1 井用 $1.92g/cm^3$ 的钻井液在白垩系巴什基奇克组钻进，钻至井深 7035m 时发生卡钻，处理过程中钻具随钻震击器挠性接头外螺纹断裂，后经倒扣、磨铣，井内仍有落鱼长 160.16m，鱼顶井深 6874m；随后侧钻，至原井深 7035m 事故解除，继续钻至井深 7036m 后完钻，但却在上提钻具至井深 7034.84m 时再次卡钻，经六次浸泡解卡剂和两次浸泡酸液活动钻具均无效，起钻完发现钻具滑扣，井下落鱼长 199.72m，鱼顶井深 6835.12m。为什么在同一个深度段的原井眼和侧钻井眼均发生卡钻现象，到底该深度的地层与其他深度的地层有什么不同？这引起了地质力学研究人员和现场钻井工程技术人员的深思。

2）广泛调研，精细研究，查明克深 1 井卡钻事故的罪魁祸首

对于克深 1 井卡钻事故的重复出现，现场钻井工程技术人员展开了激烈的争论，到底是钻井液性能问题？钻头型号问题？还是钻井参数问题？地质力学研究人员却在思考为什么传统的井壁失稳，通过提高钻井液密度的方法却水土不服。克深 1 井是当时克深地区第一口钻进深度超过 7000m 的井，难道是深度大了惹的祸？"深"会带来哪些参数差异？产生强烈井壁失稳的地质因素是什么？维持井壁稳定的压力窗口具体是多少？随后地质力学研究人员开始了艰难的调查和研究，把这当作关键问题之一远赴美国寻找答案。通过查找文献、翻阅资料、推演数据，发现墨西哥湾受底辟作用控制的盐相关构造区，产油层天然裂缝一般十分发育，而克拉苏构造带是挤压型盐相关构造，但古近系盐下白垩系砂岩储层中的天然裂缝也十分发育，难道是天然裂缝惹的祸？研究人员从地质到工程，从实钻到模拟，从克拉地区到克深地区，大量的数据分析与精细研究使问题一步步明朗、思路一步步清晰、答案一步步浮现，最终揪出了"地层中各种节理、裂缝、断层等结构弱面在强应力背景下的漏失进而引起垮塌掉块"这一罪魁祸首。

3）提供的目的层钻井解决方案难以推行

"漏失引发掉块"观点的提出，在当时来说绝对是颠覆传统，那么解决问题的思路就会反其道而行之。首先要降低钻井液密度，防止裂缝等漏失诱发垮塌掉块所引起的卡钻，现场钻井工程技术人员怎么也想不通，这和"防止垮塌需要提高钻井液密度"的理念相违背，风险太大，短时间内很难让人接受。为此，地质力学研究团队首先给油田相关领导汇报了克深地区目的层钻井地质力学研究思路和防止类似克深1井卡钻事故的具体措施，得到相关领导和专家的首肯，并责成地质力学研究人员与事业部和前线钻井工程技术人员进行交流，通过多次交流和争论，从白垩系储层特征、裂缝发育特征、地质力学特点可能给钻井工程带来的复杂性，到如何避免因漏失引发掉块并导致可能的卡钻事故，真可谓是深度交流、激烈碰撞，深度融合、消除疑惑，直至最终形成共识：在保证井控安全前提下，尽量减少漏失是解决库车山前裂缝性砂岩井壁失稳的有效途径。

4）现场试验取得明显效果，地质力学研究广泛应用

相继在克深2、克深5、克深8、克深9气藏选择了10余口井进行试验，在白垩系目的层钻井过程中将钻井液密度由早期的1.9～2.0g/cm³降至1.7～1.8g/cm³，使得钻井复杂情况明显减少，钻井速度也明显加快，取得了十分理想的效果。地质力学的研究成果成功解决了在克拉苏盐下超深白垩系裂缝性低孔砂岩储层钻井过程中的井壁稳定性问题，现场钻井工程技术人员对此由半信半疑到深信不疑，再到主动要求，并逐渐产生了依靠，使之成为克拉苏盐下超深钻探的利剑。如开发井克深24-1井在设计之初，钻井设计人员和现场钻井工程技术人员就迫不及待地要求与地质力学人员进行深入交流，迫切需求提供地层压力纵向分布数据和目的层的漏失压力数据。通过对该构造已完钻井的分析，给出了详细的安全钻井液密度窗口，在白垩系目的层采用1.75g/cm³钻井液，既能保证井控安全，又能确保不发生严重漏失，结果该井在目的层实钻仅发生微量渗漏，无卡钻、遇阻等复杂情况，仅用155天就完成了6502m进尺，创下克拉苏盐下超深勘探领域最快钻井纪录。

随着克拉苏构造带横向和纵向勘探开发的不断深入，钻井工程面临的问题越来越多。地质力学研究成果不但在全井筒推广，而且在库车地区甚至在整个塔里木探区全面推广，地质力学的研究全方位支撑了钻井工程设计与现场跟踪实施。在库车地区从研究高陡地层、断裂、砾岩、泥岩、膏盐岩、裂缝性低孔砂岩的井壁失稳机理着手，建立了克拉苏构造带"横向到边、纵向到底"的不同类型井壁失稳解决方案，并以地质工程交底的形式实现了与工程地质的充分结合，从设计源头到随钻跟踪，牢牢地将"钻井复杂"控制在笼子里。

5）地质力学创新研究支撑了完井试油方案设计

塔里木油田在单井储层品质评价方面一直沿用传统岩石物理方法，在完井试油改造提产方面一直缺乏提产方案制订和参数优化方面成熟的方法，从克深地区实际井来看，迫切需求寻找一套真正能反映储层品质的评价参数，迫切需求建立一种完井提产参数优化的方法。比如克深2构造上的克深208井和克深2-2-8井，岩石物理参数差别不大，但克深208井的天然裂缝发育程度却比克深2-2-8井高出两倍，两口井的完井压裂改造效果也差别很大，克深2-2-8井的初期产能是克深208井的40多倍，这也就是说，传统的岩石物理参数不能表征储层品质，也不能表征储层的产量差异。

借鉴美国页岩气水平井多级压裂中，利用杨氏模量和泊松比等弹性参数来计算岩石的脆性和韧性，进而计算出岩石的可压裂性，将该方法引入克深地区后，结果却大相径庭，无法有效区分井间和层间的差异，由此出现了水土不服。

创新才有出路，通过分析，排除了用岩石物理属性、脆性和韧性等单一参数的方法。是否可以考虑多参数，或者增加其他参数呢？地质力学研究人员再次反复研读了储层地质力学创始人Zoback教授的理论，发现裂缝的剪切滑移能力十分重要，地质力学研究人员又仔细对比了单井之间的各类参数差异，尝试考虑脆性、韧性、应力和裂缝，构建新的可压裂性计算方法，在克深2井、克深8井、克深5井等数十口井中验算，证实这几个参数完全能够反映井间和层间的储层品质差异，由此找到了解决问题的思路和办法。通过克深506井的试验，认为该井应力值较高，地层压裂性差，起裂压力高，据此提出了加砂压裂提产方案和改造层段、射孔簇和施工压力优化等建议，通过加砂压裂，无阻流量提高4倍之多。

复杂井完井地质力学评价成为油田完井提产方案讨论的必备资料和施工设计依据，相关成果写入设计，纳入油田《完井试油方案讨论汇报内容规范》，并已完成油田公司级企业标准的编制。

（三）勘探成效

1. 气藏基本特征

克拉苏大气田位于塔里木盆地北缘、南天山山前，隶属于库车前陆冲断带，通常指克拉2气田以南、克拉苏大断裂下盘、克深—博孜地区的气藏群，东西长248km，南北宽15～30km，主要勘探目的层为白垩系巴什基奇克组。截至2018年底，克拉苏大气田已发现克深2、克深5、克深6、克深8、克深9、克深13、大北3、博孜1等大中型气藏共24个，共上交天然气探明地质储量$9791.52\times10^8m^3$，凝析油探明地质储量524.26×10^4t。

克深区带东西向可分为阿瓦特段、博孜段、大北段、克深段，受北部的克拉苏断裂和南部的拜城断裂控制，两条边界断裂之间发育多条次级逆冲断裂，已发现的气藏沿断裂成排成带分布，平面上由北向南由浅到深发现4~7排，气藏群呈近东西向条带状展布，单个气藏含气面积一般为10~68km²，气藏埋藏深度大，一般为6000~7500m。自北向南气藏埋藏深度逐渐增大，北部克深6、克深11等少数气藏埋深为6000m左右，向南克深1、克深2、大北3、博孜1等气藏的埋深达到6500~7500m，南部的克深9气藏埋深已达到7950m。

克拉苏大气田白垩系巴什基奇克组砂岩发育宽浅湖盆辫状河（扇）三角洲沉积，砂体纵向上表现为多期朵叶体相互叠置，横向上表现为多个朵叶体相互连接，覆盖全区，厚度一般为200~300m。

白垩系巴什基奇克组砂岩矿物组成相对稳定，以岩屑长石砂岩和长石岩屑砂岩为主，粒度以中粒、细粒为主，胶结物以方解石、白云石为主。储集空间类型包括原生粒间孔、粒间溶蚀扩大孔、粒内溶孔、微孔隙、裂缝，其中，原生粒间孔—粒间溶蚀扩大孔为储层主要的储集空间，占总孔隙的65%~85%，整体连通性相对较好；裂缝为储层主要的渗流通道，占总孔隙比例较小，约0.5%，以高角度构造缝为主，局部发育网状缝（图2-22）。根据储集空间类型及特征，将克拉苏大气田超深层储层划分为三种储层类型，即孔隙型、裂缝—孔隙型、裂缝型，其中以孔隙型储层为主，约占70%。储层基质孔隙度一般为2%~7%，基质渗透率一般为0.05~0.5mD，裂缝渗透率一般为0.1~10mD，地层测试渗透率一般为1~100mD，总体属于特低孔中—低渗储层。

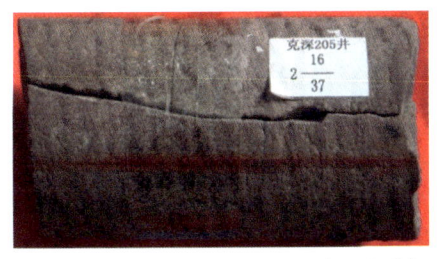 

(a) 克深205井，K_1bs_2，7086.48m，2-16/37，细砂岩，发育一条方解石未充填直劈缝贯穿整段

(b) 克深207井，K_1bs_2，6991.05m，5-26/36，浅褐色块状细砂岩，发育网状缝，不规则分布，方解石半充填—充填，裂缝开度0.1~0.4cm

图2-22 克拉苏气田白垩系巴什基奇克组储层裂缝特征

受南天山构造挤压应力、上覆盐层诱导及均衡作用影响，克拉苏大气田超深储层具有断背斜应力中和面垂向分层特征，垂向上可划分为张性段、过渡段和压扭段三层结构。其中，张性段和过渡段储层相对较好，以原生粒间孔—粒间溶蚀扩大孔为主，主要发育高角度张性裂缝，常规测试普遍获得高产气流，日产天然气普遍达到$20 \times 10^4 m^3$以上，天然气地质储量占90%以上。压扭段挤压应力强，岩性致密、非均质程度高，低角度网状缝发育，有效性差，工程复

杂情况多发，即使通过大规模改造也较难获得高产工业气流，天然气储量仅占10%左右。

克拉苏大气田各气藏整体具有地层压力高、地层温度高的特征，气藏压力梯度范围为0.28~0.29MPa/100m，压力系数在1.60~1.86之间，属于高压、超高压气藏；地温梯度范围为2.14~2.21℃/100m，气藏中部温度分布在146~188℃之间，属于常温气藏。气藏天然气甲烷含量整体较高，一般为88%~95%，非烃气体含量低，不含H_2S，属于优质天然气；根据流体相态特征，克拉苏大气田东部主要为干气气藏，向西逐渐演变为凝析气藏，凝析油含量逐渐增大（图2-23）。气藏受断背斜圈闭控制，由于古近系膏盐岩上封侧堵，断背斜圈闭闭合高度一般在300~650m之间，已发现的气藏表现为全充满，气柱高度普遍大于巴什基奇克组砂岩厚度，多表现为层状边水特征，因此，克拉苏大气田各气藏的类型可定性为断背斜型常温（超）高压边水层状干气（凝析）气藏。

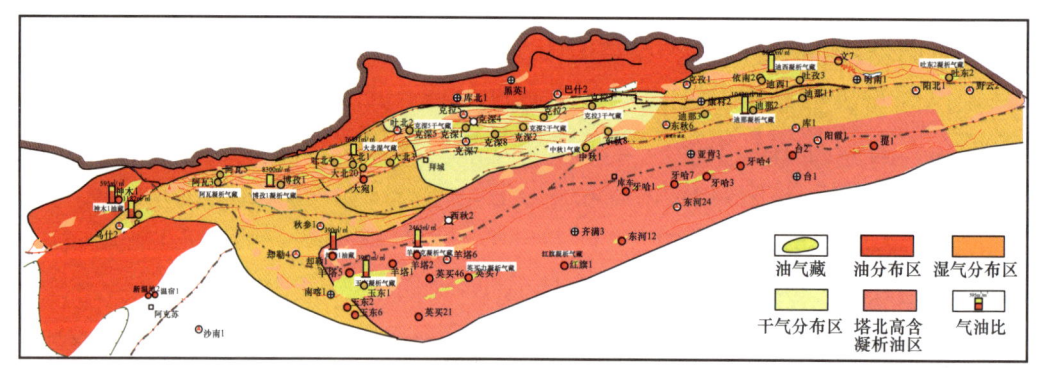

图2-23 克拉苏构造带流体相态分布图

2. 上交探明储量近万亿立方米

从2008年克深2气藏的发现至2018年底，10年间，克拉苏大气田已整体探明克深2、克深5、克深8等14个气藏，累计新增天然气探明地质储量$9791.52×10^8m^3$，凝析油$524.26×10^4t$。其中克深段是主力气区，整体探明10个干气气藏，储层厚度约300m，埋深一般为6000~8000m，孔隙度主要分布在4%~9%之间；大北段目前探明3个低含凝析油的凝析气藏和1个干气气藏，储层厚度为180~240m，埋深为5500~6500m，孔隙度主要分布在4%~9%之间；博孜段探明1个凝析气藏，储层厚度约180m，埋深为6670~7165m，物性主要分布在4%~9%之间。

3. 高效建成规模年产能近一百亿立方米

随着克深、大北等气田不断获得勘探突破，从2010年库车地区第一口井（大北 201 井）投入试采，克拉苏大气田已经陆续建成克深 2、克深 8、大北等 13 个开发单元，投入开发及试采井 102 口，其中，开井 74 口，建成产能 $88\times10^8\mathrm{m}^3/\mathrm{a}$，日产气 $2709\times10^4\mathrm{m}^3$。其中，克深 2、克深 8 等区块开井 55 口，日产气 $2069\times10^4\mathrm{m}^3$；大北 1、大北 2 等区块开井 14 口，日产气 $442\times10^4\mathrm{m}^3$；博孜 1 气藏及周缘试采区块开井 5 口，日产气 $198\times10^4\mathrm{m}^3$。同时建成了克深、大北处理厂两座，日处理能力 $3500\times10^4\mathrm{m}^3$，2018 年工业年产气量达到 $266\times10^8\mathrm{m}^3$。

塔里木油田用 10 年的时间，坚持勘探开发一体化的理念，攻坚克难，锐意创新，初步形成相对成熟完善的开发配套技术，实现了克拉苏超深、高温、高压气藏的高效开发，当前气田正处于快速上产的黄金开发阶段，预计"十三五"末可建成产能规模 $130\times10^8\mathrm{m}^3/\mathrm{a}$，成为塔里木盆地最大的产气区和"西气东输"最重要的天然气气源保证。

二、秋里塔格构造带的战略突破

秋里塔格构造带位于库车前陆冲断带南缘，北与克拉苏构造带以向斜或斜坡过渡，南与南部斜坡带相接（图 2-1），呈 NEE—NE—NEE 带状展布，东西长 300km，南北宽 10～25km，面积 5200km²，地表为西秋、东秋两座山体，沟壑纵横，海拔 1400～2200m。秋里塔格构造带介于克拉苏大气田与牙哈—英买力—羊塔克富油气区带之间，是库车前陆盆地油气勘探重要的战略接替领域，油气资源十分丰富。截至 2018 年底，已发现迪那 2 大型凝析气田、却勒 1 油藏、东秋 8 中深层气藏和中秋 1 超深大型凝析气藏，探明天然气地质储量 $1752\times10^8\mathrm{m}^3$、石油地质储量 $1339\times10^4\mathrm{t}$。

（一）发现概述

1. 秋里塔格构造带成藏地质条件优越，具备形成大油气田的基础

1）东秋 5 井初探深层构造，发现白垩系巨厚砂岩优质储层

秋里塔格构造带的勘探始于 1958 年，1958—1979 年先后在东秋里塔格构造带浅层钻探东浅 1 井、东秋 1 井、东秋 2 井、东秋 3 井、东秋 4 井等 5 口探井，在新近系吉迪克组获得少量原油，钻后研究认为油源来自深层，为深层探索提供了依据。

1993 年，塔里木石油勘探开发指挥部在"一手抓 500 万，一手抓大场面"方针指导下，为了尽快发现"大场面"，优选东秋里塔格构造带部署了第一口深井——东秋 5 井，设计主要目的层为侏罗系，兼探新近系与白垩系。1993 年 2 月 4 日东秋 5 井开钻，受当时技术条件与井身结构限制，无法钻达主要目的

层侏罗系，钻至白垩系 5316m 提前完钻，在白垩系完井试油，出水及微量气。东秋 5 井虽然未实现油气勘探发现，但首次在秋里塔格构造带钻揭了白垩系巨厚砂岩优质储层（图 2-24）。

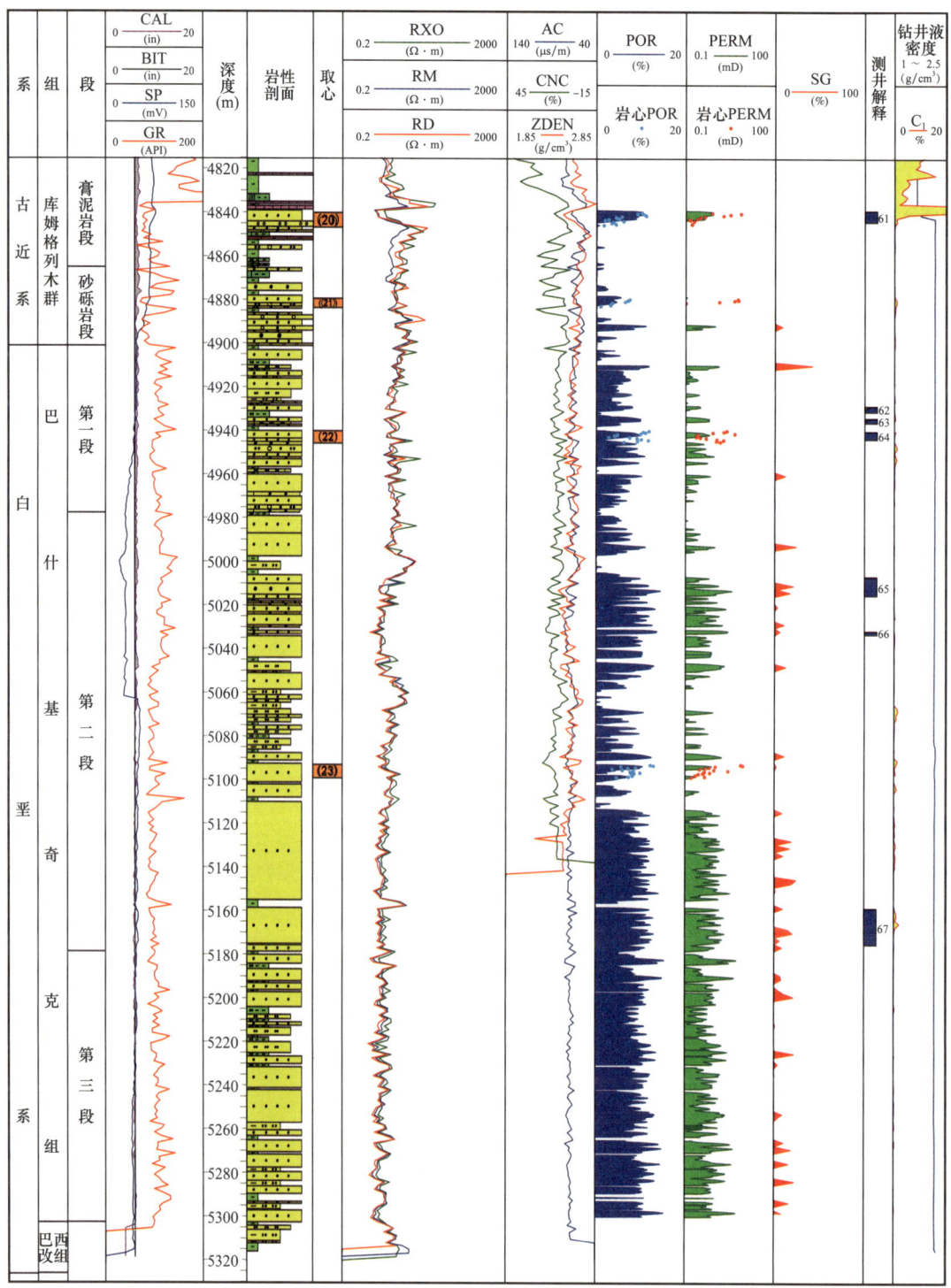

图 2-24 东秋 5 井白垩系综合柱状图

东秋 5 井白垩系钻厚 415m（倾角 25°~30°，真厚度 360m），砂地比 77.9%~85.8%，岩性以细砂岩为主，夹泥岩、粉砂质泥岩、泥质粉砂岩。岩石类型以长石岩屑为主，孔隙类型以粒间孔、粒间溶孔为主。岩心平均孔隙度 15.5%，平均渗透率 123.2mD，属低—中孔中渗储层。测井加权平均孔隙度 15.1%（3.1%~19.5%），属中孔中渗储层。

2）西秋 2 井钻揭古近系巨厚盐层，落实区域优质储盖组合

东秋 5 井发现了白垩系巨厚砂岩优质储层，但古近系盖层欠发育，古近系钻揭 546m，岩性以泥岩、膏质泥岩为主，膏盐岩不发育。2001 年在东秋里塔格构造带钻探的东秋 8 井，钻揭古近系 726m，膏盐岩仅 63m，所以一度对秋里塔格构造带古近系盖层的有效性产生了怀疑。但是随着 2005 年西秋里塔格构造带西秋 2 井的钻探，钻揭古近系 2802.32m（未穿，井底为库姆格列木群上膏泥岩段），其中膏盐岩厚达 1864m，结合区域古近系膏盐岩分布特点，认为古近系膏盐岩盖层在秋里塔格构造带中西部地区广泛发育，它与白垩系巨厚砂岩组成了区域性优质储盖组合。

3）东秋 8 井古近系薄砂层获工业油气流，证实油气成藏条件好

东秋 8 井位于秋里塔格构造带中东部地区，2001 年 3 月 26 日开钻，在钻进中气测显示活跃，主要集中在古近系和白垩系，完井后在白垩系 5198~5204m、5158~5171m、5055~5065m 测试三层，均为水层（含气）；在古近系库姆格列木群测试两层，5039~5046m 为含气水层，4666~4678m 用 6.35mm 油嘴求产，油压 44.124MPa，折合日产气 287153m^3，折合日产水 14.28m^3。东秋 8 井古近系薄砂层获高产工业气流，证实了秋里塔格构造带成藏条件十分优越，白垩系未获得发现的原因当时认为是东秋 8 井钻探位置较低或断裂破坏。

随着秋里塔格构造带勘探的不断深入，逐渐证实了秋里塔格构造带具备优越的成藏地质条件，而如何提高地震资料品质，建立合理的构造解释模型，发现和落实可靠的圈闭，成了制约秋里塔格构造带勘探突破的主要矛盾。

2. 持续地震攻关、深化基础地质研究，发现中秋 1 风险目标

1）常规二维地震勘探，秋里塔格构造带发现一批圈闭显示

1994 年，首先在东秋里塔格—依奇克里克构造带的高大山体地区进行山地直测线地震攻关，完成了库车东部地区 4km 主测线距和少量联络测线的山地地震施工，地震资料品质得到明显改善。随后 2001—2006 年在秋里塔格构造带又完成了大量常规二维地震采集，测网密度达到 2km×2km~4km×8km。以断层相关褶皱理论与模型为指导，通过建立盐下滑脱冲断构造样式，在秋里塔格构造带发现了一批盐下圈闭显示，在构造带的东部新近系盐下发现并探明了迪

那 2 大气田，西部的却勒 1 井和中部的东秋 8 井在古近系相继获得了发现，但针对白垩系的勘探却颗粒无收。这一阶段，东秋 5 井、秋参 1 井、却勒 1 井等 6 口探井钻揭白垩系砂岩，储层条件总体很好，或优于克拉 2 气田，或与克拉 2 气田相当，完井试油以出水为主，见少量油气。

2）"宽线 + 大组合"地震攻关，发现东秋里塔格断裂下盘有利构造带

2007—2014 年，在秋里塔格构造带一方面开展二维地震资料处理攻关，另一方面逐步实施"宽线 + 大组合"地震采集处理攻关，完成了二维宽线地震测线 1489km/45 条。"宽线 + 大组合"地震采集处理技术大幅度提高了资料信噪比，实现了浅层资料从无到有、盐下深层反射从弱到强，并在东秋 8 断裂下盘隐约可见中秋构造形态（图 2-25）；同时二维宽线为后续的基底古隆起刻画、立体构造建模奠定了基础。

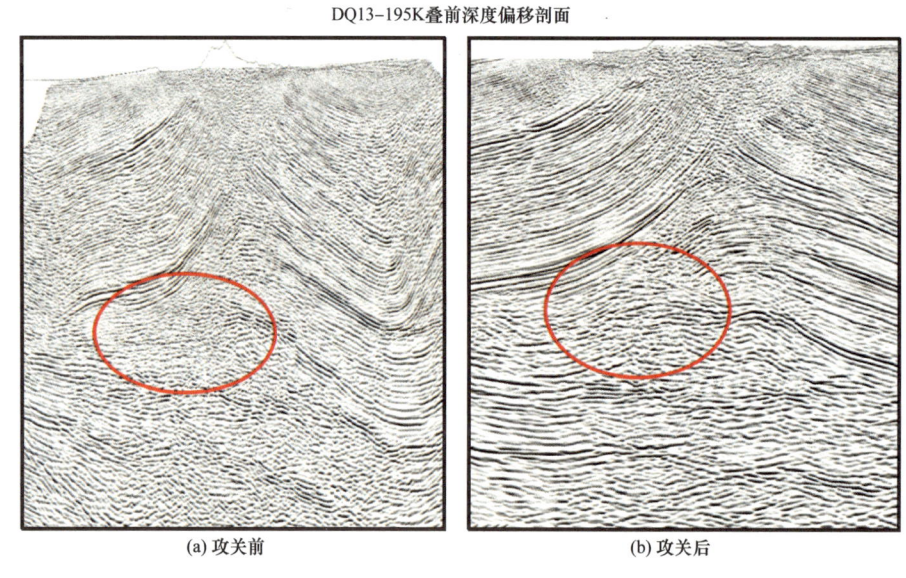

图 2-25 二维宽线攻关前后对比剖面

在深化地质研究方面，开展了地表露头调查、盐相关构造物理模拟与建模、重点区带构造解析及中生界原型盆地研究。2013 年系统开展了库车南缘整体研究，拼接、处理、解释了 23 条库车—塔北地区的区域大剖面，统层并建立构造格架，系统开展了库车南缘古隆起研究与层系评价，立足库车含油气系统，强化区域地质研究，重新梳理勘探领域与目标。后逐步认识到秋里塔格构造带东西向具有明显的分段特征，中秋段发育类似克拉苏构造带的逆冲叠瓦构造，认为中秋段位于东秋里塔格断裂下盘，发育古近系盐盖层，油气保存十分有利。通过"宽线 + 大组合"地震资料与常规二维地震处理攻关成果的精细解释，在东秋下盘发现一批规模较大的古近系盐下圈闭显示，然而这些圈闭显示位于构造逆掩叠置带，用成像较差的二维地震资料很难落实，因此无法马上确

定探井井位,但可以锁定中秋构造带作为下一步勘探的重点。

3)果断决策部署三维地震,落实中秋1风险目标

"宽线+大组合"二维地震资料展现出中秋构造带、东秋构造带中逆冲断裂成排成带,符合地质规律,但是单个构造奇形怪状,不能准确落实。2015年依据二维宽线地震资料,在西秋里塔格构造带上钻秋探1风险探井,但因构造不落实导致钻探失利。鉴于秋探1井的失利及中秋构造带难以准确落实圈闭的现状,并充分认识到二维地震资料落实复杂构造圈闭的局限性,虽然中秋构造带二维宽线持续攻关,但资料品质仍然较差,关键部位仍然成像不清晰。"宽线+大组合"二维地震虽能发现和落实构造相对简单、宽缓的大构造,但逆掩叠置带复杂盐下构造的准确成像必须要依靠三维地震。

2015年4月,塔里木油田突破常规,科学果断决策,在中秋构造带部署了东秋8三维地震区块,满覆盖面积344.8km^2。东秋8三维地震区块是库车前陆冲断带风险勘探超前部署的第一块山地三维地震,是在"没有油气发现、先做三维地震""先攻关、后展开"的思路指导下,首次成功实施的复杂山地高密度三维地震。地震资料处理方面,组织三家公司并行攻关,获得了较高品质的三维地震资料,偏移归位比较合理,盐下隐伏圈闭清晰成像。多家单位联合开展了精细构造建模、地震解释与构造成图,厘定了中秋构造带发育的与克深地区具相似特征的盐下冲断叠瓦构造模式,认为处于构造转换部位的中秋构造带更易形成大型构造圈闭。2017年,在精细描述和评价中秋1古近系盐下圈闭的基础上,论证上钻了中秋1风险探井。

(二)中秋1井的突破

1. 中秋1井的发现

中秋1井于2017年10月30日开钻,2018年10月14日完钻,完钻井深6316m,完钻层位白垩系巴什基奇克组,白垩系顶面埋深6072m,钻揭白垩系244m。2018年12月12日,对白垩系6073~6182m井段侦查测试,小型酸化解堵,用5mm油嘴放喷求产,油压81.182MPa,折合日产气334356m^3、日产油21.4m^3,测试结论为凝析气藏(图2-26),从而发现了中秋1气藏。中秋1气藏含气面积45.8km^3,天然气地质储量超过$1000×10^8$m^3,凝析油地质储量近$800×10^4$t。

2. 气藏地质特征

中秋1井钻揭了新近系吉迪克组和古近系库姆格列木群两套膏盐岩盖层,吉迪克组膏盐岩段厚651m,其中纯盐层厚199m,库姆格列木群膏盐岩段厚419m,纯盐层厚44.5m。两套盖层厚度大,分布广泛,在中秋1井区和东秋8井区叠置,共同构成该区优质盖层。

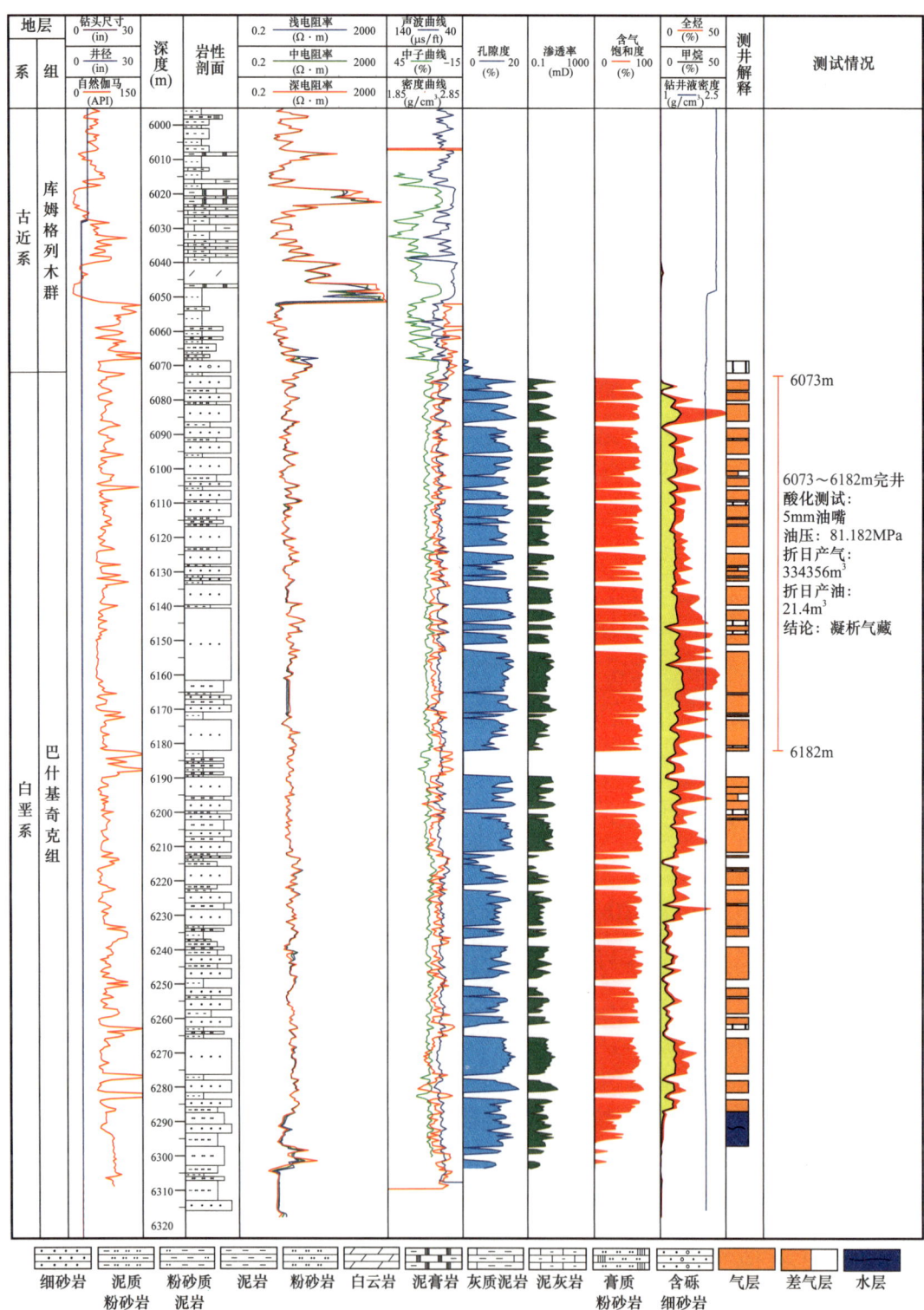

图 2-26 中秋 1 井白垩系四性关系图

中秋 1 井白垩系巴什基奇克组钻揭 244m，未钻穿。自上而下分为两段，第一段钻厚 55.5m，剖面上表现为 4 个正韵律沉积特征，岩性组合表现为下部褐色细砂岩向上变为粉砂岩或泥质粉砂岩，为辫状河三角洲前缘水下分流河道夹分流间湾沉积；第二段钻厚 188.5m，表现为多个正韵律及 2 个反韵律的组合特征，为辫状河三角洲前缘水下分流河道夹分流间湾沉积，偶见河口沙坝沉积。岩石类型以长石岩屑为主，孔隙类型为粒间孔和粒间溶孔。储层测井平均孔隙度为 12.8%，平均渗透率为 1.40mD，物性与克拉 2 井相当，优于克深地区的白垩系。

中秋 1 凝析气藏的地层压力 120.72MPa，地层温度 146.35℃，甲烷含量 90.23%，重烃含量 8.26%，凝析油密度 0.8350g/cm^3，气油比 15624m^3/m^3，属于底水块状断背斜型常温超高压凝析气藏。

（三）战略意义

由于中秋 1 井的突破，新发现了一个千亿立方米规模的整装凝析气藏，使秋里塔格构造带由战略接替领域转变为现实规模增储上产领域，为库车前陆盆地天然气勘探开辟了一个新的领域。这是继 1998 年克拉 2 井、2008 年克深 2 井之后的又一战略性突破，在塔里木盆地勘探史上具有里程碑意义，也是多年来石油地质研究和地震勘探技术攻关的结果。

中秋 1 井的勘探实践，丰富了库车含盐前陆盆地的油气地质理论认识，深入推进了库车前陆盆地天然气勘探的进程，初步形成了秋里塔格构造带中部两套盐层交会区的配套勘探技术，解决了圈闭落实不准的关键问题，对下步油气勘探具有重要指导意义。

中秋 1 井的发现揭示了秋里塔格构造带具有形成大油气田的石油地质条件，最新研究表明，中秋段—东秋段共有圈闭显示 16 个，总面积 388km^2，天然气资源量 $6000×10^8$m^3，石油资源量 $4500×10^4$t。中秋 1 井古近系盐下超深勘探的战略突破，带动了秋里塔格构造带的整体勘探，为勘探的整体认识、整体部署、分层次实施提供了依据，全面加快中秋—东秋构造带的预探和评价，夯实了塔里木油田 $3000×10^4$t 大油气田建设的资源基础。

第二节　前陆盆地超深碎屑岩油气勘探技术创新

一、山地超深盐下复杂构造地震勘探技术

库车山地地震勘探始于 1983 年，经历了沿沟弯线侦查、山地直测线二维成网观测普查、"宽线+大组合"攻关、常规连片勘探三维、宽方位高密度开

发三维多个阶段。早期（1983—1993 年）由于受设备技术的限制，沿沟实施了 31 条弯线二维地震，侦查到了库车地下基本的地质结构，推动了东秋 5 井的钻探；1994~2004 年随着地震采集装备、技术的进步和山地地震勘探经验的积累，对库车山地实施了二维地震网状普查，基本搞清了库车前陆盆地的整体构造格局，发现了克拉 2、迪那 2 两个超千亿立方米气田和一批深层构造圈闭或显示，由此奠定了"西气东输"资源地的重要地位。但是自克拉 2 和迪那 2 等气藏发现之后，库车油气勘探曾一度进入低潮，油气勘探重点也被迫进入超深层勘探，由于受技术和地震资料品质限制，圈闭落实程度低，盐下超深油气勘探收效甚微。圈闭落实的程度严重制约了盐下深层油气勘探的步伐，"构造带轱辘、高点带弹簧、圈闭捉迷藏"成为常态。2005 年开始，围绕库车山前制约圈闭落实程度的地震资料品质和盐下成像精度开展技术攻关（周翼等，2017），在采集、处理、地震解释各环节进行不断探索和认识，逐渐实现了超深盐下复杂构造的准确成像，并形成了特色"宽线＋大组合"技术、山地三维地震技术，库车的山地地震勘探迈向了高密度三维和 TTI 各向异性叠前深度偏移时代，创新形成了以顶篷构造理论为指导、以 Walkaway-VSP 技术为辅助手段的盐下复杂构造地震解释技术，这些技术的应用有效支撑了库车前陆盆地的天然气勘探开发。

（一）山地超深盐下复杂构造地震勘探难点

库车天然气勘探主要集中在前陆盆地冲断带，而前陆盆地冲断带主要位于巨厚膏盐层之下，地表多为山地。一方面地表条件复杂，地表类型多样，既有高大山体、戈壁砾石、巨厚山前冲积扇和农田村庄，又有各种复杂河流和大型冲沟等（图 2-27）；另一方面中浅层地层高陡，膏盐层厚度大、速度变化大，目的层埋藏深、断裂断块发育。这种双重复杂特征给库车含盐前陆盆地地震勘探带来了前所未有的困难和挑战。

(a) 风化砾岩山　　　　　　(b) 砂泥岩刀片山　　　　　　(c) 山前冲积扇

图 2-27　库车含盐前陆盆地地表主要类型

1. 地震数据采集难

地震采集主要受采集技术和工程施工两个方面的影响。库车山地超深盐下复杂构造地震采集主要面临以下三个方面的难题。

1）观测系统设计难

多年的勘探实践证明，库车含盐前陆盆地地震勘探必须依赖叠前深度偏移技术，而叠前深度偏移对地震资料信噪比提出了更高的要求。库车含盐前陆盆地山体区山高坡陡、沟壑纵横、断崖林立，在2～5km的范围内相对高差可达3000m以上，地表坡度可达70°以上，出露的地层倾角可达90°甚至反转。从地下看，盐上构造变形强烈，构造类型丰富，地层倾角大；古近系膏盐层广泛发育，厚度可达3000m以上且变化大，盐内岩性差异大，存在不稳定的膏泥质夹层；盐下勘探目的层埋深大，最深可达8000m以深，断块及断裂极其发育，圈闭类型复杂多变。目的层上覆厚—巨厚盐丘，受上覆中浅层地层高陡、膏盐层巨厚的散射和屏蔽作用，盐下目的层的地震波被吸收衰减和逸散，膏盐层对下伏目的层起到明显的能量屏蔽作用，不利于提高目的层信噪比，采集方法设计面临巨大的挑战。

2）激发与接收难

库车含盐前陆盆地岩性多变，地震波激发、接收条件差异大，导致选择合适的激发、接收方法以确保原始资料品质难度非常大。在类似农田区和风化层较薄的细粒戈壁区，激发和接收条件相对较好，原始资料信噪比较高。而对于起伏剧烈的山体区、较厚的中—粗砾石戈壁区及山前巨厚冲积扇区，低（降）速层巨厚，难以达到在高速层激发的要求，表层对地震波吸收衰减严重，各种线性噪声、次生干扰极为发育。

3）测量与布设实施难

高大陡峭、断崖和冲沟发育的山地地形条件使地震测量难度大、选线选点难度大、激发接收设备和人员到位难度大、项目质控难度大，物理点放样施工的难度则更大（图2-28），物理点布设位置及海拔高程的正确性、合理性和施工质量要求不仅影响着地震资料的品质，而且还关系着安全风险和施工效率等。

2. 地震资料处理成像难

库车含盐前陆盆地复杂的地表、地下地质条件和地震波场，使得地震资料处理主要面临三个方面的难题：表层建模与静校正、波场保持和提高信噪比、速度建模与成像等。

1）表层建模与静校正难

库车含盐前陆盆地地表类型多样，地形起伏剧烈，存在着严重的高程静校正问题。同时山体岩石出露，冲积扇、冲沟多期发育等造成地表速度、厚度横向差异极大，低（降）速层厚度差异从 0m 到 200m 不等，高速层速度变化范围为 1600~3500m/s。地表的复杂性导致了表层速度建模与静校正问题复杂，有效解决难度大。

(a) 检波点室内设计　　　　　　　(b) 野外施工

图 2-28　检波点室内设计及野外施工

2）信号处理与噪声压制难

库车含盐前陆盆地信号处理与噪声压制难。一方面，复杂的地形地貌导致激发和接收条件差，线性噪声、随机噪声、散射噪声和次生干扰等各种背景噪声极为发育，在保持地震波场特征的前提下，压制噪声、提高信噪比难度大。另一方面，由于地表类型的差异导致单炮记录的动力学特征差异大，存在严重的不一致性问题。如何在保持地震波场特征的前提下，提高地震资料信噪比与消除振幅、频率、相位的动力学特征差异是地震信号处理的关键。

3）速度建模与偏移成像难

库车含盐前陆盆地由于构造复杂和特殊岩性体的存在，导致速度建模和偏移成像难。一是盐上存在高陡地层，各向异性问题突出。二是克拉苏冲断带北部及秋里塔格构造带变形复杂，速度、构造建模困难。三是后期发育大量的冲积扇，形成了巨厚的高速砾岩，由于单个冲积扇发育范围局限、面积较小，往往在非常短的距离及范围内岩性从高速砾岩过渡为低速泥岩，速度横向变化非常剧烈：几千米范围内从近 6000m/s 高速变为 3000m/s 相对低速，如此短距离内的速度剧变在速度建场中刻画难。四是目的层信噪比低，且逆掩叠置严重，复杂的构造变形和结构也导致速度建场困难。五是速度、构造的复杂性所带来的地震波多路径问题和地下照明不充分、不均匀所带来的偏移画弧问题，造成速度建模与偏移成像异常难。

（二）"宽线 + 大组合"山地二维地震勘探技术

地震资料信噪比低是库车含盐前陆盆地地震勘探面临的最突出问题之一，严重制约着该区油气勘探开发进程。2005 年，在克拉苏构造带将横向大组合与宽线有机结合开展的先导性试验,取得良好效果,从而形成了"宽线+大组合"地震勘探技术,"宽线+大组合"技术是一套技术系列,主要包括"宽线+大组合"观测资料采集技术、"宽线+大组合"资料处理技术两大部分。该技术系列有效解决了常规地震资料信噪比低的问题,突破了复杂山地地震勘探的技术瓶颈,复杂构造地震成像质量显著提高,发现和锁定了一大批有利目标并相继获得油气发现,极大地推进并掀起了库车超深盐下复杂构造油气勘探的新高潮。

1. "宽线+大组合"采集技术

"宽线+大组合"采集技术是指在常规二维观测系统基础上,通过横向增加接收线或炮线增加横向覆盖次数,并通过多串检波器横向大基距组合检波技术压制噪声,从而整体上大幅度提高地震资料信噪比的一种二维高覆盖观测方法(图2-29)。

图2-29 "宽线+大组合"观测系统示意图

"宽线+大组合"采集技术是塔里木油田在山地地震勘探实践过程中经过不断探索而形成的。在"宽线+大组合"观测技术的形成过程中,以下五个方面的攻关试验及研究起到了关键性作用。

1)山地宽线攻关试验

2004年前,克拉苏构造带针对深部的多个目标钻井失利,主要原因是地震资料品质不过关、构造形态不准或构造根本就不存在。为进一步提高地震剖面信噪比,2005年在克深1井区首次引入宽线试验攻关,观测系统为4线5炮240道,覆盖次数最高240次。该试验的结果明显提高了剖面的信噪比,使我们认识到宽线观测在超深盐下复杂构造勘探中的有效性。

2)山地高密度表层调查试验

2005年,为研究库车山地的表层结构速度、厚度分布规律,在吐北地区开展了高密度表层调查试验。在实际生产中,表层结构调查点密度一般是2km左右布设1口微测井,该试验在9km长的山体区共布设了115口微测井,平均密度达到 1 个控制点 /80m，这样就可以精细分析表层结构的变化细节。该试验最主要的贡献是得到了高速层顶界面与地表起伏特征基本相似的认知（图 2-30），从而为检波器大组合的实施提供了理论基础。

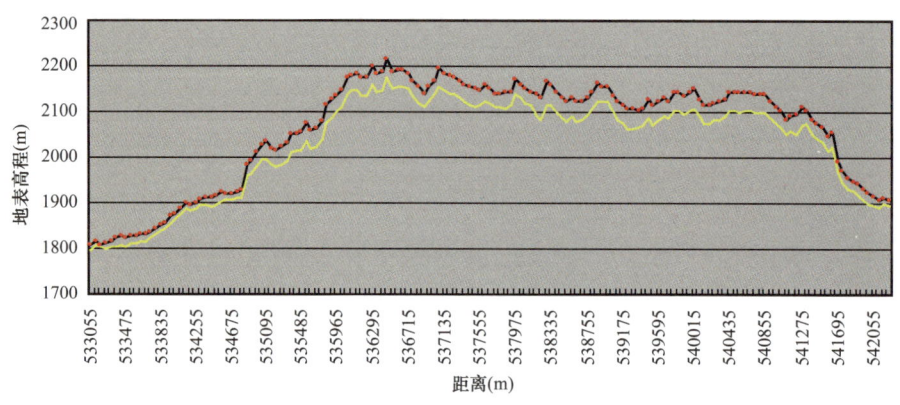

图 2-30　地表高程及高速顶界面曲线
红色为地表高程线，黄色为高速层顶界面

3）横向大组合接收试验

通过高密度表层调查试验，认识到了高速层顶界面与地表高程基本接近的规律，这样在计算组合高差时就可以采用高速层速度（2000m/s 左右），以往论证组合高差采用的是低速层的速度（600m/s 左右），这样组合高差的限制就从以往的 2m 左右提高到了 15m 左右，为大基距组合检波（简称大组合）的实施找到了理论基础。

大组合与常规组合技术原理相同，均是利用反射信号与面波、次生干扰波等噪声信号传播速度与方向的差异（反射信号接近垂直地表传播，噪声信号沿地表及浅层界面传播），通过多个或多串检波器组合接收，以实现噪声信号相互叠加被削弱、反射信号同相叠加被增强的目的。

2006 年在库车克拉苏构造带吐北 4 构造区的地震采集攻关中，在详细表层调查和干扰波特征分析的基础上，首次开展了横向大组合基距检波的点对比试验和线攻关。从所获得的单炮记录剖面（图 2-31）和叠加剖面（图 2-32）可以看出，资料信噪比明显提高，构造成像质量得到明显改善。该次攻关最主要的地质效果是锁定了盐下深层吐北 4 构造。

4）"宽线 + 大组合"试验

通过 2005 年克深 1 井区的宽线试验，认识到宽线观测的有效性；通过 2006 年吐北 4 构造的大组合试验，认识到大组合接收的有效性。宽线观测是通过高覆盖提高剖面的信噪比，大组合接收是通过更有效压制噪声和突出反射波而提高单炮的信噪比，并最终提高剖面的信噪比，如果将二者结合，既可以达到强强联合的效果，又可以进一步优化观测方式，弱化过多的接收线数所带来的投入过高问题，以及弱化组合基距过大所带来的野外实施难度大的问题。

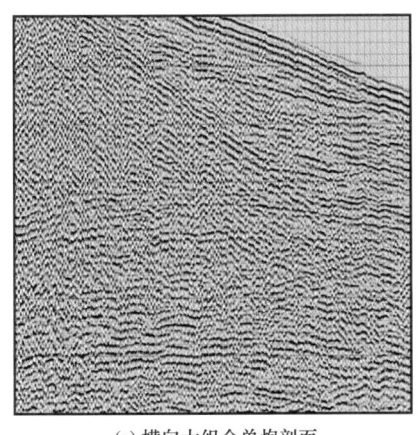 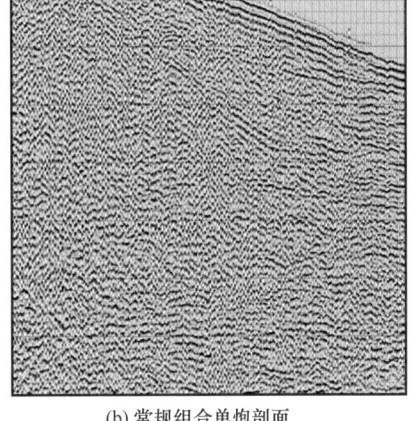

(a) 横向大组合单炮剖面　　　　　　(b) 常规组合单炮剖面

图 2-31　横向大组合单炮剖面与常规组合单炮剖面对比

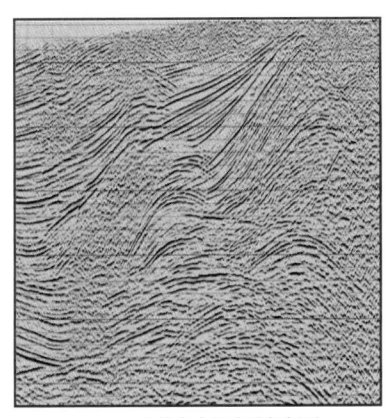 

(a) 横向大组合叠加剖面　　　　　　(b) 常规组合叠加剖面

图 2-32　横向大组合叠加剖面与常规组合叠加剖面对比

2007 年,首次在克深 5 构造开展了"宽线 + 大组合"联合观测技术攻关。根据该区地震资料信噪比和干扰波的特点,通过对宽线攻关资料和横向大组合接收攻关资料的深入分析,优化设计,采用 2 线 2 炮、单道 6 串横向大组合检波、横向组合基距 76m、覆盖次数 400 次的"宽线 + 大组合"联合观测系统,取得了显著的攻关效果(图 2-33)。

5)方形排列 + 直角排列联合干扰波调查试验

"宽线 + 大组合"观测的根本出发点是压制资料处理过程中信噪分离难度较大的侧面噪声信号,宽线通过横向增加接收线来进一步压制侧面噪声,大组合通过横向增加组合基距来压制侧面噪声,但侧面噪声究竟存在怎样的传播机制？视速度、能量、频率又存在怎样的变化规律？在宽线、大组合均取得较好的效果后,就需要继续开展深入研究,以为后续"宽线 + 大组合"观测系统的设计提供理论支撑。

2008年塔里木油田首次进行了方形排列+直角排列干扰波调查（图2-34），以进一步查清干扰波类型和特征，明确宽线及横向大组合参数设计方法。

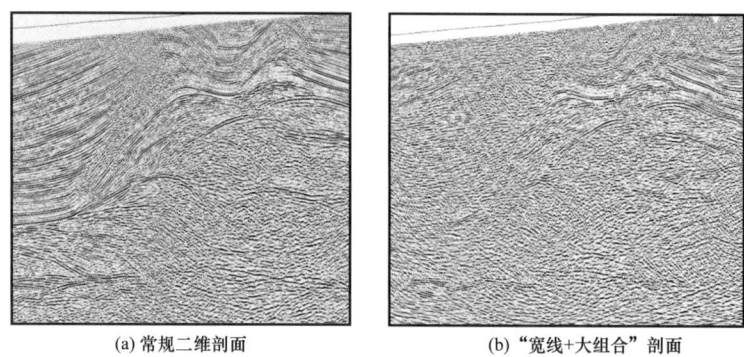

(a) 常规二维剖面　　　　　　　(b) "宽线+大组合"剖面

图2-33　常规二维剖面与"宽线+大组合"剖面对比

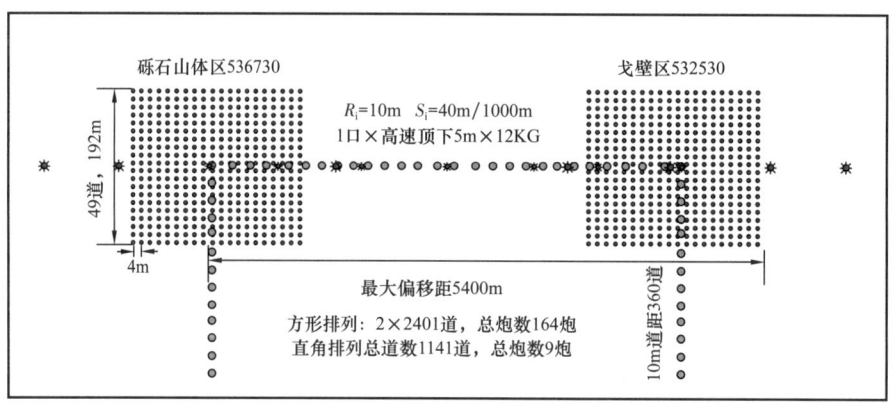

图2-34　方形排列+直角排列干扰波调查示意图

试验是在山体区与戈壁区分别布设一个方形排列，两个方形排列之间布设直角排列。

在直角排列上，清晰地调查到了地震波激发后，面波在山体与戈壁之间的变化特征，以及沿测线方向到侧面的变化特征。

在方形排列上，通过抽取不同方向的组合效果，明确了垂直测线组合方式对以双曲线特征形式传播的侧面噪声源信号具有显著的压制效果。

方形排列+直角排列干扰波调查试验及分析，是"宽线+大组合"观测技术发展及形成的分界线，标志着该技术从探索阶段走向了成型阶段，基于噪声发育特征的"宽线+大组合"采集参数设计方法一直沿用至今，并在不同区域展示了该技术的有效性。

2. 宽线拟三维资料处理技术

宽线资料处理最初采用的是二维测线处理方法，即在资料处理的整个过程中都将一条宽线当成多条二维单测线来进行处理，然后将二维单测线进行剖面叠加，根据需要再进行横向垂直叠加。这种二维处理方法存在以下主要问题：（1）在横向地表高差起伏较大和低（降）速带变化较大时，不同测线的静校正量低频分量存在差异，横向垂直叠加不能满足同相叠加的要求，叠加后将导致成像质量变差；（2）由于山地资料的复杂性和速度的多解性，单测线处理时，很难保证不同测线同一个 CMP（共中心点）位置的叠加速度完全一致，这种速度的差异将会引起成像的形态和 T_0 时间的差异，不利于横向叠加的实现；（3）地表一致性剩余静校正分解计算时，不能发挥宽线同一物理点覆盖次数高的优势，单测线剩余静校正计算的精度和稳定性相对较低。

宽线拟三维处理技术是为了克服二维方法处理宽线资料时存在静校正、速度等问题而提出的一种处理技术。该方法的基本思路是通过三维横向大面元定义，对大面元的 CMP 道集进行静校正的高低频分离和速度分析，从而解决宽线横向同相叠加的问题。宽线拟三维处理包括宽线的三维大面元定义、宽线三维静校正、宽线叠前去噪、宽线叠加等关键技术。

1) 宽线面元重构技术

把宽线按照三维资料进行横向大面元定义，其目的就是为解决静校正的闭合、动校正的同相叠加和宽线的横向压噪等问题。大面元定义通常是指横向的大面元。沿测线方向面元大小为道距的一半，垂直测线方向面元的大小要包含地下所有反射点的横向范围。大面元定义后，地下每一个共中心点网格包含地面相应的所有炮线和检波线，可以统一进行动、静校正处理，实现同相叠加，以展示宽线采集的优势。另外在处理的不同阶段，也可以方便地进行单条或多条炮线、检波线叠加成像对比。

由于山地地表条件复杂，宽线采集过程中为选择有利激发接收条件，测线有时发生了一定程度的弯曲。如果按照三维观测系统定义地下面元位置，则在测线端点，三维观测系统所定义的地下面元位置与宽线实际地下反射点位置将会有很大的偏差。针对弯曲宽线观测的情况，在三维观测系统定义的基础上，进一步研究了弯曲宽线观测系统定义的方法，以便更好地解决弯曲测线的横向大面元定义。

2) 宽线三维静校正技术

宽线资料实际上是一束窄带三维数据，从理论上应采用三维静校正技术来解决近地表建模问题和剩余静校正问题。在实际生产中，首先使用三维野外表层建模方法和室内三维折射或层析静校正方法来求取基准面静校正。然后通过初至波剩余静校正以及三维反射波剩余静校正技术解决剩余静校正问题。三维静校正技术解决了以往宽线资料使用二维剩余静校正方法所带来的非一致性和闭合差问题，有效地提高了静校正的精度，以及宽线成像的品质。

三维初至折射波剩余静校正方法是应用野外静校正量后拾取的折射波初至时间，通过最小平方原理估计延迟时和慢度，采用地表一致性假设来分解出剩余的炮点校正量和检波点校正量。由于静校正量中的线性分量对反射波叠加无贡献，故对所求的静校正量做去线性分量处理。

初至波剩余静校正的应用通常还要考虑近地表结构，不同震源施工时要分段计算和应用。主要原因是：近地表结构变化非常剧烈，不能连续追踪同一个折射界面的折射波，初至折射波剩余静校正的应用前提条件不满足，其应用效果也不理想。为此，针对复杂地表条件情况又研究了分段计算静校正量的方法。

3）拟三维叠前去噪技术

库车山地干扰波比较发育，干扰类型较多，不同地表和激发方式产生的噪声也不同。通过多年山地处理技术攻关，形成了适用的特色压噪技术，在库车山地成像中发挥了重要作用。但是，这些特色的叠前去噪处理软件大都是在二维测线上实现的，无法在宽线和三维处理上实现。宽线资料若要应用这些特色的去噪技术，必须想办法把宽线拆分成不同的二维测线，以进行二维方式的叠前去噪。通过多年攻关研究，已总结形成宽线叠前压制噪声新思路——分检波线多域叠前去噪。

相比三维地震，宽线地震的采集一般检波线条数较少，这就为分检波线进行精细的干扰波分析提供了可能。因此，可以根据不同排列噪声特征及变化规律，采用分检波线多域多系统叠前去噪，然后针对每条排列线按二维方式进行压噪，最大可能地发挥特色软件的应用效果。

4）宽线叠加技术

宽线叠加的主要目的是通过横向组合压制横向干扰，增加覆盖次数，提高地下反射弱信号的信噪比。宽线采集设计中，炮线、检波线的分布宽度已充分考虑地下不同CMP面元的同相叠加问题，地震采集主测线一般垂直于构造。

但在资料信噪比特别低的地段，即使通过宽线采集，地震资料的信噪比仍然很低，在横向大面元网格的基础上进行共反射面（CRS）叠加处理，则能较大幅度地改善反射信号的信噪比。

3."宽线+大组合"技术应用效果

2004年，塔里木盆地勘探发出了"挑战极限，实施物探攻坚战"的动员令，提出了地震剖面"宁要一条过得硬，不要十条过得去；宁要一条精品，不要十条二级品"的新理念，开始了复杂山地新一轮物探攻坚战。地震采集上，瞄准重点目标，加大山地地震部署的力度，在库车山地共实施"宽线+大组合"测线63条、1992km，仅克深1、克深2构造就部署实施了"宽线+大组合"测线 9 条。通过攻坚，剖面信噪比明显提高，尤其是构造部位的成像效果得到大幅度改善，深层盐下断裂和构造清晰可见（图 2-35）。

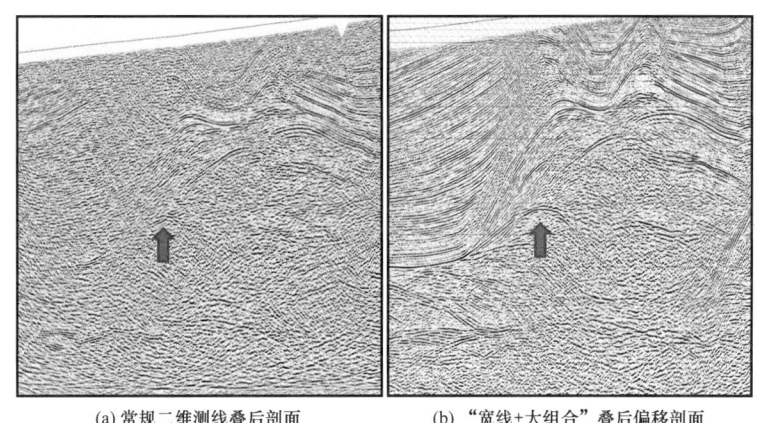

(a) 常规二维测线叠后剖面　　　(b) "宽线+大组合"叠后偏移剖面

图 2-35　常规二维测线叠后剖面与"宽线 + 大组合"叠后偏移剖面对比

基于这些资料，采用盐相关构造建模的思路，重新研究梳理了库车前陆冲断带的构造模型，认识到克拉苏构造带构造成排成带。至 2007 年底，克拉苏构造带发现圈闭及圈闭显示 21 个、总面积 $858km^2$，估算天然气资源量 $1.1 \times 10^{12} m^3$，落实了克深 1、克深 2、克深 3、克深 5、克深 7、克深 8 等多个可上钻的构造圈闭。2008 年克深 2 风险探井获突破，随后，克深 1 井、克深 5 井、克深 7 井、克深 8 井、克深 9 井、克深 10 井等一批探井相继获得高产气流，一举发现了克拉苏盐下超深大气田。

实践证明，"宽线 + 大组合"山地二维地震勘探技术是一项适用于复杂山地低信噪比区的、经济可行的地震勘探技术，在区域侦查、锁定目标和构造圈闭发现阶段是一个行之有效的技术手段。

（三）高陡复杂山地三维地震勘探技术

"宽线 + 大组合"二维地震勘探技术的成功应用打开了库车勘探的新局面，但在用于复杂构造油气藏评价中，特别是对于克拉苏超深盐下逆掩推覆构造，宽线毕竟还是二维，难以做到三维复杂波场的正确偏移归位和绕射收敛，也难以解决偏移闭合差而影响圈闭落实精度。因此，必须进行三维地震勘探才能搞清复杂构造的精确成像和圈闭位置。20 余年库车三维地震的勘探探索与实践，积累了一系列经验和技术，逐步形成了库车高陡复杂山地三维地震勘探技术系列。

1. 高陡复杂山地三维地震采集技术

1）复杂地表地震波激发技术

库车含盐前陆盆地山前带表层地震地质条件复杂，激发条件差异大，导致资料品质变化大，单一的激发方法和参数很难满足采集质量的要求。通过不断实践与创新认识，形成的炸药震源与可控震源联合应用的激发技术，成为提高原始地震资料品质的关键技术之一。

（1）井炮激发技术。

随着山地钻及机械化钻机的研发及改进，在起伏剧烈的山体区及巨厚的山前冲积扇区，钻井能力得到有效提升。为追求更高的单炮品质，物探人员做了长期的、大量的攻关试验，形成了选岩性、选速度层、选地形、选药量、选井深及多井组合激发等一系列的山地山前带井炮激发技术。

（2）可控震源激发技术。

山前冲积扇具有低（降）速带巨厚、地形相对平坦的特征，但在砾石层钻井、下药均受到严重限制。采用可控震源激发是一种经济有效的激发方式，具有单炮信噪比更高、采集投入相对小、易于重复和加密激发等优势。图2-36是巨厚冲积扇区井炮与可控震源激发对比记录，该区低（降）速层厚度达到123m，无论是钻井能力还是采集投入，井炮高速层激发都不是最优选择，而采用可控震源激发则会得到更高信噪比的单炮记录，并且采集成本还能大幅度降低。

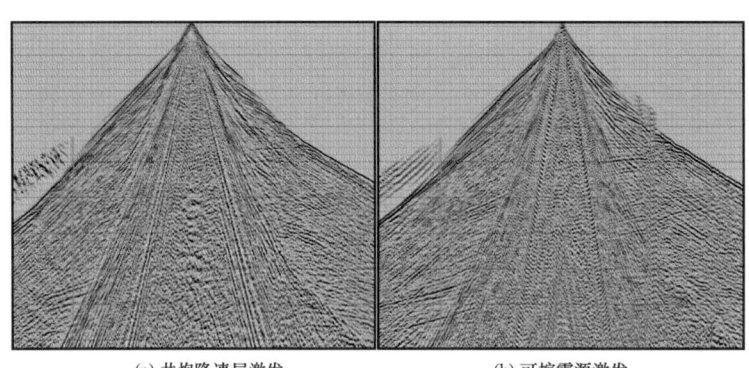

(a) 井炮降速层激发　　　　　　(b) 可控震源激发

图2-36　巨厚砾石区井炮与可控震源激发对比记录（降速层厚度123m）

（3）可控震源与井炮联合激发技术。

可控震源在巨厚冲积扇区的良好表现，弥补了炸药震源的不足，将两种方式的优缺点进行了很好的互补，形成了具有复杂山地山前带特色的两种震源联合应用技术。

可控震源和井炮激发技术的联合应用，确保了不同地表条件下的激发效果，也为获得高品质的原始资料奠定了基础。

2）复杂地表自适应信号接收技术

库车山地岩性多变，不同岩性区地震信号的接收效果也存在一定的差异，整体上，以砂泥岩为主的岩性区，地震信号的接收条件较好，单炮记录信噪比较高，而以砾石堆积为主的西部砾岩风化区，由于胶结松散、粒径大小差异大，对地震信号吸收、衰减和散射作用大，噪声干扰发育，地震波接收效果也差。

受构造模式影响，不同岩性在模式中整体上以条带状特征分布，这种分布特征对地震剖面的影响巨大。

由于资料品质的分区带分布特征，给采集方法设计带来了差异化的需求，除在观测系统、激发、表层调查等环节采取重点强化措施外，在接收上也要采取针对性的措施。通过针对性的接收试验，逐渐形成了信噪比较高的砂泥岩区采用单个检波器接收，信噪比较低的砾岩区采用组合接收的分区分带组合接收技术，进而优化了资源配置，实现了技术经济一体化采集模式。

3）基于山地盐下逆掩构造成像的三维地震观测系统设计技术

叠前深度偏移成像是落实复杂构造的关键技术，而叠前深度偏移准确成像的基础条件是高品质地震数据的均匀采样和全区速度模型的准确建立。同时，随着勘探开发的不断深入，对地震资料品质提出了更高要求，原先的窄方位低密度三维地震已经不能满足后期勘探、评价和开发的需要，基于这一点，库车山地复杂构造三维地震勘探逐渐发展成了高密度较宽方位三维观测系统。

山地三维观测系统的设计需要考虑的因素较多，包括构造模式、地层埋深、地层倾角、地层速度、地震波频带范围、主频分布、反射时间、绕射波频谱及空间传播特征等，因此需要综合这些因素，以分析确定三维观测系统的面元尺寸、方位宽窄、覆盖次数、炮线距、接收线距、最大炮检距等三维观测系统基本要素。

三维数字模型的正演，已经成为三维观测系统设计必不可缺的手段。复杂区的观测系统设计常常要利用物理模型正演和数学模型正演。

通过对模型正演数据进行处理对比分析，结合库车勘探实践，得到了两个重要认识：（1）宽方位高密度三维地震是提高超深盐下逆掩复杂构造成像品质最有效的一种手段。不同观测方位的剖面对比结果表明，随着观测方位的增加（相应地覆盖次数也在增加），深部复杂断块的成像品质得到明显提高。（2）高密度宽方位三维地震是提高盐下复杂构造成像精度的重要手段，克拉苏地区实施的多块高密度宽方位三维地震已取得较好的效果。图 2-37 展示了大北宽方位较高密度三维地震与窄方位老三维地震的对比剖面，高密度宽方位三维地震在构造复杂区成像具有明显的成像优势：偏移噪声干扰得到好的压制，盐下目的层连续性增强，与钻井吻合好。

2. 山地盐下逆掩构造地震叠前成像技术

针对库车前陆盆地盐下逆掩构造准确成像的诸多难题，经过多年实践探索与认识，逐步形成了以静校正、速度建模和偏移为核心的山地TTI各向异性叠前深度偏移处理系列技术。

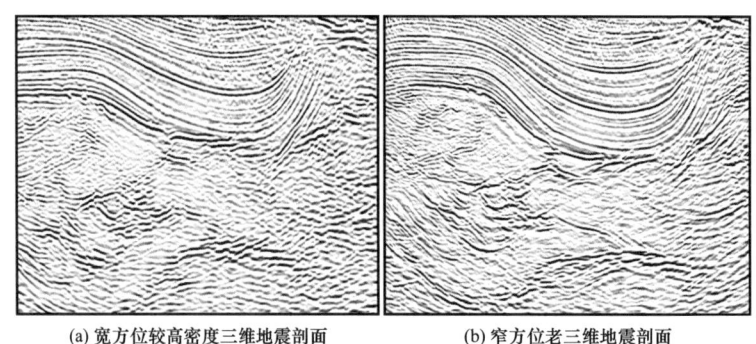

(a) 宽方位较高密度三维地震剖面　　　　(b) 窄方位老三维地震剖面

图 2-37　大北宽方位较高密度三维地震与窄方位老三维地震对比剖面

1）复杂山地浅表层速度建模与静校正技术

复杂山区地表地震地质条件复杂，不仅带来了严重的静校正问题，也为后续的深度偏移带来了无法估量的问题。在复杂山地地震资料处理中，往往由于浅层覆盖次数和信噪比都较低，速度反演误差大，造成浅层层速度异常，从而影响偏移成像结果。因此，浅表层的速度建模面临极大的挑战。

以往静校正处理主要针对时间域，并以叠加成像最佳为判断静校正优劣的标准，通过叠加成像效果好坏来对比分析折射、层析等静校正量的优劣，并优选效果较好的静校正量进行组合，形成综合静校正量，这种方法受野外表层调查信息的约束性不强，且无法形成适用于叠前深度偏移的统一表层速度模型。为了提高深度偏移品质和精度，资料处理人员围绕如何建立一个精度更高的浅表层速度模型，开展了一系列针对性攻关，形成了一套微测井约束层析反演表层速度建模技术。该技术是一种非线性立体模型反演技术（李录明等，2003），利用微测井得到的表层速度及初至波射线的走时和路径，反演全区表层三维介质速度结构，这种算法不受地表及近地表结构纵横向变化的约束，根据正演初至时间与实际初至时间的误差，修正不同方位射线速度模型，经多次迭代，最终收敛到一个稳定的范围内。这种方法的应用不仅能很好地解决复杂山地的静校正问题，而且能得到相对准确的近地表速度模型，再将该方法获得的速度模型用于叠前深度偏移处理，成像质量可得到明显提高。

2）叠前多域迭代去噪技术

复杂山地除了静校正问题比较严重外，地震资料信噪比低和炮点、检波点分布不均匀等情况，使得信号与噪声的规则性变差，进而加大了山地噪声压制的难度。面对上述难题，信号处理人员通过引进、消化和流程创新，逐步形成了叠前多域迭代去噪技术，该技术注重强化去噪与振幅补偿迭代处理，强化去噪与剩余静校正迭代处理，并强调采取渐次噪声压制和多域噪声压制。

叠前多域迭代去噪技术不仅对线性噪声、异常振幅、外源干扰的压制具有良好效果,而且能够消除或减弱噪声对子波和振幅的影响,从而较大幅度提高地震资料信噪比;并且利用叠前多域迭代去噪的道集进行深度偏移后,有效信号能量突出、空间能量更加均衡、偏移画弧背景减弱,偏移成像效果也得到进一步改善(图2-38)。

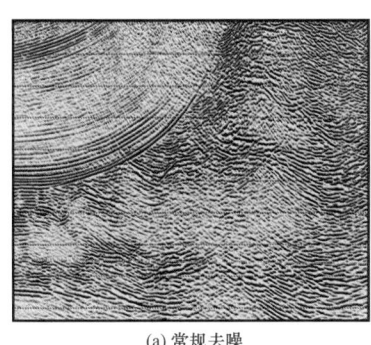 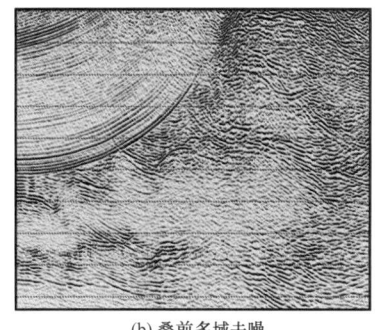

(a) 常规去噪　　　　　　　　　　(b) 叠前多域去噪

图2-38　常规去噪与叠前多域迭代去噪处理流程叠前深度偏移剖面对比(相同偏移速度)

3)高速砾岩与膏盐岩速度建模技术

地震速度建模方法主要是利用地震数据信息进行速度模型的优化迭代,其结果很大程度上取决于地震资料的信噪比。库车前陆盆地地表浅层高速砾岩和中深层膏盐岩发育,速度纵横向变化大,资料信噪比低。因此,地震速度建模(如反射波速度反演建模)方法受到很大程度限制,而利用钻井、地质、地震反演、非地震勘探、岩石学等多信息综合建模,成为复杂速度建模的重要技术手段。多年来,多信息综合建模技术在库车前陆盆地取得了较好的效果,主要得益于三个方面:(1)钻井数越来越多;(2)地质认识越来越深入;(3)非地震勘探的普遍开展,信息的丰富多样使得对地下的认识也越来越清楚。

(1)多信息约束刻画古近系、新近系、第四系砾岩高速异常。

井间对比发现,在库车前陆盆地浅层,多发育较厚高速砾岩,高速砾岩在地震资料中大多为强振幅反射特征,测井上则表现为强电阻率特性,几何属性也多表现为前积扇体和凸镜状特征,通过沉积相、波阻抗反演、地震反射强度属性,结合重磁电勘探研究成果,可以较准确地刻画高速砾岩分布范围及相应的速度信息。

(2)VSP与地面地震联合进行膏盐岩速度建模。

实践与研究表明:膏盐岩与围岩相比整体表现为相对较低速度,且厚度和速度空间变化剧烈,盐下目的层成像不仅在时间域产生畸变,而且因其难以刻画准确而影响深度域成像精度。膏盐岩层段因其井眼不规则往往声波测井失真,因此,需要地面地震与VSP联合来建立较准确的膏盐岩速度模型,通过地震数据驱动网格层析技术进一步优化模型,建立高精度膏盐岩体三维速度模型，消除由于膏盐岩厚度、速度剧烈变化对下伏地层地震精确成像的影响，从而提高盐下构造成像精度。

4）拟真地表 TTI 各向异性叠前深度偏移成像技术

库车山地地震资料存在地表、地下构造均复杂，各向异性突出和速度变化剧烈的特征，常规处理方法难以满足圈闭落实要求，TTI 各向异性叠前深度偏移成为解决地下复杂构造形态和位置的必要手段（谢会文等，2013）。在 TTI 各向异性叠前深度偏移处理中，需要求取各向异性速度、Epsilon、Detla、地层的倾角和方位角五个参数。各向异性速度是地震波垂直地层传播的速度；Delta 描述成像深度与实际深度的误差，用来解决偏移深度与井不吻合的问题；Epsilon 描述地层的各向异性特性，用来解决偏移道集远排列校正不足的问题；倾角和方位角两个参数用来描述 TTI 介质不同地层的倾角和方位角。实际处理中，采取井震联合求取 TTI 各向异性参数，利用沿层+网格层析反演技术提高速度模型精度，从而达到改善成像效果和提高叠前深度偏移成像精度的目的。

高精度表浅层速度建模技术的形成，使拟真地表 TTI 各向异性叠前深度偏移成像技术也成为可能。以地表小平滑面取代以往大平滑面作为建模和偏移基准面，使得叠前深度偏移面接近真实地表面，最大限度地保留了地震波的传播路径和波场特征，最大程度地消除了浅表层速度变化对目的层的影响，使射线路径更接近实际，减少了波场畸变。

拟真地表 TTI 各向异性叠前深度偏移的成像品质、归位准确性、构造形态、断层位置、断片接触关系以及与钻井资料吻合程度，均优于各向同性叠前深度偏移资料。如图 2-39 所示，在各向同性叠前深度偏移剖面上，钻井位置在构造高部位，但在 TTI 各向异性叠前深度偏移剖面上，该井位于背斜南翼底部位置，这与实钻相吻合。

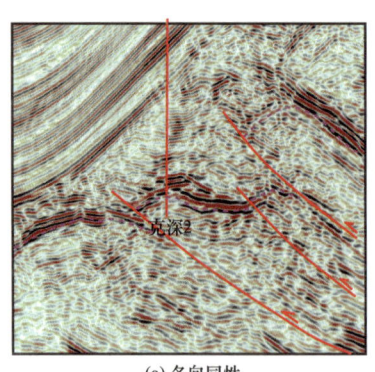
(a) 各向同性

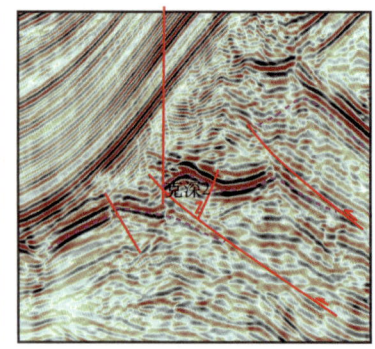
(b) 各向异性

图 2-39 克深区块叠前深度偏移结果对比

2008—2016 年间在"整体部署、分步实施"的三维地震部署思路指导下，在克拉苏构造带相继实施了 4300km² 的窄方位中等覆盖次数山地三维地震，实现了阿瓦特、博孜、大北、克深、克拉三维地震的整体连片。通过3~4轮次各向异性叠前深度偏移处理，以及构造建模、解释与变速成图等攻关，"构造带轴辘、高点带弹簧、圈闭捉迷藏"问题基本得以解决，层位预测误差由5%降低至3%以下，探井成功率由25%提升到66%以上，克拉苏气藏规模迅速滚动扩大，探明了克拉苏区带万亿立方米大气田，勘探开发效率显著提升，有力推动了库车天然气勘探开发进程。

近年来，为进一步提高克拉苏气藏北部逆掩叠置带的描述精度，提升勘探开发成效，开展了新一代高密度较宽方位开发三维地震部署和采集，初步处理结果表明资料信噪比和成像品质明显改善。

3. 库车盐下复杂构造地震解释关键技术

1）层位标定及地震反射特征

地震地质层位标定和识别是复杂区地震资料的基础，主要利用VSP桥式标定、测井资料合成地震记录、多井连井标定等方法来建立地震地质层位的一一对应关系。根据地层特征和地震资料响应特征重点标定了6个地震反射层。

特征如下：（1）TN_2k反射层（新近系库车组底界）在地震剖面上表现为一个波谷。反射层之上为粉砂岩、泥岩，由低速变为高速。（2）TN_1k反射层（康村组底界）在地震剖面上表现为一个强反射波组顶部的波谷，以砂泥岩为主，该反射层连续性较好。（3）TN_1j反射层（吉迪克组底界）在地震剖面上表现为一个连续性好、弱振幅的反射波峰，反射层之上以砂泥岩为主，反射层之下以泥岩为主，该反射层横向连续性较好，全区易于追踪对比。（4）$TE_{2-3}s$反射层（相当于古近系苏维依组底界）在地震剖面上表现为一个连续性好、强振幅的反射波峰。（5）$TE_{1-2}km_1$反射层（相当于古近系库姆格列木群泥岩段底界）在SEG负极性地震剖面上表现为一个连续性好、强振幅的反射波峰，反射层之上为膏岩与泥岩互层，反射层之下以盐层和膏泥岩为主，该反射层横向连续性好，全区易于追踪对比，可作为全区层位解释的标志层。（6）$TE_{1-2}km$反射层（古近系底砂岩顶界）在SEG负极性地震剖面上表现为一个连续性中等、振幅强的反射波峰，该反射层为新生界底部砂岩顶界的反射，是区域内的主要目的层，该反射层横向上连续性相对较好，全区可追踪对比。

2）膏盐岩解释雕刻技术

地震相分析是识别膏盐岩顶底界面及各段分布的有效手段。库车地区新近系和古近系两套盐岩的顶底在地震剖面上都为一强振幅、连续—较连续的反射，盐岩的内部反射特征东西有所差别，不同的反射特征代表膏盐岩层岩性及受到构造作用强弱的不同。其中膏盐岩段在北部高陡部位表现为空白反射地震相特征，在南部平缓区表现为杂乱或丘状反射地震相特征；膏泥岩段在北部高陡部位表现为亚平行反射地震相特征，在南部平缓区表现为平行反射地震相特征。基于地震相分析及岩性分析，实现了古近系膏盐岩体的精细雕刻（图2-40）。盐层的流动性使得盐层厚度横向变化大，在盐层厚度增大的地区形成克拉苏构造带和秋里塔格构造带，而在盐层厚度减小的地区则形成拜城袖珍盆地。

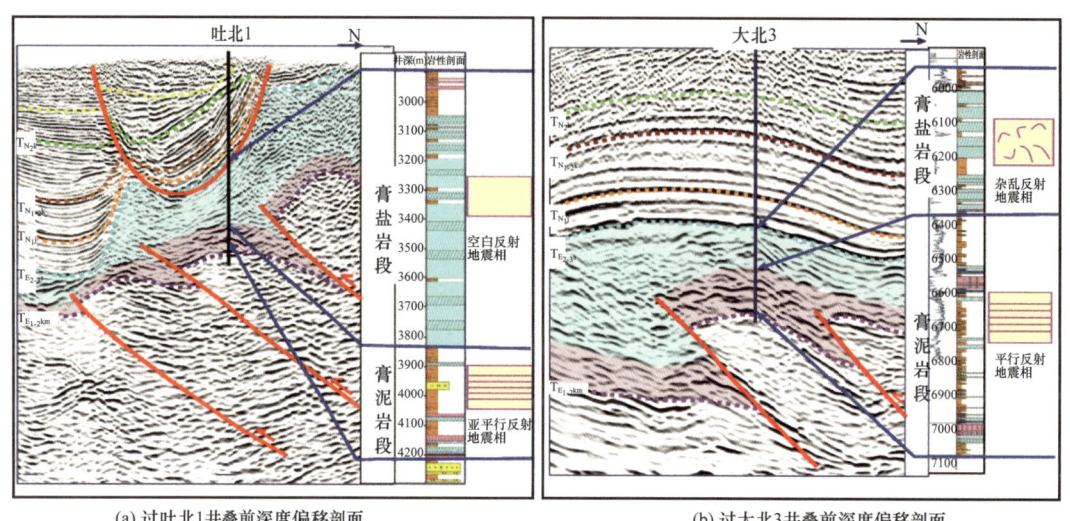

(a) 过吐北1井叠前深度偏移剖面　　　　　(b) 过大北3井叠前深度偏移剖面

图 2-40　克拉苏构造带高陡及平缓部位膏盐岩地震相分析成果图

3）断裂体系立体解释

建立合理的断裂模型是构造建模的基础。在断裂建模过程中，利用断层解释数据搭建断层树，正确构建断层间的结构关系，建立复杂断裂系统模型；利用三维数据体、等时切片、方差体时间切片、相干体等，建立全区断裂解释框架。应用三维可视化功能，结合区域地质规律对断裂进行三维空间的组合，保证断裂在三维空间的闭合以及断层面在三维空间展布的平滑及合理性。

4）Walkaway VSP 辅助解释技术

由于库车山前构造复杂，地震资料品质差，构造解释存在多解性和不确定性，通过 Walkaway VSP 厘定局部精细构造模型，并以该模型指导地面地震解释，减少地面地震构造解释多解性，提高圈闭落实精度。

Walkaway VSP 同地面地震相比，其采集方式是采取地面激发、井中接收。它具有四个优势：（1）时深关系更准确；（2）井旁地层信息更精确；（3）波场信息丰富直观，分辨率高；（4）反射信息保真度更高。

以克深 24 井为例，该区地表为山地，盐上地层高陡，盐下构造逆掩叠置，导致地面地震资料信噪比低，构造结构不清楚（图 2-41a），难以精细确定解释模型。钻前依据区域构造模式，认为该区整体为由北向南逆冲的叠瓦状构造，根据这一模式完成了构造解释成图，上钻了克深 24 井。虽然该井大获成功，但实钻表明该井目的层比设计浅了 661m，构造认识还是出现了较大偏差。

2016年11月开展克深24井Walkaway VSP采集，通过成像处理，Walkaway VSP资料信噪比较地面地震有明显提高，同相轴成像更收敛，波组特征更好（图2-41b），断块结构关系更清楚。通过Walkaway VSP剖面重新建立了克深1区块的构造模型：克深1区块整体表现为一个被断层复杂化的背斜构造，其中克深24断块为最顶部的一排突发构造，在克深24构造南部发育克深1构造，在北部发育另外一排构造。根据这一认识，利用地面地震资料重新建模解释，进一步落实了克深1、克深24圈闭细节，支撑了4口评价井的部署，在克深24圈闭北部发现了克深35圈闭，上钻克深35井，有望进一步扩大克深1区块的储量规模。

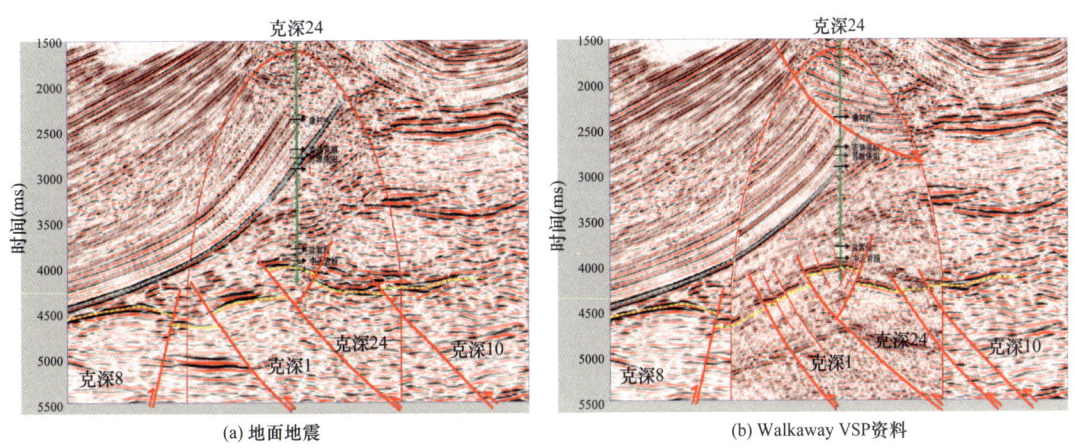

图2-41 过克深24井南北向地面地震与Walkaway VSP资料对比

5）全层系立体解释方法

利用地震剖面的压缩、放大、任意线组合、等时切片、自动追踪、种子点追踪、立体显示等技术，使用自动追踪模式，尽可能在断块间进行三维数据体的层位自动追踪，取代传统的逐点逐线人工拾取解释模式，可保证地震反射波追踪对比的可靠性。如局部区域因受断裂、反射杂乱、振幅突变等因素的影响，可使用手动对比追踪技术精细刻画，确定层位，以及合理正确解释，达到精细解释和落实微幅度构造的目的。地震资料品质好，可通过种子点进行快速全区的追踪；若地震资料品质不好，可局部手动追踪，结合面、块、切片立体显示，进行全区的追踪。通过对沿层提取多种地震属性参数特征，进行层面可视化和沿层解释。

4.复杂山地变速成图技术

深度域构造成图是地震资料解释的一个重要环节，也是最后一个环节，它是圈闭落实及井位部署的基础，贯穿于油气勘探始终。目前，塔里木油田获得深度构造图的途径主要有三种。

第一种是对地震资料进行叠前深度偏移处理，直接解释，得到目的层构造图。

第二种是对地震资料进行叠前时间偏移处理，得到时间剖面，由地震解释人员获得目的层等T_0图，经过变速成图得到目的层构造图。

第三种是利用叠前深度偏移成果深时转换，获得目的层等T_0图，再经过变速成图得到目的层构造图。

库车前陆冲断带由于受双重复杂（复杂地表条件、复杂地下构造）及地震资料品质等因素的限制，第一种技术虽然进行了大范围推广应用，但仍然不能满足当前构造解释的精度要求；第二种方式核心是变速成图技术，经过多年的摸索、研究和实践，在塔里木盆地库车前陆区和台盆区碎屑岩勘探开发应用过程中取得了显著效果；第三种方式，利用叠前深度偏移资料转时间域的方法，解决了高陡构造地震偏移量不准、构造漂移、形态不合理等问题，再结合时间域资料变速成图技术的成熟、修正及时等优势，经过多年的不懈努力，形成了针对复杂山地构造区的、具有塔里木特色的"量版法+深时转换变速成图"技术系列，目前已经成为深度域构造成图的重要技术，为实现库车山前规模勘探发挥了重要作用。

"量版法+深时转换变速成图"技术系列主要包括：（1）发展形成了以初至波和反射波层析正演、多信息约束初至波与反射波一体化联合反演等技术为核心的浅表层层析反演速度建模方法，提高了浅层速度建模的精度；（2）形成了随埋深、地层压力，并结合地震相、沉积相等相关因素的量版法速度建场技术，大幅提高了复杂区速度建场精度，如今已经成为复杂高陡构造区变速成图的主要手段之一；（3）发展形成了以非地震反演高速砾岩层识别技术、地震非地震一体化砾岩相带划分技术、地震非地震融合砾岩速度建场技术为核心的复杂山地浅表层高速砾岩区相控速度建场技术，提高了复杂山地砾岩速度研究精度；（4）形成了两步法误差校正技术，根据误差产生的不同机理对其进行分类、分步校正，避免了采用网格插值而难以合理控制误差分布趋势的弊端，提高了深度预测精度。上述成图技术系列综合利用了钻井、地震和非地震的优势，提高了低信噪比速度建场精度，从而提高了构造成图精度，推动了井位成功上钻。

二、超深复杂地层钻井技术

（一）工程地质特征及钻井难点

1. 盐上地质特征及钻井难点

1）地层倾角大，常规钻井技术难以解决防斜与机械钻速慢之间的矛盾

库车含盐前陆盆地是典型的高陡构造，地层倾角普遍较大，单井地层倾角

大于30°的井段长达3000m以上。与全球主要高陡构造地层倾角的对比可见（图2-42），库车含盐前陆盆地与安第斯山的地层倾角达到80°，虽然巴西盐下地层倾角也达到了80°，但它不是构造运动形成的，而是盐刺穿形成的。

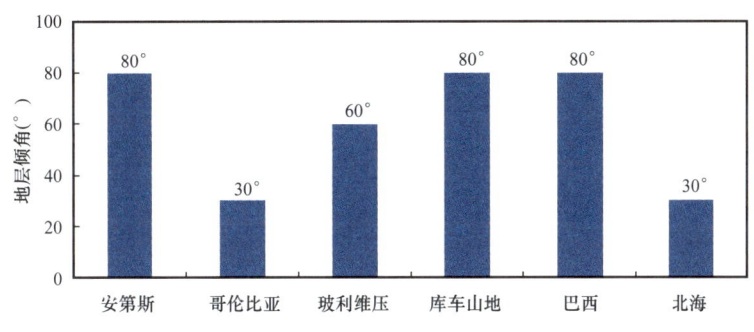

图2-42 全球主要高陡构造地层的倾角对比

常规钻井技术均属于被动防斜范畴，防斜能力有限。在高陡构造区域钻井，要解决打直井的问题，必然要牺牲钻井速度；反之，要提高钻井速度，井身质量就难以控制，会带来套管磨损等一系列问题。如大北3井 $\phi 444.5mm+\phi 406.4mm$ 井眼 151～3102.5m 井段采用常规钟摆钻具组合，PDC钻头钻压6～10t，牙轮钻头钻压10～16t，最大井斜1.93°，进尺2951m，钻井时间长达157.5天。由于井斜控制困难，2000—2006年12口井发生套管磨损，处理套管磨损累计损失时间363天。

2）砾岩层厚度大，钻井速度慢

库车含盐前陆盆地大段砾岩层主要集中在克拉苏构造带的博孜、大北、吐北及克拉苏背斜南北翼，具有东薄西厚、南薄北厚的特点，砾岩层东西长约150km，南北宽约40km。库车含盐前陆盆地与世界砾岩层较厚地区相比，厚度最大、分布范围最广。巨厚的砾岩层造成钻头寿命短，机械钻速低，钻井时间长。

2. 复合盐膏层地质特征及钻井难点

库车含盐前陆盆地新近系和古近系复合盐膏层分布广泛，埋深484～7945m，厚度70～5177m，成分复杂，为盐岩、膏岩、砂泥岩、膏泥岩、"软泥岩"等互层，井底温度高达190°。与世界主要地区盐层相比，库车含盐前陆盆地复合盐膏层分布的井段最广，同时复合盐膏层内有高压盐水层，最高压力系数达2.60（表2-1）。

复合盐膏层间存在的异常超高压盐水层，不但压力系数高，而且分布无规律，盐水层压力与地层破裂压力相近，会造成压井和压井过程中井漏同时发生，致使钻井事故多，钻井周期长。

表 2-1 世界主要地区盐膏层对比

油田名称	盐层分布井段（m）	盐层最大厚度（m）	盐层所在地层名称	盐层最大套数	盐间高压盐水最高压力系数（g/cm³）	盐下地层压力系数（g/cm³）
库车含盐前陆盆地	484~7945	5177	新近系、古近系	6	2.60	盐下储层压力系数 1.82~1.86
墨西哥湾海上	2200~6700	5487	新近系、古近系	1	1.80	破裂压力低于1.6，孔隙压力1.1~1.4
北海	2800~3400	600	二叠纪	多套		盐下压力升高、温度升高
巴西海上	3000~5000	2000		1	1.1	盐下常压
墨西哥南部	2250~3750	970	新近系、古近系	多套	2.27	盐下地层压力降低
肯基亚克	1000~4000	3800				

3. 盐下地质特征及钻井难点

1）盐下目的层岩石强度高，研磨性强，机械钻速低

盐下目的层白垩系巴什基奇克组第一段、第二段的岩石类型以岩屑长石砂岩为主，第三段的岩石类型以岩屑长石为主，石英含量一般为45%~60%，岩石摩擦角45°~60°，目的层埋藏深度6600~7000m，计算得出的岩石抗压强度为135000~280000psi，根据ISRM的定义（1979）属于超高硬地层。

由于目的层岩石强度高、研磨性强，导致平均机械钻速低，钻井周期长。克深区块巴什基奇克组平均单井进尺237.61m，使用钻头8.6只，平均单只钻头进尺27.63m，平均机械钻速仅0.45m/h，钻井时间49.57天（表2-2）。

表 2-2 克深区块巴什基奇克组钻头使用情况统计

井号	进尺（m）	平均机械钻速（m/h）	平均行程钻速（m/h）	钻头数量（只）	平均单只进尺（m/只）	钻井时间（d）
克深2	295	0.49	0.34	4	73.75	53.0.8
克深201	339	0.45	0.27	11	30.03	79.58
克深202	334.22	0.39	0.21	17	19.09	99.54
克深1	145.34	0.66	0.32	4	36.34	30.88
克深7	74.48	0.32	0.11	7	10.64	37.83
平均	237.61	0.45	0.25	8.6	27.63	49.57

2）地应力高，易垮塌卡钻，裂缝发育，井漏频繁

通过岩心观察裂缝的发育情况，克深8构造以高角度缝为主，以未充填—

方解石半充填为主，其6717～6922m井段成像测井解释裂缝89条，平均发育密度为0.45条/m，以半充填—未充填高角度缝为主，其次为斜交缝及网状缝，裂缝的发育直接导致钻进中井漏频繁。

克深2构造目的层三个主应力属于走滑应力机制（$S_{Hmin} < S_V < S_{Hmax}$），目的层地应力高，岩石在水基钻井液中吸水膨胀，极易导致剥落掉块甚至发生卡钻。克深1井目的层采用水基钻井液体系钻进中，发生一次卡钻，经多次处理未能解卡，填井侧钻至原井深后继续钻进1m，又发生卡钻，事故完井，损失时间高达4230.25h。

4.典型钻井实列——克深1井

1）盐上钻遇可钻性较差的含砾砂岩、含砾泥岩，机械钻速低

该井盐上0～6759m井段主要岩性为杂色砂砾岩、小砾岩、细砾岩、褐色灰黄色泥岩、棕褐色泥质粉砂岩、粉砂岩、含砾粉砂岩、含砾中砂岩、砂砾岩呈不等厚互层，可钻性差，累计使用钻头44只，平均单只钻头进尺153.61m，平均机械钻速1.79m/h，钻井时间438.58天。

2）复合盐膏层间钻遇异常超高压盐水层，引发溢流

井深6773m钻遇复合盐膏间高压盐水层发生溢流，钻井液密度2.15g/cm³，经多次压井成功，压井液密度2.55g/cm³，处理溢流累计损失时间367.8h。

3）盐下目的层地应力高，钻进中发生垮塌卡钻

采用水基钻井液体系钻至7035m，上提划眼中发生卡钻，多次处理未能解除，填井侧钻至7036m再次发生卡钻，泡解卡剂未能解卡，直接事故完井，累计损失时间4230.25h。

全井钻井周期665.26天，完井周期679.94天，平均机械钻速1.72m/h；复杂时间的434.64h，占总时间的2.49%；事故时间4323.25h，占总时间的24.78%。

（二）超深复杂地层井身结构设计

井身结构设计是否合理是超深复杂地层钻井成败的关键，2003年以前，库车含盐前陆盆地钻井主要采用ϕ508mm+ϕ339.7mm+ϕ244.5mm+ϕ177.8mm+ϕ127mm常规（API标准）5层套管结构，该套结构在地质条件相对简单的深井中基本能够满足钻井的需求，但随着勘探开发领域不断扩大，深井及超深井数量越来越多，地层越来越复杂，这种井身结构和套管强度均不能满足勘探开发需要。

从2003年开始，针对克拉苏超深层领域勘探出现的超深、巨厚盐层、多必封点等问题，设计了塔标Ⅰ、塔标Ⅱ、塔标Ⅱ-B等三套井身结构，配套研

发了非 API 套管、钻具和与之配套的钻井装备。

1. 塔标 I 井身结构

对于复合盐膏层埋深相对较浅（如迪那 2-16 井区块埋深 3627～4702m）、产气量较大（>100×10⁴m³/d）的区域，根据地层压力剖面确定，只有表层、盐顶、盐底 3 个必封点，考虑 ϕ88.9mm 油管完井，设计了塔标 I 四开井身结构（ϕ508mm+ϕ339.7mm+ϕ244.5mm+ϕ177.8mm），ϕ177.8mm 套管完井，备用 ϕ127mm 套管以应对复合盐膏层等异常复杂情况的发生。由于该结构中 ϕ244.5mmAPI 标准套管（钢级 140，壁厚 11.99mm）的最高抗外挤强度仅 53.9MPa，不满足超 3500m 以下复合盐膏层套管的抗挤要求，为此，通过增加壁厚（11.99mm↗15.88mm），开发了 ϕ250.83mm 非 API 标准高抗挤套管（钢级 140，抗外挤强度 100.5MPa），保障了迪那等深层气藏高产井的开发需要。

2. 塔标 II 井身结构

针对克深 2、克深 8、克深 9、克深 13、克深 24 等构造，复合盐膏层埋深一般大于 5000m，盐上裸眼井段长度达到 5000m 以上，压力系数跨度大（1.2～1.8），必须增加一层技术套管来封隔盐上低压层，为复合盐膏层的安全钻进提供条件。

根据地层压力剖面，确定有表层、盐上低压层、盐顶、盐底四个必封点，若采用塔标 I 五开井身结构，只能采用 ϕ127mm 套管完井，不能完全满足勘探开发需要，且 ϕ250.83mm 非 API 标准高抗挤套管不满足超深层复合盐膏层抗外挤要求（一般要求高于 120MPa），为此设计了塔标 II 五开井身结构（ϕ508mm+ϕ365.13mm+ϕ273.05mm+ϕ201.7mm+ϕ139.7mm），配套开发了 ϕ365.13mm、ϕ273.05mm、ϕ201.7mm（钢级 155，抗外挤 132MPa）、ϕ196.85mm（钢级 140，抗外挤 90MPa）、ϕ139.7mm（钢级 140，抗外挤 152.66MPa）等多种非 API 标准规格的套管，塔标 II 井身结构是目前克拉苏地区超深井钻井中应用的主体井身结构，典型的塔标 II 井身结构设计如图 2-43 所示。

3. 塔标 II-B 井身结构

针对部分区块发育两套盐层等情况，根据地层压力剖面，确定有表层、第一套盐顶/盐底、第二套盐顶/盐底等 5 个必封点，设计了塔标 II-B 六开六完井身结构（ϕ609.6mm+ϕ473.08mm+ϕ365.13mm+ϕ244.5mm+ϕ181.99mm+ϕ127m），ϕ609.6mm 套管封表层疏松岩层，ϕ473.08mm 下至第一套盐顶，ϕ365.13mm 套管封第一套盐层，ϕ244.5mm 套管下至第二套封顶，ϕ181.99mm 套管封第二套盐层，ϕ127m 套管完井。配套开发了 ϕ473.08mm（钢级 110，壁厚 16.48mm，抗挤 15MPa）、ϕ365.13mm（ϕ339.7mm 套管外加厚，钢级 140，壁厚 24.89mm，

抗挤 100MPa）、φ181.99mm（φ177.8mm 套管外加厚，钢级 140，壁厚 14.8mm，抗挤 145MPa）等多种非 API 标准规格的套管。

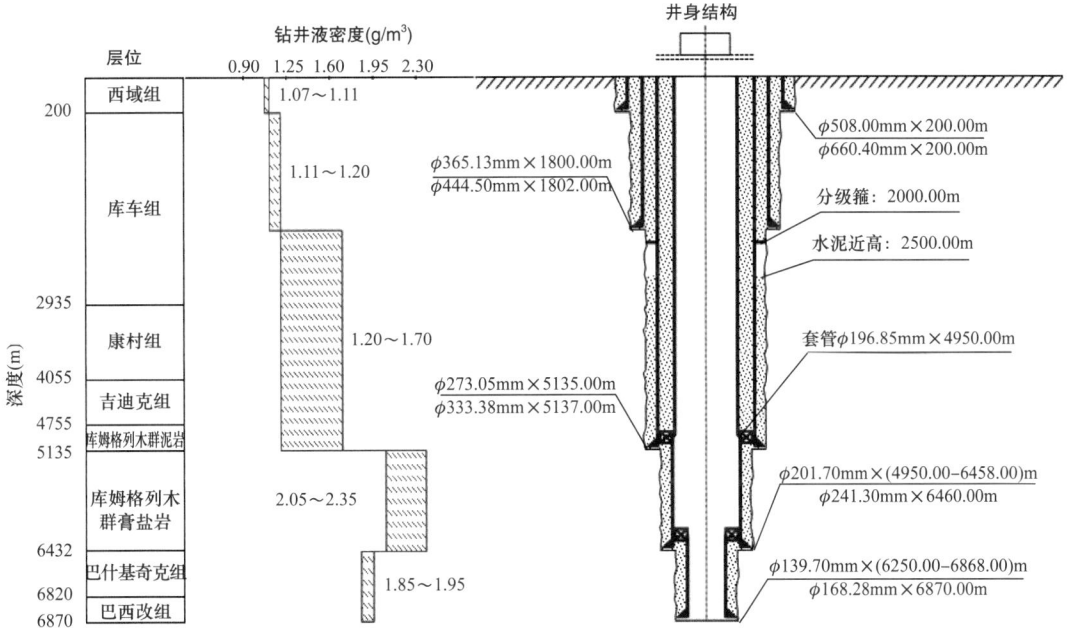

图 2-43 典型塔标Ⅱ设计井身结构（克深 206 井）

4. 配套钻井装备及钻具、套管设计

1）非 API 标准套管设计

根据塔里木油田超深井复杂工况对套管性能的要求，结合塔标系列井身结构，开发了非 API 标准规格套管、抗腐蚀性能套管、高强度及高抗挤套管、气密封螺纹接头套管以及直连型螺纹接头套管（表 2-3）。

表 2-3 塔里木油田非 API 标准规格及高性能套管系列

类别	典型规格种类	数量	典型应用区块
非 API 标准规格套管	145.60mm，182.46mm，184.15mm，196.85mm，200.03mm，215.90mm，232.50mm，250.83mm，265.13mm，346.05mm，365.13mm，374.65mm，609.6mm	14	克深
高强度/高抗挤套管	206.38mm×17.25mm 140V 直连型特殊螺纹套管 265.13mm×22.00mm 155V 直连型特殊螺纹套管	15	克深
抗腐蚀套管	145.60mm×15.04mm S13Cr110 特殊螺纹套管 177.80mm×10.36mm 110S 特殊螺纹套管 139.70mm×9.17mm 110-3Cr BC 套管	5	克深、酸性气田
气密封螺纹接头	206.38mm×17.25mm 140V 特殊间隙接箍特殊螺纹套管	9	克深、酸性气田

2）新型超深井钻机

为了应对超深井钻井及超长裸眼段大吨位下套管等需求，开发了8000m新型电动钻机、9000m四单根立柱新型电动钻机（表2-4），配置了52MPa双立管高压循环系统，全面推广应用顶驱装置等新型钻井装备，钻井能力提升至9000m。

表2-4　塔里木在用ZJ70、ZJ80、ZJ90钻机性能参数对比

参数		ZJ70	ZJ80	ZJ90
补心高		10.5m	10.5m	12m
立根盒容积	ϕ114mm钻杆	250柱（7000m）	285柱（8000m）	320柱（9000m）
名义钻探范围（m）	ϕ114mm钻杆	4500～7000m	5000～8000m	6000～9000m
转盘通孔直径ϕ（mm）		698.5	952.5	952.5
承载能力（kN）		4500	585	675
钻井泵		3台1600hp	3台1600hp，选配2200hp	3台1600hp，选配2200hp
承压能力（MPa）	水龙头	35	52	52
	水龙带	70	70	70
	钻井液管汇	70	70	70
钻井液罐（m³）	循环灌	550	550	600
	储备罐	200	200	240
固井水罐		160	200	240

3）高性能钻具

针对ϕ127mm API标准钻杆无法满足超深井强化钻井参数等需要，研制了ϕ127mm塔标钻杆，外螺纹接头水眼直径由69.8mm增加到88.9mm，内螺纹接头内径由88.9mm增加到100mm，改善了钻杆的水力性能，降低了钻柱内压力损耗，改进后的塔标钻杆疲劳寿命比API标准钻杆提高97%。

双台肩高抗扭钻具，是在常规API钻具外螺纹小端和内螺纹末端各加工一个副台肩，在正常扭矩下主密封台肩接触，扭矩升高到一定程度后副台肩接触，以提高螺纹抗扭强度，DS35双台肩螺纹比API标准螺纹抗扭强度提高42%，双台肩技术已在ϕ127mm及以下钻铤中得到全面推行。

非标小接头钻杆，采用双台肩技术，提高接头抗扭强度，减小接头外径，提高相应井眼内钻杆尺寸规格，以达到提高钻杆整体强度和水力性能的目的。根据这些要求，设计了ϕ101.06mm、ϕ88.9mm和ϕ73.03mm小接头钻杆，与

API 标准钻杆相比，钻杆循环压耗降低 10%～26%，强度明显提高。

（三）高陡构造垂直钻井技术

垂直钻井技术是以垂直钻井系统为核心，在钻井设备和工具合理选配的基础上，对钻井参数进行优化配置，对水力参数、钻头和钻井液体系及性能进行优化设计而形成的一项配套工艺技术，它可最大限度地发挥垂直钻井系统功效，达到防斜和大幅度提高钻井速度的目的（胥志雄等，2017）。

1. 垂直钻井系统工作原理

垂直钻井系统的工作原理是在钻进时通过井下仪器测量并处理井斜数据，当监测到有井斜的趋势时，启动液压部件，通过伸缩机构向井壁施加作用力以抵抗井斜趋势，最终达到降斜目的。当井眼完全垂直时，伸缩机构全部伸出，并对井壁各方向施加相同的力，将钻头居中，保持垂直钻进，这是一个全自动的重复过程，不需要人为干预，这种系统在高陡构造地层钻进中有效地解决了防斜和加大钻压之间的矛盾，即实现了井眼打直，又大幅度提高了钻井速度。

2. 配套钻井装备及工具

1）配套钻井装备

为了充分发挥垂直钻井系统的功效，除了常规的钻井装备配置以外，在钻机、钻井工具等方面还有特殊的要求。

钻机类型的选择：首选全电动钻机，最好选用数控变频钻机，其次才是机电复合钻机，最好不用机械钻机。

循环系统配置：要求配置 3 台工况良好的 F-1600 钻井泵，持续运转泵压可达到 25MPa 以上，深部高密度钻井液井段可选用 F2200 钻井泵。

固控系统配置：除目前现有的四级固控系统外，对于高密度钻井液，建议使用高频直线超细筛网振动筛（100～150 目）+ 低速离心机（1600r/min 左右）+ 高速离心机（3000r/min 左右）组合配置。

其他配置：必须安装钻杆、立管滤网和钻井泵上水管滤网，配置顶部驱动装置和自动送钻系统。

2）配套钻井工具、钻具

钻具：大尺寸井段建议使用 ϕ228.6mm 钻铤为主，少用 ϕ203.2mm 钻铤，不用 ϕ177.8mm 钻铤，使用 ϕ139.7mm 钻杆和加重钻杆，必要情况下可以用一柱 ϕ279.4mm 钻铤代替一柱 ϕ228.6mm 钻铤。

减震器和振击器：上部井段特别是钻遇砾石层时，每趟钻坚持使用和更换质量较好的减震器；必须使用振击器，利于提高处理井下复杂的能力。

扶正器：合适尺寸的扶正器对垂直钻井系统的正常工作非常关键，一号扶正器使用全尺寸，二号扶正器使用欠尺寸（一般欠 3.175～6.35mm），即满足打直井要求，同时也解决加压时的托压问题。

配合接头：下部钻具组合扣型尽可能统一，尽量减少配合接头，提高下部钻柱的安全性。

3）钻具组合

根据理论计算和现场使用效果，优化设计的钻具组合（ϕ444.5m、ϕ406.4mm、ϕ311.15mm 井眼）如下：

组合 1：钻头 + 垂直钻井系统 + 接头 + 扶正器 1 + ϕ228.6mm 浮阀 +MWD+ 接头 + ϕ228.6mm 减震器 + 扶正器 2 + ϕ228.6mm 钻铤 + 随钻震击器 + ϕ203.2mm 钻铤 + ϕ139.7mm 加重钻杆 + ϕ139.7mm 钻杆。

组合 2：钻头 + 垂直钻井系统 + 接头 + 扶正器 1+ ϕ228.6mm 浮阀接头 + MWD（或 ϕ228.6mm 钻铤）+ 接头 + 扶正器 2+ϕ228.6mm 钻铤 + 随钻震击器 + ϕ203.2mm 钻铤 + ϕ139.7mm 加重钻杆 + ϕ139.7mm 钻杆。

组合 3：钻头 + 垂直钻井系统 + 扶正器 1+ ϕ228.6mm 减震器 + 扶正器 2 + 接头 + ϕ228.6mm 浮阀接头 + MWD + 接头 + ϕ228.6mm 钻铤 + 随钻震击器 + ϕ203.2mm 钻铤 + ϕ139.7mm 加重钻杆 + ϕ139.7mm 钻杆。

上述三套组合，如果轴向震动不严重，在大多数情况下选择组合 1；如果轴向震动很小，不需要减震器，推荐使用组合 2，可以降低因减震器失效带来的风险；组合 3 的优点是可以最有效地减小垂直钻井系统和 MWD 承受的轴向震动，缺点是测斜传感器离钻头较远（超过 20m）。

4）配套钻头

对适合垂直钻井系统的 PDC 钻头要求如下：

钻头保径：保径部位的长度不宜超过 5cm，要有侧向切削齿和倒划眼齿，侧向切削齿至少要比保径部位的外表面凸出 1.5mm 以上。

冠部形状：要求内锥浅，外锥锥长要短；对于研磨性强的地层，在半数以上的刀翼上要有副排切削齿。

对适合垂直钻井系统的牙轮钻头要求如下。

钢齿牙轮钻头：尽量选择在高转速、大钻压下连续钻进寿命较长的钻头。

镶齿牙轮钻头：选择镶有保径齿的牙轮钻头，它不仅可以改善掌尖和牙掌面与井壁的接触状况，而且还能减少钻头破碎地层后在井壁上的残留岩石脊棱，使井壁更加光滑，同时对垂直钻井系统的侧向推力也能起一定的辅助作用。

5）钻井液体系

垂直钻井系统由于仪器精密、结构复杂，若钻井液采用铁矿粉加重或固相含量较高，容易造成钻具、钻头、钻井泵、垂直钻井系统的冲蚀和磨损。同时钻井液处理剂选择不合适，产生的气泡、沉淀、分层等均可能影响垂直钻井系统效率的发挥。因此适合垂直钻井系统的钻井液体系主要有：强包被聚合物体系和强抑制防塌 KCl 聚磺体系（需要重晶石加重）。

3. 应用效果

2004—2018 年，塔里木油田累计应用垂直钻井技术 400 余井次，平均机械钻速较常规钻井提高 3～6 倍，钻井工期缩短 46～100 天，井斜控制在 1° 以内，杜绝了套管头、套管磨损，这一技术已成大倾角地层防斜提速的标配技术，其中迪那 2 气田盐上井段应用垂直钻井技术，平均机械钻速提高 9.37 倍，平均钻井周期缩短 78.03%。

（四）砾岩层及目的层钻井提速技术

1. 抗冲击抗研磨性 PDC 钻头设计

1）砾岩层及目的层 PDC 钻头时效特征

库车含盐前陆盆地砾岩层及含砾地层厚度一般 1000～3000m，最厚达 5900m，砾岩强度高、冲击性强、可钻性极差，平均钻井日进尺 10～20m。对已使用的 PDC 钻头磨损特征的分析发现，砾岩层及含砾地层 PDC 钻头失效的原因是复合片受到砾岩冲击而先期损伤（图 2-44 红圈所示），砾岩研磨性强导致复合片先期磨损失效（图 2-44 绿圈所示）。针对这一失效特征，解决的主要方案是在复合片选取时兼顾抗冲击性和抗研磨性。

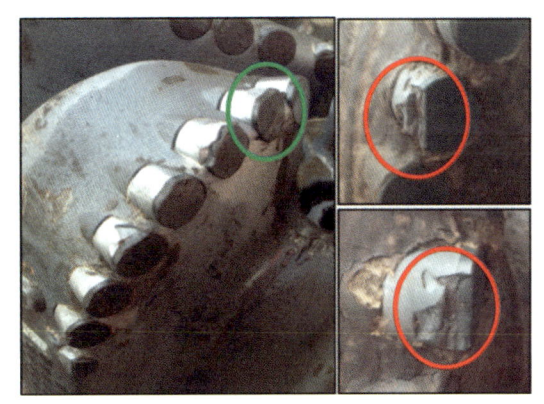

图 2-44　砾岩层 PDC 钻头失效特征

2）抗冲击抗研磨性 PDC 钻头设计

针对砾岩对 PDC 钻头复合片正向冲击的问题，选择新开发的复合片，在保持目标机械钻速的前提下，采用切深控制设计，并根据砾岩含量，设计了两种类型的 PDC 钻头：含砾多则采用双排齿，以提高钻头寿命（图 2-45）；含砾少则采用单排齿，以提高攻击性（图 2-46）。

目的层高抗研磨 PDC 钻头采用六刀翼、13mm 切削齿、单排齿设计；同时针对地层研磨性强和崩齿的问题，选择新开发的复合片，优化保径长度，减小摩擦力；针对钻压受限、单齿切入量少的问题，通过增加内锥角，以提高单齿切入量；优化副齿数量，确保主齿磨损后仍能有效切入地层。

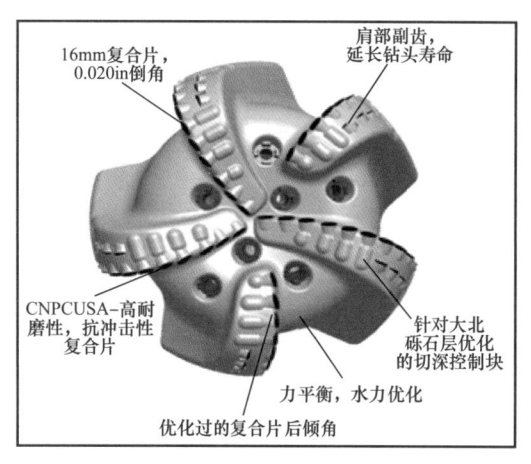
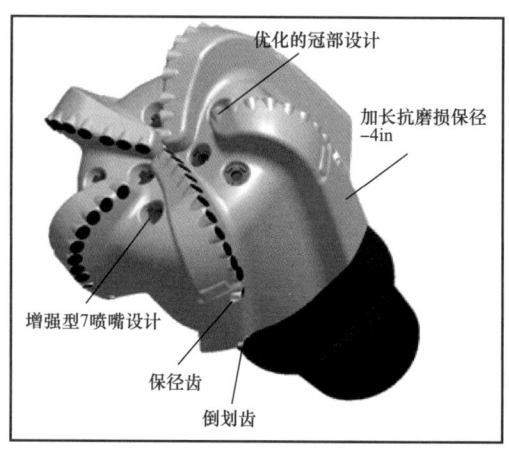

图 2-45 MV516ILXU 双排齿钻头　　图 2-46 MV516IU 单排齿钻头

3）应用效果

克深 905 井应用了两只 ϕ333.375mm 双排齿 MV516IULX 钻头，第 1 只钻头应用井段 4509～4945m，进尺 436m，平均机械钻速 3.57m/h，起出钻头新度 90%，同比邻近进口钻头平均机械钻速提高 40%，单只钻头进尺提高 56%；第 2 只钻头应用井段 5960～6221m，进尺 261m，平均机械钻速 2.21m/h，起出钻头新度 90%，同比邻近进口钻头平均机械钻速提高 36%，单只钻头进尺提高 49%。

博孜 103 井 4523～4952m 井段应用 1 只 ϕ333.375mmMV516TIU 非平面切削齿钻头，进尺 429m，平均机械钻速 3m/h；4952～5340m 井段应用 1 只 ϕ333.375mmMV516TILXU 非平面切削齿钻头，进尺 388m，平均机械钻速 2.94m/h。两只钻头合计平均机械钻速 2.97m/h，平均单只钻头进尺 408.5m，与博孜 102 井同层位涡轮 + 孕镶钻头相比，平均机械钻速提高 72%，单只钻头进尺提高 5.6%。

克深 8-11 井 7077～7146.3m 井段应用 ϕ168.28mmMV613AXU 高抗研磨 PDC 钻头，进尺 69.3m，平均机械钻速 1.71m/h，与同区块邻井进口钻头相比，平均机械钻速提高 31%，单只钻头进尺提高 33%。

2. 涡轮 + 孕镶钻头

用涡轮 + 孕镶钻头组合来提速的原理是，利用涡轮的高转速（500～1000r/min）实现钻头的高效切削，达到提高机械钻速；利用孕镶钻头具有抗冲击性、耐磨性强的特点，以延长钻头的使用寿命，达到减少起下钻时间，缩短钻井周期的目的。

博孜 103 井 ϕ333.375mm 井眼 3003～4523m 井段应用涡轮 + 孕镶钻头，与博孜 1 井牙轮钻头 + 转盘钻井相比，平均钻速提高 164.5%，平均单只钻头进尺提高 233.77%，钻井时间节约 56.76 天。

目的层钻进中井漏是发生率较高的一种复杂情况，孕镶+涡轮钻具组合不支持堵漏作业。为避免起钻更换钻具组合而去进行堵漏，组合中配套了旁通阀堵漏，一旦发生井漏，即可打开堵漏阀进行堵漏作业，完成堵漏后即可关闭堵漏阀继续钻进，实现了涡轮钻具不起钻而堵漏的需求。该组合在克深区块应用使机械钻速提高1.5~4倍。

（五）古近系复合盐膏层钻井技术

1. 复合盐膏层钻井液

古近系复合盐膏层岩性复杂，蠕变性强，合适的钻井液密度、钻井液体系、钻井工艺措施和准确的盐底卡层，是保障复合盐膏层安全快速钻井的关键（唐继平等，2004）。

1）钻井液密度设计

（1）岩性特征及蠕变规律。

复合盐膏层是盐湖沉积的产物，基本物质多数是碎屑颗粒、晶块及化学沉淀的晶体，盐岩和石膏通过化学和机械的作用，改变碎屑岩或团块的结构，并充填在碎屑或团块之中，形成盐、膏、泥的混合物。复合盐膏层在不同构造上具有不同的性质，根据岩性特征可分为三种主要类型。

类型1：以石膏、膏泥岩、泥膏岩为主，中间夹泥岩、泥质粉砂岩，形成不等厚互层，主要分布在英买力构造和买盖提斜坡构造。

类型2：以盐岩、石膏、膏泥岩、泥膏岩为主，中间夹薄层泥岩、泥质粉砂岩，主要分布在英买力构造西部和亚肯断裂带。

类型3：以盐岩、含盐膏软泥岩、石膏岩、膏泥岩为主，中间夹薄层泥岩、泥质粉砂岩，主要分布在羊塔克构造带、南喀拉玉尔滚构造、东秋立塔克构造、克拉苏构造和却勒塔克构造带。

根据对盐膏岩的矿物组分分析，按照盐、石膏、黏土不同比例，制备人造岩心（见表2-5）进行实验，实验在Terratek岩石力学测试系统上进行。实验结果如图2-47所示。

表2-5 不同矿物成分人造岩心配方表

编号	组分含量（%）（质量分数）		
	石盐	硬石膏	黏土
1	20	55	25
2	40	40	20
3	60	25	15
4	80	10	10

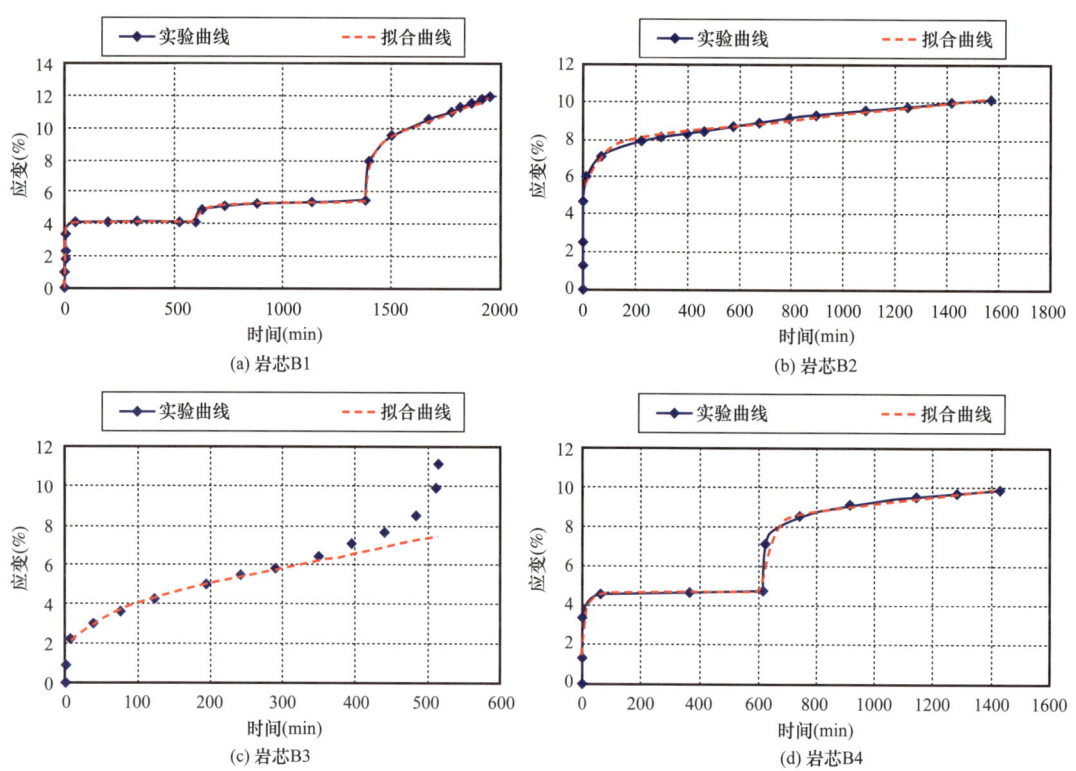

图 2-47 岩芯的实验和拟合曲线

对于复合盐膏岩，由于沉积环境的不同，产生了富含碳酸盐、硫酸盐的盐岩，加上周期性交互沉积分选差的砂泥岩，形成了形形色色的复合盐膏岩，性质千差万别，蠕变特性差异很大。根据地层组分，按盐、石膏、黏土不同比例配制的复合盐膏岩人造岩样试样的蠕变结果，证实了这些岩样的蠕变特性差异很大。采用多元非线性回归的拟合方法，根据实验求得的不同温度和差应力条件下的稳态蠕变速率数据求出本构方程的蠕变参数 A、B、Q（表 2-6）。

表 2-6 不同矿物成分人造岩样蠕变参数

编号	井号	组分含量（%）（质量分数）			蠕变参数		
		石盐	硬石膏	黏土	A	B	Q
1	克拉 4	20	55	25	38.452	0.657	20876
2	克深 2	40	40	20	40.238	0.642	20584
3	大北 3	60	25	15	42.642	0.612	20120
4	却勒 4	80	10	10	45.526	0.586	19242

通过不同试样蠕变参数进行对比分析发现，在相同矿物成分、相同围压的情况下，试样的稳态蠕变速率随偏应力的增加而增大；围压不变，偏应力的增

加加快了岩石微裂纹的稳定发展，导致岩石的蠕变速度加快；偏应力不变，三种岩石试样的稳态蠕变率随着围压的增加而减小，因为围压的增加限制了岩石中微裂纹的发展和产生，使岩石的蠕变速度减小。

不同的组分配比，蠕变情况也不一样。在相同应力条件下，盐岩的稳态蠕变率较高，膏含量多的复合盐膏岩的稳态蠕变率最低。由此可知，复合盐膏岩的蠕变变形主要由盐岩贡献，在膏含量多的岩石蠕变过程中，膏岩对盐岩层的蠕变有一定抑制作用。

通过对蠕变本构方程的拟合发现，含盐度越高，蠕变越厉害；黏土含量越高，A 值越小，B 值、Q 值越大。说明膏含量多的复合盐膏岩的稳态蠕变速率对差应力的敏感性要比相对较纯的盐岩高。

（2）水基钻井液密度设计。

① 饱和盐水钻井液密度设计。

对于不同层系的复合盐膏岩，可根据不同温度、压力条件下的蠕变试验，确定蠕变特性参数 A、B、Q，这样控制复合盐膏岩蠕变的钻井液密度就可确定（图 2-48）。

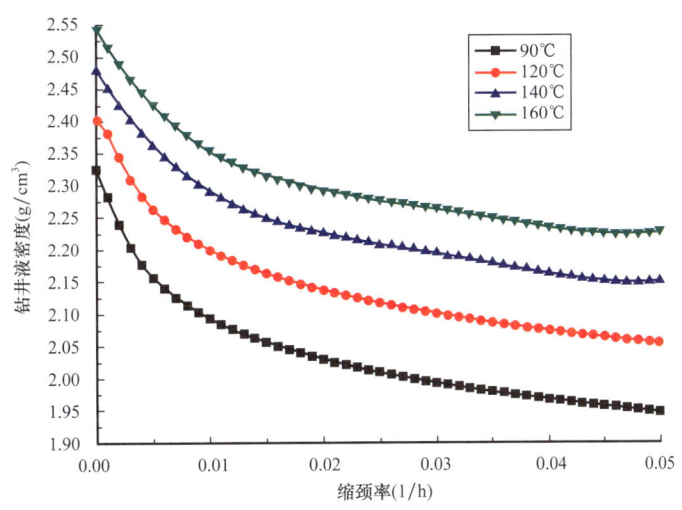

图 2-48　均匀地应力条件下不同钻井液密度和温度下的缩径率

② 欠饱和盐水钻井液密度设计。

欠饱和水基钻井液密度确定方法主要分为以下几个步骤：

a. 通过室内实验，确定复合盐膏岩在不同温度和不同压力条件下的岩石蠕变性质，得到岩石的瞬时蠕变速率和稳态蠕变速率，得到复合盐膏岩的蠕变速率控制方程。同时通过室内实验得到复合盐膏岩的杨氏模量、泊松比等常规的岩石力学参数。

b. 通过对室内实验得到数据进行处理，得到地层条件下（温度和压力等）

复合盐膏岩的蠕变速率。

c. 通过进入复合盐膏岩在欠饱和水基钻井液中的溶解实验，得到复合盐膏岩的溶解速率控制方程，并通过数据处理，使其能够适用在地层条件下。

d. 将复合盐膏岩的蠕变速率控制方程同其溶解控制方程结合，同时利用地应力数据对保持盐膏岩井径动态稳定所需的水基钻井液中 Cl^- 的浓度和钻井液密度进行计算，从而得到复合盐膏岩的钻井液密度。

（3）油基钻井液密度设计。

大量的国内外统计数据表明，当采用与水基钻井液同样的钻井液密度钻进时，油基钻井液将会发生比较严重的阻卡，必须要附加一定的密度才能保证安全钻进，说明油基钻井液作用下的复合盐膏岩蠕变规律与水基钻井液作用下的蠕变规律不相同。

复合盐膏岩的破坏机制是剪切破坏，在剪切应力的作用下，油基钻井液在微裂缝的表面将会起到类似润滑的作用，大大增加复合盐膏岩的蠕变速率。因此油基钻井液是否会进入复合盐膏岩内部的微裂缝中，进入的速度及范围如何，这些因素都将大大影响其蠕变性质。为了得到不同的渗透距离同复合盐膏岩蠕变速率之间的关系（岩心直径为 0.025m），将 30MPa 下的稳态蠕变速率同油基钻井液渗透距离进行作图，可以得到如下关系（图 2-49）。

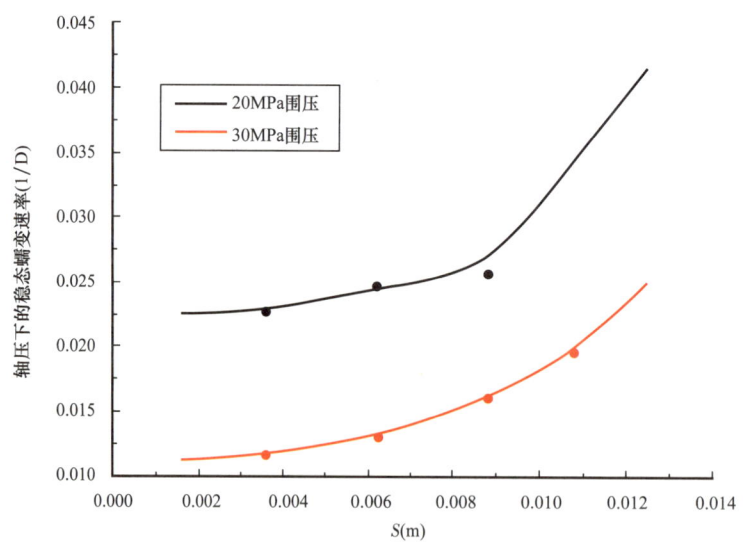

图 2-49　钻井液渗透距离同复合盐膏岩蠕变规律关系

从图可以看到，随着油基钻井液渗透入复合盐膏岩的距离增加，复合盐膏岩的稳态蠕变速率成抛物线状上升，当复合盐膏岩被完全浸透后，复合盐膏岩的蠕变速率将保持一定值。

2）钻井液体系

（1）氯化钾/氯化钠聚磺饱和盐水钻井液体系。

该体系是指在聚磺钻井液中加 KCl 和 NaCl 至饱和的钻井液体系，K^+ 具有良好的抑制作用，聚磺处理剂具有很强的抗高温抗污染能力，因此该体系不仅具有良好的抗盐污染的能力，同时具有较强的防塌能力，既适用于纯盐层，也适用于间断出现的、不连续的大段复合盐膏岩。这种钻井液可以根据需要控制欠饱和、饱和或加入盐结晶抑制剂，使体系中的盐达到过饱和，以防止无机盐因在地面重结晶而被筛除。体系抗温达到180℃，现场应用最高钻进密度 $2.55g/cm^3$ 且含盐饱和，但当密度超过 $2.4g/cm^3$、盐水污染达到 15% 以后，配制、维护处理难度大。

（2）抗高温高密度有机盐体系。

该体系以有机盐为加重剂，可以有效减少高密度钻井液中的固相含量，具有耐高温、强抑制、强封堵能力，维护处理简单，抗温能力达到220℃，盐水污染容量限达到30%，室内配制密度可达 $2.60g/cm^3$，现场应用最高密度 $2.25g/cm^3$。这种钻井液解决了高温、高密度、高盐膏、强水敏、窄密度窗口钻进技术难题，减少了水敏地层、山前破碎地层钻进过程中因井壁失稳而引发的卡钻事故复杂时效。

（3）抗高温高密度油基钻井液体系。

该体系是指以油作为连续相、水作为分散相，并添加适量的主辅乳化剂、润湿剂、亲油胶体、石灰，所加重形成的稳定乳状液体系，通过调整油水比、优选加重剂（高密度重粉、铁矿粉、微锰、GM-1）、细化乳化剂及润湿剂使用，钻井液性能稳定优良，抗温能力达到260°，现场应用最高钻进密度 $2.60 g/cm^3$，压井液密度配制高达 $2.85g/cm^3$，抗盐水污染容量限达到45%，具有优良的抗污染性、优良的润滑性、配浆及维护简单、循环压耗低等特点，解决了深部大段复合盐膏层钻进时由于体系抗复合盐膏污染能力不足、性能恶化而导致钻进过程中复杂事故频发等问题。2012—2018年，塔里木油田累计应用80余口井，大幅度降低了深部复合盐膏岩及以下井段事故复杂。比较典型的是克深2构造，从图2-50可以看出，复合盐膏层段应用油基体系与水基体系相比，事故复杂时效降低6.38%，平均钻井周期降低52.80%（50.9天）。

2. 复合盐膏层底卡层技术

1）依据高钻时泥岩钻进特征卡层

在库车前目的层之上、膏岩层之下，有一套钻时较高、分布稳定的褐色泥岩，可以作为随钻复合盐膏岩底卡层中途完井的标志层之一。

这套高钻时褐色泥岩钻进时具有以下特征：

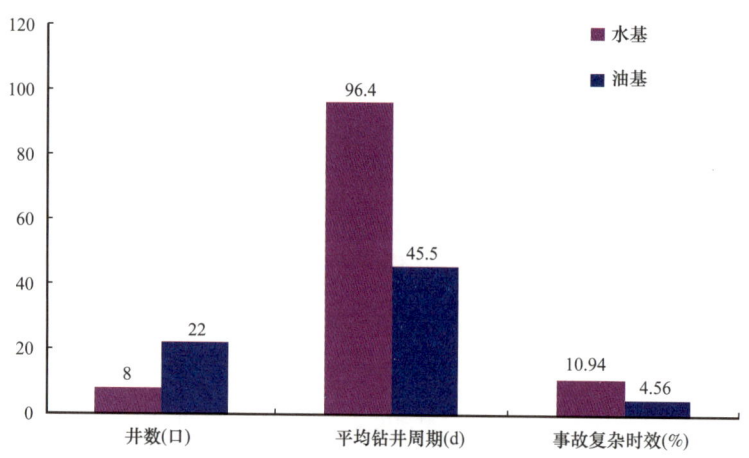

图 2-50 克深 2 构造复合盐膏层段水基与油基钻井液体系应用效果对比

（1）钻时高，从 10min/m 左右升至 70min/m，甚至更高；

（2）钙质胶结，碳酸钙含量由小于 10% 上升至大于 15%；

（3）与灰色泥岩伴生，高钻时褐色泥岩之后发育薄层灰色泥岩；

（4）可能有多套，如克深 1 井发育 4 套浅灰白色含膏的高钻时泥岩，颜色多数为褐色，但有时也为灰色，多呈片状发育；

（5）不仅发育在目的层之上一段距离，盐岩内部、膏岩内部也有可能发育；

（6）褐色泥岩发育在盆地边缘，位于泥岩向膏岩、盐岩或白云岩过渡的位置，钻时相对较高。

高钻时泥岩可能为盆地演化早期浅水环境下由淡水向咸水过渡时形成的钙质、膏质泥岩，属于沉积成因。克深地区高钻时泥岩钻时普遍比大北地区高，厚度大，位置较稳定，而大北地区的高钻时泥岩厚度较小，往往发育在盆地边部。所以，从成因和剖面上看，高钻时泥岩已经十分接近白垩系目的层，而且其下部不再发育膏盐岩等塑性地层，可以在此中途完井。

2）依据复合盐膏层底岩性组合模式卡层

（1）膏泥岩段无盐分布区盐底卡层。

膏泥岩段无盐分布区主要位于克拉大断层上盘—克深 202 井区以东地区（图 2-51），从古地貌分析主要以平台区沉积地层为主，盐底地层分布较稳定，沉积相带处于潮坪沉积区，盐底地层对比及卡层标志层为白云岩段地层，膏泥岩段内部无盐岩夹层，但中下部夹有粉砂岩层。

由于盐底膏泥岩段内普遍无盐，故这种区域盐底工程地质卡层工作相对容易。鉴于膏泥岩段高钻时褐色泥岩处也有井漏发生（可能钻遇裂缝），因此工程地质卡层层位定在白云岩段底部膏岩层内，钻穿白云岩段底部白云岩层后再钻遇膏岩层就可以卡层中途完井和下套管封盐。

（2）膏泥岩段有盐分布区盐底卡层。

膏泥岩段有盐分布区主要分布在河流下切谷内，具体分布在大北201井—大北3井—克深5井—克深1井—克深205井一线区域（图2-51），该区域膏泥岩段地层巨厚，并有地层超覆缺失现象，膏泥岩段内至少存在两层厚层膏盐岩层，属于沿河谷海侵或湖侵初期局限潟湖—半局限潟湖交替沉积的产物。

该区域膏泥岩段内有盐分布，但膏盐层的分布规律性不强，且存在盐层超覆缺失现象。利用数膏盐层套数的方法难以准确确定盐底，但在多数井内盐底存在卡层标志层——高钻时褐色泥岩层，因此该区域必须综合分析来进行盐底卡层，即依据膏盐层套数的方法确定最下一层膏盐层，然后依据钻遇盐底高钻时褐色泥岩层来最后卡层，如果盐底无高钻时褐色泥岩层就只能见砂或见砂井漏中途完井。

（3）厚层膏盐岩分布区盐底卡层。

厚层膏盐岩分布区主要分布在大北区块的高山地貌区，具体分布在大北101—大北103—大北6井区范围内（图2-51）。该区域膏泥岩段—白云岩段地层全部超缺，膏泥亚段地层大部分超缺，仅有膏泥亚段顶部地层和膏盐亚段巨厚层盐岩夹膏岩和白云岩地层存在，这给盐底地质卡层带来极大的困难。大北区块6口井底部都存在3～59m的膏质泥岩地层，其中5口存在高钻时褐色泥岩层，仅大北6井不存在高钻时褐色泥岩层。6口井中2口井盐底卡层基本准确（大北101井、大北103井），2口井见砂中完井（大北5井、大北6井）。

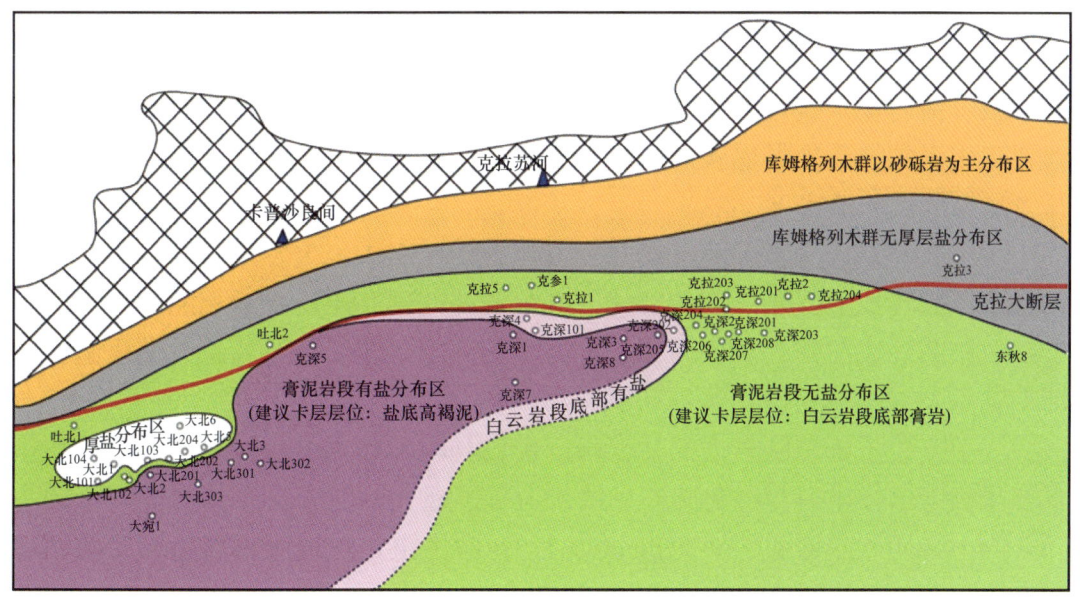

图2-51　大北—克深区带库姆格列木群盐底地层岩性分布特征及卡层层位建议平面图

上述地区的盐底工程地质卡层，主要以卡盐底高钻时褐色泥岩层为主，在盐底泥岩层很薄或无高钻时褐色泥岩层的情况下，只能见砂或见砂井漏中完。

3）现场卡层配套措施

除了依据上述高钻时泥岩钻进特征、盐底岩性组合模式卡层外，现场还采取了以下卡层配套措施。

（1）井震结合技术：利用邻井测井数据，预测本井盐底深度及盐底组合模式，再通过实钻及本井测井数据，开展井震标定工作，验证井底是否已到盐底。

（2）微钻时技术：在盐底钻进时，要求钻压、扭矩、泵压、钻井液性能等保持恒定，记录钻揭10cm进尺所用时间，此技术可在岩屑未返至地面前，通过微钻时及时判断井底岩性变化，决策判断是否中途完井。

（3）元素录井技术：针对克拉苏构造带优选了17种主要元素，形成了5种岩性识别方法，建立X射线荧光元素解释岩性剖面，利用盐底的石膏夹白云岩段出现的Sr、Zr异常高值，预警已接近盐底，同时通过连续记录镁、氯元素相对含量变化，判断是否钻穿盐底。

（4）泥岩纵向对比技术：在邻井参考性较差的情况下，纵向对比盐间泥岩和"底板泥岩"的钻时岩屑颜色、形状、厚薄等特征，判断是否钻穿盐底。

（5）小钻头技术：主要用于实钻过程中，在无法判识下部地层时，采用小钻头钻进，能避免井底恶性井漏和造成卡钻事故，这是一种防御性技术。

在一系列卡层技术的指导下，克拉苏构造带盐底卡层成功率达90%～95%。

3. 钻井工艺

根据现场实钻经验，总结出了以下复合盐膏层钻井工艺技术措施。

（1）钻遇复合盐膏层之前，必须认真检查钻具，对钻铤要进行探伤，震击器要工作正常；必须做地破试验，掌握地层承压能力，保证地层能承受钻复合盐膏层时的钻井液密度。

（2）钻开复合盐膏层前根据井况安装旋转控制头，为发现高压盐水溢流时钻具带压旋转或上提下放创造条件，避免关井处理高压盐水溢流的过程中发生卡钻（胶芯总成在钻台上备用，发生溢流关井后立即安装胶芯总成带压起钻或活动钻具）。

（3）安装了旋转防喷器的井，均应带钻具内防喷工具。接钻具的内防喷工具要求额定工作压力与配套井口一致，为带压起下钻创造条件。

（4）选用大水眼钻头（ϕ25mm以上），满足粗颗粒堵漏材料堵漏及随钻堵漏钻进的条件。

（5）在进入复合盐膏岩层之前，合理提高钻井液密度，钻进中以井下不出现严重阻卡为标准，决定是否提高钻井液密度。

（6）复合盐膏层钻进，应保证尽可能大的钻井液排量和较高的返速，有利于清洗井底，冲刷井壁上吸附的厚虚假滤饼。

（7）复合盐膏层钻进中，发现井漏应立即停止作业，并利用一切手段吊灌强起进套管或安全井段，防止卡钻事故发生。

（8）密切注意转盘扭矩、泵压和返出岩屑变化，发现扭矩增大，应立即上提划眼。

（9）对于无法判识下部地层岩性的井，钻至低压层或中完标志层前30～50m，改用小尺寸钻头钻至中完井深，一旦发生严重井漏，为强起钻具创造有利条件。

（10）ϕ241.3mm及以下尺寸井眼复合盐膏层钻井中，钻柱不带随钻震击器。

（11）根据井况，钻揭盐层后，先对套管鞋至盐顶的薄弱底层进行承压实验，通过承压堵漏的方式将该段地层承压能力提高至2.40g/cm^{3}以上再继续盐层钻进，钻进至预计高压盐水层前将钻井液密度提高至2.40g/cm^{3}以上。

（12）盐底中完易发生井漏，进行通井等作业时，在井底必须小排量循环，待井底钻井液上返至一定高度后，至少起钻1柱（视井下易漏层位置），逐步提高至正常排量循环。

（13）下套管前通井钻具组合刚度应不低于"1+1"钻具组合（通井钻具刚度逐次增加），且扶正器外径与钻头外径之差不得大于3mm，采取连续划眼方式通井至井底，按照上述标准通井结束后方可进行地层承压能力试验。承压值根据固井施工方案计算得出，承压前要求将井筒清洗干净、钻井液循环均匀。

（六）抗高温高密度、超高密度固井技术

1. 水泥浆加重材料优选

针对高密度、超高密度水泥浆的配置，评价引进了超高密度加重剂GM-1、超细加重材料微锰、以及高密度水泥浆外加剂体系，利用颗粒级配手段，提高胶凝材料比例，解决了高密度超高密度水泥浆配制、流动性及沉降稳定性问题，密度范围覆盖2.20～2.75g/cm^3，现场施工最大密度为2.65g/cm^3（滕学清等，2016）。

1）常规加重剂

常规铁矿粉加重剂密度4.5g/cm^3，粒径30～40μm，与水泥粒度相近，但颗粒级配效果相对较差，一般用于2.2g/cm^{3}以下水泥浆配制。

2）超细外掺料

为增加高密度水泥浆体系小粒径颗粒，提高水泥浆浆体稳定性及流变性，优选了超细外掺料微锰。微锰是一种自稳定、高悬浮性加重剂，主要由球形四氧化三锰超细颗粒组成，密度 4.8g/cm³，平均粒径 1μm，可单独与水均匀混合。可用于隔离液及高密度水泥浆的配制，因其本身为超细球型颗粒，具有良好的悬浮性和分散性，主要用于隔离液配制，在超高密度水泥浆体系中可适量加入，改善浆体流变性。

3）超高密度加重剂

超高密度加重剂 GM-1，即还原铁粉（性能对比见表 2-7），它是在铁矿石基础上通过化学手段进行还原处理，密度 7.5g/cm³，平均粒径 80μm 左右，主要用于高密度、超高密度水泥浆配制，具有加量少、水泥浆流动度大，更有利于现场注水泥泵送等优点，加重范围覆盖 2.2~2.75g/cm³。

表 2-7 GM-1 与普通铁矿粉加重剂性能对比

项目		铁矿粉	GM-1
水泥浆配伍性		一般	优良
细度（目）		180~220	100~450
密度（g/cm³）		4.6~5.05	6.5~7.5
可配制高密度水泥浆（g/cm³）		≤2.4	≤2.8
水泥浆密度，2.4g/cm³	掺量（BWOC%）	108~110	85~88
	强度（24h、68℃）(MPa)	13.8	18.2

4）新型高密度铁矿粉

针对常规铁矿粉加重剂密度不足（实测 4.2~4.5g/cm³）、GM-1 价格居高不下、供货困难等问题，优选出密度为 5.05g/cm³、6.0g/cm³ 两种铁矿粉，平均粒径分别为 75μm、92μm，大小颗粒粒径分布适中，可与水泥灰形成良好的颗粒级配效果。室内已配制出 2.2~2.6g/cm³ 密度范围内的水泥浆，2.2~2.45g/cm³ 密度范围内可完全替代 GM-1 加重剂，2.45~2.6g/cm³ 范围内可部分替代 GM-1 加重剂，扩大了高密度超高密度水泥浆体系选择范围。

2. 水泥浆性能优化

在水泥浆加重材料优选的基础上，通过系列水泥浆室内试验，已配制出密度 2.2~2.8g/cm³ 的系列高密度、超高密度水泥浆体系，所有体系均能满足沉降稳定上下密度差<0.03g/cm³，API 失水控制在 50mL 以内，浆体流动度分别在 20~23cm 之间，自由水≤0.2%，稠化时间利用缓凝剂的加量可调，且过渡时间<20min，基本具有直角稠化的特点，水泥石 24h 强度大于 8MPa 抗压强度，同时，通过添加防气窜剂使得高密度水泥浆具有良好的防气窜性能。

3. 固井施工工艺

1) 高能混合器配浆工艺

为解决水化不充分浆体流动性差的难题，从美国 TEM 公司引进了高混合自动混浆装置，水泥浆密度达 2.7g/cm³，混浆排量可高达 2.3m³/min，通过近 150 余井次的施工，水泥浆密度单点合格率达 90% 以上。

2) 气灰分离器再循环配浆工艺

通过在混合器上安装喷嘴，配套 SNC400、CPT986、CPT800D 固井车组，泥浆泵泵注的清水通过 SNC400 型水泥车产生高速射流，在混合器内形成真空，干水泥在重力和真空吸力的作用下与水混合，进入 CPT986 方盒，经灌注泵循环，同时利用 CPT986 一台水泥浆泵将水泥浆泵注到混合器上安装的喷嘴，进行再循环配浆，产生高速射流，使干水泥再次与水泥浆充分混合均匀，使之水化更加良好，增加水泥浆的流动性，通过另一 CPT986 泥浆泵泵注给 CPT800D 或其他水泥车泵注入井，该配浆工艺有效地解决了高密度、高稠度、高触变性水泥浆体系固井时配浆难的问题。使用密度自动控制系统、批量混配和二次加重等工艺，保证了水泥浆密度的均匀性，现场施工配制的最高密度达到了 2.65g/cm³。

为提高配浆时配套的送水、下灰速度和减少入井泵压，保障地面供应管线系统的稳定安全，对地面配套设备也进行了改进完善，研制了大功率供水泵，供水排量可达 2.5m³/min 以上；研制了新型储灰罐，解决了固井储灰罐输灰流量小、单一出灰口易堵塞问题；研制了集灰输送器，解决了固井输灰环节多、输灰管线易堵塞、下灰不同时的问题，下灰能力保持在 2.5t/min 以上，能满足水泥浆排量 4.0m³/min 的施工要求；采用大排量双管汇系统的优化组合，减少了地面泵入套管前的施工泵压，同时施工时一条管线有问题，另一条可作为备用。这些措施有力地保障了地面施工的顺利进行，排量达到设计要求，在大套管固井中注水泥浆排量在 3.0m³/min 以上，其中迪那 2-23 井的 ϕ339.7mm 单级施工中注水泥浆最高排量达到了 4.2m³/min。

通过应用上述措施，复合盐膏层、目的层固井质量持续提升。2018 年复合盐膏层段盐水层的固井有效封隔率达到了 91.7%，目的层负井压验窜合格率达到 100%，大幅度减少了短回接补救。2017 年、2018 年库车山前的钻井连续两年保持投产 1 年后无异常带压现象，井完整性显著提升。

三、超深高温高压裂缝性低孔砂岩测井技术

与勘探配套而适用的测井技术是油气藏高效发现和评价的关键技术。塔里木前陆盆地超深裂缝性低孔砂岩勘探早期阶段，在依南 5 井、依深 4 井、

野云 2 井等井中，测井技术人员利用中高孔渗评价技术将孔隙度相对较高（8%~12%）的储层解释为气层、差气层，但测试均为干层；在东秋 6 井、东秋 8 井、东秋 5 井等井中，测井技术人员利用电阻率常规判识法，将电阻率相对较高的储层解释为气层（欧阳健等，2003），但测试均为水层。因此，研究人员认识到，常规中高孔渗测井评价技术难以满足塔里木前陆盆地超深裂缝性低孔砂岩勘探的需求，必须加强测井的储层裂缝评价和流体识别方法研究，创建出适用于前陆盆地超深裂缝性低孔砂岩测井评价技术。在随后的迪那 2 井、克深 2 井、克深 8 井、大北 201 井、博孜 1 井、中秋 1 井等井中，应用创建的测井技术解释出上百米巨厚的油气层，经测试均获得高产油气流，从而掀开了库车前陆盆地超深勘探开发的序幕。

（一）面临的难题与挑战

1. 测井采集难题

库车前陆盆地主要目的层为白垩系巴什基奇克组和巴西改组，储层埋深超过 6000m，井底地层压力最高达 140MPa，温度最高达 190℃。库车前陆盆地第四系和新近系发育巨厚砾岩且横向厚度变化大，井眼垮塌严重，井况差。古近系库姆格列木群岩性为复合膏盐岩，它处于异常高压—超高压系统之中，地层压力系数 2.1~2.5，分布广且埋藏较深，纵横向分布变化大，岩性组合复杂，盐间发育高压盐水层，高压盐水进入井筒易造成溢流、井漏，盐水与高密度钻井液稀释沉淀造成卡钻等。目的层层段的储层裂缝发育，坍塌压力较高，而裂缝性漏失压力较低，钻井液密度变化范围仅 0.06 g/cm^3，钻井安全压力窗口极窄，易发生溢流、井漏等复杂情况。目的层的井眼钻头尺寸一般为 6$\frac{5}{8}$in，最小仅 4$\frac{3}{8}$in，为典型的小井眼，在这种复杂井筒环境下，测井施工常出现仪器下不去、测不准、取不全，甚至损坏仪器，事故频发，安全优质采集测井资料十分困难，在超过 7000m 井深的 12 口井中，取全资料的只有 4 口井，占比仅 33%；资料质量差，合格率低于 80%，难以满足测井解释评价与地质工程应用的需求。

2. 测井评价难题

库车前陆盆地储层埋藏深，喉道细，连通性差，同时储层中裂缝比较发育，非均质性强，测井储层及裂缝的有效性评价难。尤其为了提高探区的钻井速度，克服目的层上覆岩层垮塌等工程问题，大规模采用了油基钻井液，油基钻井液储层裂缝的定量评价则是世界级难题。

库车前陆盆地储层岩性复杂，粒度变化范围大，储层岩性由粉砂、细砂到巨砾岩均有发现，孔隙度分布于 4.0%~8.0%，渗透率分布于 0.001~0.5mD，是典型的低孔、特低渗透砂岩储层。这样的储层，不同区块的物性与电性有较大变化与差异,测井孔、渗、饱等储层参数要准确计算难度大。

库车前陆发育高陡构造,地层构造倾角达到30°~60°,影响电测井响应,数值变化大;同时目的层承受巨大的三轴地应力,导致储层电阻率变化剧烈。同一口井中,低阻气层与高阻水层同时存在,用测井准确评价储层流体性质遇到巨大挑战。

受高陡构造与强挤压应力、岩性、物性与地层水变化等多种因素影响,在深度大于7000m的井中,测井解释符合率仅为75%。

(二)超深高温高压复杂井筒测井资料采集技术

针对库车山前高温高压储层环境以及超深复杂井筒结构,塔里木油田自主研发了测井扶正导向技术、电缆测井防井喷井控悬挂技术,确保了测井采集安全与资料品质;优化了测井采集系列,制定了库车前陆盆地详细的测井采集方案。

1. 防遇阻扶正导向技术

测井仪器下井作业过程中,经常会在垮塌井段的台阶上遇阻,而无法到达井底,造成作业失败。极端情况时,由于钻具推力过大,仪器尾端顶在台阶上,易造成仪器折弯、损伤。为解决此难题,提出了由传统电缆测井遇阻卡"完全被动",向"主动防卡、解卡"转变的技术思路。研制的防遇阻扶正导向器结合了灯笼扶正器和扶正导向器的功能,集扶正、导向功能于一体,解决了多数情况下的测井遇阻问题,有效提高了测井仪器防卡和主动解卡的能力。

防遇阻扶正导向器(图2-52)由挠性接头、灯笼扶正器、扶正导向器和导向胶锥组成。挠性接头由转换接头、橡胶衬套、球面垫圈及附件组成,具有挠性,能够在侧向力的作用下发生2挠以内的偏转,提高了仪器引导能力;灯笼扶正器由滚轮、轴套、滚轮销等部件组成,是辅助扶正导向器实现扶正功能的重要组件;扶正导向器由连接杆、滑套、内外支臂、滚轮、回位弹簧等组成,是扶正导向器实现扶正功能的关键组件;导向胶锥起辅助导向作用。

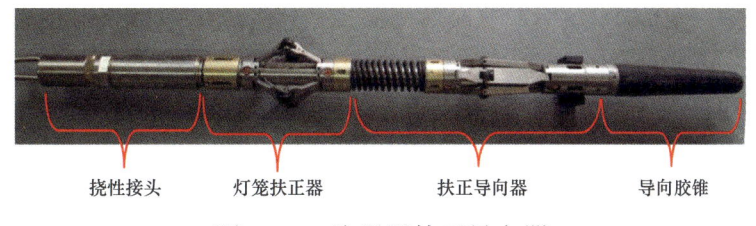

图2-52 防遇阻扶正导向器

2. 电缆测井防井喷井控悬挂技术

库车裂缝性致密砂岩储层极易出现井喷、井漏等复杂测井环境,无法进行常规电缆施工，井喷风险极高。电缆测井过程中，发生溢流时，传统做法有两种：一是快速提出电缆及仪器后，进行井控关井；二是将电缆剪断，进行井控关井。传统做法有诸多弊端：（1）井口控制时间长，不利于进行压井作业；（2）仪器落井后打捞时间长，经济损失大；（3）放射源污染油气层，造成环保事故；（4）带张力电缆剪切作业，容易造成人员伤害；（5）含硫油气容易造成电缆及仪器腐蚀，造成二次事故，增加井控风险。

电缆测井防井喷井控悬挂技术是针对易喷、易漏复杂测井环境下电缆测井的安全控制技术，电缆测井过程中可在10min内安全关井，及时控制溢流，大大降低测井施工时的井喷风险，防止井喷事故发生。

电缆悬挂器组合共分为三部分：电缆悬挂器主体部分、双母接头部分和旁通阀部分。

电缆悬挂器主体部分有开孔，可供循环钻井液和灌注压井液用。但考虑到电缆卡子楔块和电缆卡在主体中间，中间孔隙较小，容易造成钻井液堵塞，如果堵塞，就会影响压井和处理井控工作。因而在上部再另上一个旁通阀部分，问题就迎刃而解了，当电缆悬挂器钻井液出口被堵塞时，打开旁通阀，钻井液或压井液便可从旁通阀水眼流出，可有效地进行井控关井或压井循环工作。

3. 测井资料采集方案与系列优选

为确保采集到反映地层真实地质信息的必需的测井资料，需要对测井项目和测井系列进行优选，有利于降低勘探成本、提高经济效益。按探井、开发井等不同类别，针对不同油气藏类型、不同井身结构与井型以及不同钻井液类型等地质工程条件，对测井采集项目系列进行了优选，见表2-8。

表2-8 前陆超深井测井项目优选表

井类别	钻井液体系	层系	裸眼井目的层		
			必测项目	选测项目	说明
探井	油基	白垩系	阵列感应、岩性密度、补偿中子、自然伽马能谱、自然伽马、自然电位、井径、井斜方位、井底温度，微电阻率成像（EI）、超声波成像（UXPL）、XMAC-F1、元素俘获，多扇区固井、磁定位	MDT	流体判断困难
	水基	白垩系	阵列感应、岩性密度、补偿中子、自然伽马能谱、自然伽马、自然电位、井径、井斜方位、井底温度，微电阻率成像（FMI）、偶极横波（DSI）、元素俘获，多扇区固井、磁定位	MDT	流体判断困难

续表

井类别	钻井液体系	层系	裸眼井目的层		说明
			必测项目	选测项目	
开发井	油基	白垩系	阵列感应、补偿中子、岩性密度、自然伽马、自然伽马能谱、自然电位、井径、井斜方位、井底温度、超声波成像（UXPL）、XMAC-F1、多扇区固井、磁定位	EI	对构造边部位等重点开发井加测 EI
	水基	白垩系	阵列感应、岩性密度、补偿中子、自然伽马能谱、自然伽马、自然电位、井径、井斜方位、井底温度，微电阻率成像（XRMI）、偶极横波（XMAC-II），多扇区固井、磁定位		根据井深、温度条件合理选择 FMI 和 XMAC-F1

超深高温高压复杂井筒测井资料采集技术在塔里木盆地规模应用超过 500 井次，保障了安全高效取得优质测井资料，资料优等率达到 92.3%，节约测井时效 100%。成功处理测井事故 40 余井次，未发生一起重大安全责任事故，事故处理时效提高 18%。

（三）油基钻井液声电成像裂缝识别与评价技术

岩心观察与电成像测井资料表明库车前陆储层中裂缝发育，且以斜交缝和高角度缝为主。天然裂缝有效地改善了低孔砂岩储层的渗流能力，它是储层获取高产油气流的关键因素，因此裂缝的精细描述与表征对于库车前陆盆地低孔砂岩储层显得尤为重要。在水基钻井液条件下，应用斯伦贝谢公司的 FMI、哈里波顿公司的 XRIM 与贝克休斯公司的 STAR 的电成像测井资料，从定性识别到定量评价储层裂缝均有较好的效果（祁兴中等，2005）。为了稳定井筒和保护储层，在库车前陆盆地规模应用了高密度油基钻井液钻井，这时，上述电成像测井技术就无法识别与定量评价油基钻井液井筒条件下的储层裂缝。为此，塔里木油田先后引进了斯伦贝谢公司高清晰度微电阻率扫描成像测井仪（FMI-HD）、油基钻井液电阻率成像测井仪（OBMI），贝克休斯公司的油基钻井液成像仪 Earth Image（EI）、井周超声波成像测井仪（UXPL）并开展了在库车深层油基钻井液条件下同一口井的采集对比试验，优选出适合库车深层油基钻井液条件下识别砂岩裂缝的测井采集系列，解决了油基钻井液条件下储层裂缝定性识别的难题；同时，在地应力与断层封闭性关系、地应力与天然裂缝关系研究的基础上，首次将库伦—摩尔定律应用于油基钻井液条件下裂缝性低孔砂岩储层，将三轴主应力与油基钻井液条件下成像测井相接合，计算每条裂缝的裂缝面法向应力，半定量判别油基钻井液条件下的裂缝有效性，经与试油资料对比，证实此方法有效可靠。

1. 油基钻井液声电成像联测技术

在水基钻井液条件下，微电阻率成像测井仪能够识别有效裂缝的原因是钻井液滤液侵入裂缝，形成导流通道；而随着油基钻井液滤液侵入裂缝，使得裂缝表现为一种高阻正弦曲线，它与高阻充填缝难以有效区分，因而微电阻率成像测井仪的应用在油基钻井液体系下受到了很大限制。塔里木油田分别对引进的两种电阻率成像测井仪器 OBMI 和 FMI-HD，在不同钻井液条件下开展了对比试验。

为了验证油基钻井液条件下 FMI-HD 对裂缝的识别效果，在库车深层白垩系同一口井中开展了油基钻井液与水基钻井液的 FMI-HD 对比采集试验。油基钻井液钻完目的层后，采集了 FMI-HD 成像测井资料，然后将油基钻井液替换成水基钻井液，用同一种仪器对目的层再次进行成像测井的采集。对两次测井资料进行了精细的处理与解释，并对同一深度段识别裂缝的能力进行了分析对比：在相同井段水基钻井液体系下，FMI-HD 图像识别裂缝层理面清晰可靠，井壁特征对比度强；而在油基钻井液体系下，FMI-HD 图像模糊不清，井壁特征对比度差，仅能识别张开度较大的裂缝，且裂缝不清晰，收敛性差。因此，FMI-HD 在油基钻井液井中识别低孔砂岩裂缝的能力不能满足生产需求。

同样地，在同一口油基钻井液井中，又分别开展了三个成像测井系列的对比采集实验：（1）斯伦贝谢公司的 OBMI 与 FMI-HD 两种仪器对比采集试验；（2）贝克休斯公司的 EI 与斯伦贝谢公司的 FMI-HD 两种仪器对比采集试验；（3）贝克休斯公司的 EI 与 UXPL 两种仪器对比采集试验。通过一系列的采集对比实验和研究，认为 OBMI 在油基钻井液条件下，对层理、层界面及低角度裂缝等井壁特征识别能力较强，而对于高角度缝没有识别能力。在井眼不扩径条件下，EI 既能满足张开度较大的裂缝识别的要求，也能满足对层理、层界面识别的要求，但是对微细裂缝和张开度较小的裂缝识别能力弱，UXPL 识别微细裂缝效果好，EI 识别的裂缝只占 UXPL 的 70% 左右。一旦井眼扩径或者仪器偏心的情况下，UXPL 识别裂缝的能力大大降低，而 EI 适应井筒的能力较强，且 EI 识别层理与井壁构造的能力也比 UXPL 强，可以作为识别井壁特征的有效补充。因此在油基钻井液井筒条件下，当裂缝的识别要求不高，同时要识别地层层理时，可采用 EI 油基钻井液成像仪器。当既要识别裂缝，又要求识别地层层理构造时，可同时测量 EI 与 UXPL。

2. 基于法向地应力的裂缝有效性评价技术

应用 EI 与 UXPL 联合测井，解决了油基钻井液井筒条件下裂缝识别的难题，但是不能用浅电阻率刻度成像测井平均电流，无法计算裂缝宽度、孔隙度等参数，裂缝有效性定量评价受到限制（Kosari, E.等，2015）。针对这个难题，塔里木油田结合岩石地应力与成像测井获得的裂缝参数，提出了裂缝面法向应力的概念，来半定量评价裂缝有效性。根据莫尔库伦定律，裂缝的有效性与上覆地层压力、最大水平主应力和最小水平主应力密切相关。因此定义裂缝面法向应力、半定量评价裂缝有效性，它表示的是裂缝在其法向应力面所受到的三个方向有效应力矢量和，裂缝面法向应力值越大，表明裂缝所受到的有效应力越大，从而裂缝的有效性越差，反之，裂缝面法向应力值越小，裂缝的有效性就越好。

应用实例如图2-53所示，此为库车地区深层白垩系同一个构造单元上的两口油基钻井液砂岩气井。两口井的岩性、物性、电性特征基本一致，裂缝条数也基本相当，唯一的区别是两口井的裂缝面法向应力有较大的差别。KS2X-4井裂缝面法向应力普遍在30MPa以下，有几条裂缝的法向应力甚至只有10MPa左右；而KS2X-5井裂缝面法向应力普遍在30MPa以上。因此，KS2X-4井的裂缝有效张开性比KS2X-5井好，这一结论已由完井试油结果证实。KS2X-5井试油层段6615～6748m，经过酸压改造后，用10mm油嘴求产，日产气129m^3。KS2X-4井，试油层段6640～6708m，未经过酸压改造，用3mm油嘴求产，日产气$13.5 \times 10^4 m^3$。由此看来裂缝面法向应力半定量评价裂缝的有效性是可行的，在裂缝性低孔砂岩储层评价中具有推广应用前景。

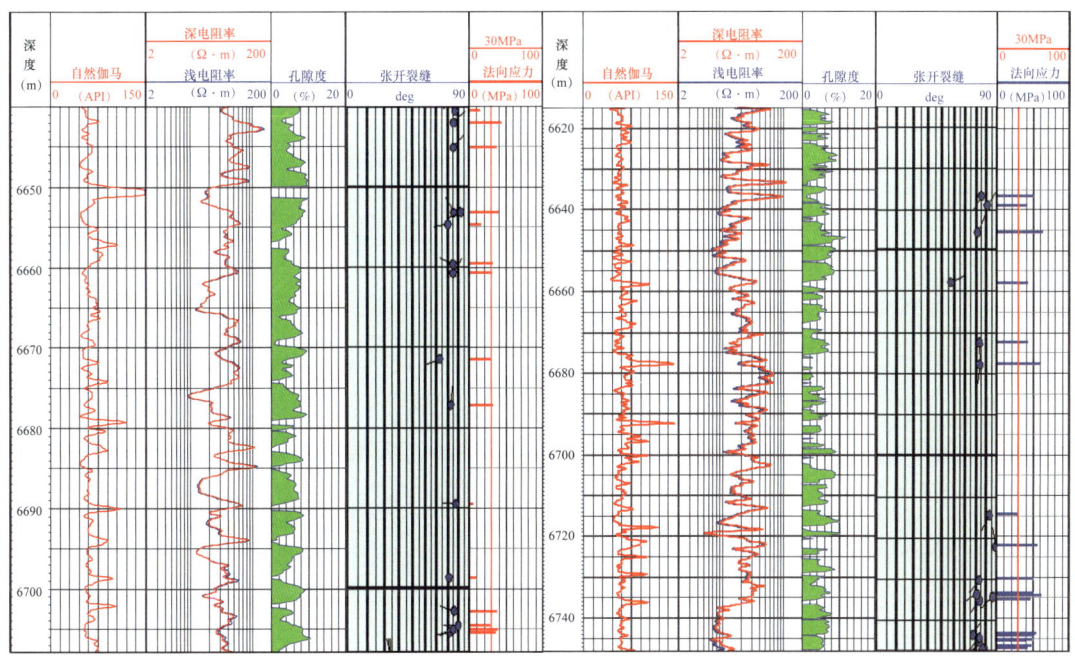

图2-53　KS2X-4（左）与KS2X-5（右）井裂缝面法向应力效果对比图

为了验证裂缝面法向应力评价裂缝的可靠性，还研究了裂缝面法向应力与米采气指数的关系。米采气指数是指一口井在试油阶段，单位储层厚度在单位压差下的采出气量，它反映的是储层产气能力。具体计算方法是应用试油层段的气产量除以试油层段厚度、时间、油压的乘积。随着裂缝面法向应力值的增大，米采指数呈明显的减小趋势，如图 2-54 所示，裂缝面法向应力越大，储层裂缝的有效性越差，在储层基质物性条件相差不大的条件下，储层的产气能力越差；反之，裂缝面法向应力越小，储层的产气能力越好。

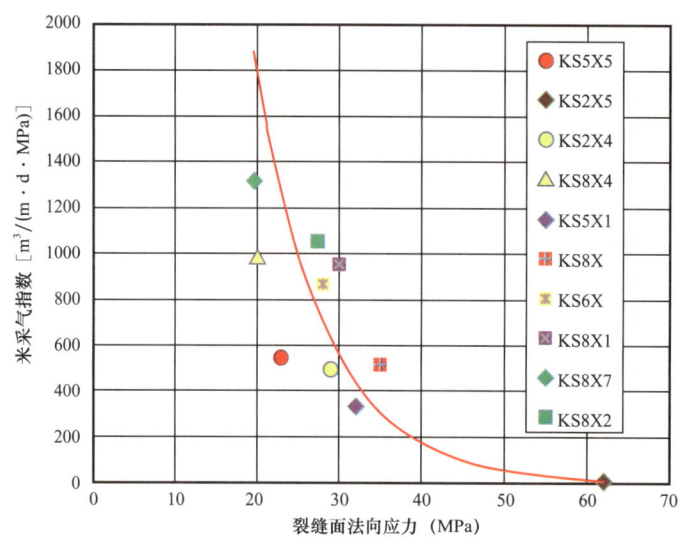

图 2-54　裂缝面法向应力与米采气指数关系图

（四）高陡构造与高应力裂缝性低孔砂岩储层流体识别技术

以岩石物理实验与数值模拟为基础，塔里木油田创建了强挤压应力条件下的应力差—电阻率校正模型以及高陡构造各向异性地层条件下的倾角—电阻率校正模型，明确了库车不同井区储层电阻率变化的主控因素以及相应的校正方法。

1.前陆区储层电阻率变化主控因素分析

在库车深层白垩系储层流体测井评价过程中，致使储层电阻率升高主要有两个方面：一是地层高倾角导致电阻率升高；二是地层主应力差升高导致电阻率升高。不同区块影响电阻率升高的主控因素是有差别的。

通过对比研究，发现不同井区的主应力差有较大的差异。克深 5，克深 13，克深 24 等井区所有的井电阻率与主应力差的相关系数都很高，库车其他井区的相关系数则不明显。应用应力—电阻率校正模型，对这几个井区的测井视电阻率进行校正，重新计算饱和度，结果与压汞资料计算的饱和度相符。

在研究了各个井区主应力差与电阻率的关系后，又研究了各个井区的地层倾角资料，发现克深 10、克深 11、大北 3 等井区的边缘部位井电阻率明显升高的主控因素是高陡构造中地层的各向异性。应用高陡构造地层倾角—电阻率校正模型对这些井的测井视电阻率进行校正，校正后得到的电阻率与斯伦贝谢实测的水平电阻率进行对比，基本吻合。

2. 强挤压应力条件下应力差—电阻率校正技术

储层电阻率主要与孔隙度、流体性质及地应力有关，尤其在地层应力很大的砂岩储层中，地应力对电阻率的影响尤其明显。因此要对致密砂岩储层进行电阻率校正，不仅要了解视电阻率与储层孔隙度的关系，还必须研究视电阻率与地应力的关系。为了分析孔隙度、渗透率和它们的变化规律，对岩石电阻率—孔隙度—压力进行了联测实验。以研究应力与孔隙度、孔隙度与电阻率、应力与电阻率的变化规律，并由实验数据分别拟合出三者之间的相互关系，再对上述实验过程进行了数值模拟，建立了应力—电阻率校正模型。将此模型应用于库车实际测井资料的解释评价，提高了测井解释精度。克深 503 井 6800m 以下受强挤压应力影响，电阻率出现明显的升高，基本上大于 $20\Omega \cdot m$，表现为气层特征，但应用应力差—电阻率校正模型对电阻率进行校正后，在 6960m 以下，校正后的电阻率基本低于 $10\Omega \cdot m$，计算的含气饱和度分布在 45%～20% 之间，为明显水层。为证实测井解释结果，对 6960～7012m 进行测试，用 5mm 油嘴求产，日产水 150m^3，证明测井了解释结论的正确。

3. 各向异性地层条件下倾角—电阻率校正技术

高陡构造各向异性是影响地层电阻率变化的主要因素。通过分析研究电阻率与地层倾角和各向异性的关系，可以得出以下认识：各向异性的存在造成测量视电阻率大于地层水平电阻率，当地层倾角较大时更为突出；当地层倾角小于 30° 时，地层各向异性对电阻率测量结果的影响较小，所测量的视电阻率略大于地层水平电阻率。这也就是说，当地层倾角较小时，测量的电阻率可直接用于地层评价，各向异性的影响不用考虑。当地层倾角为 0° 时，即水平地层条件或没有井斜情况，可以得到地层视电阻率约等于地层水平电阻率；当地层倾角大于 30° 时，电阻率受地层各向异性的影响严重，测量的视电阻率在各向异性相同条件下，随角度的增大而增大；当地层倾角达到 90° 时，视电阻率受高陡构造影响最大。总体而言，测量的视电阻率在地层水平电阻率与地层垂直电阻率之间。

为了研究高陡构造各向异性地层电阻率的变化规律，物理模拟了地层倾角对电阻率的影响。选取了库车河露头剖面的白垩系砂岩三个岩性段，按顺序取 51 块 15cm 见方的大岩样，为了保证岩心各项测量参数的测量精度，将岩心加工成规则的长方体，以便测量三个方向的电阻率，每块岩心可以得到 7 个不同倾角（0°、15°、30°、45°、65°、75°、90°）的岩样。首先对每块岩样进行洗油、洗盐、饱和高矿化度盐水等实验准备，然后分别测量不同角度下岩样的电阻率。最后应用"二电极"法对各向异性高陡构造地层进行数值模拟，得到了库车地区各向异性地层高陡构造地层倾角—电阻率校正模型。

4. 裂缝性低孔砂岩储层流体识别技术

库车地区储层致密、物性较差、油基钻井液广泛使用。这些因素给利用常规测井资料以及阿尔奇模型解释评价储层流体性质带来巨大的困难。通过研究，提出了适用于库车地区深层裂缝性低孔砂岩储层的流体识别方法。

1）校正后电阻率—孔隙度交会图版法

按区块、钻井液体系、裂缝发育程度与储层等级，以试油资料为约束条件，刻度校正后的电阻率、孔隙度和饱和度，建立了测井解释图版与流体性质识别标准，如图2-55所示。

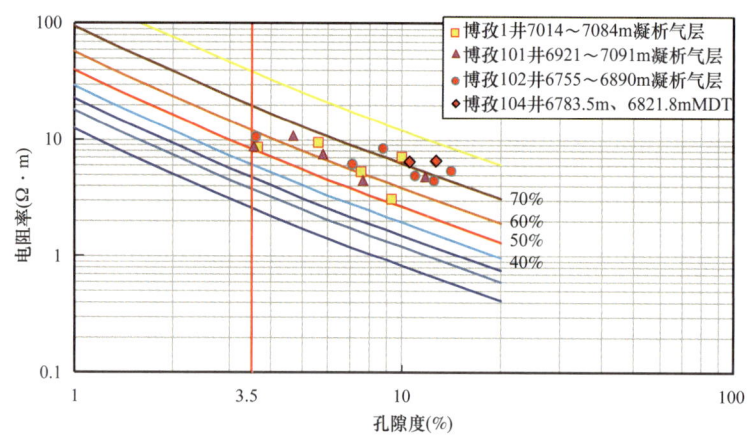

图2-55　库车地区博孜1井区流体性质评价图版（油基钻井液）

流体性质评价图版与标准在生产中广泛应用，提高了测井解释精度，准确评价了克深11井、克深13井、克深242井、博孜1井等，为库车油气勘探持续突破与快速评价发挥了关键指导作用。

2）多极子阵列声波测井识别流体技术

（1）气、水指数法识别流体性质。

天然气为非导体，水基钻井液为导体，气层深电阻率高于浅电阻率，这些特征是储层流体性质判断的基础。库车地区测井电阻率系列主要是阵列感应电阻率，阵列感应对辨识流体性质具有独特优势，它有10in至120in六种探测深度的电阻率曲线，可以确定不同侵入半径以及原状地层的电阻率，因而能较好地判断气层、水层。但是由于库车地区多为裂缝性低孔砂岩储层，受裂缝的影响，电阻率的深浅差异并不能真实地反映储层气、水情况（章成广等，2004）；

同时，受钻井液类型、储层物性和孔隙结构的影响，部分井的气层深电阻率低于浅电阻率，呈现水层特征。因而，用常规阵列感应电阻率深浅差异判断气、水效果较差。

鉴于以上情况，考虑综合应用测井电阻率与孔隙度测井中的声波测井，并考虑裂缝对储层流体性质的影响，分别建立了能反映气层、水层变化的气指数与水指数，增大气层与水层的测井响应特征，并且分区、分层段、分钻井液类型建立了气水指数图版，可以更加有效地区别库车深层气层、水层。

（2）含裂缝流体压缩系数法气水层判识技术。

在含气地层中，地层纵波速度减小明显，而横波速度变化不大，造成含气地层的纵横波速度比要比饱和水地层的纵横波速度比小得多，利用这一性质可以用来识别气、水层。引起这一现象是因为储层孔隙中，水和气相在声学特性上有很大的差异，水的压缩系数远小于气的压缩系数。因此考虑储层裂缝对流体的影响前提下，获得流体压缩系数，就能区分出水层和油气层。

大北304井为库车大北3号构造的一口重点评价井，该井整个井段电阻率均较高，基本上大于$20\Omega \cdot m$，表现为气层特征，但依据气水指数法和流体压缩系数法的指示，在7050~7120m井段，为明显水层特征，其上部井段为明显气层特征。如图2-56所示，为证实测井解释结果，对6873~6991m（红色段）与7086~7119m（蓝色段）两个层段分别进行测试，6873~6991m层段日产气$23.2\times 10^4 m^3$，7086~7119m层段日产水$196m^3$，证明了测井解释结论正确，本井底部证实为水层，落实了大北3气藏的气水界面，为2014年上交$850\times 10^8 m^3$天然气探明储量提供了重要数据。

四、超深高温高压裂缝性低孔砂岩气层试油与储层改造技术

为确保库车前陆盆地超深油气层准确全面的录取资料、单井的高效提产和稳产，以及全生命周期内的安全作业，塔里木油田探索形成了超深高温高压气井试油技术、高温高压气井井完整性技术和超深裂缝性低孔砂岩储层改造技术，为库车前陆盆地超深油气层的勘探和评价提供了工程技术支撑。

（一）超深高温高压气井试油技术

试油是指探井钻井中和完井后，为取得油气储层压力、产量、流体性质等所有特征参数，满足储量计算和提交要求的整套资料录取和分析处理解释的全部工作过程（《试油监督》编写组，2004）。

1. 技术发展历程

塔里木油田的试油技术发展始终瞄准了勘探方向，它与地质认识和勘探发现相伴而行，30年的技术发展可分为四个重要的发展阶段。

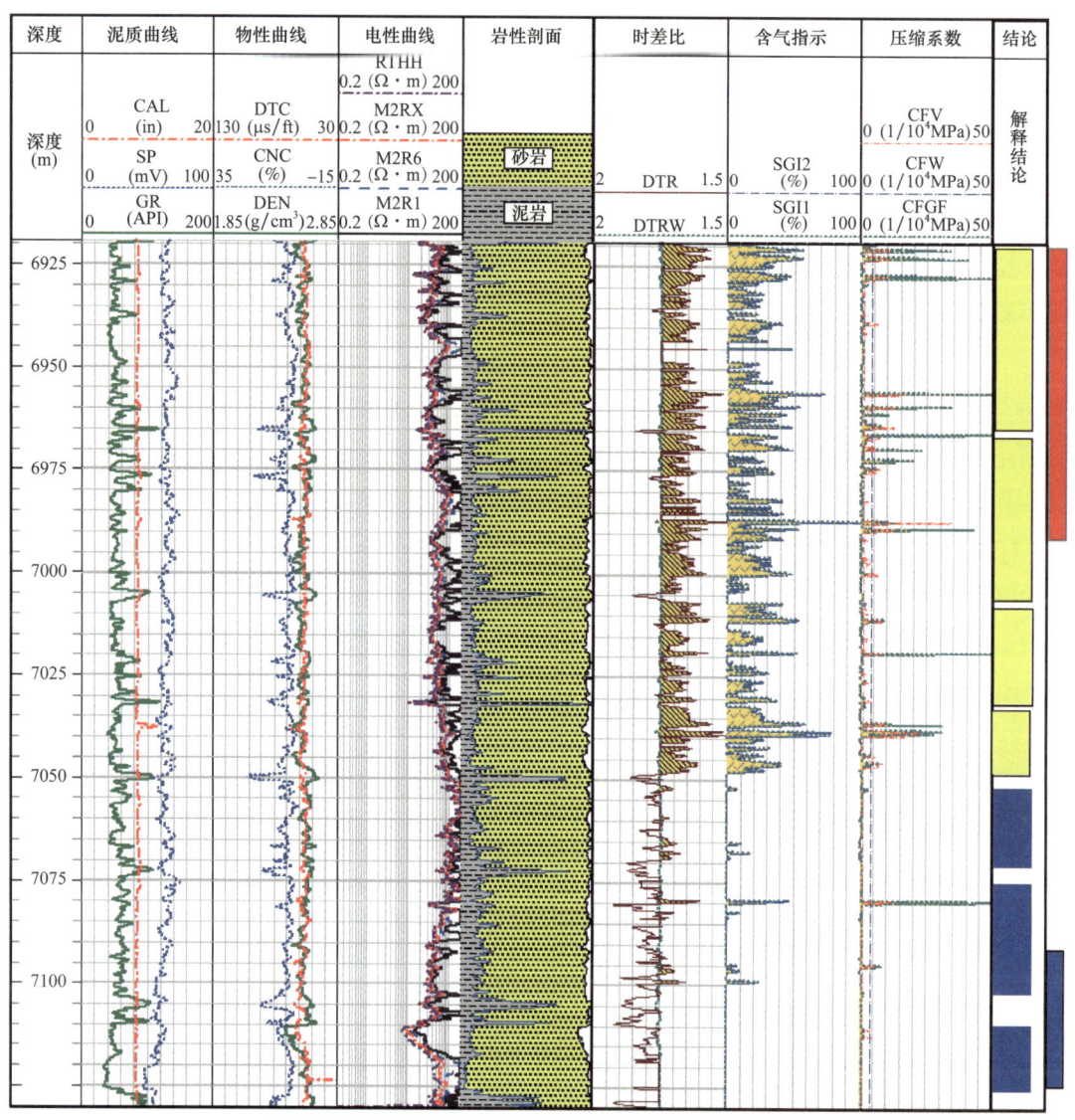

图 2-56 大北 304 井气水指示法和压缩系数法识别气层

第一阶段为钻杆中途测试（DST）技术发展与完善阶段（1989—1996年），以轮南探区为代表，试油井段深度 3500～6000m、压力 50～70MPa、温度 11～120℃。形成了以裸眼中途测试技术、射孔—测试联作技术、跨隔测试技术和小井眼测试技术为主的、具有塔里木特色的测试技术系列，特别是中途测试技术，可在第一时间内对油气显示层进行测试，实现了油气勘探的提前发现，加快了勘探进程。

第二阶段为高压油气井测试技术为主的发展阶段（1997—2000年），以克拉2探区为代表，试油井段深度 4000～6500m、压力 60～90MPa、温度 10～130℃。为应对逐渐升高的地层压力，通过引进和优化配置，形成了"气密封油管＋全通径测试工具＋RTTS封隔器＋射孔枪"的射孔—测试联作技术；配套了105MPa采气井口和包括高压管汇、地面安全阀、除砂器、高压油嘴管汇、加热器、三相分离器、数据自动采集的高压地面测试流程。

第三阶段为高温高压油气井试油技术完善阶段（2001—2007年），以迪那2探区为代表，试油井段深度5000～7000m、压力90～110MPa、温度13～150℃。通过开展优选试油工作液体系、井筒安全评价、管柱力学分析与校核、配套地面测试流程、测试资料处理解释等一系列技术攻关，实现了库车前陆盆地迪那2凝析气田、大北气田的发现和评价，以及克深构造带的勘探突破。

第四阶段为超深超高温高压油气井试油技术发展与完善阶段（2008年至今），以克深2、克深9、克深13探区为代表，试油井段深度6000～7930m、压力110～136MPa、温度15～186℃。研发了超高温高压射孔器，优化形成了超深井APR测试工艺，提高了测试施工一次成功率（由2009年的70%提升至2018年的90%），实现了克深气田的评价及中秋1等探区的勘探突破，夯实了塔里木油田建设$3000×10^4$t产能的资源基础。

2. 面临的难点与挑战

（1）储层埋藏深，储层上部分布着复杂岩性地层，目的层钻进周期长，套管磨损严重，造成强度降低，使环空压力操作范围受限。

（2）油层套管一般采用127mm或139.7mm套管完井，井眼尺寸小，封隔器选择困难，试油工作液传压性能要求高，事故复杂处理难度大。

（3）地层压力高，地层压力系数往往也很高，对试油工作液密度要求高，对于井下工具、地面控制设备及储层改造装备的承压能力要求高。

（4）地层温度高，对井下工具和仪器的耐温性能、地面设备的耐温性能、试油工作液的抗高温稳定性要求高。

（5）测试期间压力、温度变化大，测试管柱受力复杂，对整个测试管柱的安全性提出了更高的要求。

（6）测试资料录取难度大、费用高。

3. 耐高温中高密度试油工作液技术

试油工作液是试油的重要组成，它对于保持试油时井筒畅通、测试正常解封、顺利起钻起着重要的作用。与钻井作业相比，试油作业时试油工作液长时间静止，无法实时循环调整，对试油工作液性能要求更高。前期塔里木油田开展了密度范围为1.80～2.30g/cm³、抗温160℃以内的高密度水基磺化试油工作液相关研究，在迪那、克拉、大北等区块应用取得了很好的效果。但温度超过160℃时，水基磺化试油工作液易出现高温增稠、硬质沉淀，无法满足试油作业的需求，通过攻关，形成了超微重晶石工作液、抗高温高密度油基工作液和抗高温高密度有机盐工作液三套试油工作液体系。

（1）超微重晶石试油工作液体系：引入超微重晶石，提高自悬浮能力，研发出耐温200℃、密度2.4g/cm³，200℃静置15天仍具有良好的悬浮稳定性和流变性、的可重复利用的试油工作液体系。该体系基本配方为：水、超微粉体重晶石加重剂（表面改性）、分散剂、稳定剂、双电层激发剂和黏切控制剂。截至2018年年底，现场应用15口井，最高温度185℃、最高密度2.27 g/cm³、最长静置时间10天。

（2）高温油基试油工作液体系：在钻井液基础上，通过调整主辅乳化剂、润湿剂用量，提升体系稳定性能。研究形成耐温190℃、密度2.00g/cm³的试油工作液体系，其配方为：柴油、盐水、主乳化剂、辅乳化剂、增黏剂、降滤失剂、润湿剂、加重剂（重晶石）和pH调节剂，室内评价在190℃高温条件下静置15天，具有良好的高温沉降稳定性。截至2018年底，在克深、大北等区块累计应用70余口井，最高温度186℃、最高密度1.95g/cm³、最长静置时间12天。

（3）高温高密度有机盐工作液体系：通过对基浆和添加剂成分的研究及反复评价试验，优选出具有良好抗温性能的有机盐工作液体系。该体系耐温200℃、密度2.39g/cm³，配方为：水、纯碱、提切剂、抗温抗盐降滤失剂、复合盐、抑制防塌剂、润滑剂、加重剂（有机盐、重晶石）和pH调节剂，室内评价在200℃高温条件下静置15天，不沉降、稳定性较好。截至2018年底，现场应用20余口井，最高温度177℃、最高密度2.06g/cm³、最长静置时间9天。

射孔液为套管射孔时用的液体，以其静液柱压力控制射孔时地层与井筒内的压差，防止射孔时发生井喷、伤害储层等事故或不良后果。由于库车前陆盆地储层温度压力高，井控风险高，射孔液主要是原井工作液，即上面提到的三种耐高温中高密度试油工作液。如果采用射孔—测试联作工艺，则射孔液为甲酸盐环空保护液。

隔离液的作用侧重于隔离两种不同体系的液体，如用环空保护液代替试油工作液时需要用到隔离液，防止其相互接触污染，产生稠化、沉淀，影响试油安全。库车前陆盆地高温高压井试油期间所用隔离液主要包括：水基体系之间采用高黏度膨润土浆或高黏度超微重晶石隔离液；油基体系与水基体系之间采用改性聚氨酯类隔离液，该隔离液具有高黏切的物理特性，且与各类酸、碱、盐、油基工作液均不发生化学反应。

4.超深高温高压井下测试技术

1）井筒评估技术

以套管为主体的井筒是储层流体与地面之间的唯一通道，试油等井下作业必须在井筒内完成，井筒状况直接影响到试油等井下作业方式，影响到作业强度的选择。钻井后试油的井，井筒状况已经是既成事实，试油时只能按已有的井筒条件，在确保井筒安全的前提下完成任务。例如，与钻井不同，试油时不能用加重钻井液平衡地层压力，而必须用密度较轻的工作液将原钻井液替换出来，或用液垫等方式在地层与井筒内形成测试压差。测试压差不够，地层不能产出；反之，若测试压差过大，超过井下套管所能承受的外挤压力，则有可能挤毁套管。在此方面，国内外各油田皆有深刻教训，在高地应力复杂岩性井筒中试油尤其如此。

以阳霞 1 井为例，该井是部署在塔里木盆地塔北隆起轮台断隆阳霞 1 号圈闭上的一口预探井，完钻井深 6517m。转试油后用清水替井内密度 1.34g/cm³ 钻井液的过程中发生卡钻事故，经倒扣及井周成像测井发现，4300m 以下 244.5mm 套管严重变形，因后期处理难度很大，决定工程报废。事后分析，导致该井井筒损坏、工程报费的主要原因是未对 244.5mm 技术套管磨损情况进行评价，对磨损后套管强度降低认识不足，也未充分认识到高地应力及盐膏层等复杂岩性地层对套管的挤压与危害。

汲取阳霞 1 井套管变形造成全井报废的教训，1998 年塔里木油田率先明确提出了试油"井筒评价"的概念，进行了相应的技术攻关和工程实践。针对钻井磨损导致套管强度降低的问题，研发了钻杆套管磨损试验机并完善了套管磨损计算模型，定量计算套管磨损及磨损后的强度；针对目的层上部盐膏层、软泥岩层等复杂岩性地层变形导致套管磨损的问题，以上覆岩石密度作为复杂岩性套管段的外挤压力计算套管控制参数；针对超深高温高压小井眼井固井质量难以保证的问题，以固井前的钻井液柱压力作为套管外挤压力计算套管控制参数；针对断层滑移可能导致套管剪切的问题，从地质资料获得断层分布及与井眼的距离，通过优化封隔器封位或控制改造规模来避免地层错断，引起套管产生较大变形。综合上述因素，形成了以套管剩余强度预测为核心的井筒评估技术，制定了井筒评估标准化流程，有效指导了试油施工允许最低替液密度、套管是否回接及测试工艺的选择。

2）超高温高压射孔与射孔—测试联作技术

为满足超高压高温井况要求，在射孔弹设计及制造方面，采用 ANSYS/LS-DYNA 大型非线性动力学程序，建立了射孔弹数值仿真计算模型，优化确定了射孔弹药型罩结构和装药结构；通过控制炸药晶粒、成型工艺及压制密度，形成耐温 210℃/170h 高温射孔弹。在射孔枪方面，优选 89 型和 121 型高强度低合金钢射孔管材作为加工原材料，采用隧道聚能传爆、安全泄压、长距离圆肋支撑、高温高压射孔枪精细密封等技术，实现了射孔器耐压 210MPa、耐温 210℃/170h 的目标。射孔器性能指标与国外斯伦贝谢、哈里伯顿公司同类型产品相当，已在库车前陆盆地实现规模化应用。例如克深 901 井，射孔深度 7930m、地层温度 186℃、地层压力 130MPa，射孔时最高起爆井筒压力达到 171MPa，安全完成了射孔施工。

油管传输射孔（TCP）与地层测试器联合作业技术简称射孔—测试联作。射孔—测试联作最大的优点是能够缩短生产周期、节约生产成本、消除井控风险、减少起下管柱工作量、避免储层伤害、取得真实的井下温度压力及产能资料。库车前陆盆地克拉区块、迪那区块普遍采用射孔—测试联作工艺，成功率 91%，但在向大北、克深等区块推广过程中遭遇了多次失败。针对高温高压射孔—测试联作后卡钻事故，经初步分析研究，认为射孔爆轰产生的动态负压可能是造成井下管柱遇卡的主要因素（Carlos Baumann 等，2013）。同时，在射孔枪系统仿真、动力学测试实验的基础上，建立了载荷计算经验模型，并据此自主研发了射孔爆轰模拟软件，定量模拟计算射孔管柱受力情况，针对性地选择射孔工艺，若评估表明管柱安全，就采用射孔—测试联作工艺；若评估管柱存在发生复杂的风险，则采用先传输射孔、后测试的工艺。2018 年射孔—测试联作技术在库车前陆盆地迪北 105X 井、吐东 201 井、阳霞 2 井等深井取得成功，下步将继续开展超深井射孔—测试联作技术攻关与现场试验，最终实现射孔—测试联作技术在库车前陆盆地的规模化应用。

3）测试工艺选择及管柱配置技术

针对不同地质要求，攻关形成了两套测试工艺及管柱（张福祥等，2017）。

针对地质要求仅录取温度压力资料、不需要求准产能的井，采用短平快的中途测试工艺，其管柱结构为：钻杆（油管）+RDS 安全循环阀 +RD 循环阀 + 液压循环阀 +RTTS 封隔器 + 筛管 + 筛管接球器 + 电子压力计托筒 + 筛管 + 油管 + 电子压力计托筒，如图 2-57（a）所示。其中 RDS 安全循环阀用于井下关井测压及关井后提供循环压井通道；测压结束后，打开 RD 循环阀，用于平衡封隔器上下压力及提供压井通道；液压循环阀作为 RD 循环阀的备用，当 RD 循环阀不能开启时，可以通过上提管柱打开液压循环阀。该工艺具有结构简单、施工周期短、费用低的特点。

针对要求取得准确产能、温度压力资料的井，或需要进行储层改造的井，则采用 APR 测试工艺，其管柱结构为：碳钢气密封扣油管 + RDS 安全循环阀（备用）+ RDS 安全循环阀 +RD 循环阀 + 液压循环阀（备用）+E 型阀（常开）+ RTTS

封隔器+筛管+筛管接球器+电子压力计托筒+筛管+油管+电子压力计托筒，如图 2-57（b）所示。其中 E 型阀在封隔器坐封、换装井口后为反替低密度环空保护液提供循环通道，下井过程中为常开状态，替液结束后，投球关闭；两个 RDS 安全循环阀一用一备，以提高测试成功率。

考虑到测试时间短和要尽可能降低作业成本，测试期间一般选用碳钢气密封扣油管；对于中途测试，预测井口关井压力较高的井，要考虑把钻杆换成气密封扣油管；

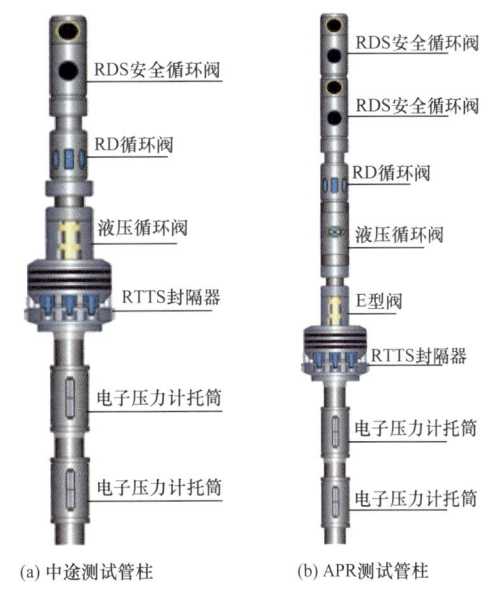

图 2-57　中途测试管柱和 APR 测试管柱示意图

对于储层含有酸性气体等特殊情况的井，管柱选材时要考虑防腐要求。

4）试油管柱力学校核技术

对试油作业来说，井下管柱是地面与井下联系的通道，坐封封隔器时，它又是载荷传递的桥梁。作为一种特殊的机械构件，井下管柱的工作载荷为自重、内外流体压力、管内流体流动时的黏滞摩阻、管柱弯曲后与井壁之间的支反力、摩擦力及弯矩，这些载荷使管柱在一定的应力水平下变形；若应力或变形过大，将导致管柱破坏、封隔器失封、控制头上移等作业事故。

迫于试油管柱事故的威胁，根据高温高压深井等复杂工况试油作业需要，遵循国际高温高压协会的建议和推荐做法，塔里木油田于 1995 年开始进行复杂工况试油管柱力学分析与校核技术研究及现场实践工作。通过优选管柱载荷、应变等计算模型，优化井筒温度、压力场预测模型，综合考虑管柱的屈曲、膨胀、温度和活塞效应，开发了高温高压管柱力学校核软件。以管柱力学校核软件为载体，借鉴国内外先进的管柱力学校核方法，形成了"工况+部件"全覆盖的管柱力学校核方法，制定了管柱力学校核标准化流程。同时，创新研制了试油井下管柱载荷测试器，测量试油过程中管柱在井下的载荷，实测结果与理论分析结果吻合较好，证明了管柱力学分析方法与公式是符合实际的。

应用形成的管柱力学校核方法，计算各工况下管柱的轴向变形、载荷及三轴应力强度安全系数，进而优化管柱配置、油套压力控制等参数，目前库车前陆盆地高温高压气井已实现管柱力学校核全覆盖，未出现管柱断脱、落井等事故。

2009—2018年，以井筒评估技术、超高温高压射孔技术、管柱配置及校核技术等为核心的超深高温高压井下测试技术，在库车前陆盆地累计应用60余井次，目前测试成功率达90%以上，试油周期在45天以内，为克拉苏构造带万亿立方米级油气田的发现做出了贡献。

5. 地面测试流程及安全控制技术

塔里木高温高压油气井试油过程中，井口一般采用采油树。下测试工具前，需将钻井四通更换为采油四通，如果试油井是裸眼完井或已射孔，在更换四通时，井口处于无控状态，井控风险大。若单井试油层数较多，需频繁地进行换装作业，施工时间长、劳动强度大。针对上述问题，2002年塔里木油田自行设计研制了不拆防喷器的新型试油井口——上钻台采油树，与闸板防喷器直接相连，实现了换装井口期间始终处于有控状态，并形成了105MPa、140MPa系列，消除了换装井口期间的井控安全隐患。另外还优化配套了35MPa、70MPa、105MPa、140MPa四类标准化地面测试流程，以满足不同井口压力、H_2S及酸性介质含量等工况需求；设计并制造了适用于库车前陆盆地高压气井的140MPa旋流除砂器，解决了过滤式除砂器除砂量小、人员操作换砂筒安全风险大和进口旋流式除砂器费用高的问题。

以上述研究成果为基础，形成了集压力控制、油气水自动分离计量、数据自动采集、$H_2S—CO_2$在线监测、现场实时传输、视频监控于一体的超高压多功能地面控制与计量系统，并制订了中国石油天然气股份有限公司企业标准Q/SY TZ 0172—2012《地面测试流程配套规范》。2012—2018年，先后在克深、大北等区块共完成100余井次的现场施工作业，测试期间最高关井压力110MPa、最高井口温度101.7℃、最高产量$113×10^4 m^3/d$（油压91.2MPa）。

6. 测试资料录取及处理解释技术

针对不同资料录取要求，攻关形成了两种资料录取技术。

（1）为落实勘探构造及储量，对要获取储层产能、温度压力、液体性质等资料的探井，采用APR测试工具+高量程大容量电子压力计资料录取技术。高量程大容量电子压力计容量高达500万组，耐压等级210MPa，温度等级200℃，实现了克深9、克深13等超高压高温探区资料录取，其中电子压力计最大下深7901m、最高测量温度186℃、最高测量压力136MPa。

（2）对于需要系统试井的井，同样采用APR测试工具+高量程大容量电子压力计进行测试，但地面要在三个以上的工作制度下求稳压力、产量数据，以此为计算无阻流量和下步开发方案确定提供资料；对于需要试采的井，采用钢丝投捞压力计的方式录取温度压力资料，根据资料录取要求确定压力计投放的时间。

在资料解释评价技术方面，主要借助于 EPS 和 SAPHIR 试井解释软件对测试资料进行解释。在资料解释过程中，针对库车前陆盆地裂缝性低孔砂岩储层，采用均质、径向复合、双孔、双渗等地质模型，应用系统分析方法，将实测压力曲线、导数曲线与理论压力曲线进行图版拟合或自动拟合，反求井和油藏的参数，包括原始地层压力、地层有效渗透率、储层性质特征、井底伤害或改善情况、外边界形状及最近边界距离、单井控制的动储量等，这些参数可以从试井的角度丰富综合地质研究的认识，并为储层改造措施选择提供重要的决策支撑。对于更复杂多变的油气藏，如非均质性很严重的油气藏、外边界形状不规则的油气藏以及多相流动情形等，上述常规解释方法很难得到满意的解释结果，而近年来发展起来的数值试井，可以很好地解决这类复杂问题。该方法是根据地质研究成果和实测试井资料等，去构造或产生更为符合实际的复杂模型，通过网格划分，在油气井到油气藏及外部边界之间生成一系列大小不同的网格或单元，对每个网格单元，可以赋予不同的厚度、孔隙度、含油饱和度、渗透率等参数值，通过描述每个网格单元在不同时刻的瞬间压力响应，来实现对测试范围内每个单元的精细描述。

截至 2018 年 12 月，超深高温高压气井试油技术在库车前陆盆地创造的工程技术指标见表 2-9。

（二）高温高压气井井完整性技术

井完整性（Well Integrity），目前国际上最常引用的是挪威 Norsok D-010 标准中的定义：综合采用技术、操作、管理等手段，尽最大可能降低井喷失控等恶性事故的发生，保证油气井从建井到废弃整个生命周期的安全可控（Norsok D-010，2013）。

1. 技术发展历程

塔里木油田的井完整性技术发展经历了五个阶段。

第一阶段为初次接触井完整性挑战（2000—2005 年），井况条件为准高压（井深 5500m、压力 70MPa、温度 120℃），以牙哈气田为代表。牙哈气田多口井碳钢油管同时发生严重腐蚀，后续将牙哈气田所用碳钢油管更换成 13Cr 油管，解决了腐蚀问题，这时开始认识到井完整性问题的严重后果和管柱选材的重要性。

第二阶段为井完整性技术研究雏形阶段（2006—2008 年），井况条件为高压（井深 4000m、压力 75MPa、温度 110℃），以克拉气田为代表。4 口井出现了封隔器失效问题，后采用风险评估工具来指导监控生产，解决了此问题，这时认识到了完井管柱、井下工具可靠性的重要性,开始被动地开展风险评估与隐患治理。

表 2-9 库车前陆盆地试油工程技术指标

项目		指标	井号
测试	最大深度	7930m	克深 901
	最高储层压力	136MPa	克深 131
	最高储层温度	186℃	克深 904
	最高井口关井压力	110MPa	克深 131
	最高产气量(油压)	$113 \times 10^4 m^3/d$(91.2MPa)	克深 8003
	最高井口温度	101.7℃	克深 9
电子压力计	最大下深	7901m	克深 901
超微重晶石试油工作液	最高温度	185℃	克深 16
	最高密度	2.27g/cm³	克深 16
	最长静置时间	10d	克深 807
高温油基试油工作液	最高温度	186℃	克深 904
	最高密度	1.95 g/cm³	克深 901
	最长静置时间	12d	克深 7
高温高密度有机盐工作液	最高温度	177℃	克深 802
	最高密度	2.06 g/cm³	迪那 2-11
	最长静置时间	9d	大北 209

第三阶段为井完整性理念引入阶段(2009—2011 年),井况条件为超高压准高温(井深 5500m、压力 105MPa、温度 135℃),以迪那气田为代表。DN2-6 井和 DN2-8 井投产初期发生了油管柱泄漏,由此开展了针对性的管柱力学和油管柱密封性能研究,初步形成了一套井屏障质量控制方法。

第四阶段为井完整性系统研究阶段(2012—2014 年),井况条件为超深超高压高温(井深大于 6500m、压力大于 110MPa、温度大于 150℃),以大北气田和克深 2 气田为代表。大北气田、克深 2 气田开发过程中出现了多口井完井管柱失效问题,引发了井完整性技术的系统攻关,也正是在这一阶段,塔里木油田将国外的井完整性技术理念与现场实际相融合,开始打造以高温高压区块而不是单井为目标的井完整性技术框架。

第五阶段为井完整性发展完善阶段（2015年至今），井况条件为超深超高压超高温（井深大于7500m、压力大于120MPa、温度大于170℃），以克深8气田、克深9气田和博孜气田为代表。试油完井工具接近温度应用极限，腐蚀问题不断显现，且砂、蜡、垢等堵塞引起的流动保障问题突出，致使井完整性面临新的挑战。目前，井完整性技术难题仍未全面解决，但随着中国石油相应规范性文件的发布，井完整性技术体系已基本建立。

2. 面临的难点与挑战

库车前陆盆地高温高压气田具有超深（6500～8038m）、超高压（115～136MPa）、超高温（160～186℃）和苛刻腐蚀环境等特点。这样的超深超高压超高温气田在国际上也只有少数气田可以类比。恶劣的井况条件给完整性带来了巨大挑战，同时也增加了完整性问题发生的后果。

（1）试油阶段。超深井目的层钻进周期长，油层套管悬挂段严重磨损后会导致套管强度降低，使环空压力操作范围受限。地层压力高，测试管柱除了本体的承压性能外，还需要考虑油管接头及测试工具的密封性能。地层温度高，对试油工作液的抗高温稳定性要求高。井口流动温度高，地面设备特别是非金属密封件，在长时间的高温下可能发生密封失效。

（2）完井投产阶段。库车前陆盆地高压气井具有天然裂缝发育（以高角度缝为主）、低孔隙度、低渗透率等特点，需要进行大型改造施工才能投产。除酸液对完井管柱的腐蚀以外，当储层改造和完井投产使用同一套管柱时，井内温度变化巨大——储层改造期间大量注入液体使井筒温度急剧降低，排液时井筒温度又重新恢复，温度变化可能超过100℃，由此产生的热应力使完井管柱受力复杂，给完井工具和工艺都带来了严峻挑战。高压气井在投产后需要在苛刻工况下长期生产，易发生环空带压等完整性问题，而井筒干涉等补救措施风险大、费用高，发生泄漏的后果又非常严重。

3. 井完整性原理

井完整性贯穿于油气井设计、钻井、测试、完井、生产、修井、弃置的全生命周期，它将确保油气井建设与运营的安全风险水平控制在合理的、可接受的范围内，从而达到减少油气井事故发生、油气井经济合理安全运行的目的。井完整性主要包括：

（1）油气井始终处于安全可靠的工作状态；

（2）油气井在结构上和功能上是完整的，保证油气井处于可控状态；

（3）油气井管理者通过不断采取相关措施以防止事故的发生。

井完整性的基本理念包括：

（1）井屏障设计与管理：在井整个生命周期内通过设计、安装足够数量和质量的井屏障来保证井完整性。屏障是由油管、套管等一个或多个部件组成的封闭空间，以防止地层流体无控制地流向其他地层或地面。在井全生命周期内通常要求至少保持两道独立、可靠的井屏障，两道井屏障互为独立、互相补充，当一道井屏障退化或失效时，另外一道为修复退化或失效的井屏障争取时间。

（2）全生命周期的完整性：在井运行寿命周期内，为确保井完整性而进行的各种技术、操作和管理过程的组合。井完整性管理是一个循环往复、不断改进的过程。

（3）风险评估：要在井寿命周期内的不同阶段的各重要节点，开展完整性相关风险的识别和评价，重点针对井屏障失效和井控事故的风险开展评估。结合已经发生的异常情况，对可能的失效模式和发生概率进行评估，以确定井完整性风险的量级，为后续设计、作业等提供依据。

4. 试油井完整性设计

针对试油井完整性挑战，以试油前的井完整性评价为基础，结合施工过程井完整性控制技术，开展试油井完整性设计，保证了试油作业期间的井完整性。

1）井完整性评价

库车前陆盆地高压气藏由于具有地层复杂（砾石层、膏盐层和盐间高压水层）、天然裂缝发育（以高角度缝为主）、低孔隙度、低渗透率等特点。恶劣的井况条件造成钻井阶段井身质量、固井质量等难以保证，井斜、套管磨损、固井质量差等问题难以避免，从而增大了试油作业过程中的安全风险。针对前期作业对高压气井试油作业过程中的潜在安全风险，以高压气井钻井转试油阶段的井屏障分析为基础，针对地层、井筒和井口三个井屏障组成单元开展完整性状况分析，形成了一套深层高压气井试油前的井完整性评价方法，通过对钻井资料、钻井事故异常情况、井现状等的深入评估，识别井潜在风险，为深层高压气井完整性设计和风险控制提供了理论依据。试油前井完整性评价流程如图2-58所示。

2）试油过程中的井屏障示意图

井屏障示意图是在井身结构图上标示出防止地层流体外泄的第一井屏障、第二井屏障，以及各井屏障部件的完整性状态和测试要求。第一井屏障是指直接阻止地层流体无控制向外层空间流动的屏障，第二井屏障是指第一井屏障失效后，阻止地层流体无控制向外层空间流动的屏障。

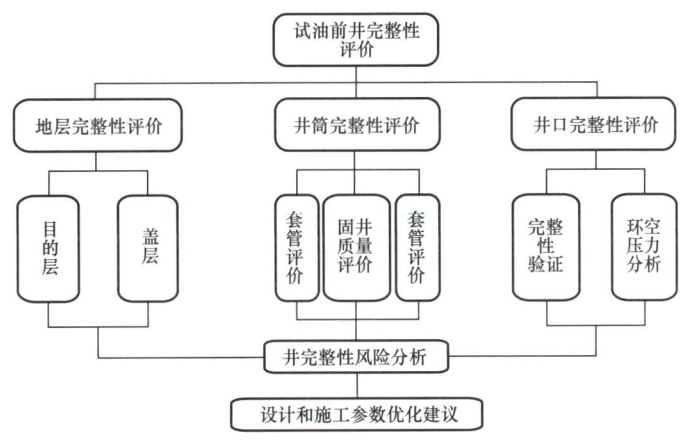

图 2-58　试油前井完整性评价流程图

针对试油过程中的各工况绘制井屏障示意图，井屏障示意图应覆盖试油作业的所有工况。通过识别出不同工况下的第一、第二井屏障，技术管理人员和现场施工人员能够明确各作业工况下的井屏障状况、制定作业期间井屏障部件的测试和监控要求，后续工序的设计人员、技术管理人员和现场施工人员能够掌握井作业界限和潜在风险。井屏障示意图便于整个施工过程的目视化管理，是井交接的重要资料。图 2-59 为负压验窜过程中的井屏障示意图。

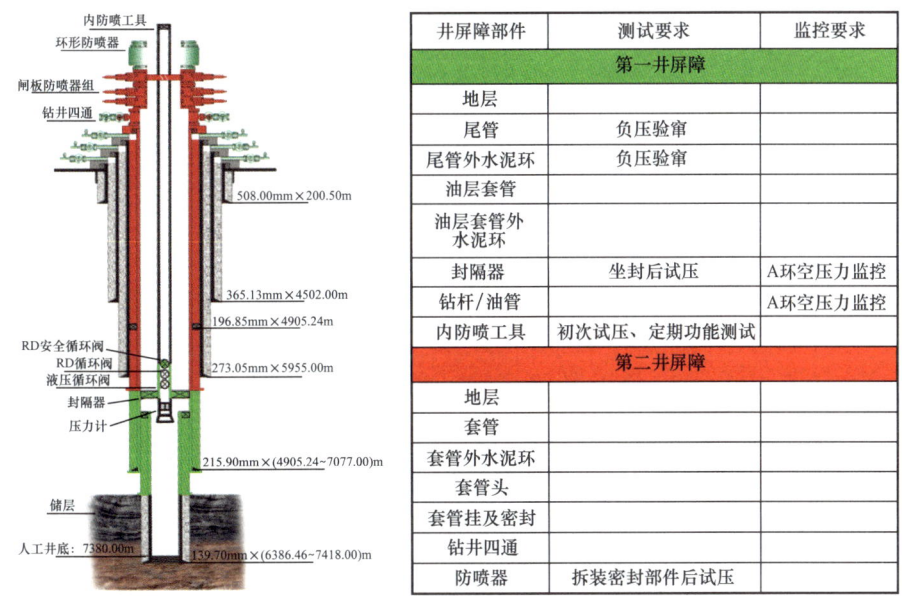

图 2-59　负压验窜过程中的井屏障示意图

3）试油管柱校核

高压油气井试油设计应进行管柱力学分析和强度校核。分析和校核过程中应综合考虑管柱结构、井口与封隔器类型、井下工具（封隔器、伸缩管、开关阀等）状态、管柱内外流体密度与流量、温度与压力变化等因素，计算各工况下管柱的轴向变形、载荷及三轴应力强度安全系数，校验管柱三轴应力强度安全系数是否符合标准要求；若通过控制井口油套压差、增加释放悬重、增加伸缩管等方式，安全系数仍不能满足标准要求，则重新进行管柱设计。试油管柱的所有组件都必须经过载荷工况检验，计算管柱的轴向载荷和三轴载荷，并明确管柱中最薄弱点的位置。

4）井完整性控制技术

以保证高压气井在整个试油过程中的井完整性为目的，针对井整个施工过程的替液、储层改造、排液和试采等工况，综合考虑井口额定工作压力、油管强度、封隔器及井下工具承压能力、封隔器下部油层套管强度及管柱力学校核结果来制定不同施工井口压力控制范围，最终形成一套涵盖整个施工过程的施工参数控制技术。

5. 完井投产井完整性设计

高温高压井完井投产期间的井完整性除面临与试油作业相似的难题外，还要考虑长期生产中的流动保障、腐蚀和冲蚀、油管内作业、屏障部件疲劳失效等可能带来的风险，这些风险需要在完井投产井完整性设计中充分考虑。流动保障关系到一口井的高效开发、使用寿命和经济效益。生产过程中的水合物、出砂、结蜡和沥青沉积、结垢等问题会影响井的正常生产，而一旦发生堵塞，会导致油管内压力的巨大变化，从而可能影响管柱的强度完整性。冲蚀和腐蚀会导致井内管柱、井口设备、地面管线的破坏，引起环空带压、管线刺漏等问题，带来极大的安全隐患。这些问题均需要进行针对性风险分析和应对措施设计。

6. 环空压力管理技术

以国内外已有的环空压力管理技术与实践为基础，针对塔里木盆地超深层高压气井的特点，兼顾安全性和可操作，综合考虑高压气井各环空对应所有井屏障部件的安全性，创新了一套环空压力控制范围计算方法。同时，针对传统环空压力管理技术存在的不足，为便于现场操作和管理，探索了一套高压气井环空压力管理标准化图版，并在塔里木油田所有高压气井推广应用。

在整个生产过程中对所有井的各环空压力进行实时监控并记录，一旦环空压力出现异常变化，及时进行环空带压测试和诊断，分析环空压力来源、发展趋势、潜在风险等，最终形成了一套高压气井环空压力监控、测试和诊断技术。

部分高温高压气井环空压力波动大、压力变化速度快，人工补压和泄压工作量大，且通常无法及时完成补压作业。针对这些问题，设计了一套环空自动泄压补压装置，通过设置好环空压力控制范围，采用环空自动泄压补压装置来保证环空压力在一个合理范围内，从而保证环空压力稳定、保障井筒完整性。

7. 风险评估技术

针对高压气井完整性失效风险，结合各井屏障部件的失效模式分析了高压气井潜在泄漏通道，并计算出高压气井的泄漏量；采用故障树分析法开展了高压气井泄漏概率的计算，最终得出井完整性风险等级，形成了一套高压气井完整性风险定量评价方法。

8. 井完整性规范系列

井完整性标准规范是开展井完整性工作的基础，国内尚缺少一套系统的完整性技术及管理标准，与国际先进的完整性技术与管理水平也存在着差距，而直接采用国际标准，又存在着适应性差、无法保证经济性和可实施性等问题。2013年由中国石油勘探与生产分公司牵头，塔里木油田分公司联合西南油气田分公司，起草了《高温高压及高含硫井完整性指南》，成为国内第一个系统的井完整性指导文件，并在中国石油所有油气田内推广应用。后续又相继发布了《高温高压及高含硫井完整性设计准则》和《高温高压及高含硫井完整性管理规范》，最终形成了一套涵盖井完整性程序文件、设计准则和管理规范的完整规范系列。这一完整的规范系列成为了继NORSOK D-010《钻井及作业过程中井完整性工作指南》和英国油气协会《英国油气井完整性指南》后，全球范围内第三个系统的井完整性规范。

（三）裂缝性低孔砂岩储层改造技术

1. 技术发展历程

库车前陆超深裂缝性致密低孔砂岩储层改造技术的发展历程分为三个阶段：

（1）2010年前，酸化技术攻关与应用，以迪那气田为代表。针对迪那等裂缝性砂岩储层，根据当时国际先进经验和钻井液对裂缝伤害的实验研究结果，形成了使用酸化来解除天然裂缝系统中的钻井液漏失、充填物堵塞的理念及技术，酸化施工液量50~300m^3，排量1.0~3.0m^3/min。

（2）2010—2013年，酸压和加砂压裂工艺技术攻关与应用，以克深2气田、克深8气田为代表。配套了140MPa超高压压裂车组，推广了裂缝性储层酸压技术；研发了加重压裂液体系，与斯伦贝谢合作开展了纤维暂堵转向加砂压裂工艺技术现场试验，实现了6500m超深井加砂压裂，加砂压裂液量600~2269m^3、加砂量20~76m^3，排量5.0~7.2m^3/min；初步确定了改造工艺优选方法，对天然裂缝发育、容易激活的井采用酸压，对天然裂缝不发育、不易激活的井采用加砂压裂。

（3）2014年至今，酸压和加砂压裂工艺完善与配套，以克深9气田、大北

3 气田、博孜气田为代表。研发了 13Cr 管材专用高温酸化缓蚀剂，降低了酸压作业中完井管柱腐蚀风险；研发了可降解暂堵转向材料，提出了暂堵转向工艺设计方法，提高了巨厚储层纵向改造完善程度；开展了地质力学及天然裂缝综合研究，建立了裂缝系统分类标准及工艺优选依据，形成了基于地质力学的改造设计优化技术，定型了暂堵转向酸压和暂堵转向压裂两项技术工艺，施工液量 $300\sim650m^3$、排量 $3.0\sim5.0m^3/min$。

2. 面临的难点与挑战

超深裂缝性致密低孔砂岩储层改造面临的主要挑战为以下三点。

（1）储层评估难度大：强构造应力背景，天然裂缝多期发育，天然裂缝与应力场关系复杂，缺乏激活天然裂缝机理的系统性认识。

（2）安全施工难度大：储层压开难度大，施工压力高，75% 施工井泵压在 100MPa 以上。

（3）巨厚储层均匀改造难度大：储层纵向跨度大（150~300m）、层内和层间非均质性强、全面动用有效储层难度大。

3. 超深裂缝性低孔砂岩压前评估技术

库车前陆区的储层特点决定了改造天然裂缝是提产的关键。应用地质、成像测井参数、地质力学参数、井漏特征等数据，形成了天然裂缝系统有效性分类依据。一般砂岩储层在改造施工过程中需要在地下张开地层形成人工裂缝，人工裂缝内的压力大于最小水平主应力，其差值称为净压力，一般为正值。对于库车山前裂缝性砂岩储层，经分析研究和现场实践认识到：如果储层存在活性较好的天然裂缝，储层改造过程中天然裂缝内压力不需要超过最小水平主应力即可实现天然裂缝的剪切激活，故净压力可能为负值。

天然裂缝系统的有效性可分为三类（张杨等，2017、2018）：Ⅰ类裂缝系统，裂缝高度发育、综合渗透率高，激活天然裂缝需要的施工净压力低（小于 –15MPa），可通过疏通天然裂缝系统获得高产；Ⅱ类裂缝系统，裂缝中等发育且弱固结、综合渗透率中等，激活天然裂缝需要的施工净压力中等（–15~5MPa），可通过水力作用激活天然裂缝获得高产；Ⅲ类裂缝系统，裂缝不发育或者强固结，综合渗透率低，激活天然裂缝需要的施工净压力较高（>5MPa），需要压开人工长缝来提高产量。天然裂缝系统有效性的分类依据见表 2–10。

4. 基于地质力学的改造设计优化技术

首先根据储层压前评估的结果，选定储层改造工艺。针对Ⅰ类、Ⅱ类、Ⅲ类裂缝系统，分别形成了三套储层改造工艺技术，工艺的优选原则如下。

表 2-10 天然裂缝系统有效性分类依据

裂缝系统的有效性分类	Ⅰ类	Ⅱ类	Ⅲ类
成像、岩心裂缝特征			
成像解释参数	交叉缝密度：>0.4 条/m 最大主应力与裂缝的夹角<30°	裂缝密度：>0.3 条/m 最大主应力与裂缝的夹角<30°	裂缝密度：<0.3 条/m 最大主应力与裂缝的夹角>30°
井漏特征	密度差：0.1～0.2g/cm^3 漏失量：100～1200m^3 漏失：5～15 个点纵向均匀分布	密度差：0.15～0.25g/cm^3 漏失量：100～300m^3 漏失：3～5 个点纵向均匀分布	密度差：0.2～0.3g/cm^3 漏失量：<500m^3 漏失：单点漏失或者不漏
提产机理	解堵疏通天然裂缝系统	激活天然裂缝系统	压开人工主缝

（1）Ⅰ类裂缝系统的储层选用酸化技术。针对天然裂缝发育的储层（Ⅰ类裂缝系统），用土酸解除近井天然裂缝内的钻井液伤害，溶蚀充填物和半充填缝的缝内钙质充填物，解除近井储层伤害，恢复自然产能。酸液体系包括前置酸、主体酸和后置酸。主体酸为土酸，是疏通天然裂缝和解除近井伤害的主要成分，其中盐酸和氢氟酸的浓度根据岩心实验确定；前置酸的主要成分是盐酸，由于土酸中 F^- 与 Ca^+ 会产生 CaF_2 沉淀，前置酸的作用是在主体酸注入之前保持地层低 pH 值，减少 CaF_2 沉淀；后置酸主要成分为盐酸，其主要作用是隔离顶替液和保持低 pH 值。施工液量 200～300m^3、排量 2.0～3.0m^3/min。

（2）Ⅱ类裂缝系统的储层选用酸压技术。针对天然裂缝中等发育的储层（Ⅱ类裂缝系统），用线性胶疏通天然裂缝系统；用土酸溶蚀充填物、半充填缝的缝内钙质充填物、钻井液伤害，形成高导流缝网；酸液体系与Ⅰ类裂缝系统相同，包括前置酸、主体酸和后置酸。使用全可降解暂堵材料进行层间暂堵，实现巨厚储层的纵向均匀改造。施工液量 300～600m^3、排量 4.0～5.0m^3/min。

（3）Ⅲ类裂缝系统的储层选用加砂压裂技术：针对裂缝欠发育储层（Ⅲ类裂缝系统），用滑溜水、线性胶复合注入、激活天然裂缝，冻胶携带支撑剂支撑天然裂缝系统，使用全可降解暂堵材料进行层间暂堵，实现巨厚储层的纵向均匀改造。加砂压裂液量 700～1500m^3、加砂量 35～60m^3、排量 4.5～6.0m^3/min。

然后根据储层物性和可压裂性进行射孔分级。优选泥质含量低、储层物性好、测井录井显示好、可压裂性好（地应力低、天然裂缝发育）的井段进行射孔，按照储层物性、可压裂性相近原则进行分级。

再则以激活天然裂缝为主要目标进行施工参数设计。施工排量设计方法是首先应用摩尔—库伦准则,预测不同井下施工压力梯度下天然裂缝系统的剪切激活情况,同时参考邻井的井下施工压力梯度,确定本井井下施工压力梯度值;然后,在确定的井下施工压力梯度基础上,预测不同施工排量下井口施工泵压,在保障井口安全和完井管柱安全的前提下,确定合理的施工排量。

施工规模设计方法是应用压裂模拟软件模拟加砂量与压裂缝尺寸关系,以实现提产为目标,最终确定合理的加砂规模,再根据区块加砂砂比情况计算液量。酸压与加砂压裂在规模设计上的区别是只模拟液量对压裂缝尺寸的影响。以克深506井为例,根据压裂模拟结果,当第一级人工裂缝加砂规模达到$25m^3$时,裂缝尺寸的增长变缓,因此确定本级加砂规模为$25m^3$;当第二级人工裂缝加砂规模达到$15m^3$时,裂缝尺寸的增长变缓,因此确定本级加砂规模为$15m^3$,两级加砂规模合计$40m^3$。

克深506井加砂压裂施工,总液量$768m^3$,总砂量$40m^3$。前期进行了酸压改造施工。共注入地层压裂液$240m^3$,酸液$203m^3$,酸压后4mm油嘴求产,油压47MPa,折合日产气$100500m^3$。为进一步改善储层渗流条件,提高储层段裂缝的有效性,进一步沟通远端天然裂缝系统,提高单井产量,决定对该井第一次酸压井段再进行一次加砂压裂改造。再次加砂压裂后用5mm油嘴求产,油压84MPa,日产气$297367m^3$,加砂压裂比酸压,提产效果明显。

5. 耐高温储层改造工作液体系

库车前陆区白垩系储层总体裂缝发育,通过压前评估,认为70%的井地层裂缝系统的有效性属于Ⅰ、Ⅱ类,因此酸(化)压工艺技术是库车山前最为常用的提产工艺技术。

酸(化)压工艺主要采用土酸与有机酸复合的缓速酸液体系,配方是9%HCl+1%~2%HF+3%乙酸+5.4%缓蚀剂+5%甲醇。为降低酸液对完井管柱的腐蚀,优选了13Cr管材专用酸化缓蚀剂,该缓蚀剂是一种无机物—有机物复合型高温缓蚀剂,成膜方式为吸附—钝化复合型保护膜。140℃条件下,土酸(12%HCl+3%HF)对13Cr管材的动态腐蚀速率为$16.84g/(m^2 \cdot h)$;160℃条件下,土酸(12%HCl+3%HF)对13Cr管材的动态腐蚀速率为$63.56g/(m^2 \cdot h)$。

库车前陆区白垩系储层的破裂压力一般为140~150MPa,压开难度大,施工泵压高,施工排量受限。为满足施工排量需要并确保安全施工,需研发耐高温加重压裂液体系。前期调研和实验了溴盐(溴化钠、溴化钙钠)加重压裂液体系和硝酸钠加重压裂液体系,硝酸钠加重压裂液密度最高可加重到

1.32g/cm³，溴盐加重压裂液密度可加重到1.5~2.2g/cm³，但是溴盐加重压裂液成本高达12000~20000元/m³，故选择硝酸钠加重压裂液体系进行研发。这种加重压裂液在160℃、170s^{-1}剪切速率下，剪切2h，黏度大于200mPa·s。2012年到2016年硝酸钠加重压裂液在库车前陆区应用12井次，施工泵压在120MPa以内，全部安全施工。

然而从2016年开始，受地区安全环保政策影响，硝酸钠加重压裂液在新疆被禁用。为确保超深井加砂压裂的施工成功，塔里木油田目前正在研发两套替代加重压裂液体系。其中甲酸盐加重压裂液体系密度1.33g/cm³，耐温可达160℃，成本8000~10000元/m³；氯化钙加重压裂液体系密度1.35g/cm³，耐温也可达到160℃，成本2800~3000元/m³。这两套加重压裂液体系的降阻性能、破胶性能正在进一步优化调试中，后期将综合考虑压裂液性能和成本后进行现场试验和应用。

6. 超深裂缝性低孔砂岩储层改造工艺技术

针对库车前陆区白垩系储层特点，按照"持续基础研究、形成配套技术、拓展研究成果、加快规模化应用"的总体技术思路，在储层评估、关键理论攻关、材料研发基础上，攻关形成了三套改造工艺技术。各工艺技术的具体内涵如下。

（1）酸化技术。使用土酸溶蚀射孔孔眼和近井裂缝内漏失的钻井液，解除近井储层伤害，恢复自然产能。

（2）酸压技术。① 射孔和分级：应用可压裂性预测技术优选可压裂性好、储层物性好和测井录井显示好的层段射孔，根据可压裂性的高低划分储层改造级数。② 暂堵转向：泵注3~4mm小球暂堵裂缝缝口，1mm颗粒及丝状纤维充填3~4mm小球堆积间隙，泵注6~8mm小球暂堵射孔孔眼，封堵已改造层段，迫使液体强制转向低可压裂性层段。③ 复合液体泵注：采用"低黏压裂液+酸液"组合和交替泵注的模式，先向天然裂缝系统泵注线性胶或压裂液基液，提高缝内流体压力，迫使天然裂缝发生剪切错动或张开，再向激活的天然裂缝系统中注入酸液，溶解裂缝内的钙质填充物及钻井液、完井液堵塞物，提高缝网导流能力。

（3）加砂压裂技术。① 射孔和分级：应用可压裂性预测技术优选可压裂性好的层段、兼顾储层物性和测井录井显示好的层段进行簇式射孔，根据可压裂性高低，划分储层改造级数。② 裂缝形态预测：根据天然裂缝与地应力场的关系，预测压裂裂缝形态的复杂程度，一般天然裂缝的走向与最大水平主应力方向夹角大时，压裂裂缝形态较简单，反之，裂缝形态就较复杂。③ 液体的组合：采用"低黏前置液+高黏携砂液"组合和交替泵注的模式，首先向天然裂缝系统泵注低黏前置液,提高缝内流体压力,迫使天然裂缝发生剪切错动或张开,同时制造人工裂缝,再向压裂缝网中泵注高黏携砂液,支撑剂支撑压裂缝网,提高缝网导流能力;液体组合上,当预测压裂裂缝形态较简单时,则增加高黏携砂液用量,制造长缝;反之,提高低黏前置液的用量,制造复杂压裂裂缝。④纤维转向:泵注混有纤维的携砂液,暂堵已经改造层段,迫使液体强制转向低可压裂性层段,改造结束后,纤维可以在储层温度下完全降解,对储层无伤害,从而恢复储层与井筒的连通。

7. 超高压压裂设备配套技术

为满足现场140MPa超高压作业需求,配置了全套2500型压裂车组、高压阀件、地面流程和远程控制系统,形成了一套适合塔里木超深高温高压气井大规模储层改造的配套设备,主要包括储液/砂系统、供液/砂系统、高压泵注系统、仪表系统四大系统,具有快速配液、两级供液、液位实时监测、视频监控、超压保护五大特点。目前满足施工压力138MPa下,施工排量可达到8.4m³/min,保障了超深高温高压井储层改造施工的需要。

加砂压裂与酸压设备配置基本相同,主要区别是加砂压裂需要配置砂罐,而酸压需要配置耐腐蚀的储酸罐。表2-11、表2-12展示了塔里木超深井储层改造用关键设备的性能参数。

表2-11 塔里木超深井储层改造常用混砂车性能参数

吸入离心泵			
额定排量	16m³/min（100bbl/min）		
最大排出压力	0.3MPa		
排出离心泵			
额定排量	16m³/min（100bbl/min）		
最大排出压力	0.69MPa		
液添泵			
型号	Roper71202	Roper71205	Roper71212
额定排量（L/min）	5~90	10~170	23~300
输砂系统（单个绞龙）			
转速	7~300r/min		
最大输砂量	150m³/h		
每转输砂量	9~10L/r		

表 2-12 塔里木超深井常用 2500 型压裂车主要性能参数

传动箱挡位	1	2	3	4	5	6	7	8
发动机转速（r/min）	1900							
传动箱减速比	4.47	3.57	2.85	2.41	1.92	1.54	1.25	1.00
泵动力端减速比	6.333							
泵转速（r/min）	67	84	105	124	156	195	240	300
泵排量（m³/min）	0.49	0.61	0.76	0.90	1.13	1.41	1.74	2.17
最大工作压力（MPa）	137.9	137.9	137.9	123.8	98.6	79.0	64.0	51.4
水功率（hhp）	1516	1794	2351	2500	2500	2500	2500	2500

备注：（1）所列数据以容积效率为 100% 计算；
（2）不同泵结构档位与对应排量有一定差异。

8. 超深裂缝性低孔砂岩压后评估技术

库车山前裂缝性砂岩储层改造后，一般从提产效果分析、暂堵效果分析、施工曲线分析三个方面进行压后评估。

其中提产效果分析，利用措施前的测试资料解释分析，可获得地层压力、渗透率等参数和计算措施前无阻流量；利用措施后生产数据可计算获得地层压力、渗透率和措施后无阻流量，对比措施前后的无阻流量情况，便可分析提产效果（表 2-13）。

表 2-13 库车前陆区部分井改造前后无阻流量对比

井名	措施	液量（m³）	砂量（m³）	排量（m³/min）	泵压（MPa）	措施前无阻流量（10⁴m³）	措施后无阻流量（10⁴m³）
克深 13	酸压	281		0.6~4.7	48.3~117.5		11.5
克深 13	压裂	557.8	20.3	0.66~5.0	54.9~117	11.5	71.5
克深 503	酸压	467.1		0.3~3.1	52.4~105.1	19.9	144.4
克深 904	酸压	451.4		0.53~5.06	63.3~115.4	27.7	69.8
克深 8003	酸压	510		0.4~5.0	51.8~117	486.4	615.1

以克深 13 井酸压施工和加砂压裂施工为例，在酸压施工中，酸液进入地层有明显的压力降落，反映出酸对地层起到了一定的解堵作用；整个施工过程中泵压高，瞬时停泵压力梯度也较高（0.0205MPa/m），而压降速率很低（0.016MPa/min），反映出本段储层地应力较高，天然裂缝有效性差。酸压后产量较低，考虑到该井还有提产空间，在克深 13 井进行加砂压裂施工。在整个

加砂压裂施工过程中泵压较高，压降速率 0.39MPa/min，比酸压后压降速率大大提高，反映改造后人工裂缝与储层连通性好。

克深 13 井在加砂压裂后比酸压后无阻流量提高 6 倍。库车前陆区目前的改造实践认为，加砂压裂普遍比酸压提产数倍。但由于需要进行酸压的 I 类、II 类储层的井更多（70% 左右），且加砂压裂成本高、施工风险大，故酸压是库车前陆区的主体改造工艺。在储层精细压前评估的基础上，对储层物性好和天然裂缝发育的井优先选择酸压。对储层差和天然裂缝不发育的井采取加砂压裂，以充分发挥改造作用，实现单井高效提产。

第三节　　前陆盆地超深碎屑岩油气地质认识创新

随着库车含盐前陆盆地油气勘探的不断深入，油气地质理论也不断丰富、完善和发展。2005 年以前，断层相关褶皱理论指导了库车前陆盆地的油气勘探，发现了克拉 2、迪那 2 等一批大中型中深层油气田。2005 年以后，勘探重心瞄准了超深勘探领域，随着克拉 4 井的钻探，认识到巨厚盐层对库车前陆冲断带构造、油气藏形成的重要性，系统开展了盐相关构造建模、构造物理模拟、数值模拟研究。通过反复实践认识，形成了顶篷构造油气地质理论，建立了"盐上顶篷、盐下冲断叠瓦"的构造模式，搞清了盐下冲断叠瓦构造、巨厚盐岩盖层、盐下超深砂岩储层和超深油气藏的形成机理，发现了盐下超深断背斜（背斜）油气富集规律，指导了库车前陆盆地盐下超深勘探领域的油气勘探，取得了显著成效。

一、"盐上顶篷、盐下冲断叠瓦"构造模式

（一）顶篷构造的内涵

1. 构造变形特征

库车前陆盆地划分为三大构造层，即盐上构造层、盐层和盐下构造层（图 2-60）。所谓"三位一体"构造变形模式是指在构造变形过程中，三个构造层是在统一的挤压构造作用下，由于中间发育区域性巨厚膏盐岩塑形层而表现出来的分层变形特征，不同构造层变形差异大，但又协同联动，相互耦合。

"三位一体"构造发育是因为库车前陆盆地发育特殊的"三明治"地层结构（两套脆性地层中间夹一套塑形地层）挤压分层变形所致（图 2-61）。在南北向挤压应力作用下以及来自造山带的垂向剪切作用，导致产生右下向左上的主应力（σ_1），同时还遭受上覆地层的重力作用（σ_3）。根据库伦破裂准则，盐

下构造将产生两个方向的剪切破裂,一组断裂为自北向南的高角度逆冲断层,另一组断裂为由南向北的高角度逆冲断层。同时由于盐下构造层发育盖层和基底之间的滑脱断层,在挤压过程中,由断层沿基底滑脱层滑动并逐渐过渡为高角度逆冲断层,进入塑形膏盐岩层中被吸收而消失,由于强烈的自北向南的构造挤压作用,自北向南前展式地发育多条逆冲断层,形成叠瓦冲断构造样式。盐上构造层则在构造挤压作用下,以膏盐岩层为塑形滑脱层,发育一系列背斜和向斜相间的滑脱褶皱。随着挤压作用进一步增强,滑脱褶皱发生破裂,形成前翼冲断滑脱褶皱、后翼反冲滑脱褶皱或者双向背冲滑脱褶皱,构造变形进一步复杂化。而盐层则在构造挤压作用下,发生塑性流动变形,由高应力区向低应力区流动,调节盐上构造层和盐下构造层之间的变形耦合。

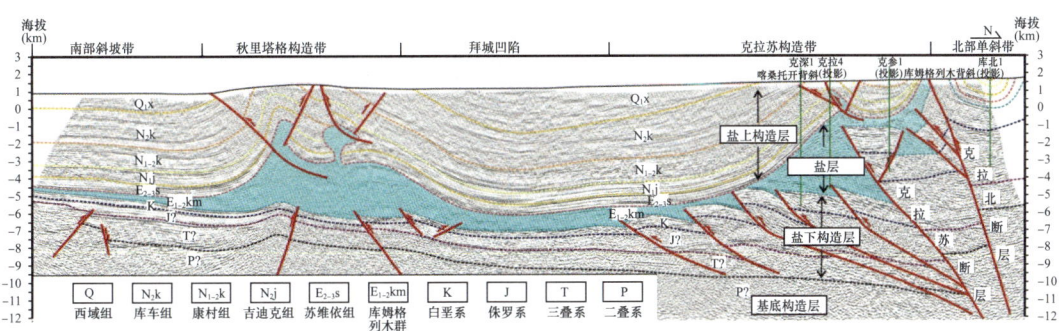

图 2-60　库车前陆盆地"三位一体"构造变形特征剖面

2. 顶篷构造

在库车前陆盆地构造特征、变形机理研究基础上,王招明等提出了"顶篷构造"地质理论认识(王招明,2013)。顶篷构造是指在脆性、塑性地层交互发育的前陆盆地内,在挤压变形过程中发生分层收缩变形,塑性地层之上的硬地层发生褶皱并大幅抬升,形成类似"屋脊状"的构造(图 2-62)。顶篷构造发育必须具备三个条件:(1)要发育一定厚度的塑性地层,在库车是古近系膏盐层,也可以是欠压实泥岩等塑性地层,其在变形过程中可作为塑性滑脱层,一方面厚层塑性层可以吸收下伏地层的冲断变形,导致下伏构造层的断裂不能向上延伸;另一方面,厚层塑性层可以控制上覆地层以滑脱褶皱变形为主。(2)构造变形以挤压作用为主,挤压过程导致塑性层之上的地层以发生褶皱变形为主,形成类似"屋脊状"构造形态。(3)塑性层之上地层形成类似"屋脊状"后,具有一定的支撑作用,其下部产生低应力区和可容纳空间,导致塑性地层的流入和聚集。

库车前陆盆地构造变形过程具备了顶篷构造形成的三个要素:(1)库车前陆盆地内发育古近系膏盐岩层,克拉 4 井钻井揭示,膏盐岩厚度达到 4000m 以

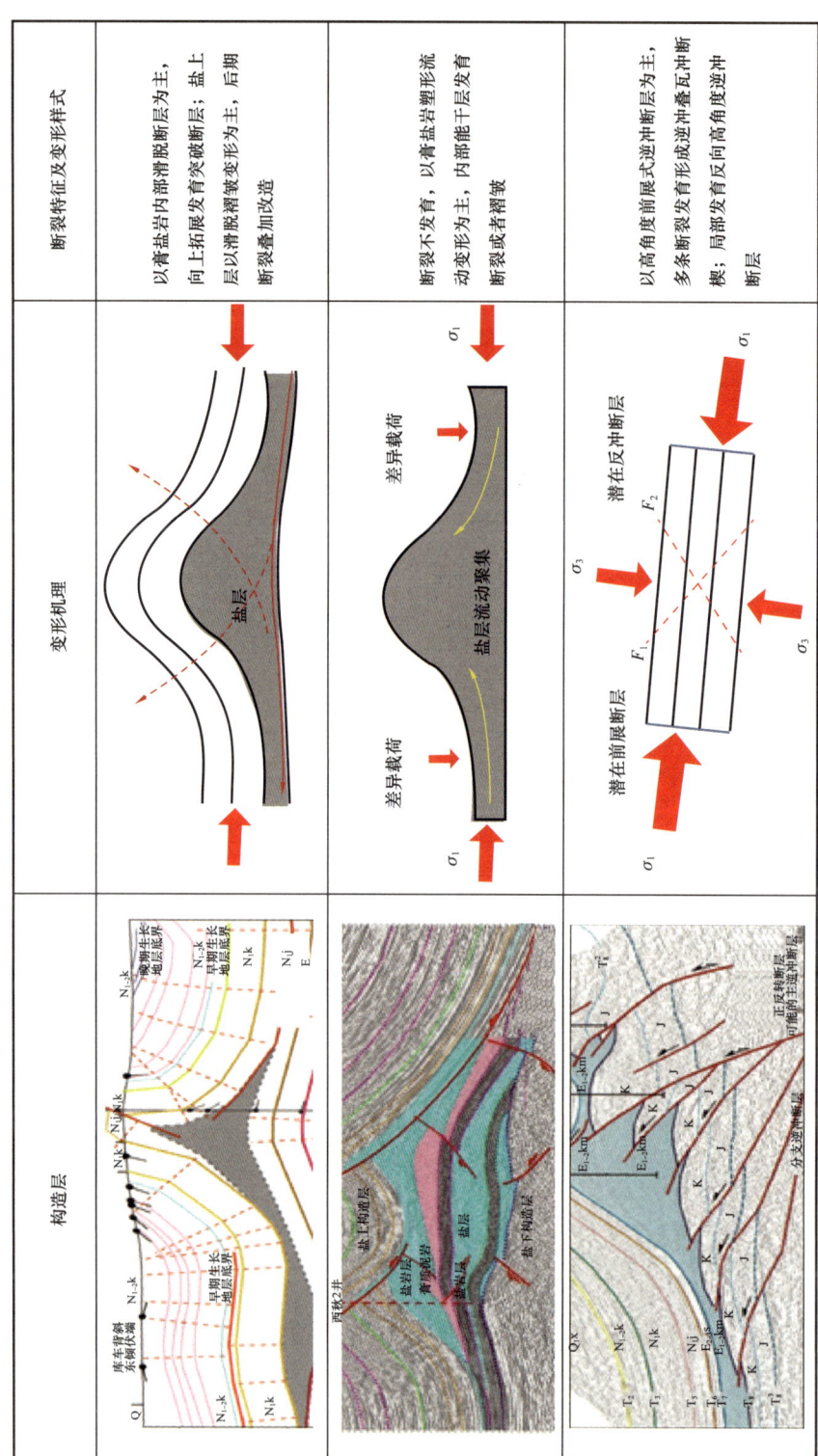

图2-61 库车前陆盆地不同构造层变形机理

上。巨厚的膏盐岩层主要由盐岩、膏盐、欠压实泥岩组成。其中盐岩及膏盐的含量最高，在盐岩层顶部及底部见少量泥岩。（2）南天山强烈挤压作用是顶篷构造形成的主要动力，喜马拉雅运动造成了南天山强烈隆升，受挤压作用的影响，库车前陆盆地内地层强烈变形，盐上层在挤压过程中吸收大量构造应力，形成盐上顶篷。（3）膏盐岩层之上的能干性地层在挤压过程中吸收大量构造应力发生大规模隆升上拱，形成具有支撑作用的"屋脊状"背斜、断背斜构造，为其下膏盐岩的聚集提供了可纳容空间，膏盐岩层发生被动塑性流动，在顶篷之下大量聚集。库车前陆盆地地表发育吐孜玛扎背斜、库姆格列木背斜、喀桑托开背斜、大宛齐背斜、库车塔吾背斜等多组线性构造带，这些背斜是顶篷构造样式在地表的具体表现。

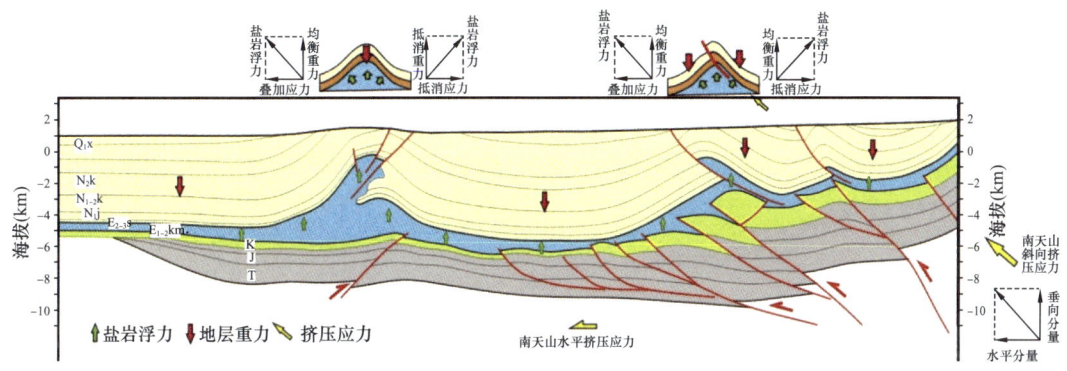

图 2-62　库车前陆盆地顶篷构造模式图

根据库车前陆盆地顶篷构造模式，划分出了 2 类、6 种组合形式的顶篷构造样式（图 2-63）。根据是否发育断层，将顶篷构造划分为褶皱型和错断型两大类。其中褶皱型顶篷构造又可进一步细分为拱形和枕形两种样式；错断型顶篷构造则可划分为对称错断型、单向错断型、叠置错断型以及残留型等四种样式。

顶篷构造地质理论认识的提出，丰富完善了库车前陆盆地的构造地质认识，为整体认识库车前陆盆地构造样式、建立库车挤压盐构造变形模式奠定了基础。

（二）构造模拟实验及认识

应用物理模拟方法对库车前陆盆地"三位一体"构造变形的过程进行了验证。按照相似性原则，结合库车前陆盆地地震地质剖面平衡恢复结果，建立库车前陆盆地初始地质模型。分别应用硅胶模拟膏盐岩地层，并用不同粒径砂层代表盐上层和盐下层的脆性地层，按照不同边界条件，通过施加自北向南的挤压应力来模拟库车前陆盆地的变形过程。

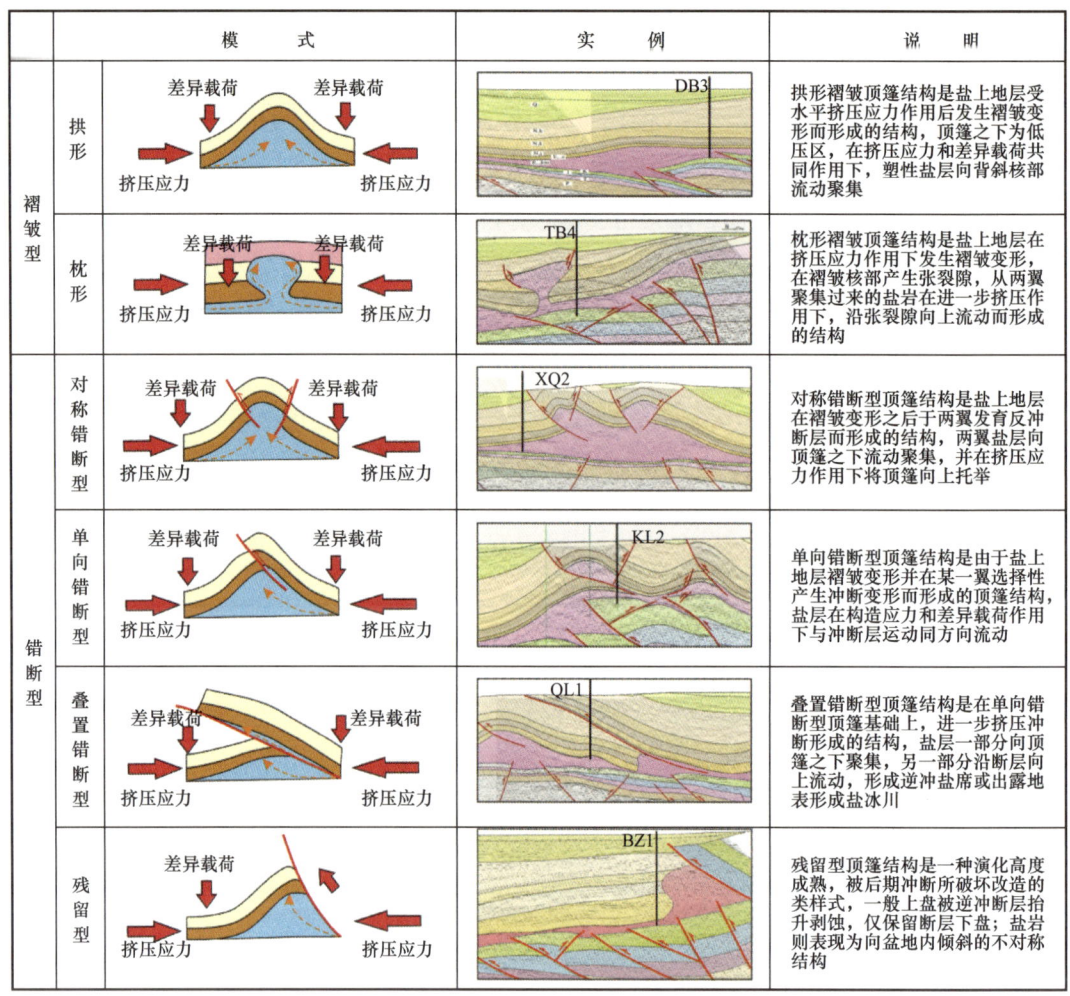

图 2-63 库车前陆盆地顶篷构造类型划分

通过物理模拟实验（图 2-64），发现库车前陆盆地挤压盐构造变形具有几个重要特点：（1）滑脱层控制了褶皱—冲断带变形，库车前陆盆地由于发育巨厚膏盐岩层，构造变形表现为"三位一体"分层变形的特点，因此，盐上构造层、盐层和盐下构造层具有不同的变形特征；（2）盐下构造层变形以逆冲叠瓦冲断构造变形为主，且主要发育于前陆冲断带；（3）盐上构造层区域以宽缓向斜和陡窄背斜相间的褶皱构造样式为主，后期受到突破断层的改造；（4）膏盐岩以塑形流动变形为主，在低应力区聚集增厚，调节盐上构造层和盐下构造层的变形差异；（5）盐上构造层、盐层和盐下构造层在变形过程中具有分层变形、联动耦合、一体变形的特征。

应用数值模拟对库车前陆盆地构造变形过程也进行了模拟。以离散元方法为基础，根据实际地质模型构建了二维数值模型，模拟挤压环境下库车前陆盆地盐相关构造的变形机理与演化过程。以过克拉 4 构造的南北向剖面模拟结果为例（图 2-65）：（1）初始变形集中于挤压前缘带。（2）当缩短率达到 10% 时，盐下先存断裂活化，向南部逆冲抬升；盐岩收缩变形，发育盐底辟；盐上层滑脱变形，发生褶曲。（3）当缩短率达到 20% 时，盐下逆冲断裂进一步抬升，发育反向断层；盐岩在逆冲断层控制下向上抬升聚集，形成向斜构造样式，基底古隆起处发育盐底辟；盐上能干层发育 Z 形和 M 形褶皱，局部发育逆冲断层。（4）缩短量为 30% 时，盐下层发育前展式逆冲推覆断裂和反向调节断裂；盐岩层形成构造三角带，基底古隆起处发育盐刺穿，伴生少量逆冲断裂；盐上层形成向斜和背斜间互构造，北部受到盐下构造层影响发育局部背斜构造，北翼为单斜构造。

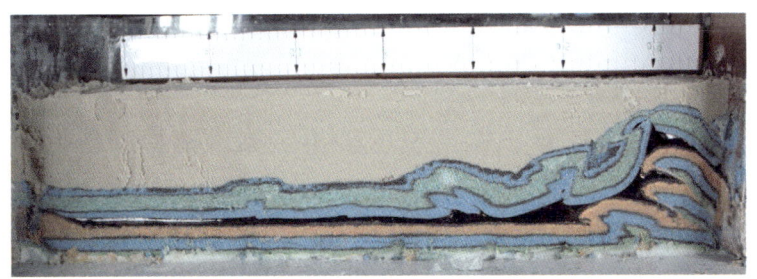

图 2-64　库车前陆盆地物理模拟结果

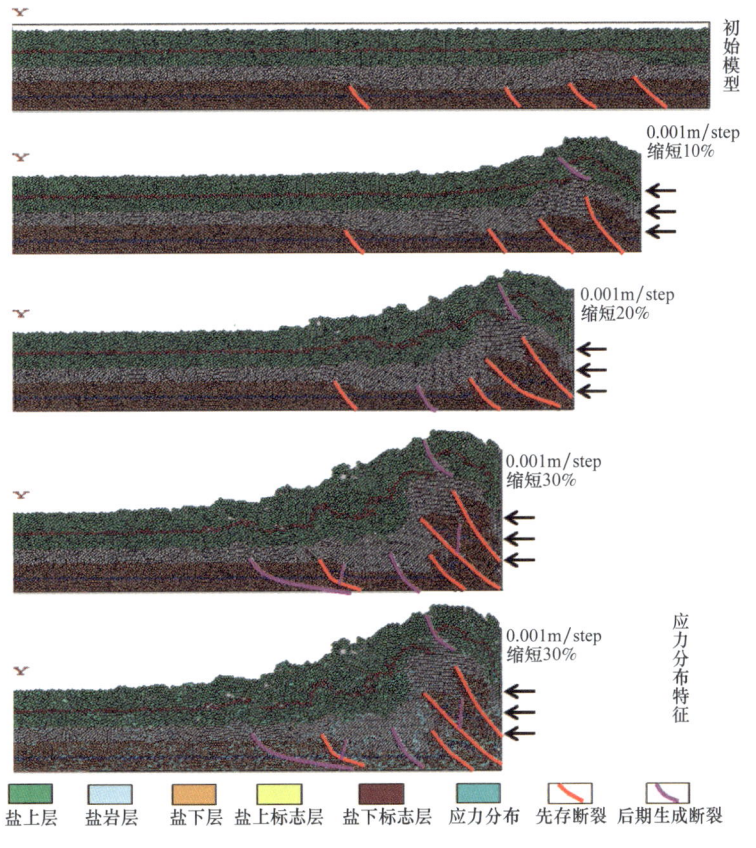

图 2-65　过克拉 4 井南北向剖面数值模拟结果

模型的应力分布特征表明盐岩层对应力具有较强的分隔作用,应力主要集中在挤压端和盐层较厚的盐下部位,沿断裂走向分布。在构造变形过程中盐岩层具有分隔垂向变形、协调横向差异变形的作用。

物理模拟和数值模拟结果都显示库车前陆盆地由于其特殊的"两硬夹一软"的地层结构,在挤压构造作用下,形成了特色的"三位一体"构造变形样式。由于库车前陆盆地勘探集中在盐下构造层,以往的研究主要集中在盐下构造变形特征和形成机理上,有一段时间又主要进行盐相关构造的研究。之后通过"三位一体"分层变形机理的认识,把盐上构造层、盐层、盐下构造层作为一个整体研究、整体认识,建立统一的地震地质模型,深化了地质认识,提高了复杂构造区地震地质解释水平。

(三)盐下冲断叠瓦构造结构特征

通过综合分析地震解释、构造变形解析、物理模拟、数值模拟以及实钻结果,建立了库车前陆盆地"盐上顶篷、盐下冲断叠瓦"的构造解释模式(图2-66)。库车前陆盆地在挤压变形过程中,盐上构造层发育顶篷构造为主的构造样式,而盐下构造层在变形过程中,由于巨厚塑性盐层的存在,使逆冲地层的应力得到发散和均衡,从而多排逆冲断层叠加,形成冲断叠瓦构造(谢会文等,2018)。

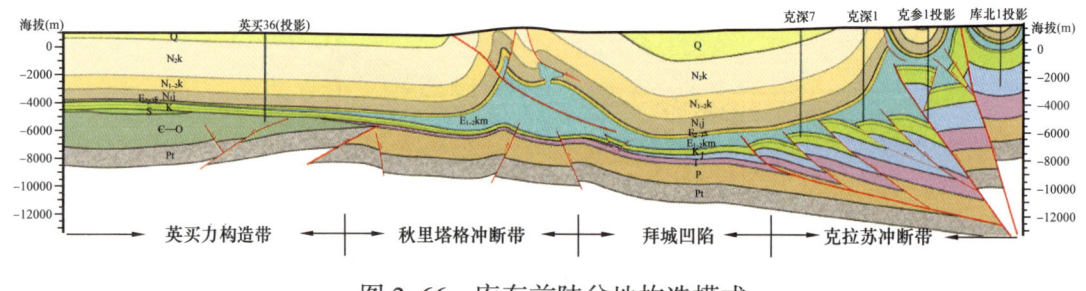

图2-66 库车前陆盆地构造模式

1. 盐上、盐间构造样式

盐上构造层主要发育背斜和向斜相间的构造。其中盐上背斜一般位于盐背斜构造之上,属于变形较弱的盐构造,和盐体流动聚集到背斜核部有关。背斜往往受到断层的破坏,形态不完整,如库车塔吾背斜;变形更强烈的地区,如东阿瓦特背斜的西部,背斜一翼的地层还可能发生倒转,形成倒转背斜。盐上向斜则由于盐层向背斜核部的流动,往往在背斜周边形成一些小的向斜构造,如博孜墩背斜北翼的向斜构造,却勒推覆体的西部也存在向斜构造。同时盐上构造层也发育逆冲断层,这与新近纪以来强烈的挤压有关。库车前陆盆地盐上构造层的每个背斜都受逆冲断裂影响,当逆冲断裂规模较大、发生长距离推覆时，膏盐层甚至可以出露地表。

盐层主要以塑性变形为主，发育盐背斜、盐枕、盐焊接、盐墙等构造。同时盐层内部也发育褶皱，由于盐层内部有能干层和非能干层的相互作用，在流动变形的过程中可形成褶皱形态。盐层主要沿背斜带聚集增厚，受盐上顶篷构造控制，主要聚集于顶篷构造产生的低应力区。

2. 盐下冲断叠瓦构造样式

盐下构造层以逆冲叠瓦构造为主。在克拉苏构造带，盐下构造为一系列由北向南逆冲的叠瓦状逆断裂组成，向北逐渐抬高。而在秋里塔格构造带则由于逆冲断裂向背冲起，在其间形成一个隆起，形成背冲断块。同时由于盐下构造层发育多排逆冲断层，相关的背斜和断背斜具有成排成带发育特征。不同构造带之间由于自北向南的逆冲推覆强度存在差异，往往在不同构造段之间发育构造转换带，这种转换带以逆冲走滑断裂发育为主要特征，调节不同构造带之间的变形。

3. 盐下断背斜成排成带，南北分带、东西分段

克拉苏构造带是库车前陆盆地的第二排冲断构造带，盐下构造主要是由从北向南逆冲的一系列逆冲叠瓦背斜、断背斜组成，不同构造位置的断层发育规模、断块层位、断层条数不同，平面上断层整体呈北东东—北东—近东西向展布，在构造带中部发生分叉、合并现象。南边界拜城断裂、北边界克拉苏断裂以及克深断裂共同控制克深区带的展布。东西方向上由于前缘古隆起、顶篷构造的共同限制，且受南天山强烈差异挤压应力的作用，盐下冲断带分布也具有明显的差异性。根据顶篷构造的不同、盐下冲断带构造模式的不同，将克拉苏构造带东西向分为四个构造段：分别为阿瓦特段、博孜段、大北段、克深段，四个圈闭集中发育段的构造特征及变形机制存在明显差异（图2-67）。

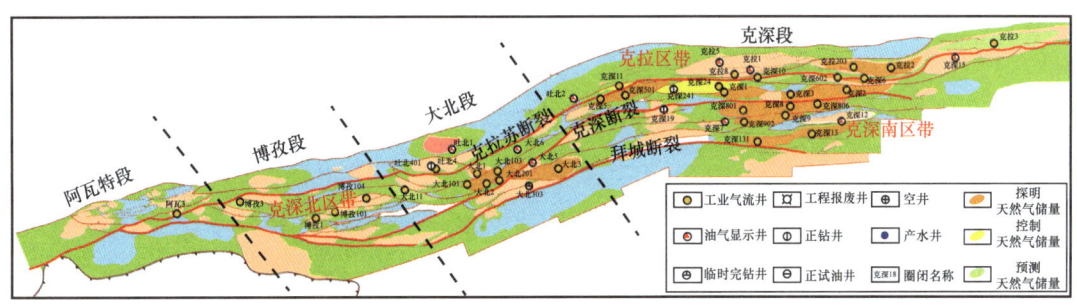

图 2-67 克深区带分带、分段平面图

（1）阿瓦特段：具有垂直挤压、古隆阻挡、逆冲抬升的构造变形特征。

阿瓦特段处于克拉苏构造带的最西端，构造变形较早，根据地震剖面生长

— 147 —

地层的发育情况判断，吉迪克组开始构造变形，受到南天山 NW—SE 向构造挤压应力作用，向南逆冲，由于南部受到温宿凸起块体的阻挡，构造发生急剧的收缩变形并向上高角度抬升，形成一系列由北向南并受高角度断层控制的逆冲断片（图 2-68）。

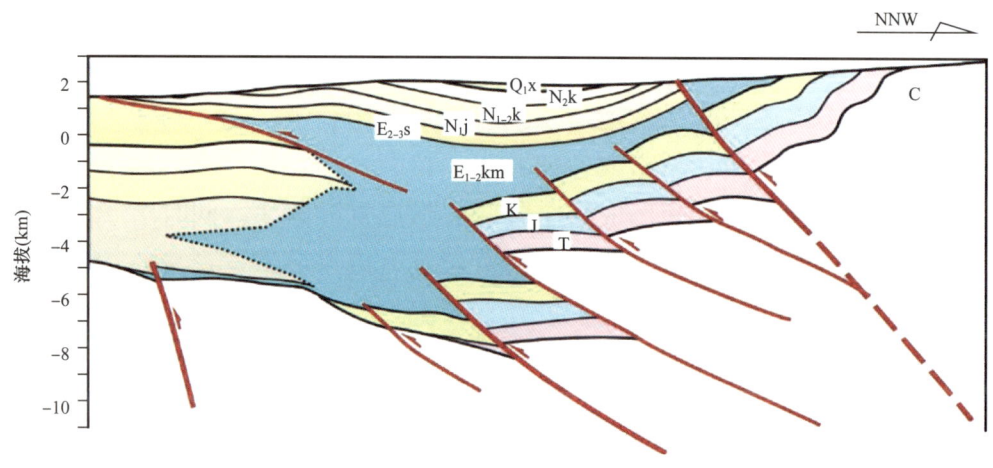

图 2-68 阿瓦特段构造模式图

（2）博孜段：具有垂直挤压、重力荷载、逆冲传播的构造变形特征。

博孜段处于阿瓦特段与大北段之间，盐上层（吉迪克组—第四系）沉积了巨厚的砾岩，主要受控于南天山抬升过程中，天山南麓多期、多个冲积扇叠加的结果。该区的构造变形晚于阿瓦特段，主要构造变形发生在康村组以后。受南天山近 SN 向挤压应力作用，发育一系列由北向南逆冲的断裂，由于盐上巨厚砾岩层的重力作用，斜向挤压应力向上很难突破，在挤压应力和重力共同作用下，该区盐下构造沿滑脱面向南传播至拜城凹陷，形成 5~6 排的逆冲叠瓦断片构造（图 2-69）。

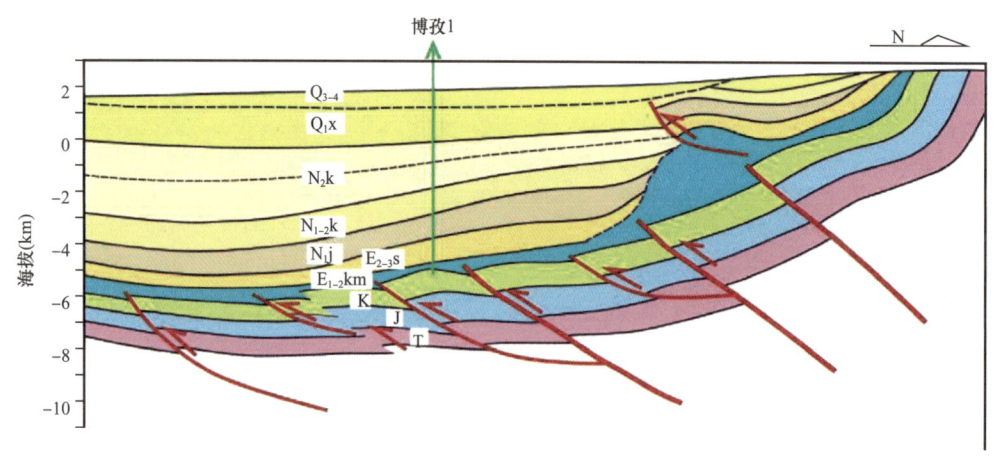

图 2-69 博孜段构造模式图

（3）大北段：具有斜向压扭、古隆控制、逆冲叠置的构造变形特征。

该段处于克拉苏构造带中部，是克深区带构造变形发生转换的部位（图2-70）。大北地区发育南北两个古近系盐湖，沉积了巨厚的膏盐岩层，南部大宛齐盐丘厚度超过4000m。根据该区三维地震资料解释，浅层生长地层主要发育在库车组，因而判断该区主要构造变形发生在库车组沉积时期，构造变形活动晚于博孜段。

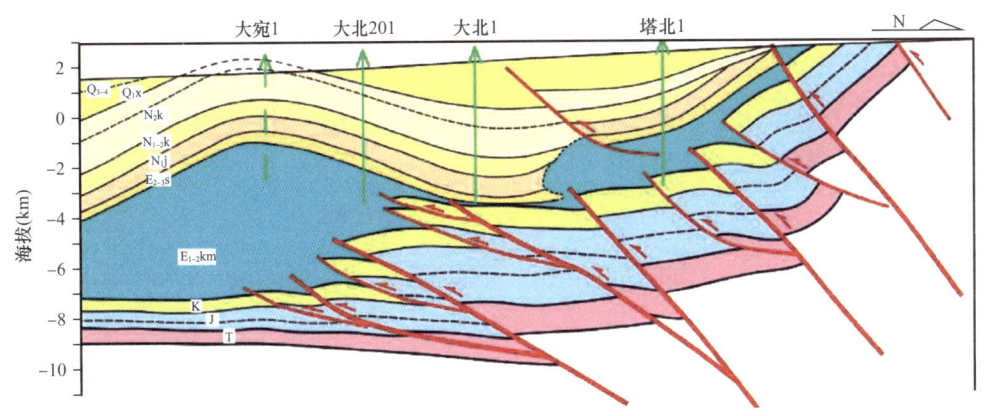

图 2-70 大北段构造模式图

受南天山近 NW—SE 向挤压应力作用，发育一系列由北向南逆冲的断裂，由于该区南部受到前二叠纪古构造的抵制，斜向挤压应力主要在膏盐岩层内部消减，巨厚膏盐岩层极易发生收缩变形，导致盐下构造向膏盐岩内部楔入，产生垂向叠置的逆冲叠瓦断片。向东克深段古近系发育一个盐湖，在东西方向上盐湖发生变化的部位所发生的构造变形转换，在大北段及其西部主要以基底卷入的构造变形为主，向东逐渐向北收敛，克深段以滑脱收缩构造变形为主，向西逐渐向南收敛，两类构造变形相互依存，自西向东成递变式转换。

（4）克深段：具有垂直挤压、后缘逆冲抬升、前缘滑脱收缩的构造变形特征。

根据该区三维地震资料解释，浅层生长地层主要发育库车组，因而判断该区主要构造变形发生在库车组沉积时期，与大北段构造变形时期基本相当。受南天山近 SN 向挤压应力作用，发育一系列由北向南逆冲的断裂。由于克深段盐湖发育在北部，挤压应力在北部向膏盐岩内部消减，构造向上突破抬升，以基底卷入高角度构造变形为主，构造抬升幅度较高，变形模式与大北段相同；南部受挤压应力和重力作用，主要形成低角度逆冲、双层滑脱收缩构造变形，构造变形向南传播至拜城凹陷，该类构造变形相对简单，容易形成东西向长轴背斜，是克深区带大构造圈闭、大型气藏形成的主力区（图2-71）。

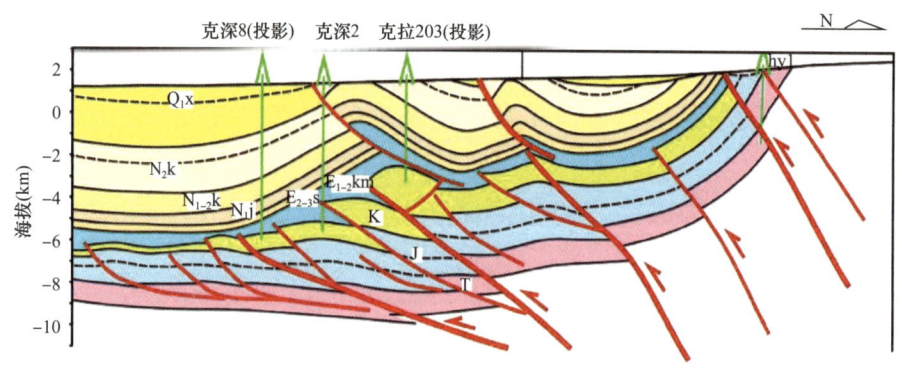

图 2-71 克深段构造模式图

（四）盐下圈闭分布规律

1. 断层相关圈闭类型

库车前陆冲断带的多期构造运动，特别是喜马拉雅运动，使山前强烈褶皱并伴生一系列大型逆冲断裂，而且由于古近系库姆格列木群膏盐岩滑脱层的发育，在克拉苏构造带形成了盐上和盐下两种构造变形样式。其中盐下反转断隆背斜带和前展叠瓦构造带形成了大量断层相关圈闭。断层相关圈闭是指由于断裂变形而在其上盘或下盘所形成的圈闭，依据断层对油气运聚所起的作用，将圈闭进行分类，划分为三类四型：自圈、断圈和混合圈（图2-72）。

（1）自圈是指断裂逆冲变形过程中形成的背斜型圈闭，圈闭的溢出点不受断层的控制。该类圈闭主要分布在克拉苏背斜区带，有克拉2、克拉3、吐北1、吐北4、博孜6、博孜5、博孜4和吐北2等。断层是油气向圈闭中充注的通道，圈闭的有效性取决于顶部盖层的封闭能力及次级断裂的影响。

（2）断圈是指断层逆冲变形过程中形成的背斜型或断块型圈闭，断圈面积由断层和与之相闭合的等高线共同决定，或由闭合断层圈定。依据断层组合模式又分为两种类型：单一断层构成的断圈和平行断圈构成的复杂断圈。大北1属于单一断层构造断圈模式，大北3、大北4、克深2等为平行断圈构成的复杂断圈模式。断裂在活动时期起到输导通道的作用，断裂静止期起到遮挡作用，即断层输导能力决定油气充注程度，断层侧向封堵性决定圈闭的保存条件和最大气柱高度。

（3）混合圈为自圈和断圈的复合模式，主要圈闭有大北201、大北2、大北5、克深7、博孜1等。断层起到输导和遮挡作用，顶部封闭及断层侧向遮挡时，整个圈闭有效。

克拉苏构造带不同构造段的圈闭组合样式存在一定的差异：博孜段主要发育前展叠瓦状圈闭组合样式，受控于次级逆冲断层，主干断层为断展型正反转断层；大北段也主要发育前展叠瓦状圈闭组合样式，受控于次级叠瓦状逆冲断层，主干断裂为断弯型正反转断层；克深段主要发育反转断隆型圈闭组合样式，圈闭主要发育于正反转断层上盘。

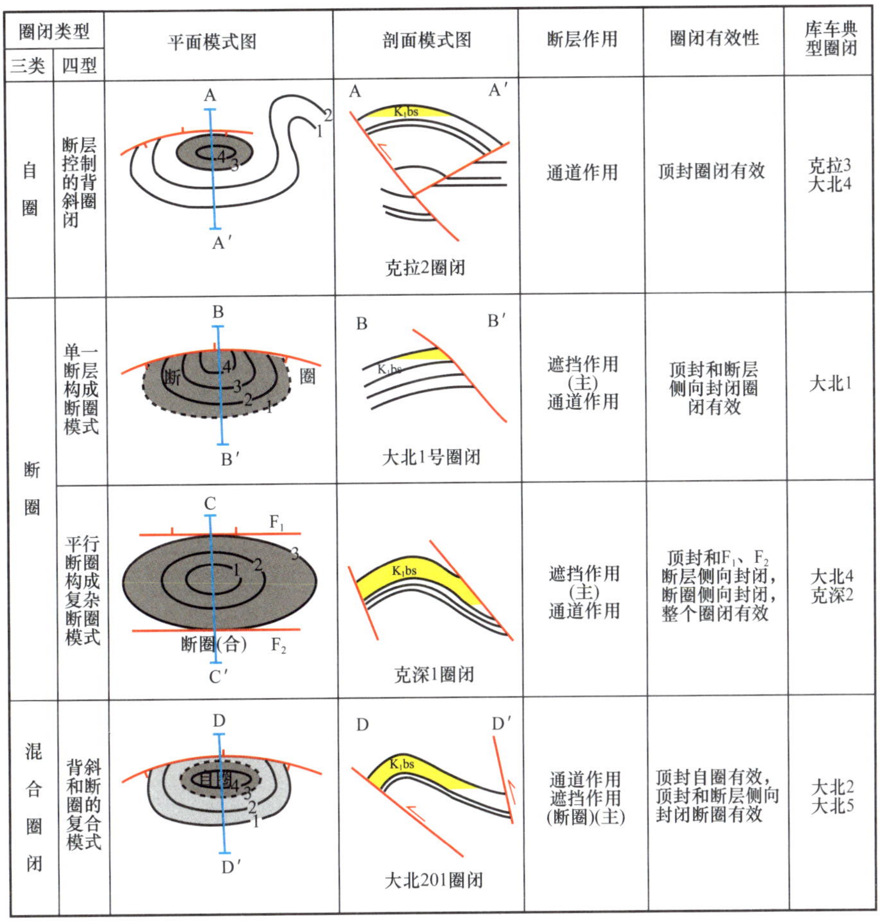

圈闭类型		平面模式图	剖面模式图	断层作用	圈闭有效性	库车典型圈闭
三类	四型					
自圈	断层控制的背斜圈闭	A-A'	克拉2圈闭	通道作用	顶封圈闭有效	克拉3 大北4
断圈	单一断层构成断圈模式	B-B'	大北1号圈闭	遮挡作用（主）通道作用	顶封和断层侧向封闭圈闭有效	大北1
断圈	平行断圈构成复杂断圈模式	C-C'	克深1圈闭	遮挡作用（主）通道作用	顶封和F_1、F_2断层侧向封闭，断圈侧向封闭，整个圈闭有效	大北4 克深2
混合圈闭	背斜和断圈的复合模式	D-D'	大北201圈闭	通道作用 遮挡作用（断圈）（主）	顶封自圈有效，顶封和断层侧向封闭断圈有效	大北2 大北5

图 2-72 库车前陆冲断带断层相关圈闭类型及断层作用

2. 圈闭依附于断裂，成排成带分布

通过精细构造解释与成图发现，库车前陆冲断带盐下深层呈"多层楼"构造样式，大型构造成排成带展布。以克拉苏断层为界，可划分为北部的克拉区带与南部的克深区带。克深区带的构造样式主要表现为受克拉苏断层与拜城北断层共同夹持的楔形断块。受滑脱面的影响，楔形块体内发育一系列相同倾向的逆冲断层，其间夹持着背斜构造，构成逆冲叠瓦冲断构造。该类构造对于油气藏的形成极为有利。其中逆冲断层沟通深部烃源岩，成为油气向浅部运移的良好通道；而背斜、断背斜构造则提供了良好的油气汇聚场所，在断层的控制下叠瓦状背斜差异升降使得地层差异对接，提供了良好的侧向封挡条件，有利于大型油气藏的形成。

二、顶篷构造与超深砂岩有效储层形成

（一）库车前陆盆地超深砂岩储层特征

库车前陆盆地自中生代以来，北部受南天山造山带多期次隆升和陆内造山作用的影响，南部受轮台隆起、牙哈隆起、温宿凸起等的控制，总体上呈东西向狭长箕状坳陷的古构造与古地理格局。在白垩纪巴什基奇克组沉积时期，主要为辫状河三角洲沉积环境，沉积了一套厚达300m、东西长约300km的砂岩（图2-73）。巴什基奇克组实钻厚度300～350m，自上而下可进一步划分为三个岩性段。第一岩性段最大钻揭厚度60m，以褐色中细砂岩为主，地层遭受一定程度的剥蚀，自东向西地层剥蚀厚度增大，至大北地区基本剥蚀殆尽；第二岩性段最大钻揭厚度200m，以褐色中细砂岩夹薄层泥岩为主，有相对较纯的泥岩薄层出现，从大北—博孜—阿瓦特由东向西遭受剥蚀，至阿瓦特已剥蚀殆尽；第三岩性段为扇三角洲沉积，钻揭厚度一般为60～90m，粒度较粗，出现砂砾岩，岩石物性相对变差，泥岩夹层变厚，地层厚度在区内相对稳定。

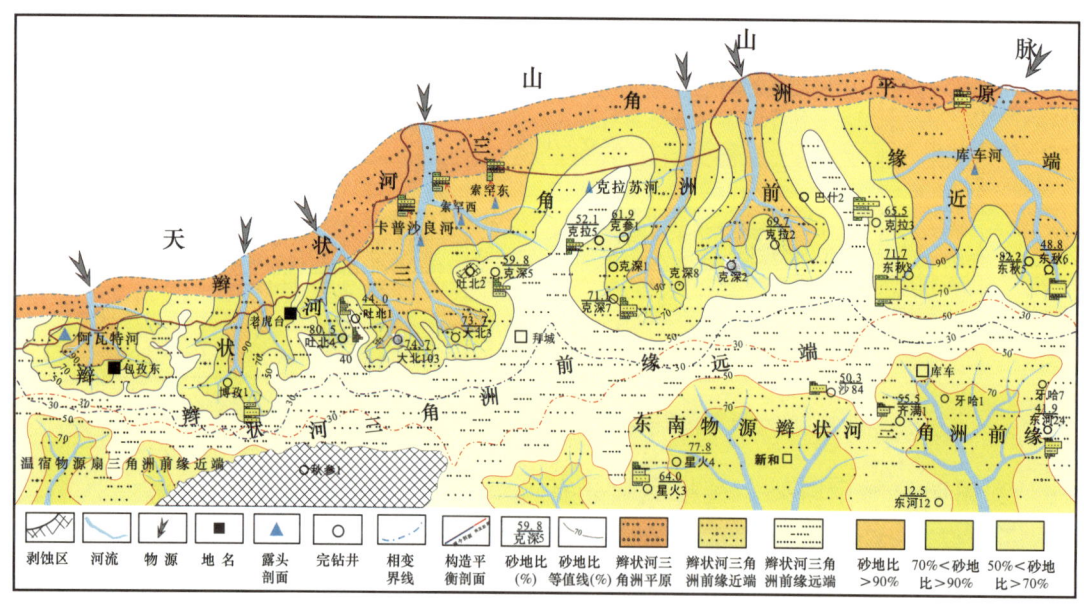

图2-73 库车前陆盆地中部白垩系巴什基奇克组第二段沉积相平面图

白垩系巴什基奇克组砂岩岩石类型主要为中细粒岩屑砂岩、长石岩屑砂岩，储集空间主要为原生粒间孔、粒间溶蚀扩大孔，其次为粒内溶孔及微孔隙，镜下可见少量裂缝（岩心观察中可见宏观裂缝，FMI研究为网状缝和高角度缝），是一套裂缝性孔隙型储层（图2-74）。

白垩系巴什基奇克组砂岩储层埋深一般6000～8000m，是一套低孔特低渗砂岩储层。大北区块巴什基奇克组第二岩性段有效孔隙度主要分布

在 3.5%～8.0%，平均为 5.9%；渗透率主峰区间为 0.05～0.1mD，平均为 0.075mD。第三岩性段有效孔隙度主要分布在 3.5%～5.0%，平均为 6.2%；渗透率主峰区间为 0.05～0.1mD，平均为 0.072mD。克深区块巴什基奇克组第一岩性段有效孔隙度主要分布于 4.0%～8.0%，平均为 6.7%，渗透率主峰区间为 0.05～0.5mD，平均为 0.09mD；第二岩性段有效孔隙度主要分布在 4.0%～8.0%，平均为 6.8%；渗透率主要分布于 0.05～0.5mD，平均为 0.11mD。第三岩性段有效孔隙度主要分布在 1.0%～4.0%，平均为 2.6%，渗透率主要分布于 0.01～0.035mD，平均为 0.02mD，整体较第一、第二岩性段差。

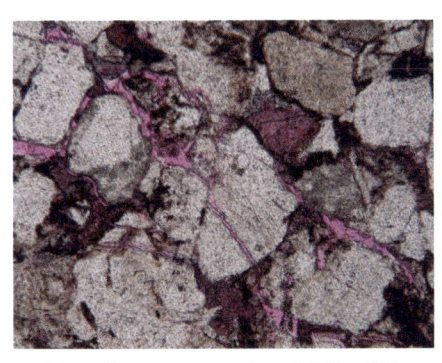
大北101井，5795.04m，K_1bs_2，细粒岩屑砂岩，粒间溶孔及构造缝较发育，面孔率1.1%，裂缝0.5%

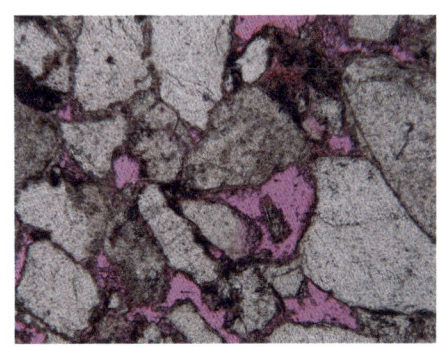
大北101井，5796m，K_1bs_2，含泥砾细粒岩屑砂岩，粒间溶孔较发育，见溶蚀残渣，面孔率2.0%，ϕ=2.15%

克深2井，6735m，K_1bs，中粒砂岩，石英次生加大，孔隙孤立存在，面孔率0.8%

克深202井，6799.7m，K_1bs，细砂岩，原生粒间孔、粒间溶孔、长石内溶孔，面孔率5.5%，ϕ=5.45%

图 2-74 库车前陆冲断带克深区带白垩系巴什基奇克组储集空间类型图

裂缝发育特征：库车前陆冲断带在喜马拉雅晚期经历强烈的挤压应力，导致巴什基奇克组储层发育多尺度裂缝。岩心、成像测井、薄片、扫描电镜等观察表明，巴什基奇克组储层发育延伸长度为几米到几毫米、开度为几百微米到几十纳米的多尺度缝网体系。裂缝可以划分为四级体系，一级裂缝——巨型节理（微断裂）、二级裂缝——直劈缝、三级裂缝——颗粒贯穿缝、四级裂缝——粒缘缝（破裂溶蚀型喉道）。

超深砂岩储层类型：克拉苏构造带白垩系巴什基奇克组储层发育三种储层

类型,即孔隙型、裂缝—孔隙型、裂缝型。孔隙型储层约占总储层的70%,储集空间以粒间溶蚀扩大孔、粒内溶孔和微孔隙为主,裂缝不发育,储层物性好。裂缝型储层约占总储层的10%,储集空间以裂缝为主,偶见次生孔隙,储层整体致密。裂缝-孔隙型储层约占总储层的20%,兼具孔隙型和裂缝型储层的特点。孔隙型储层是超深层储层主要的储层类型,是天然气高产稳产的基础。

(二)顶篷构造是超深盐下砂岩储层区域分布的主控因素

对于超深砂岩储层形成机理,前人做了大量工作,对于储层主控因素有了基本的认识。沉积相是超深砂岩储层形成的基础,辫状河三角洲前缘储层最发育;早期长期浅埋、晚期快速深埋是有效保存粒间孔隙的重要因素,中新世末(5.3Ma)储层才进入深埋状态,减缓了储层的压实程度;较低的地温场使成岩反应速率明显减缓,虽然白垩系储层现今埋深已超过7500m,但依然处于中成岩演化阶段,对孔隙保存较为有利。通过前陆盆地构造应力场分布规律研究,明确了由于盐上顶篷的存在,盐下深层储层受构造应力作用控制,在超深层仍然发育优质储层。

在碎屑岩储层的成岩演化过程中,上覆地层的压实作用是孔隙减少的主要原因之一,而孔隙的减少往往与沉积地层的埋深密切相关。受顶篷构造的影响,库车前陆盆地表现出特殊的压实规律。在顶篷构造形成过程中,盐上层形成"倒V字形"结构,而在顶篷结构之下则形成了大量的可容纳空间,充填了塑性盐岩层。塑性层的存在产生了浮力作用,平衡了部分地应力和上覆地层负荷,减轻了对盐下超深砂岩储层的压实。

岩心分析资料表明,孔隙度随深度的变化,在5500m出现拐点,其上为正常压实,其下孔隙度改变了压实规律,指示到8000m孔隙度还能达到8%(图2-75),表明顶篷构造的存在分解了部分上覆地层压力,并均衡了盐下地层的应力分布。从地层压力来看,顶篷结构的形成,影响了地层压力的正常变化规律,使得盐下构造层压力系数比正常压实偏低。压力曲线呈"台阶状"变化,如克深2井地层压力曲线具有明显的分段性(图2-76):在4000m以上的碎屑岩地层内,压力曲线随深度变化较小;在4000~5000m之间的膏盐岩层段,地层压力曲线急剧增大,压力系数保持在1.6~1.7之间,表明膏盐岩层内部压力较稳定,膏盐岩地层承受了较大压力;在6500~7000m之间,白垩系压力系数明显降低。

这些结果表明,受构造顶篷作用的影响,盐下构造层泥岩的压实率明显降低,构造顶篷结构起到了抵消部分上覆地层静岩压力的作用,表现出减压效应，减压作用在一定程度上保护了巴什基奇克组的孔隙，抑制了压实，这是库车前陆冲断带盐下深层发育有效储层的有利因素之一。

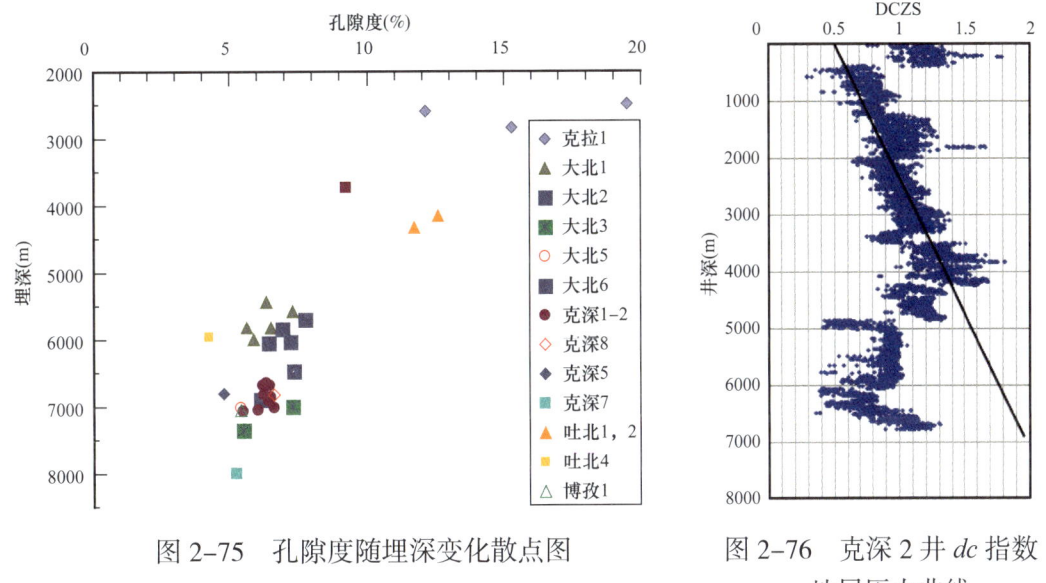

图 2-75　孔隙度随埋深变化散点图　　图 2-76　克深 2 井 dc 指数
地层压力曲线

（三）应力中和面控制了局部构造超深砂岩储层的分布

在气层四性关系分析中发现，白垩系巴什基奇克组砂岩储层从上到下储层物性、电性、含气性有规律的变化：上部储层物性好，电阻率相对较低，气层产量高；下部储层较致密，电阻率高，含气性差。二者之间有时存在一个过渡段，以前常用沉积相的差异来解释，后经深入研究发现，沉积相差异并不大，为了搞清这一问题，提出了构造应力中和面模型（李勇等，2018）。

库车前陆冲断带处于一个强烈构造挤压环境，在构造应力作用下，地层发生褶皱。根据褶皱应力椭球体的分布，结合 Ramsay 研究地面构造时所建立的褶皱中和面模式，首次在油气勘探中提出了背斜应力中和面的概念，建立了断背斜应力中和面模式（图 2-77）。应力中和面之上表现为张应力，应力中和面之下表现为压扭环境，中部则发育一个基本未发生形变的中和面。

应力中和面决定了储层的分层性，受应力影响，白垩系巴什基奇克组储层垂向上可以划分为三层结构，分别为张性段、过渡段及压扭段（图 2-78）。

（1）张性段：以孔隙型储层为主，发育张性裂缝，储层物性最好。储集空间以原生粒间孔、溶孔扩大孔为主，粒内溶孔普遍发育。裂缝以张性直劈缝为主，具有开度大、延伸长、密度小、沿裂缝溶蚀性强等特征。表现为低视电阻率特征。

（2）过渡段：以裂缝—孔隙型储层为主，显示中和面不断迁移特征，裂缝发育表现为由浅至深、由张裂缝过渡到网状缝的特征。在过渡段内，储集类型以裂缝孔隙型、孔隙型为主，孔隙度逐渐降低，局部仍有较高孔隙。

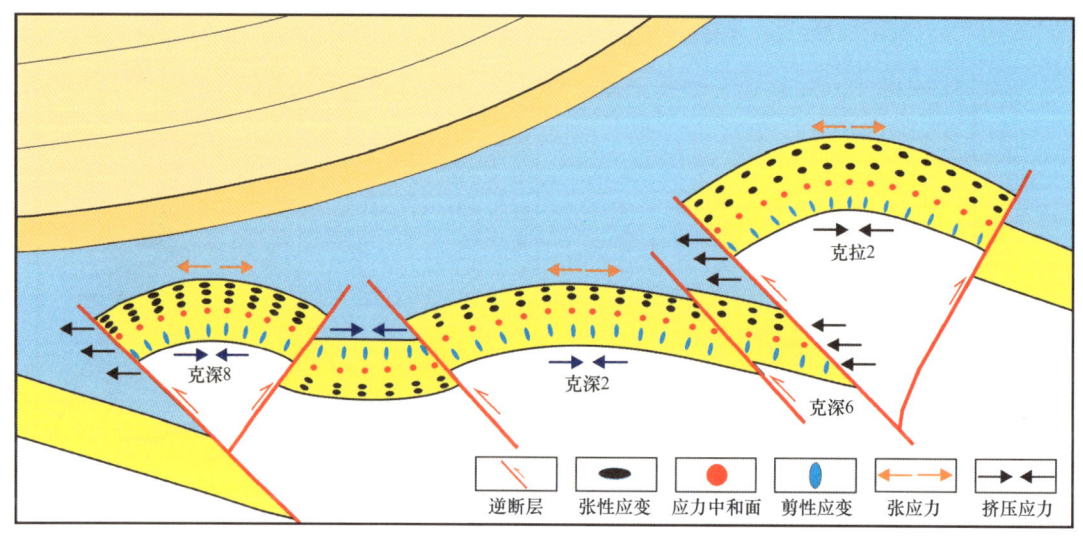

图 2-77　断背斜应力中和面模式图

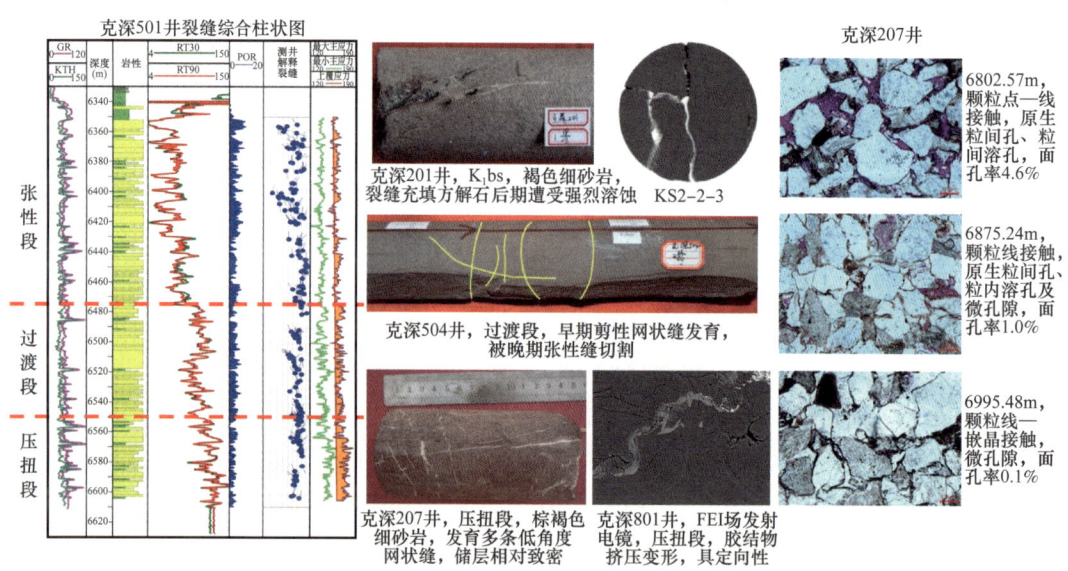

图 2-78　克拉苏构造带盐下深层断背斜储层中和面垂向分层特征

（3）压扭段：以裂缝孔隙型和裂缝型储层为主，剪性网状缝发育，相对致密。剪性网状缝具有开度小、延伸短、密度大及溶蚀性弱等特点，该段储层物性明显变差，孔隙度普遍低于3.5%，微观结构内颗粒受挤压变形强烈，颗粒镶嵌，胶结物挤压变形，少见沿缝网的溶蚀，表现为高视电阻率特征。

根据对克深地区已钻井分析，各气藏间及同一气藏内部的不同构造位置，张性段厚度差异较大。同一构造上，轴部张性段厚度大，向翼部厚度变小。克深 8 气藏最大张性段厚度为 140～160m；克深 5 气藏、克深 6 气藏次之；克深 2 气藏最小，厚度在 80～120m。逆冲断层对于张性段的厚度具有抑制作用，局部发育逆冲断裂构造。

三、顶篷构造与冲断带巨厚盐岩盖层分布

库车前陆盆地普遍发育古近—新近系巨厚膏盐岩层。其中西部发育古近系库姆格列木组膏盐岩，最大厚度超过 4000m，东部发育新近系吉迪克组膏盐岩，厚度可以达到 2000m。在顶篷构造结构中，盐岩层扮演了重要角色，其中盐上层构造大幅度变形，往往造成盐岩层沿构造带加厚聚集，形成了区域广泛分布的优质盖层。

（一）一般盐湖的沉积模式

盐湖是沉积蒸发盐矿物的湖泊，一般盐湖的蒸发岩矿物呈有规律的环带状分布，盐湖中心蒸发岩矿物沉积相对较厚。在干旱气候条件下，当湖水蒸发量大于湖区降雨量、四周地表径流和地下水输入量减小时，湖水逐渐浓缩，盐度增高，达到某种盐类饱和度时，便有相应的盐类矿物析出。盐类矿物常按阴离子归纳成碳酸盐、硫酸盐和氯化物三大类，这大致代表了不同盐类的溶解难易和析出的先后顺序。当卤水浓缩时，首先沉淀的是碳酸盐矿物（方解石），进而是镁质碳酸盐矿物（白云石）和石膏（$CaSO_4 \cdot H_2O$）沉淀，而后是石盐（$NaCl$）的沉淀（在石盐开始沉淀时，一般湖水体积将缩小到碳酸盐沉淀时的 1/100 以下），最后才是钾盐的沉淀。但是，自然界的情况要比实验室的条件复杂得多。由气候波动和地表径流量变化引起的湖水盐度和 pH 值的变化，都可使这个理想沉淀次序遭到破坏。湖水的淡化常导致早期沉淀的矿物发生溶解和被交代，许多矿物的沉淀也与 pH 值的变化有密切关系，加之受物源影响，一个盐湖中也很难同时含有各种盐类。因此，在地层中见到的实际层序是比较复杂的。

盐湖中形成的盐类矿物种类多，成分复杂。例如柴达木盆地盐湖中已发现的盐类矿物就达 38 种。盐湖沉积可出现在湖盆发育的深陷期和衰亡期。许多盆地发育的某个阶段或晚期，由于湖水干涸或盐度增高均可形成盐湖。从盐类形成环境看，一般由湖边向湖心，以碳酸盐矿物、石膏、石盐到钾盐，呈环带状分布。

（二）库车前陆盆地古近系盐岩的分布特征

库车坳陷的盐湖演化具有独特的一面，它包括多期海侵，发育多期多个盐湖，在碎屑岩沉积—膏盐岩沉积之间有多次碳酸盐沉积。剖面上，自下而上的

岩性序列包括底砂岩—泥岩—膏岩—盐岩—云下膏岩—白云岩—云上膏岩—泥岩，最后发育巨厚层膏盐岩段。这个岩性变化序列体现了滨浅湖沉积—早期盐湖沉积—潮坪沉积—晚期盐湖沉积这样一个完整的沉积演化序列，因此库车坳陷膏盐岩层有着独特的沉积模式。

平面上，古近系库姆格列木群膏盐岩、膏泥岩的分布沿构造带加厚（图2-79），复合膏盐岩地层广泛分布。东部以库车河为界，西部延伸至阿瓦特地区，南部延伸至玉东—英买力以南。库车前陆盆地巨厚盐层主要集中在克深地区，克拉4井钻揭膏盐岩层厚度为3945m，克深5井钻揭厚度为4035m，除大北1井区局部受古构造控制而不发育膏盐岩外，其他地区膏盐岩层厚度一般在200m以上。秋里塔格构造带主要集中在西秋里塔格构造带中部，其中，秋探1井钻揭膏盐岩层厚度1809m（未穿），结合地震解释预测，在秋里塔格山之下聚集的膏盐岩层最厚可达4000m。这一膏盐岩层可分为膏盐岩和膏泥岩两套，岩性致密、突破压力大、封盖能力强，可构成具有强封闭性的优质盖层。

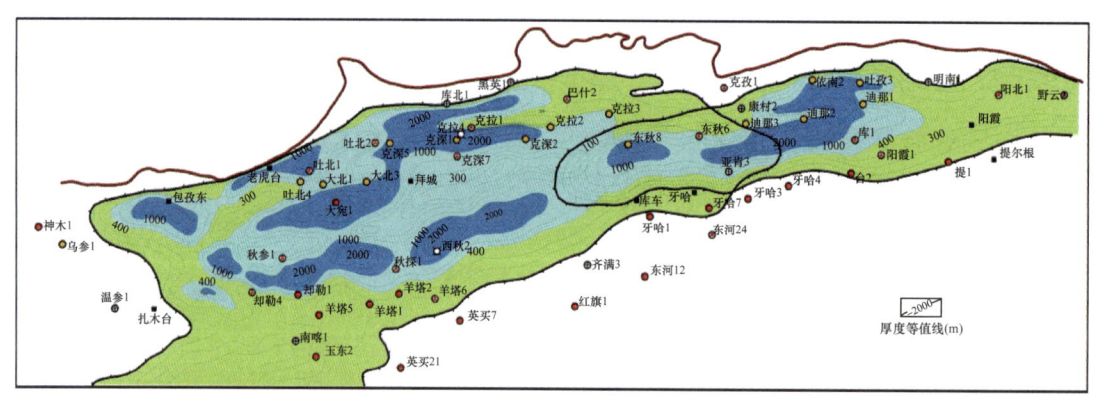

图 2-79 库车前陆盆地古近系库姆格列木群膏盐岩厚度分布图

（三）顶篷构造对盐岩分布的控制作用

由于膏盐层的易流动、易变形特征，它在盐湖沉积的基础上，受后期构造作用影响，发生了复杂的构造变形，沿克拉苏、秋里塔格构造带形成了两个巨厚的膏盐岩层聚集带，并呈北东向的条带状分布，其走向与构造走向基本平行。

根据库车前陆冲断带的构造数值模拟，在构造变形过程中，随着盐岩滑脱面之上顶篷构造的形成，顶篷之下存在低应力区，盐上层在挤压作用下发生收缩变形，形成盐上层顶篷构造，吸收了大量应力；盐岩自身的塑性流动特征也利于应力传导，形成了盐层内的低应力空间，塑性盐岩有应力均衡作用，盐岩层内差异应力最小，表明应力相对均衡，这种应力变化状态对于盐下层内的构造应力具有重要的影响。由于构造拆离作用，顶篷之下出现可容纳空间，并充填了塑性盐岩层，格架支撑作用及塑性层的存在产生了浮力作用，使得原有的重力、斜向挤压应力在顶篷结构发育带进行重新调整，调整的结果是盐下构造层所受的综合应力趋于均一，使塑性膏盐岩地层挤压变形，并向顶篷之下相对低压区聚敛加厚，导致了膏盐岩沿构造带的加厚，形成了分布广泛的前陆冲断带盐下冲断叠瓦构造的区域优质盖层。

四、盐下冲断叠瓦构造带油气富集规律

（一）天然气晚期强充注

在库车前陆冲断带，中生代的缓慢沉降和晚白垩世的抬升，导致三叠系、侏罗系两套烃源岩在新近系沉积之前一直处于低成熟状态（R_o：0.6%～0.7%）；而新近纪以来的急剧下沉，两套烃源岩在短短的 12Ma 内迅速经历了 $R_o>1.0\% \rightarrow R_o>1.3\% \rightarrow R_o>2.0\% \rightarrow R_o>2.5\%$ 的快速深埋热演化过程，导致两套烃源岩的生油高峰期和生干气期都很晚。模拟实验表明，库车前陆冲断带的三叠系和侏罗系烃源岩基本上都是在库车组沉积末期达到最大演化程度，且规模生排烃过程仍在持续中（图 2-80）。

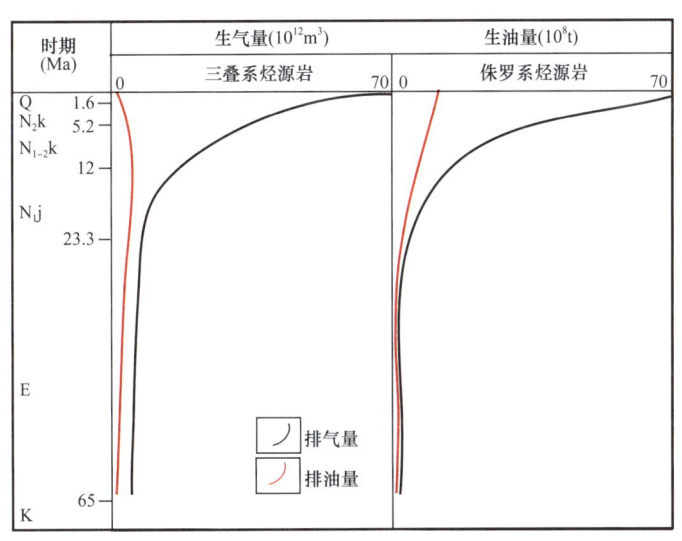

图 2-80　库车前陆冲断带侏罗系—三叠系烃源岩生烃模拟图

库车前陆冲断带克深地区白垩系砂岩储层包裹体样品中没有发现油包裹体，而且在孔隙中也没有发现残余沥青，因此可能不存在早期的油充注，而只接受了晚期的天然气充注。

（二）源储压差为油气高效垂向运移提供充足动力

库车前陆冲断带盐下烃源岩与储层间距大，直接导致了烃源岩与储层之间压力的差异，这种源—储压差为天然气的强充注提供了动力条件。源—储压

差主要取决于两个因素：一是下伏烃源岩内因；二是烃源岩层与储层之间的高差。首先，三叠—侏罗系烃源岩是库车前陆冲断带的主力烃源岩，分布面积广，埋深普遍在 8000m 以深，有机质丰度较高，TOC 平均值 1.5%～3.0%，有机质类型以生气的 III 型干酪根为主。现阶段烃源岩也已进入过成熟阶段，盐下冲断带与最大成熟中心叠置，在高效气源灶及其周缘可以提高发现高效天然气藏的概率。盐下冲断带与生烃中心叠置，该叠置部分的烃源岩面积和厚度均较大，生烃强度大，在 2Ma 以后大量生干气，累计生气强度高达（350～400）×$10^8m^3/km^2$，油气源条件十分优越。

侏罗系烃源岩距离白垩系巴什基奇克组砂岩顶部 1500～4000m，平均 3000m，巨大的源—储间距直接导致了较大的压力差异。克深区带目前还没有钻至三叠—侏罗系烃源岩的井，烃源岩层压力数据无法获得。因此，源—储压差的计算主要参考有实测源储压力数据的气藏。研究发现，库车前陆冲断带东部的吐孜 2 气藏和依南 2 气藏已有烃源岩和储层压力数据。考虑到与克深区带气藏的相似性，吐孜 2 气藏属古生新储型气藏，新近系吉迪克组储层位于侏罗—三叠系烃源岩层之上，源储间距 1370m。根据吐孜 2 井实测的源、储压力数据，百米压降为 2.61MPa，源—储压差达 37.1MPa。按照此源—储压降计算，克深区带源—储压差至少在 70MPa 以上，强大的源—储压差为天然气强充注成藏提供了动力条件，这是形成高效气藏的必要条件。

（三）断裂—缝网体系是油气输导的有效通道

库车前陆冲断带储层位于三叠—侏罗系生烃中心之上，三叠—侏罗系主力烃源岩与白垩系巴什基奇克组储层之间发育白垩系舒善河组、侏罗系齐古组等大套泥岩，油气横跨巨厚的上覆泥岩层，进入白垩系巴什基奇克组砂岩储层，深大断裂起到了非常必要的桥梁纽带作用。

盐下油源断裂作为油气垂向运移的通道，一般情况下，凡断层断及的部位，渗透层均有油气充注。从克深、大北等油气藏发现，油气运移无不与油源断裂的输导有关，油气沿源—储断裂向上部地层垂向运移，在多级断裂组成的复杂断网的支配下，进行调节运移，实现油气的高效充注。从大北、克深地区油气性质和组成来看，同一区块内，垂向上油气分异性并不明显，说明油气经过了大致相等的断裂输导距离。库车前陆冲断带的油气从源到藏的运移，首先沿着深大断裂及多级断裂网络，实现垂向高效输导，到达白垩系巴什基奇克组储层后，主要依靠非均质储层中发育的多尺度裂缝网络进行横向运移。多级断裂网络与多尺度缝网连成一体，构成"大垂向、小横向"的断—缝网络高速输导模式。研究发现，不同的优势裂缝对油气的产量影响明显，所起到的输导作用也存在一定的差异性。统计表明，南北向优势裂缝的井均为高产井，日产气在 $30×10^4m^3$ 以上，而东西向优势裂缝或斜向裂缝占主导的井，日产气量明显低于南北向裂缝占主导的井，日产气（10～30）$×10^4m^3$。除此之外，片状喉道具微裂缝特征，向孔隙供气，形成不同级次的"小横向"输导方式。在此储层内部输导模式基础之上，晚期天然气通过错综复杂的裂缝网格进行储层内扩散式运移，从而实现盐下大面积含气。

（四）盐下冲断构造成藏模式

克拉苏冲断带属于源上运聚体系，油气藏主要为断背斜（背斜）型油气藏（王招明，2014）。从目前已发现的油气藏分布、数量及规模来看，克拉苏盐下断背斜（背斜）圈闭是油气勘探的主攻目标，这些断背斜（背斜）圈闭依附于断裂成带分布。该区由北向南已发现 4～7 排断背斜（背斜）圈闭带，北部圈闭带埋藏相对浅，逆掩叠置，勘探难度大，向南圈闭带变得宽缓，地震资料好，圈闭易于发现，但埋藏相对较深，达 7500m 以下。

库车前陆冲断带成藏期相对较晚。根据三叠系、侏罗系烃源岩生烃模拟及包裹体研究可知，5Ma 以来为油气大量生成时期，2.5Ma 以来烃源层压力迅速增大，天然气大量注入，为库车前陆冲断带的主要成藏期。

受强烈的构造挤压活动影响，库车前陆冲断带盐下逆冲断层发育，这些断层向上多终止于区域膏盐岩层内部，向下沟通烃源岩，使盐下构造圈闭具有优越的油气聚集和保存条件。

喜马拉雅中晚期的构造运动导致库车前陆冲断带油气规模运移和聚集，侏罗—三叠系烃源岩生成的天然气在巨大的源—储压差动力推动下，沿着逆冲断裂输导体系，穿过侏罗系、下白垩统舒善河组的巨厚砂泥岩垂向运移，在储层内沿多尺度缝网进行砂体"小横向"运移。加之膏盐层的破裂压力远远大于砂泥岩，超压流体也难以突破，超压气藏得以有效存在。因此，顶篷构造与下伏厚层盐岩共同作用，横向上约束盐下冲断变形范围，圈闭在顶篷控制下成排成带发育，油气始终在顶篷之下构造带内局限调整，实现了盐下断背斜高效聚集成藏。

第三章　克拉通超深缝洞型碳酸盐岩油气勘探实践与创新

塔里木盆地克拉通超深碳酸盐岩油气勘探经历了三个阶段：第一阶段，1989—1995 年，以塔中隆起、塔北隆起和塔东隆起为钻探目标，虽然塔中 1 井和轮南 1 井、英买 1 井钻探成功，但甩开钻探却遭遇挫折，随后台盆区的主要勘探精力转向东河砂岩。第二阶段是 1996—2005 年，主要是轮古潜山岩溶缝洞体探索阶段，初步提出了准层状油气藏模式，创新了高分辨三维地震"串珠状"反射识别溶洞的新技术，轮南工业试验区创新了技术，取得了勘探开发一体化实验的初步成功。第三阶段是 2006—2018 年，主要是哈拉哈塘大油田—塔中Ⅰ号大凝析气田的大发现阶段，深化了准层状油气成藏理论认识，提出了层间岩溶和走滑断裂系统控制油气富集和塔中—塔北台隆整体含油气等重要认识，建立了以缝洞雕刻为核心的沙漠区超深缝洞型碳酸盐岩地震勘探技术和超深高温缝洞型碳酸盐岩精确中靶技术等系列工程技术，在哈拉哈塘大油田和塔中Ⅰ号凝析气田的勘探评价中起到了重要作用，同时支撑了中深 1、古城 6 等新区新领域的勘探获得战略性突破。

第一节　超深缝洞型碳酸盐岩油气勘探实践

克拉通大型碳酸盐岩台地形成演化过程中，寒武—奥陶系发育了石灰岩、白云岩、盐岩、膏岩、泥岩及其他过渡相岩石类型。海相碳酸盐岩沉积厚度达到 3200 多米，分布面积超过 $40 \times 10^4 km^2$，克拉通的有利勘探目的层埋深主要分布在 6000~8000m 之间，石灰岩平均基质孔隙度仅有 1.05%，故缝洞型储层是碳酸盐岩储层的主要类型。储层的非均质性非常强，由中—上奥陶统石灰岩与上奥陶统泥岩（俗称"黑被子"）、下奥陶统缝洞型储层与中—下奥陶统致密灰岩、震旦系—下寒武统白云岩与中寒武统盐膏岩等形成的三套优良储盖组合，是克拉通超深缝洞型碳酸盐岩油气勘探的重点层系。

克拉通超深领域的油气勘探始于塔里木石油会战初期，1989 年，轮南 1 井、塔中 1 井、英买 2 井等先后获得重大发现，揭开了克拉通海相碳酸盐岩勘探的序幕；随后遭遇诸多曲折，历经千难万险的拼搏进取和坚持不懈的艰辛探索，

2005年以来，超深碳酸盐岩勘探获重大突破，先后发现了塔中Ⅰ号大型凝析气田、哈拉哈塘大型油田，同时，新区新领域勘探纵深发展，前景广阔。30年的探索，发现了潜山型、礁滩型、内幕型等多种油气藏。30年的探索，发现了揭示克拉通碳酸盐岩整体含油、局部富集的规律，油气富集与不整合、断裂带、坡折带等密切相关，呈准层状、条带状分布。30年的探索，建成了哈拉哈塘油田、塔中Ⅰ号凝析气田等大型油气田，建成产能 400×10^4 t。

一、哈拉哈塘超深碳酸盐岩大油田勘探实践

哈拉哈塘奥陶系碳酸盐岩油田是近10年塔里木盆地规模最大的石油发现。油田地理位置横跨新疆阿克苏地区的沙雅县、库车县和巴音郭楞州的尉犁县，处于塔克拉玛干沙漠北缘、塔里木河流域中部。地表北部为农田、胡杨林，南部被沙漠覆盖。区域构造隶属于塔里木盆地塔北隆起轮南低凸起西斜坡（图3-1），北靠轮台凸起，西邻英买力低凸起，南接满西低凸起。周围被英买力、东河塘、雅克拉、塔河、哈得逊等众多油气田环绕。已控制含油范围东西长约130km、南北宽约120km，发现含油面积达 $5420km^2$。

（一）勘探历程

哈拉哈塘地区的油气勘探始于1990年的哈1井，历经20年的艰辛探索，2009年，哈7井获得高产油流，实现奥陶系碳酸盐岩油气勘探的重大突破，发现哈拉哈塘大油田。

1.早期勘探主攻石炭系东河砂岩受挫

1990年7月11日，哈拉哈塘北面的东河塘构造带上，东河1井发现了石炭系东河砂岩高产油藏，塔里木石油勘探开发指挥部提出打好以石炭系为重点的区域勘探进攻仗。对东河塘—哈拉哈塘—轮南以南的东河砂岩分布区甩开钻探，力争有新的大发现。

1990年底至2000年，追索东河砂岩油层，依据二维地震资料发现了低幅度构造圈闭，在哈拉哈塘地区先后部署钻探了哈1井、哈2井、东河7井、哈4井、哈5井、哈南1井。钻后认识：由于受二叠系巨厚火成岩（300～400m）速度场影响，导致东河砂岩低幅度构造圈闭不落实，以上6口井均失利；明确三叠系、二叠系、石炭系不具备生烃条件；1991年哈1井在志留系钻遇总厚度达150m以上的沥青砂岩，证实本区加里东期曾发生过大规模的油气运移和聚集，经油源对比，与东河1井石炭系的原油为同一油源，原油与寒武—奥陶系的烃源岩有良好的可对比性。

2000—2005年，随着轮南奥陶系油田投入开发和塔中奥陶系礁滩体勘探的突破，哈拉哈塘凹陷的勘探基本处于停滞阶段。

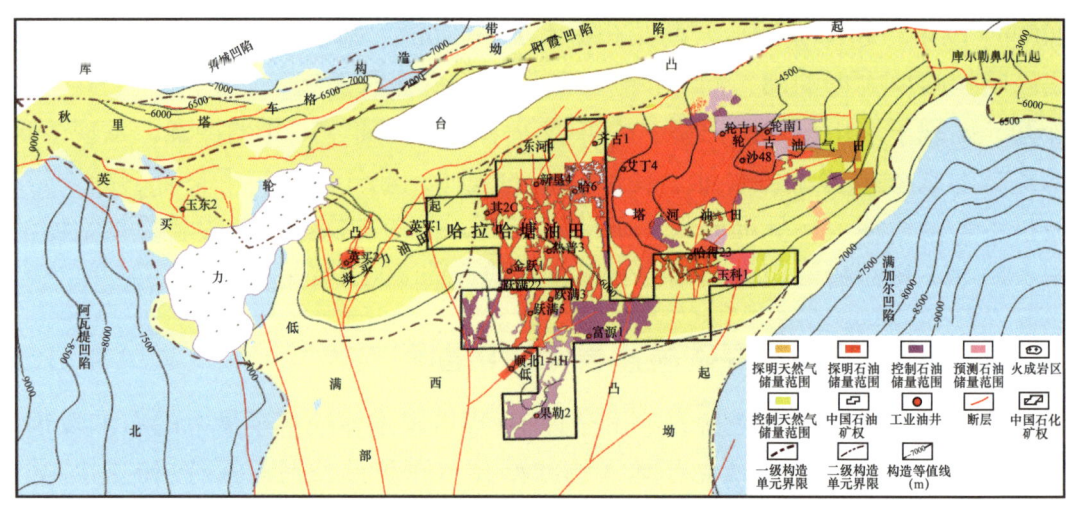

图 3-1　塔北隆起哈拉哈塘油田区域构造位置

2. 哈拉哈塘奥陶系礁滩体勘探再次受挫

随着塔中Ⅰ号坡折带奥陶系良里塔格组礁滩体勘探的突破，2005年，在哈拉哈塘地区一些二维地震剖面上发现了"丘状异常反射"（图3-2）。这些反射与塔中Ⅰ号坡折带对比，发育层位相当，结构相似，认为可能是良里塔格组高能礁滩体。该"异常体"东西长约58km，南北宽约26km，中心厚度150m，总面积达1500km²，埋深小于6820m的面积为589km²。

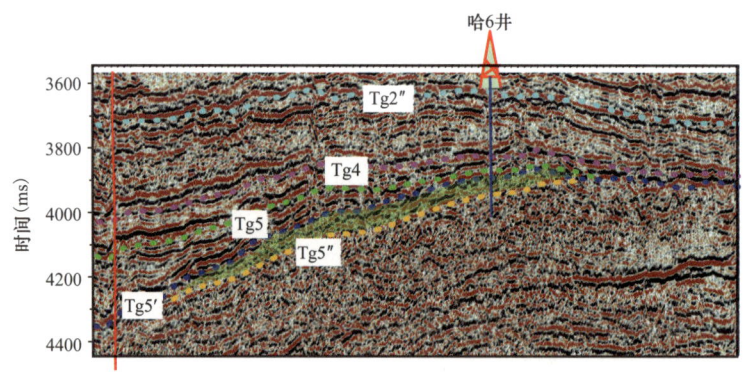

图 3-2　HL04-284.5 二维地震叠后时间偏移剖面

2006年初，部署钻探哈6风险探井，以探索哈拉哈塘地区奥陶系礁滩体的含油气性。该井于2006年4月30日开钻，设计井深6900m，2006年11月25日钻至井深6900m，钻揭了良里塔格组—鹰山组石灰岩238m，仅一间房组井段6703~6730.5m见荧光石灰岩16m/6层，全烃最高由0.27%上升至0.72%，油气显示较差。但经分析认为，哈6井已钻揭的地层与轮南低凸起及其东斜坡塔深1、轮古36等井的地层对比良好。为了建立哈拉哈塘地区较为完整的奥陶系剖面，加深至井深7500m。2007年1月24日，哈6井钻至井深

-164-

7459m 完钻。随后，对该井一间房组进行了测试，并进行了大型酸压，未获得突破。

3. 重新认识哈拉哈塘"凹陷"，明确奥陶系缝洞型油藏勘探思路

哈 6 风险探井的钻探，证实了哈拉哈塘二维地震"丘状反射"为奥陶系良里塔格组礁滩体，取心以藻粘结岩为主，是缓坡型台缘背海一侧的台缘藻丘相沉积；一间房组—鹰山组—蓬莱坝组的岩性以颗粒灰岩、泥晶灰岩为主，均为碳酸盐岩台地沉积，哈拉哈塘并非"凹陷"。

2007 年，轮东 1 风险井的钻探，证实哈拉哈塘是轮南大型潜山背斜的一部分，处于斜坡部位。该井在 5790m 进入奥陶系桑塔木组，6709m 进入奥陶系石灰岩，钻揭石灰岩 91m，在奥陶系 6800~6825m 井段钻遇碳酸盐岩缝洞体，钻井中放空 1.43m，说明轮南东部斜坡岩溶储层在桑塔木组覆盖区仍然有岩溶储层发育（图 3-3）。通过区域成图发现，在奥陶系碳酸盐岩顶面构造图上，用 -6000m（埋深约 7000m）构造线确定，在轮南—英买力，奥陶系是一个大型背斜，哈拉哈塘地区是轮南—英买力大背斜的一部分。

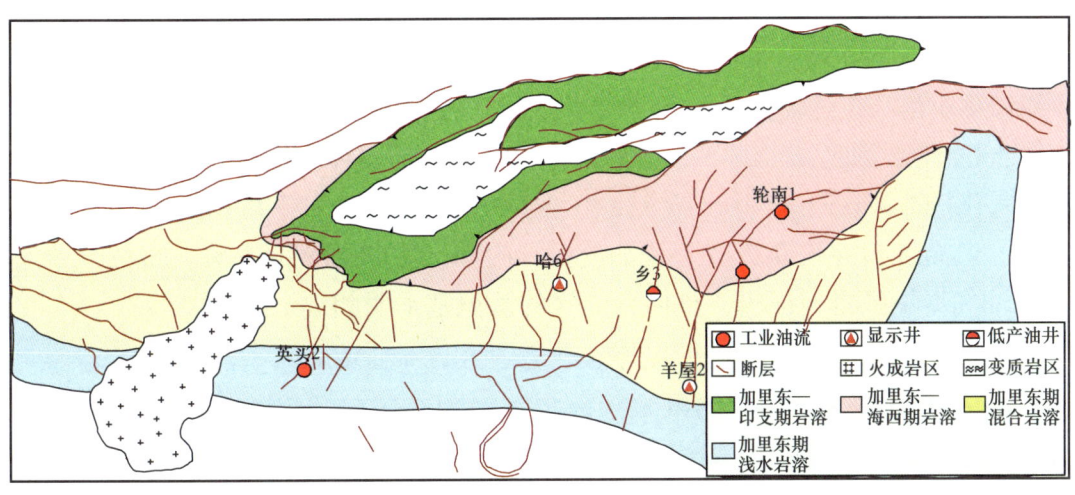

图 3-3 塔北南缘奥陶系岩溶类型分布图（2007 年）

经过研究已经认识到奥陶系碳酸盐岩缝洞型油藏的油气分布主要受岩溶储层控制，紧邻哈拉哈塘东部就是塔河油田，英买力—哈拉哈塘—轮南可能形成整体连片含油气的特大型碳酸盐岩缝洞型油气藏，哈拉哈塘地区应是奥陶系碳酸盐岩缝洞型油藏勘探的重要领域。哈拉哈塘地区埋深小于 7000m 的有利勘探面积达 4000km^2，石油资源量预计达 10×10^8t 以上，展示了良好的勘探前景。哈 6 井钻探落空的主要原因是二维地震资料品质差，不能反映出岩溶缝洞体特征，也未能钻探到储层有利部位。根据轮南、塔中勘探的经验，只有三维地震资料才能得到岩溶缝洞体的地震反射。为此，确定了奥陶系碳酸盐岩为目

的层、岩溶缝洞体为主要勘探目标、实施三维地震勘探锁定钻探目标的勘探思路，打响了哈拉哈塘石油发现的攻坚战。

4. 三维地震勘探锁定岩溶钻探目标，哈 7 井获得战略突破

2007 年下半年，对哈拉哈塘—英买力层间岩溶区及北部潜山区按照"整体部署、分步实施"的原则开展大规模三维地震勘探。2007 年 10 月—2008 年 2 月，优先完成哈 6 区块 506km^2 三维地震采集。

哈 6 区块三维地震叠前时间偏移处理资料研究表明，奥陶系碳酸盐岩缝洞型岩溶储层非常发育，2008 年 5 月，在三维地震缝洞储层识别、评价的基础上，第一批确定钻探三口预探井：哈 7 井、哈 8 井、哈 9 井，同时侧钻哈 6 井（即哈 6C 井）。

2009 年 2 月 2 日，农历正月初八，在新春的鞭炮声中，哈 7 井首先获得高产工业油流，成为哈拉哈塘大油田的发现井。哈 7 井于 6605.50m 进入中奥陶统一间房组，钻至井深 6631.08m 发生井漏，强行钻至井深 6645.24m，于 2009 年 1 月 1 日提前完钻，井底地层为奥陶系一间房组。对 6622.41~6645.24m 井段完井裸眼测试，用 8mm 油嘴掺稀求产，油压 20.09MPa，折合日产油 298.24m^3、日产天然气 4300~4600m^3（图 3-4）。随后，哈 9 井、哈 6C 井、哈 8 井相继获得高产油流，哈拉哈塘勘探取得重大突破。

2009 年 2 月底，组织部署了第二轮钻井，按照整体预探评价思路，上钻哈 10 井、哈 11 井、哈 12 井、哈 13 井、哈 601 井、哈 701 井共 6 口井。除哈 10 井外，其余 5 口井均获高产工业油气流，哈 6 区块获得全面突破。哈拉哈塘是一个油气富集区得到证实，整体含油气的认识基本明朗。

5. 勘探开发一体化快速建成哈拉哈塘百万吨大油田

哈 6 区块突破以后，塔里木盆地超深奥陶系碳酸盐岩缝洞型油气藏勘探开发面临一系列难题，如缝洞型岩溶储层非均质性强、储层预测描述难度大、只有储量没有产量等制约了规模效益勘探开发。在这里如果按传统的预探、评价、开发阶段开展工作，要想把储量尽快转化为产量、实现高效开发基本行不通。

于是，在生产组织方面，塔里木油田公司创新模式，组建了塔北勘探开发一体化项目经理部，负责油气勘探、产能建设、经营管理等工作；在油藏地质方面，认识到层间岩溶储层控油、缝洞带富集、油气藏大面积分布的规律，创新形成准层状油藏地质的理论认识，建立起准层状油藏模式，在新的地质理论认识指导下，勘探开发生产按上产增储一体化的思路，地震勘探整体部署分步实施，开展连片三维地震勘探，每年以五六百平方千米的速度扩展，三维地震实施一块，整体预探一块、评价一块、建产开发一块；科研方面，以缝洞雕刻

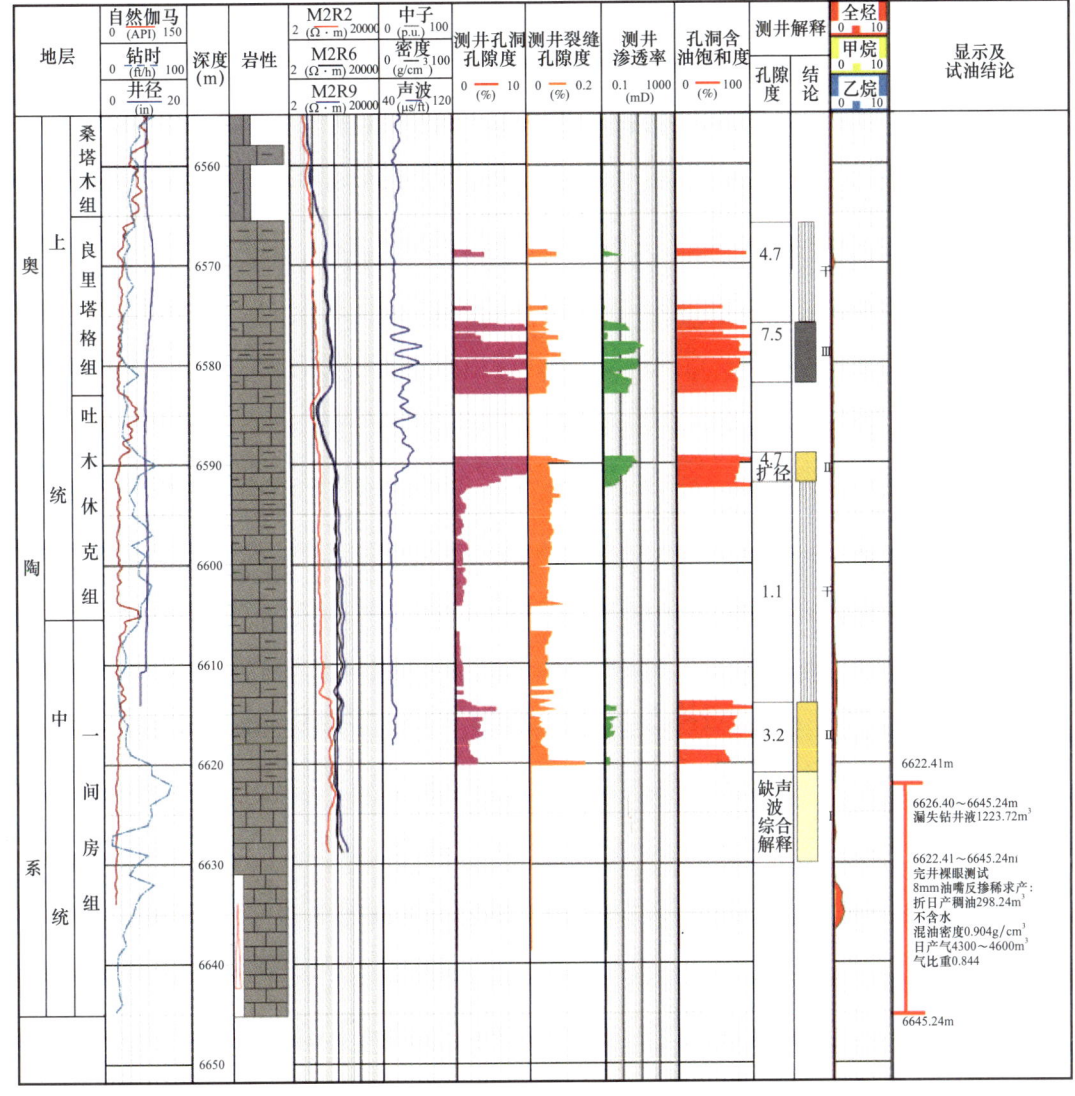

图 3-4 哈 7 井奥陶系综合柱状图

为核心,一心一意寻找大型缝洞集合体和富油气缝洞带,精心描述缝洞油藏,最终快速建成哈拉哈塘百万吨大油田。

截至 2018 年,哈拉哈塘地区累计采集三维地震 12 块,连片满覆盖总面积达 6518km²,连续 9 年实现了油气勘探持续突破。先后在哈 6、新垦、热瓦普、齐满、其格、金跃、哈得逊、跃满、玉科、富源、果勒、跃满西等 12 个区块持续获得新发现,控制含油气范围达 5420km²,并还在不断向南、向西、向东南扩大;原油产量每年以(20~30)×10⁴t 的规模递增,连续 7 年实现油气储量和产量增长,是原油产量增长最快的碳酸盐岩油田。2014 年,油田年产原油突破 100×10⁴t,达到 115.03×10⁴t,建成了塔里木油田第一个碳酸盐岩百万吨大油田。2018 年,原油产量 135.64×10⁴t,累计生产原油 833.24×10⁴t。

— 167 —

（二）实践与创新

从哈 1 井到哈 7 井、从"凹陷"到"隆起"的认识改变，从碎屑岩到碳酸盐岩目的层的变化，从找构造到找储层，从二维地震到三维地震、从时间域到深度域、从定性评价到定量描述、从打不准到打得准，……。艰辛的探索历程，就是一部超深油气的勘探实践与创新史。它既凝聚了塔里木石油人的聪明智慧，更展示了塔里木石油人百折不挠、勇于实践、敢于创新的科学精神。

1. 塔北隆起整体含油气的认识推动哈拉哈塘大油田的发现

（1）"凹陷"变"隆起"，"准层状大油田"的认识提升了哈拉哈塘油气勘探地位。

"构造凹陷"的认识，曾制约了哈拉哈塘地区油气勘探。2006 年前，哈拉哈塘地区长期作为英买力低凸起与轮南低凸起之间的"负向"构造，构造单元被划分成塔北隆起内的次级"凹陷"。由此导致了认为该地区的寒武—奥陶系是塔北隆起重要的生烃凹陷，其周缘英买 2、东河塘、塔河、哈得逊等一系列油田的原油主要来自于哈拉哈塘奥陶系烃源岩，因此奥陶系不发育储层或者储集条件较差。按照构造找油的思路，"哈拉哈塘凹陷"难以形成大油田的认识成为主流，哈拉哈塘地区的油气勘探自哈 5 井完钻后陷入了 5 年的停滞期。

2007 年初，哈 6 风险探井钻探后，通过地质结构的重新认识及区域构造成图发现，以 -6000m 构造等值线为界，塔北隆起寒武—奥陶系古老碳酸盐岩是一个巨型的背斜构造（图 3-5），哈拉哈塘不是生烃"凹陷"，而是早—中加

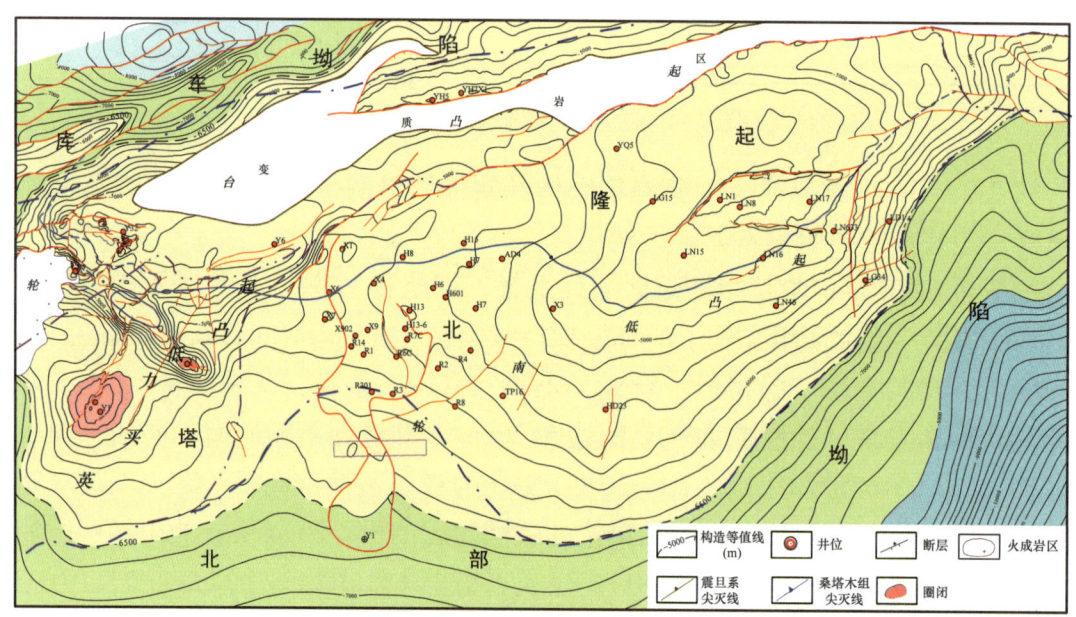

图 3-5 塔里木盆地塔北隆起奥陶系碳酸盐岩顶面构造图（2008 年）

里东时期的"古隆起中心",属于轮南低凸起奥陶系潜山大背斜的西部围斜带,奥陶系不发育烃源岩,但可能存在岩溶储层,具有大面积含油气的地质条件。这个认识转变提升了哈拉哈塘地区的油气藏勘探地位,这让勘探研究人员兴奋不已,坚定了该区油气勘探向深处奥陶系挺进的信心和决心。

当时,哈拉哈塘东面的轮南—塔河,已经发现了奥陶系大型准层状缝洞型油气藏,西面的英买力低凸起上也已经发现了英买1、英买2奥陶系油藏。经过油气藏特征分析与成藏演化研究,"塔北奥陶系碳酸盐岩宏观上准层状整体含油气、岩溶缝洞储层控制油气局部富集"逐渐成为共识。轮古—哈拉哈塘—英买力地区奥陶系碳酸盐岩表现为整体连片含油(有利面积＞18000km^2)、局部富集的碳酸盐岩非均质准层状大油气藏(已证实油藏高差＞1800m),哈拉哈塘油田是轮古—英买力准层状大油气藏的一部分(图3-6)。这一认识的提出,极大丰富和提升了塔北隆起碳酸盐岩油气地质的认识,获得了能指导哈拉哈塘大油田持续规模发现的制胜法宝。

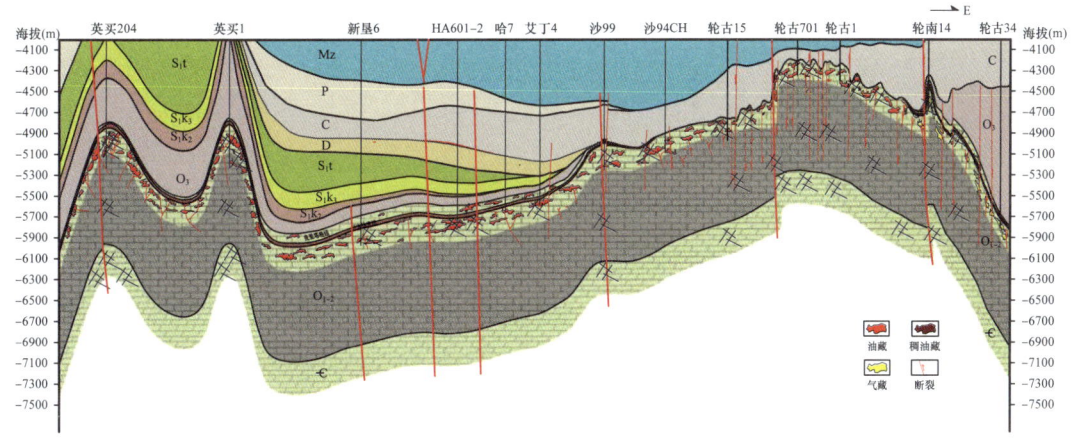

图3-6 英买力—哈拉哈塘—轮南奥陶系准层状油气藏模式图(2007年)

(2)大型缝洞集合体的认识助推哈拉哈塘油田快速建产。

哈6区块获得整体发现后,为了进一步向南扩大哈拉哈塘含油气范围,塔里木油田加快了哈6区块南面的三维地震和井位部署。2011年9月—2012年7月,哈6区块在向南的热瓦普新三维地震区块奥陶系良里塔格组台缘带扩展时出现了一批复杂井:在一间房组完钻的热普1井、热普2井等5口井均发生放空或漏失现象,仅热普2井完钻获工业油气流,热普1井、热普4井、热普6井、热普7井完井测试均出水(图3-7),外扩受到了挫折。哈拉哈塘到底是一个什么样的油藏?有多大场面?能建多大规模?外界一片质疑声。热普1井、热普4井失利后,通过认真分析失利原因,对台缘带含油层系与油藏特征的认识有了变化:台缘带奥陶系良里塔格组良三段发育了一套与下伏一间房组岩性相似的生物碎屑砂屑灰岩（厚10～40m），中间被20～30m厚的吐木休克组瘤状灰岩、泥灰岩隔开；两口失利井均处于走滑断裂附近（图3-7、图3-8），地震相识别时发现井眼附近良里塔格组片状强反射发育，通过断裂裂缝与一间房组串珠反射储层相连通，形成缝洞集合体（图3-8），油气可能在缝洞垮塌体高部位良三段富集，一间房组局部构造位置太低而出水（图3-9）；热普2井一间房组出油气是由于该井的良里塔格组储层不发育，缝洞体高部位在一间房组井点附近。根据对缝洞集合体的新认识，对热普1井、热普4井，利用原钻机进行侧钻，两口井在良三段片状强反射段钻进中均发生漏失现象，2011年11月，热普1井完井测试获得工业油气流；2012年2月，热普4井完井测试也获得工业油气流。2012年3月，通过对热普1、热普2、热普4油藏的特征研究发现，热瓦普区块的奥陶系良里塔格组高能沉积相带礁滩体岩溶储层，与一间房组层间岩溶储层在断裂及其缝网体系改造下相互连通，形成受沉积相、层间岩溶和断裂改造控制的、无统一油水界面的未饱和大型缝洞集合体油藏。该油藏储层沿断裂带富集，纵向叠置；原油密度相近，性质均具有"中轻质、低黏度、含硫、少胶质+沥青质"的特点；天然气性质均为溶解气，H_2S含量普遍较低；地层水性相近，均为氯化钙型。

在大型缝洞集合体油藏的认识指导下，结合缝洞量化雕刻成果，对2012年直井眼失利的热普6井、热普7井，利用原井架进行侧钻，热普6井在良三段强片状反射段钻进中发生漏失现象，2口井均获得工业油气流。

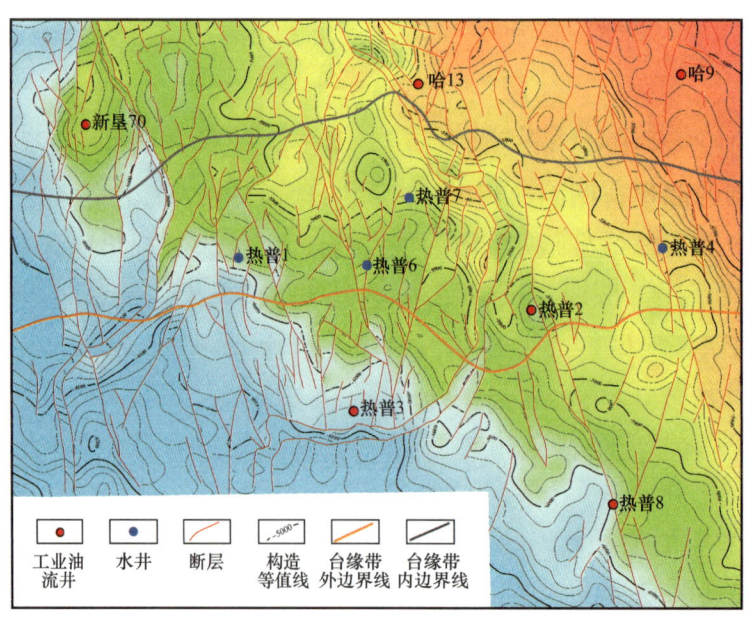

图3-7 热瓦普区块良里塔格组三段顶面构造图

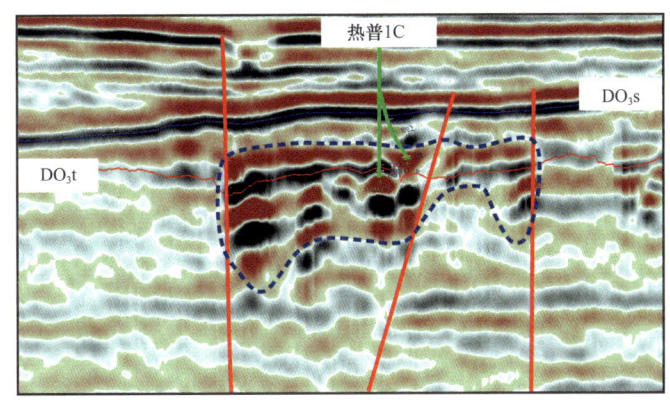

图 3-8　过热普 1—热普 1C 井三维地震剖面

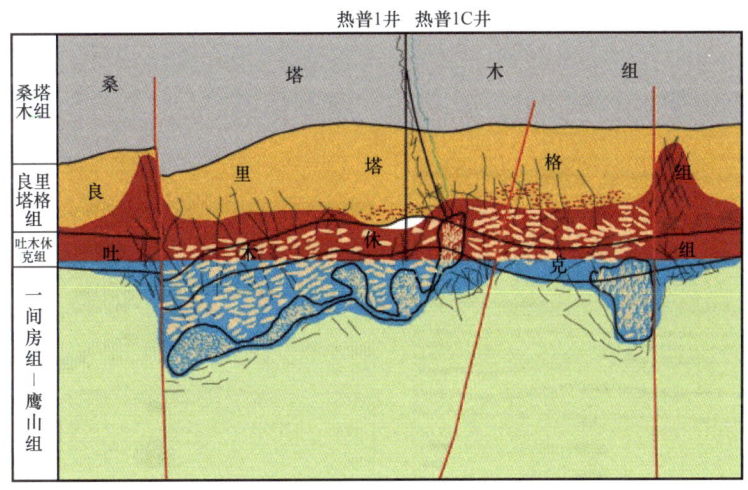

图 3-9　热普 1—热普 1C 井油藏剖面

2013 年，通过对大型缝洞集合体的定义、分类、成因、分布、刻画技术等进行系统研究，形成较完整的大型缝洞集合体油藏的认识和描述技术。同时，研究发现哈拉哈塘油田 79% 的高产稳产井钻遇了大型缝洞体，高产稳产井均位于大型缝洞体高部位，明确提出了大型缝洞集合体是高产稳产井优选的主要目标，是确定注采系统的基础。

2013—2015 年，根据大型缝洞集合体的布井思路部署完钻 200 余口钻井，钻井成功率达到 80%，推进了哈拉哈塘油田快速建产：原油产量由 2013 年 61.15×10^4t 快速上升到 2015 年的 127.65×10^4t。大型缝洞集合体研究、刻画及布井思路和方法的逐步形成，为其他区块碳酸盐岩缝洞型油气藏勘探开发提供了良好的借鉴，特别是如何确定富集缝洞带为快速建产提供了新的思路和技术方法。

2. 持续攻关物探适用技术，带动勘探成果不断扩大

（1）三维地震叠前深度偏移技术是解决缝洞体精确成像关键技术。

2006—2010年，塔里木盆地克拉通三维地震偏移处理的主流技术是三维地震叠前时间偏移技术。哈6区块获得突破后，向西斜坡扩展新垦三维地震区块时出现了一批复杂井。2010年6—7月，新垦1井、新垦6井、新垦7井、新垦9井钻遇三维地震叠前时间偏移数据的"串珠"中心，但未钻遇优质缝洞型储层，酸压出水或低产，新垦区块4口完钻井全部失利，各个层面的质疑声接踵而至。科研人员顶住压力，直面问题，从钻井地质分析入手，认真剖析地震资料处理技术和未钻遇优质缝洞储层的原因，发现地震偏移成像技术出了问题：新垦区块相对哈6区块，目的层埋深更大、地层倾斜幅度更大、速度变化更大。通过对不同单位处理、不同速度模型的叠前时间偏移资料（图3-10）分析发现，"串珠"中心点平面位置基本相同，说明地震叠前时间偏移对速度精度不敏感，利用三维地震叠前时间偏移资料预测的超深碳酸盐岩缝洞储层精度低，反映的缝洞体位置不准，钻井偏离缝洞体。

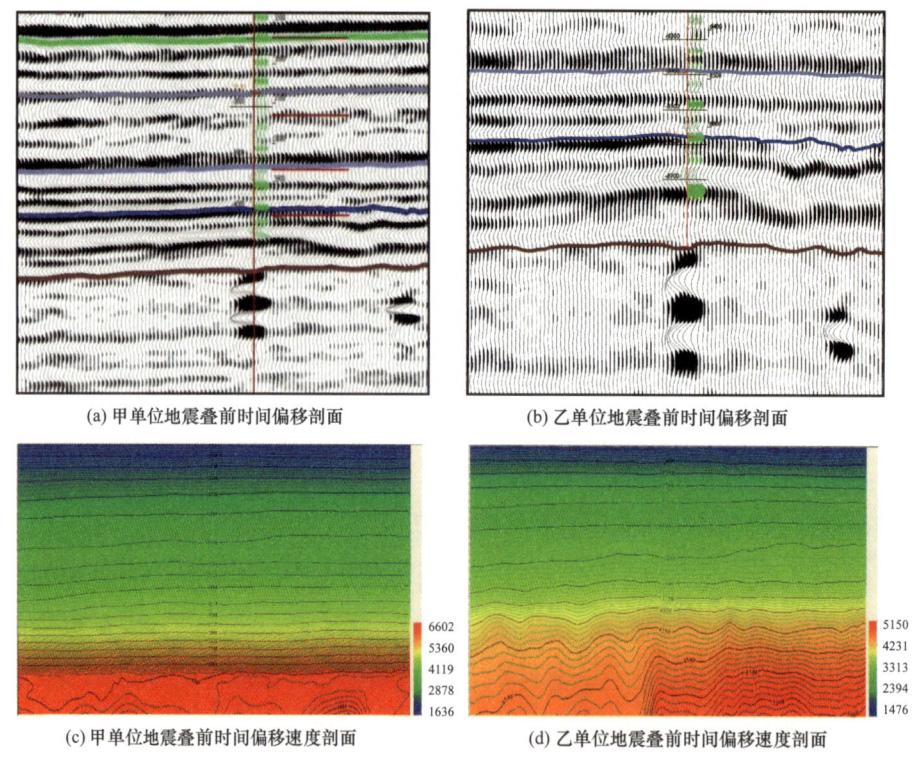

(a) 甲单位地震叠前时间偏移剖面　　(b) 乙单位地震叠前时间偏移剖面

(c) 甲单位地震叠前时间偏移速度剖面　　(d) 乙单位地震叠前时间偏移速度剖面

图3-10　不同地震速度模型对应地震叠前时间偏移剖面对比

通过理论分析和模型正演研究，发现在倾斜界面时，叠前时间偏移在平面上不能使缝洞体真实归位，缝洞体会向地层上倾方向和上覆地层平均速度较大的方向偏移，其偏移量与地层倾角和平均速度变化梯度有关：倾角越大，偏移量越大；速度变化梯度越大，偏移量越大。对于哈拉哈塘地区来说，浅层构造相对平缓，速度由南向北整体增大，奥陶系碳酸盐岩上覆火成岩厚度和速度变化较大。在这种条件下，叠前时间偏移难以使缝洞体准确归位，而叠前深度偏移速度—深度模型可以较准确地描述奥陶系上覆地层的厚度及速度变化。因此，较叠前时间偏移来说，叠前深度偏移能使缝洞体归位更加准确，与钻探结果也更加吻合。

2010 年 10 月，塔里木油田专门召开新垦区块复杂井研讨会，决定开展新垦—哈 6 连片三维地震叠前深度偏移处理攻关。经对比，发现新垦—哈 6 连片三维区地震叠前深度偏移资料的奥陶系缝洞体位置较叠前时间偏移资料的位置向南偏移了 20～280m。依据三维地震叠前深度偏移资料对新垦 5 井、新垦 7 井、新垦 8 井、新垦 9 井进行侧钻并获工业油流；对新垦 1 井、新垦 6 井实施酸化压裂，新垦 6 井获工业油流，新垦 1 井获低产油流。根据地震攻关的实践效果，塔里木油田作出了明确要求：对哈拉哈塘奥陶系，无三维地震叠前深度偏移资料，不部署勘探开发井位。

（2）火成岩影响区速度建模及地震处理攻关，助推塔河南百万吨建产。

哈拉哈塘油田二叠系火成岩普遍发育，岩性主要是英安岩、玄武岩和火山碎屑岩，岩性、岩相空间变化大、厚度分布不均，造成速度差异大。通过对先期地震资料的研究发现：二叠系火成岩岩性、岩相突变处断层发育，断裂平面呈弧形带状展布（图 3-11）；该弧形断裂带平面延伸长度近 200km；弧形断裂带附近奥陶系内幕往往发育类杂乱反射（范围 100～3000m），地震特征模糊不清。

2010 年，哈拉哈塘开展地震叠前深度偏移处理攻关，发现弧形断裂带在地震叠前时间偏移资料和地震叠前深度偏移资料成像上存在明显差异。研究人员认识到二叠系火成岩对下伏地层地震准确成像有较大影响，并开展了二叠系火成岩速度建模工作，但由于受到地质认识和地震处理技术的限制，问题依然未解决。为了弄清楚弧形断裂带附近奥陶系内幕地震信息

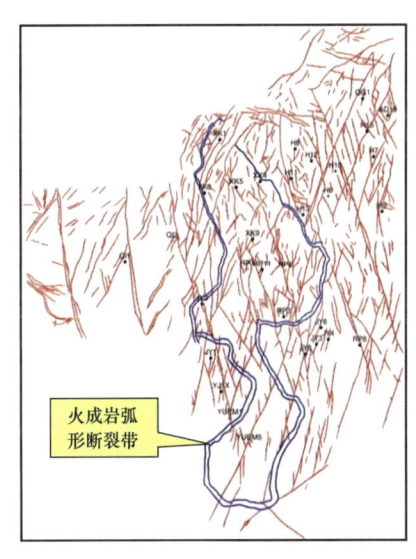

图 3-11 哈拉哈塘油田奥陶系一间房组断裂平面展布

的真伪，2014 年初开展了跃满三维区地震处理技术攻关；2014 年 7 月，组织召开哈拉哈塘弧形断裂带及周缘地震处理研讨会，分析弧形断裂带及其周缘的地震地质特点和地震成像模糊不清的影响因素，探讨地震速度建模与偏移成像技术，以解决二叠系火成岩区地震的成像问题。

为了从理论上弄清楚影响地震成像的原因，2014 年开展地震模型正演研

究，发现弧形带边界岩相的突变，能够引起速度突变和速度各向异性，这种突变在速度网格精度低、平滑较大的情况下会成像为"假断层"。这种"假断层"与地震剖面上的真实断层十分相似，说明地震资料上的弧形断裂带有可能是假的；同时速度突变和速度各向异性也会对下伏低幅度构造的落实、奥陶系碳酸盐岩缝洞成像与空间归位精度造成明显影响。地震模型正演还表明："假断层"现象在时间偏移处理中无法消除，但在深度偏移处理中可以消除。如何在地震深度偏移处理过程中，将火成岩地质研究成果、地震相控反演速度体，与地震资料处理中的速度模型、各向异性参数求取相结合，发挥好相控反演的火成岩速度建模技术优势，这里消除火成岩影响、提高速度建模精度是本次攻关的关键点。

2015 年，开展二叠系火成岩岩性、物性、电性、平面分布、构造特征、地震 VSP 速度特征等研究。在此基础上，开展以二叠系火成岩段精细速度建模为核心的地震精细处理技术攻关，将正反演技术与地震相分析技术相结合，利用二叠系火成岩段波阻抗体和速度体，预测火成岩的平面及空间展布特征，定量分析不同岩性、岩相火成岩速度的纵横向变化规律、多种火成岩叠加速度效应以及对下伏构造影响。处理解释一体化攻关形成了火成岩相控速度建模技术。

由于地震相控反演速度研究过程中，充分考虑了二叠系火成岩不同岩性、物性、电性等影响速度变化的参数特征，通过应用地震地质一体化的研究思路，以及正反演相结合的研究手段和特色技术，使得经过相控反演得到的火成岩速度体精度更高，依此作为网格层析速度反演的初始速度模型，经过相应流程处理，必然会提高地震处理中所应用的速度模型精度。在利用基于相控反演的火成岩速度建模技术得到的地震叠前深度偏移资料上，火成岩突变带之下的奥陶系缝洞储层成像质量得到了明显提高，同时对"假断层""假构造"的消除效果明显，这为钻探目标的发现和落实夯实了资料基础。

火成岩相控速度建模技术已经成为哈拉哈塘地区叠前深度偏移处理中的核心技术。截至 2018 年底，利用该项技术处理的地震叠前深度偏移资料在塔河南部的跃满、富源、哈得逊、玉科、跃满西等区块部署并钻井 108 口，成功 86 口井，钻井成功率达到 80%，有效支撑了哈拉哈塘油田塔河南部碳酸盐岩百万吨建产工作。

（3）缝洞雕刻是超深碳酸盐岩缝洞型油气藏高效勘探开发永恒主题。

缝洞体是勘探开发的目标，找到了缝洞体就能找到储层发育区，就可能发现油气。在油田勘探开发研究过程中，始终把发现、描述缝洞体放在了一切工作的首位。

自哈 6 区块三维地震实施开始，就提出了"要象刻画分子结构一样刻画碳酸盐岩缝洞储层"的攻关目标，并开展针对性地震刻画技术攻关。2008年，引入均方根振幅属性提取技术，地震"串珠"反射的平面轮廓才得以识别；2009年，攻关形成振幅梯度属性识别技术，实现地震"串珠"反射的剖面轮廓识别（图3-12）；2010年，攻关形成地震振幅体雕刻技术，实现地震"串珠"反射和裂缝的三维空间轮廓雕刻及定性预测；2011年，攻关形成碳酸盐岩缝洞储层量化雕刻技术，实现对缝洞体内部空间结构的刻画、有效储集空间的定量计算。碳酸盐岩缝洞储层雕刻成果展示了碳酸盐岩缝洞体的空间形态、分布特征、各类储层发育规律、体积大小、相对高低关系，充分反映非均质岩溶缝洞储层的特点（图3-13）。

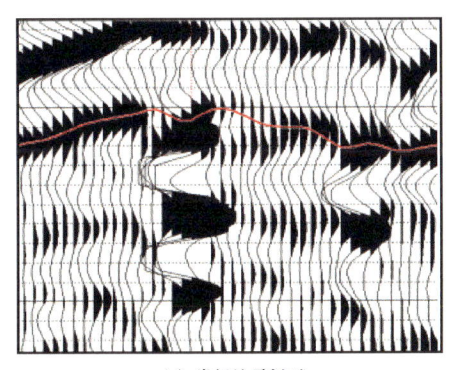 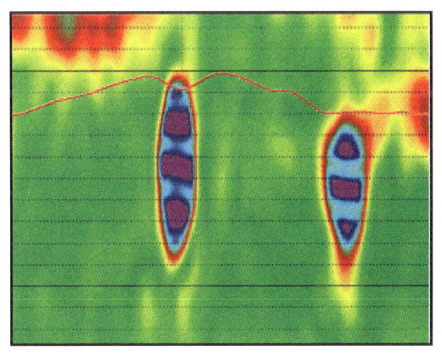

(a) 常规地震剖面　　　　　　　　　(b) 振幅梯度属性剖面

图 3-12　常规地震剖面和振幅梯度属性剖面"串珠"反射形态对比

图 3-13　碳酸盐岩缝洞体内部空间结构与有效储集空间立体雕刻图

2012年，以碳酸盐岩缝洞储层量化雕刻技术为基础，地震、地质相结合，进一步开展攻关，形成了储量计算新方法——"缝洞雕刻容积法"，当年就利用该新方法完成了新垦—热瓦普区块奥陶系碳酸盐岩缝洞型油藏的储量研究工

- 175 -

作，上交控制预测石油地质储量。2013年，形成碳酸盐岩缝洞型油气藏储量计算油田级企业标准；2015年，形成碳酸盐岩缝洞型油气藏储量计算集团公司级企业标准。

3.VSP驱动随钻地震导向钻井技术提高超深缝洞型碳酸盐岩储层钻遇率

2011—2012年，叠前深度偏移技术在哈拉哈塘油田应用取得了较好效果，钻井深度误差由1.5%减小到0.5%，优质储层钻遇率由45%提高到53%。但完钻的井中有56口井正中地震"串珠"中心但未钻遇优质储层和进行酸压；35口井失利，其中4口井酸压后测试为含油水层、20口井酸压后测试为水层、11口井酸压后测试为干层，这给钻井成功率和勘探开发效益带来很大影响。

为了提高优质储层钻遇率，2012年底，引入海上随钻地震导向钻井（SGD）技术，2013年开始在哈12井区进行试验。试验区地表为农田区，采集时为了模拟海上气枪震源激发环境，使地下6500m能接收到足够能量的地震波，施工前要修合格的专用气枪池（图3-14），单口井作业时间一般需要12～15天，施工成本不低于300万元，随钻作业的数据稳定性和安全风险也较大。另外，由于数据采集至少3次，地震资料处理上需要进行至少3次的地震速度模型更新和叠前深度偏移处理，解释上也要进行至少3次的缝洞体刻画和靶前轨迹预测，工作量大。2013—2014年利用该技术实施的4口井，均在奥陶系碳酸盐岩目的层钻遇优质储层，2口井发生放空与钻井液漏失现象、2口井发生钻井液漏失现象，试验获得了成功。但由于施工难度、周期、成本等因素，影响了勘探开发效率和效益，而且该技术是一个捆绑性专有技术，进行规模推广也受到限制。

(a) PAT气枪池(容易破裂漏水)   (b) 铁罐气枪池

图3-14 钻地震导向钻井（SGD）技术所使用气枪池照片

为此，科研人员和现场施工人员经过充分调研和论证，采集上提出利用常规VSP的可控震源车激发替代海上气枪震源激发的思路。2015年8月，在跃满704井开展可控震源车VSP数据采集与气枪震源SGD数据采集并行试验，发现可控震源车VSP采集的数据质量优于气枪震源SGD采集的数据，而且可控震源车 VSP 采集作业前准备时间 1 天、作业时间 2 天，施工成本不到 100 万元。试验井在奥陶系碳酸盐岩目的层钻进中发生钻井液漏失现象，试验获得成功，解决了野外施工效率问题，并大幅降低了作业成本。

处理解释上，在与专业公司合作的同时，组织了中国石油的科研团队开展处理解释一体化联合攻关，从 2014 年"跟着学"到 2015 年"并行干"，再到 2015 年形成具有超深缝洞型碳酸盐岩特色的 VSP 驱动随钻地震导向钻井技术流程。

2016 年以后，该技术在哈拉哈塘地区得到规模化应用，大大提高哈拉哈塘地区碳酸盐岩缝洞储层的直接钻遇率，截至 2018 年 12 月，放空漏失率达到 83%，钻井成功率达到 85%。

（三）勘探成效

1.油藏特征

1）埋藏深度大

哈拉哈塘油田主力产层为奥陶系一间房组—鹰山组，一间房组顶面构造整体呈北东高、西南低的大型斜坡，油区范围内埋藏深度 6500~7600m。近两年，随着哈拉哈塘油田勘探持续向南部构造低部位扩大，出油层位埋深不断刷新纪录。2017 年完钻的果勒 1 井在井段 7530~7750m 完井和常规裸眼测试，用 3mm 油嘴，折合日产油 95.13m^3，原油密度 0.8123g/cm^3（20℃），折合日产气 37839m^3，气密度 0.72kg/m^3，测试结论为油层，高压物性流体相态分析为易挥发性油藏。文献检索表明：果勒 1 井是 2018 年底之前世界陆上埋藏最深的工业油流井。

温压数据表明哈拉哈塘奥陶系一间房组—鹰山组主力产层属于正常温度压力系统，平均地温梯度 2.24℃/100m，取油层中部深度 6950m、地面平均温度 11.3℃，计算得到油藏中部温度为 166.98℃；油藏原始压力系数 1.08~1.20，属于正常压力系统，原始地层压力平均 76.5MPa。

2）碳酸盐岩岩溶缝洞型储层

（1）次生岩溶缝洞体是主要的储集空间。

哈拉哈塘油田奥陶系一间房组—鹰山组，沉积相以碳酸盐岩开阔台地高能滩相为主，岩石类型以亮晶砂屑灰岩为主，基质孔隙度非常低，一般不大于 1.5%，渗透率一般不大于 1.0mD，基本不具备储集性能。油气储集空间主要是溶蚀洞穴、孔洞和裂缝，钻井过程中，在正中缝洞储集体靶点的情况下普遍发生放空漏失。截至 2018 年 11 月底，完钻探井、开发井 590 口，钻遇缝洞储集体并发生放空漏失井 343 口，占完钻井的 58.1%，其中钻遇洞穴放空井共 155 口，占完钻井的 26.3%，最大放空超过 29m（热普 401 井放空后下探 29m 未探至底）。这与试井解释平均渗透率达到739mD，70%的井表现为中渗透—特高渗透储层特征是吻合的。

开发试采动态资料分析，55.7%的生产井表现出以洞穴型储集体供液为主，44.3%的生产井表现出以裂缝—孔洞型储集供液为主。统计表明，洞穴型储集体的产油量占总产油量的70%，表明储集类型为典型的缝洞型储层。

（2）岩溶缝洞储层沿不整合面大面积发育。

加里东运动期间，哈拉哈塘地区经历了多幕构造抬升与暴露，巨厚碳酸盐岩内幕发育了O_1y/O_2y、O_2y/O_3t平行不整合、O_3l/O_3s角度不整合和中加里东晚期（O/S）角度不整合，岩溶缝洞体沿不整合面分布，一般分布于不整合面之下150m范围内，形成典型的层间岩溶储层，特别是一间房组—鹰山组石灰岩受晚期不整合岩溶的叠加改造，缝洞型储层大面积整体发育。

良里塔格组沉积后，塔北隆起发生构造隆升，良里塔格组局限台地暴露溶蚀，发育大量明河沟谷，普遍下切至一间房组，造成顺层岩溶改造，沿明河沟谷两侧发育暗河岩溶洞穴体系。志留系沉积前，塔北隆起整体抬升剥蚀，开始最强一期岩溶过程。桑塔木组尖灭线以北地区奥陶系碳酸盐岩喀斯特古潜山形成，储层受潜山风化壳岩溶作用的叠加改造；桑塔木组尖灭线以南的附近区域，良里塔格组、一间房组再次被顺层岩溶叠加改造，形成受大的断层裂缝系统控制的岩溶系统。

由于加里东期岩溶作用期次多，层间岩溶发育，储层充填程度低，哈拉哈塘油田物性普遍较好。

岩溶缝洞体沿断裂、裂缝带发育。

奥陶系内幕致密碳酸盐岩在不同时期的构造抬升暴露溶蚀过程中，岩溶总是沿着断裂破碎优势带发生，形成岩溶洞穴或岩溶缝洞带，因此，断裂在整个碳酸盐岩缝洞型储层形成过程中起到非常重要的作用。

哈拉哈塘地区加里东期大型"X"形走滑断裂及其伴生的裂缝破碎带非常发育，断裂在蓬莱坝组沉积末期、鹰山组沉积末期、一间房组沉积末期都有活动，以一间房组沉积末期最为发育，为碳酸盐岩储层溶蚀改造创造了条件。地震储层预测表明缝洞储集体沿断裂呈条带状密集发育。

3）准层状油藏

（1）油气多期充注，北重南轻。

哈拉哈塘奥陶系碳酸盐岩油藏原油性质的差异分布性较强，主体属于低凝固点、低黏度、低含硫的中轻质原油，由北向南原油密度逐渐变小，与塔北隆起区域上的原油物性分布规律吻合，显示越往北靠近构造高部位，原油密度越大。北部哈15井区—哈7井区—哈9井区，以重质油为主，原油密度 0.9234～1.01g/cm³（20℃），平均 0.9540g/cm³；南部斜坡为中—轻质油分布区，局部见挥发油—凝析油，原油密度最低为 0.7884g/cm³（20℃）。原油黏度 385.3～1.44mPa·s，以低黏度原油为主；凝固点 –30℃～22℃；含硫量 0.05%～1.42%；胶质+沥青质含量 0.55%～32.46%。

埋藏史与烃类包裹体研究表明，哈拉哈塘地区奥陶系主要有两期充注成藏活动：第一期为海西晚期的充注成藏，包裹体均一温度分布在 80～95℃，至海西末期古油藏抬升至 600～1200m 埋深，哈 6 区块北部普遍遭受氧化降解，存留有大面积分布的重质—超重质原油；第二期为喜马拉雅期的高熟原油和天然气充注成藏，包裹体均一温度大于 115℃，形成南部的轻质油油藏。

（2）含油气缝洞体分布于不整合面以下一定范围内。

哈拉哈塘油田奥陶系吐木休克组—桑塔木组的致密泥灰岩与桑塔木组的巨厚泥岩形成区域盖层，主力产层为一间房组，向南逐渐过渡为鹰山组。奥陶系油藏受岩溶储层控制，油气赋存于岩溶缝洞体中，不同含油缝洞体沿不整合面不规则分布，层位相对稳定。含油气缝洞体纵向上主要沿一间房组顶面以下 150m 范围内分布，哈拉哈塘北部含油缝洞体在一间房组不整合面之下 70m 范围内最富集，中部含油缝洞体主要分布于良里塔格组顶面之下 70～150m 范围内，向南到富源、果勒，乃至满西低梁地区，含油气缝洞体则主要分布于鹰山组一段、鹰山组二段（图 3-15），不同含油气层位叠置连片。单个含油缝洞体平面延伸范围小，不同含油气缝洞体常常各自具有独立的油水界面，区域上没有统一的油水界面。如新垦 4 井，目前已累计产原油 1.35×10^4t，相邻的新垦 404 井已累计产油 6.04×10^4t，而与这两口井相邻仅 1200m 的新垦 4002 井则测试出水，说明紧邻的这三口井可能相互不连通，为独立的油气单元，没有统一的油水界面。宏观上油层顶面和底面，不同含油气缝洞体的油气水界面包络线凹凸不平，油气藏呈准层状特征。已证实油藏顶面南北高差大于 1100m，目前油藏向南到满西低梁还没有找到边界。

（3）含油气缝洞体沿断裂带富集。

断裂附近岩溶作用强度大、缝洞发育，油气富集程度高，含油缝洞体油柱高度大，单井产能高，是富油气区带。统计表明哈拉哈塘油田 87% 的高产井分布在主断裂 1500m 范围内。按照走滑断裂样式和力学性质特征来看，走滑断裂负花状压扭段和正花状张扭段，由于断裂破碎带发育，是高产高效井集中发育区，而走滑断裂线性段的含油气性则较差；哈拉哈塘北部热瓦普、哈 6、新垦区块，由于水体活跃，高产井大多集中分布于压扭段构造的高部位；南部的金跃、跃满、富源、哈得 23 区块则因油柱高度大，断裂张扭段和压扭段均可获得高产（图 3-16）。哈拉哈塘南部深大断裂带控储控藏特征更明显。

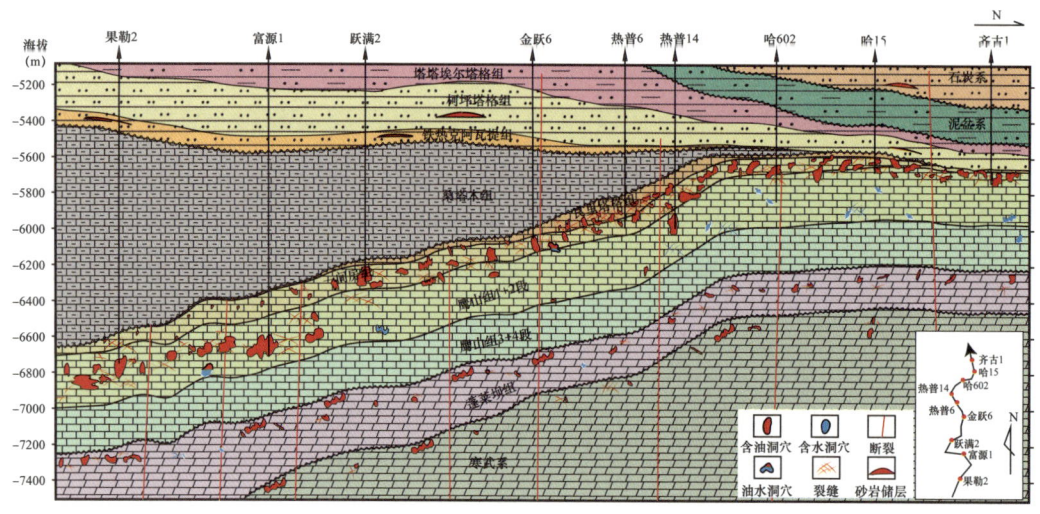

图 3-15 哈拉哈塘油田奥陶系南北向油藏剖面图

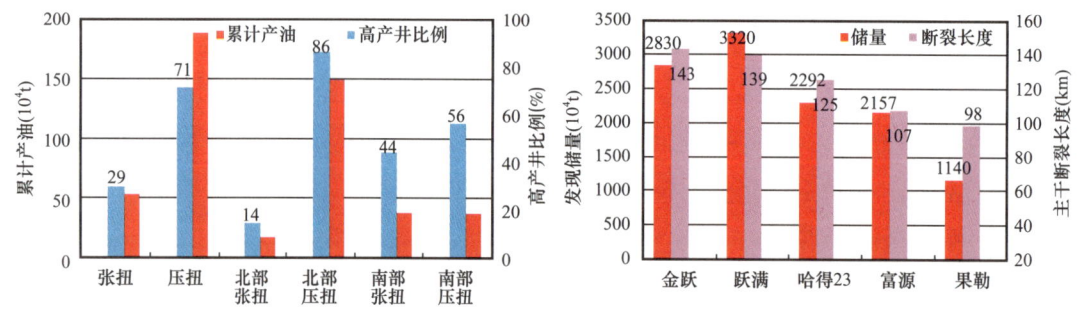

图 3-16 哈拉哈塘油田主干断裂与高产井、发现储量关系直方图

哈拉哈塘油田奥陶系共划分出体积大于 $5 \times 10^4 m^3$ 的缝洞体 1782 个，油水趋势面之上平均体积约 $23 \times 10^4 m^3$。开发动态资料表明哈拉哈塘油田目前投产的 363 口生产井，单井控制动态地质储量约 $(2 \sim 60) \times 10^4 t$。证实的多井连通缝洞单元仅 25 个，涉及 68 口井，绝大多数开发井是一井一单元，形成独立的小油藏，正是众多的小油藏一起，组成了哈拉哈塘大油田。

轮古—塔河—哈拉哈塘—英买力地区奥陶系碳酸盐岩具有相同的地层及沉积特征，构造与成藏演化史基本一致，为整体连片含油、局部富集的非均质准层状大油气田，东西长约 210km，南北宽约 130km。

2. 发现并控制超 $5000km^2$ 大油气区

自 2009 年哈拉哈塘油田发现以来，连续 9 年的勘探，每年都突破 1~2 个新三维地震区块，油田主体达到探明程度，含油气面积超过 $5000km^2$，累计发现三级石油地质储量 $3.26 \times 10^4 t$。其中探明石油地质储量 $2.70 \times 10^4 t$，油气范围还在不断向南、向西、向深层扩展。支撑了原油产量每年以 $(20 \sim 30) \times 10^4 t$ 的规模递增，成为塔里木油田原油上产增储的主力。

随着近两年哈拉哈塘油田最南部果勒区块的突破，层间岩溶油气藏勘探进一步向南拓展，塔北—满西低梁—塔中整体连片含油气的形势已经明朗。塔中、塔北古隆起实质上是连为一体的大型台隆构造，其连接纽带为阿满低梁，油气运聚条件得天独厚。首先，该台隆在沉积时期即具有大型台地的正向背景，在中晚加里东期强烈隆升后就基本定型，且与塔里木台盆区海相油气系统晚加里东期、晚海西期以及喜马拉雅期的大规模生排烃地质历史匹配良好，是油气长期运聚的有利指向区。其次，台隆下部、东部均为烃源灶，寒武系主力烃源岩大面积分布在塔中北斜坡—阿满低梁—塔北西部以及满加尔凹陷，油气下生上储的空间配置优越。再次，加里东期区域走滑断裂向下断至基底，成为油气垂向立体网状运聚的重要通道，奥陶系断控层间岩溶储层仍然发育，塔北南缘至塔中北斜坡之间埋深小于8000m矿权内有利面积约12000km^2，估算石油资源量约10×10^8t，是近期原油上产增储最现实的领域。

3. 高效建成百万吨大油田

在勘探开发一体化、上产增储一体化思想指导下，通过持续加大碳酸盐岩油气藏勘探、评价与产能建设力度，哈拉哈塘油田原油产量以年均20×10^4t的规模持续上升。油田原油年产量从2009年的4.73×10^4t快速增长到2014年的115.03×10^4t，2018年原油产量达到135.64×10^4t（图3-17），累计产原油833.24×10^4t，实现了快速上产及效益开发，是塔里木油田公司第一个碳酸盐岩百万吨大油田。

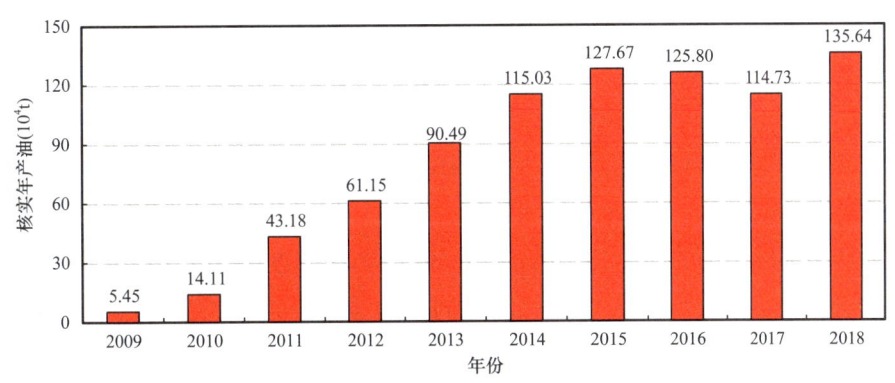

图3-17 哈拉哈塘油田历年原油产量直方图

二、塔中超深碳酸盐岩大型凝析气田勘探实践

塔里木盆地塔中隆起位于塔克拉玛干沙漠腹地、新疆维吾尔自治区巴音郭楞州且末县、阿克苏地区沙雅县、和田地区民丰县境内。塔中隆起北接满西低梁，东西分别与古城鼻隆、巴楚隆起相邻（图3-18），已发现石炭系、志留

系、奥陶系、寒武系等多个含油气层系。其中，台缘礁滩复合体、内幕层间岩溶储集体、深层白云岩等是海相碳酸盐岩油气勘探的重要领域，中国石油矿权内控制含油范围东西长约200km，南北宽约30km，含油气面积达2108km²。

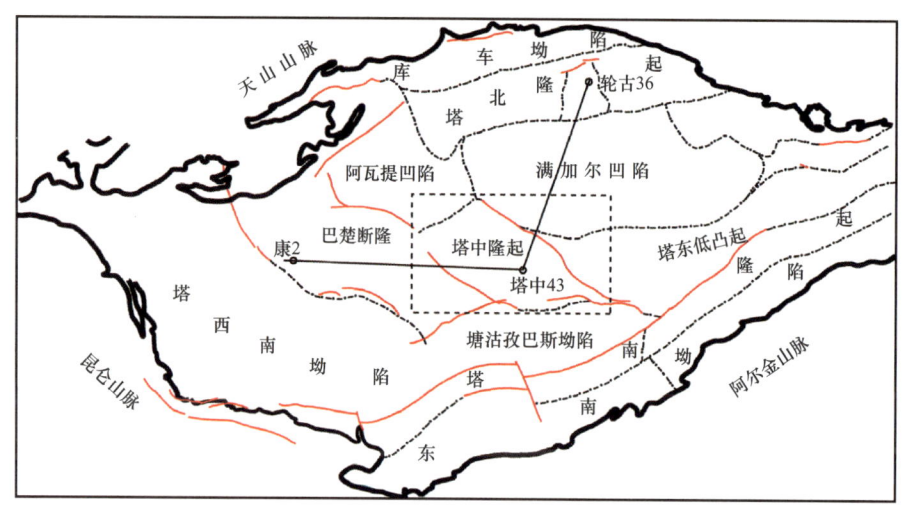

图3-18 塔中隆起构造位置图

（一）勘探历程

塔中隆起海相碳酸盐岩勘探经历了三个重要阶段，即征战中央主垒潜山区、转战北斜坡台缘礁滩复合体、挺进内幕层间岩溶储集体。30多年坚持不懈的勘探实践与科技攻关，发现探明了中国奥陶系最大礁滩复合体凝析气田、奥陶系内幕层间岩溶亿吨级凝析气田，拓展了超深碳酸盐岩内幕油气勘探新领域，打造了海相碳酸盐岩凝析气田开发国家示范工程。

1. 塔中隆起中央—垒带潜山高部位勘探战略发现与挫折（1989—1996年）

（1）征战大漠腹地，塔中Ⅰ号巨型背斜首战告捷，碳酸盐岩勘探获战略发现。

塔里木盆地面积$56\times10^4 km^2$，中部塔克拉玛干沙漠面积$33\times10^4 km^2$，是中国最大的沙漠，也是世界第一大流动性沙漠，号称"死亡之海"。

1983年5月，沙漠地震队揭开了石油人征战"死亡之海"的宏大序幕，两年内采集了19条纵贯塔里木盆地南北的区域地震大剖面。1986年第一轮资源评价，锁定塔中Ⅰ号构造资源量达$29.8\times10^8 t$（图3-19），形成了探索"坳中隆"、钻探"潜山大背斜"、发现"大场面"的勘探思路。

1989年4月10日，塔里木石油会战指挥部成立，在"建立两个根据地、打出两个拳头、开辟一个生产试验区"战略思想指导下，指挥部决定上钻塔中1井，打出第一拳。1989年5月5日，塔中1井开钻，同年10月18日，在奥陶系3565.98~3649.77m井段裸眼中测试，用22.33mm油嘴测试，日产凝析

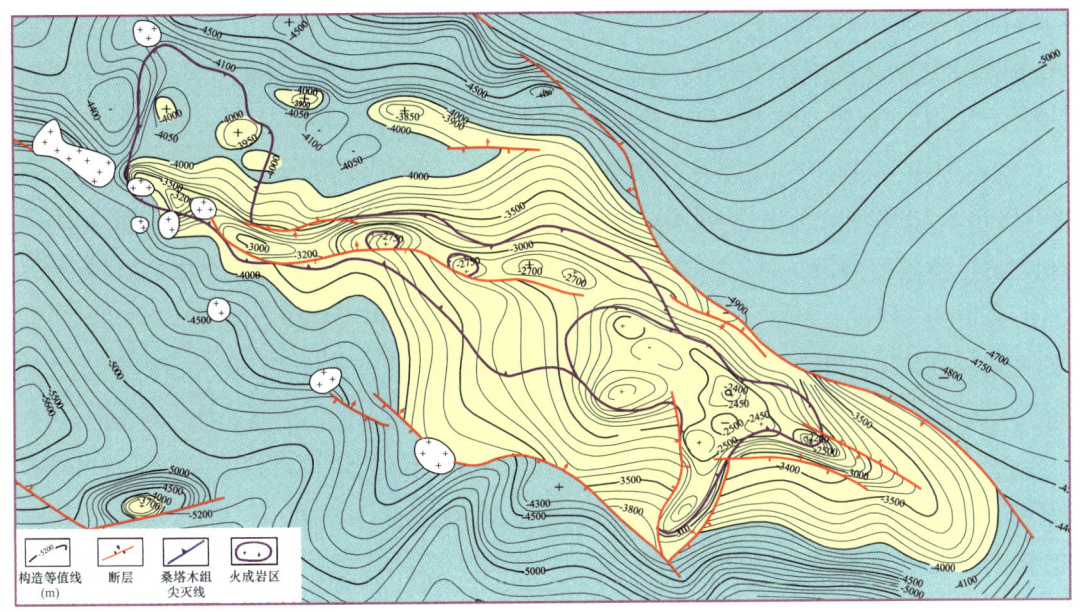

图 3-19 塔中 Ⅰ 号背斜碳酸盐岩顶面构造图

油 356m³、天然气 55.7×10⁴m³，发现了塔中 Ⅰ 号潜山奥陶系碳酸盐岩高产凝析气藏。"塔中 1 井的重大发现，是塔里木勘探史上的第五个里程碑，作为沙漠腹地第一口预探井就命中目标，标志着塔里木油气勘探从盆地边部走向沙漠腹地"（邱中建，1999），由此拉开了塔中隆起油气勘探的序幕。

（2）评价潜山高部位，中央垒带甩开钻探惨遭失利，碳酸盐岩勘探陷入停滞。

立足"背斜控油、潜山控油"，塔里木石油人积极扩大塔中 1 井奥陶系的潜山勘探成果，但随后在潜山高部位钻探的塔中 3 井、塔中 5 井，这两口井相继失利；1992—1993 年，塔中主垒带潜山区西部的碳酸盐岩钻探相继落空，东部的塔中 8 井、塔中 38 井、塔中 7 井等也告失利；同时，在评价塔中 Ⅰ 号碳酸盐岩潜山的塔中 101 井、塔中 102 井失利后，至 1996 年，在塔中中央断垒带钻遇潜山的 20 余口井，除发现塔中 Ⅰ 号凝析气藏外，均告失利。

由于塔中主垒带潜山区碳酸盐岩储层非均质性极强、油气藏类型复杂、流体分布规律不清，潜山区高部位的勘探陷入了停滞。值得欣慰的是，在此期间先后发现了塔中 4、塔中 6、塔中 10、塔中 16、塔中 40 等碎屑岩油田。

2. 塔中北斜坡台缘礁滩复合体勘探及大型凝析气田探明（1996—2008 年）

（1）转变勘探思路，塔中北斜坡 4 口井获油气流，发现塔中 Ⅰ 号断裂带富油气区。

面对种种挫折与失利，塔中碳酸盐岩勘探通过不断总结经验，砥砺前行，形成了从"潜山高部位"向"斜坡区"转移的勘探思路，展开了对塔中南、北斜坡区的探索。1996—1997 年，以塔中北斜坡的塔中Ⅰ号断裂带奥陶系碳酸盐岩为勘探重点，优选塔中 45、塔中 44、塔中 24、塔中 26 等四个构造圈闭进行钻探，获重大突破，发现塔中Ⅰ号断裂带富油气区。

① 塔中 45 井，位于塔中Ⅰ号断裂带西段，背斜型圈闭，面积 58.9km²，幅度 100m；6020～6150m 井段完井酸化，用 9mm 油嘴求产，日产原油 300m³、日产天然气 111548m³。

② 塔中 44 井，位于塔中Ⅰ号断裂带中段，断块型圈闭，面积 13.8km²，幅度 95m；4857～4888m 井段，用 9mm 油嘴求产，日产天然气 48710m³、日产原油 3.48m³。

③ 塔中 24 井，位于塔中Ⅰ号断裂带东段，断背斜型圈闭，面积 11.5km²，幅度 170m；4461.1～4483.48m 井段中途酸化测试，用 7.94mm 油嘴求产，日产原油 15.1m³、日产天然气 28892m³。

④ 塔中 26 井，位于塔中Ⅰ号断裂带东段，圈闭类型为断背斜，面积 13.7km²，幅度 175m；4300～4360m 井段完井酸化，用 5.56mm 油嘴求产，日产原油 39.6m³、日产天然气 123552m³、日产水 15.6m³。

塔中Ⅰ号断裂带西起塔中 45 井区，东至塔中 26 井区，东西长约 200km，油气显示集中在良里塔格组二段，层位稳定、储层发育，东西油气层高差达 1800m（图 3-20）。塔中 24、塔中 45 等井的成功钻探，证实了塔中Ⅰ号断裂带富油气区，开辟了塔中碳酸盐岩内幕油气藏勘探的新战场。

（2）扩大钻探战果，塔中Ⅰ号断裂带甩开钻探却屡屡受挫，巨大期望化为乌有。

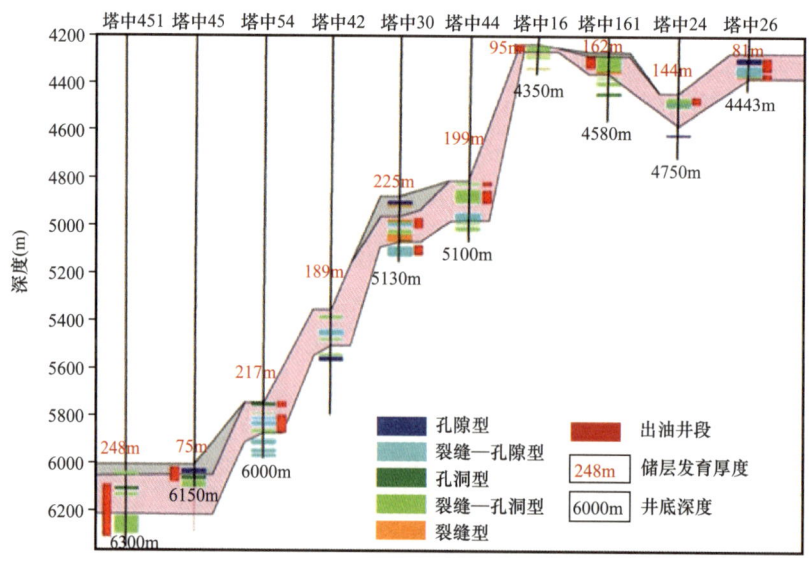

图 3-20 塔中Ⅰ号断裂带奥陶系储层类型及分布

塔中44井、塔中45井获得突破后，又沿塔中Ⅰ号断裂带先后部署了塔中49井、塔中27井等4口井，以钻探不同区段、不同类型的构造圈闭，以期控制塔中Ⅰ号断裂带的整体油气规模，结果却相继失利；评价塔中45油藏时先后上钻2口井，仅有1口井（塔中451井）获得工业油气流。这时对碳酸盐岩油气藏的复杂性有了一定认识，1998年之后，塔中Ⅰ号断裂带的碳酸盐岩勘探很快陷入停滞状态。

虽然已认识到塔中Ⅰ号断裂带是有利的油气聚集带，也已形成断裂带控油与构造勘探的思路，但不同区带、不同类型的局部构造圈闭都已钻探完毕，却无新发现，更"无"新的圈闭可钻；同时，地震资料品质差，碳酸盐岩储层难于识别和预测，评价钻探屡屡受挫，更为致命的问题是碳酸盐岩井普遍难以高产稳产。此时，对塔中Ⅰ号断裂带的巨大期望顿时化为乌有，勘探再次饱尝塔中1井甜蜜之后的苦涩。

1998—2002年，塔中地区勘探工作量锐减，勘探战线不断"退缩"。碳酸盐岩勘探在潜山、斜坡区虽有兼顾，钻遇奥陶系的井仅有6口，分别探索潜山—斜坡区不同领域的碳酸盐岩，但却一无所获。塔中碳酸盐岩从潜山高部位到斜坡区、从构造圈闭到岩性圈闭、从石灰岩到白云岩、从奥陶系到寒武系，十几年"大场面"的艰辛探索，仅仅发现了塔中1、塔中45等7个小型油气藏，且没有一口井能稳产、没有一个油气藏能探明，也没有一个区块能建成产能投入开发。此时，塔中碳酸盐岩勘探已是"进退维谷"和"山穷水尽"。

（3）突出地质认识，转变勘探思路，探明台缘坡折带亿吨级礁滩型凝析气田。

"十一五"攻关以来，针对塔中碳酸盐岩勘探的种种困境，塔里木油田积极开展塔中北斜坡碳酸盐岩勘探潜力重新评价、主攻方向重新优选、勘探技术重新优化等科技攻关。使地质认识得到转变，关键技术得到建立和创新，推动了勘探思路的重大转变，最终突破塔中碳酸盐岩高产稳产难关，发现探明了台缘坡折带亿吨级礁滩型凝析气田。

① 断裂带向坡折带的地质认识转变。

钻探成果表明塔中北斜坡的塔中Ⅰ号断裂带是油气富集区，但钻探屡屡受挫，致使勘探无法展开。如何扭转被动局面并找到大型油气田？地质勘探人员坚持"探井无空井、勘探无失败"的理念和"矢志寻找大场面"的信念，围绕成藏地质关键事件进行失利原因剖析，认识到控制碳酸盐岩建造的台地结构是控储控藏的核心，重新开展了碳酸盐岩台地构造沉积演化历史研究，阐明塔中Ⅰ号断裂带实际上为碳酸盐岩沉积坡折带。这个认识推动了油气勘探由断裂带向坡折带的转变。

② 局部构造控油向储层控油的认识转变。

塔中Ⅰ号坡折带东西长200km的范围内均发现油气，油气柱高差2000m，油气主要富集在良里塔格组二段且不受局部构造控制；由于礁滩体本身孔隙发育且埋藏期经历强烈岩溶作用，形成大量次生溶蚀孔洞，礁滩复合体的储集性能是油气聚集成藏的主控因素。

③ 构造勘探、局部勘探向储层勘探、整体勘探的思路转变。

早期认为塔中Ⅰ号构造带是断裂带，形成了断裂控油和局部构造勘探的思路。经攻关研究，重构坡折带油气成藏模式，实现断裂带控油向坡折带控油、局部构造含油向整体含油的重大转变。这一转变指导了高产稳产井位的优选论证。

2003年底，基于三维地震的构造、断裂精细解释，礁滩体精细描述与地质建模，形成了针对礁滩体进行井位优化部署的技术体系。据此部署的塔中62井、塔中621井、塔中622井先后获高产工业油气流，经过试采，保持了长期高产稳产。

2005年初，塔中82井5440～5487m井段测试，用12.7mm油嘴求产，折合日产油485m^3、日产天然气727106m^3，成为塔中碳酸盐岩第一口千吨井（图3-21），被AAPG（美国石油地质家学会会刊）评为"2005年全球重大油气勘探新发现"之一。新一轮的钻探成果证实塔中Ⅰ号坡折带储层控油、整体含油的认识，坚定了寻找塔中碳酸盐岩大油气田的信心与决心。

2005—2008年，塔中Ⅰ号坡折带东部塔中62、塔中82、塔中26井区礁滩型凝析气藏连片探明；2008年塔中Ⅰ号坡折带西部塔中86、塔中45井区礁滩型油气藏择优探明。至2008年底，塔中Ⅰ号气田上奥陶统礁滩体已累计探明石油地质储量6079.58×10^4t，天然气地质储量875.03×10^8m^3，油气当量1.31×10^8t，成为中国第一个奥陶系礁滩型亿吨级凝析气田。

3. 塔中北斜坡内幕层间岩溶大型凝析气田的发现及潜力（2006—2019年）

坚持古隆起立体勘探，在全力以赴评价、探明台缘礁滩复合体的同时，积极组织塔中北斜坡奥陶系内幕区域不整合、与断层相关岩溶等油气藏的地质研究。探明了塔中83油气田，以及中古8、中古43大型凝析气田，拓展了塔中北斜坡内幕油气勘探新领域，揭示了塔中碳酸盐岩超深勘探的巨大潜力。

（1）转变思路，优化部署，塔中83井下奥陶统获油气勘探重大发现。

巨厚碳酸盐岩内幕是否存在区域不整合？能否形成有效的储集体并成藏？——是奥陶系内幕超深勘探的核心问题。塔中隆起在早奥陶世末发生强烈的构造隆升，整体缺失上奥陶统吐木休克组、一间房组及鹰山组一段和二段，形成第一期广泛分布、全球可对比的区域性大型不整合。钻井资料表明岩溶储

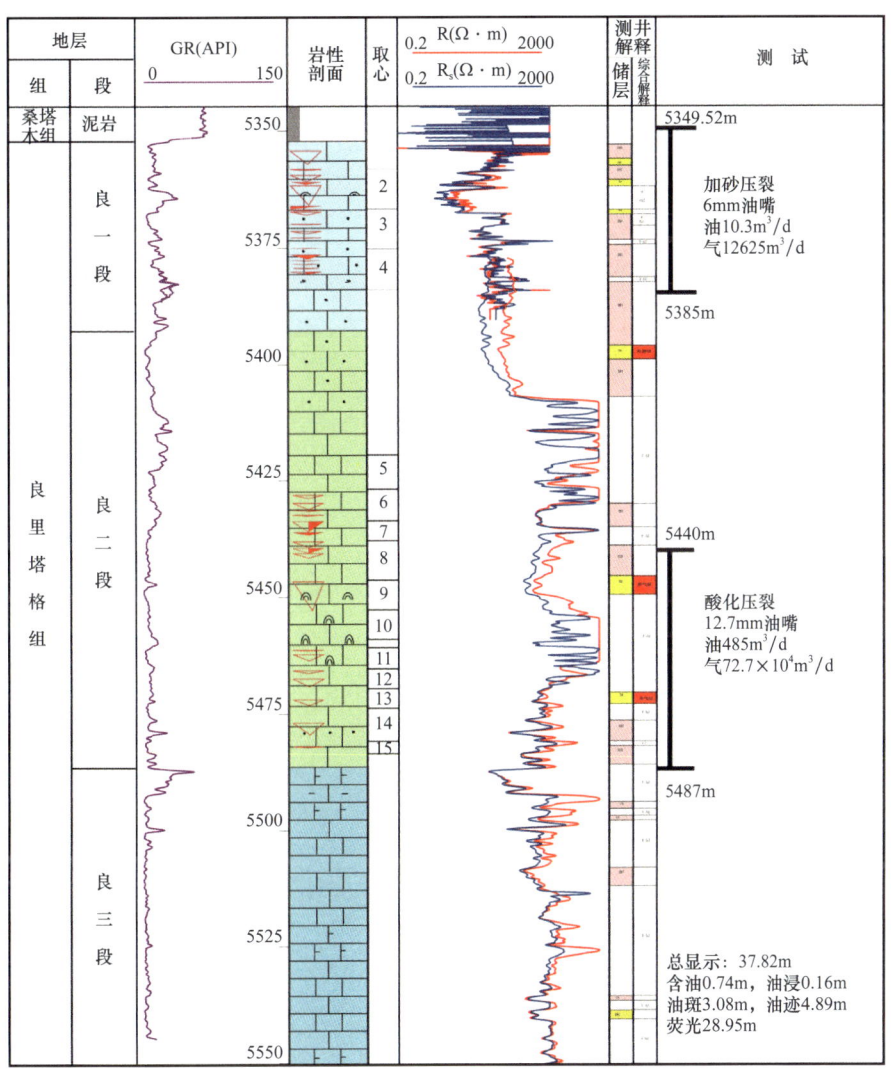

图 3-21 塔中 82 井奥陶系良里塔格组综合柱状图

集体厚度 100～200m，岩溶作用强烈、发育时间长，具有明显的纵向分带、平面呈层状展布的特征。储层预测研究发现，大型岩溶缝洞发育，并与其上覆 200～400m 巨厚的上奥陶统泥灰岩构成良好储盖组合。上、下奥陶统成藏对比研究表明，下奥陶统风化壳与上奥陶统礁滩体具有相同的油气来源与成藏期次、相似的碳酸盐岩岩性圈闭、相近的时空配置，因而具备形成油气藏的基本地质条件。

为了拓展塔中隆起奥陶系碳酸盐岩勘探新局面，坚持由潜山构造勘探向储层岩性勘探转变，由潜山高部位、斜坡高部位向斜坡低部位转变；勘探层系从上构造层向下构造层延伸，特别是，由海相碳酸盐岩浅表层向碳酸盐岩内幕转变。

2006 年 3 月 27 日，针对鹰山组内幕不整合所部署的塔中 83 井开钻，8 月

29日—9月13日，5666.1~5684.7m井段酸压，用11mm油嘴求产，日产油10.6m³，日产天然气639177m³（图3-22）。

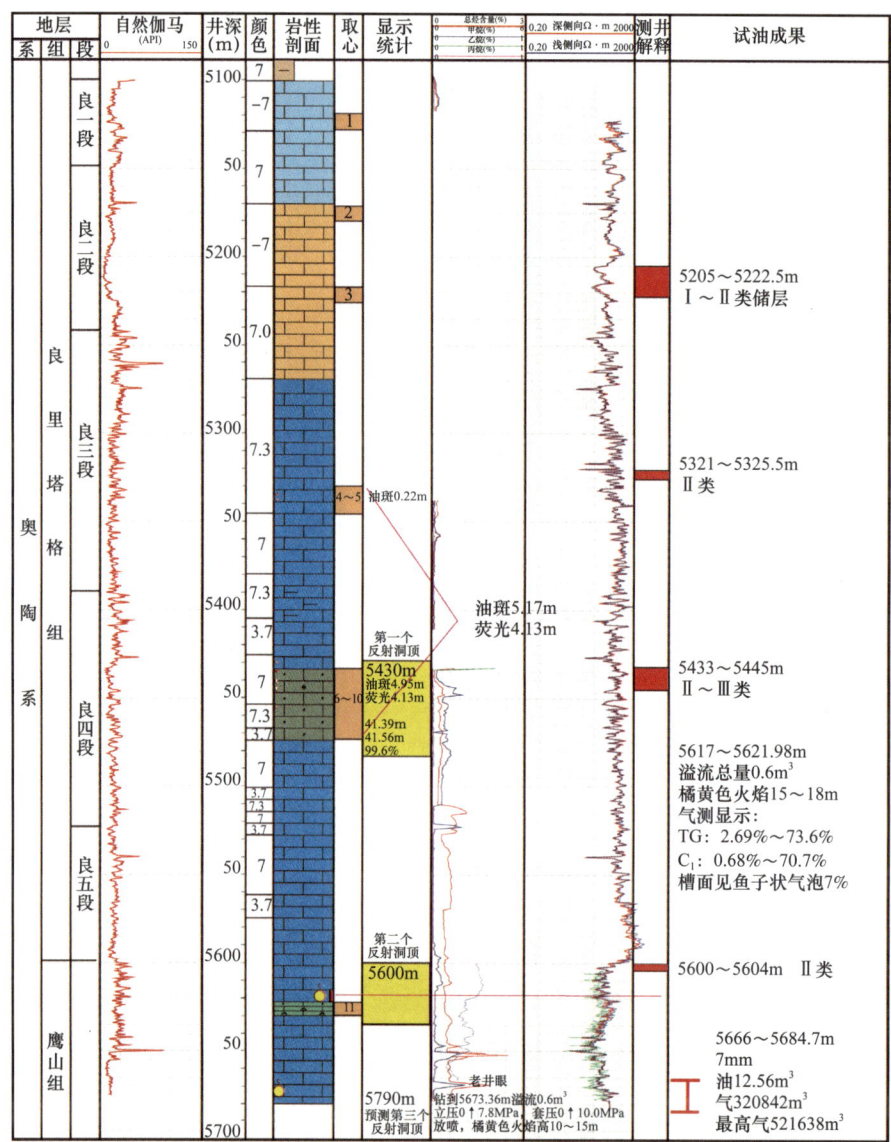

图3-22 塔中83井奥陶系综合柱状图

2008年，突出层间岩溶刻画，优选塔中83井区，整体部署探井7口，钻井成功率100%。首次探明塔中83井区奥陶系鹰山组中型油气田，新增天然气地质储量$327.9×10^8m^3$、凝析油地质储量$843.88×10^4t$。

（2）积极甩开、整体评价，探明中古8、中古43两个大型凝析气田。

2009年，深化层间岩溶凝析气藏地质认识，优选西部中古8区块，整体部署探井、评价井9口；完钻测试，100%获高产油气流，整装探明了中古8凝析气藏，新增天然气地质储量$1365.73×10^8m^3$，凝析油地质储量

4961.74×10^4t，油气当量 1.58×10^8t；

2010 年，在中古 43 井区集中部署探井、评价井 12 口，完钻测试，100% 获高产油气流，当年发现并探明中古 43 凝析气藏，新增天然气地质储量 $1158.75\times10^8\mathrm{m}^3$、凝析油地质储量 6014.53×10^4t，油气当量 1.52×10^8t。

2011 年，发现中古 51 区块，整体部署探井、评价井 9 口，当年申报预测天然气地质储量 $1130.73\times10^8\mathrm{m}^3$。

塔中北部斜坡奥陶系鹰山组碳酸盐岩油气藏，东西长约 200km，南北宽 30km，多层系叠置连片含油气的大型含油气区已经形成。

（3）立体勘探，挺进深层，揭示碳酸盐岩内幕巨大的油气勘探潜力。

2015 年，塔中阵地战坚持"横向无边界、纵向无底界"的勘探理念，开展古隆起复式成藏地质科研攻关，揭示奥陶系良里塔格组、一间房组、鹰山组、蓬莱坝组及寒武系巨大的油气资源潜力，形成立体勘探思路，超深碳酸盐岩成为油气大发现与增储上产的主攻方向。

滚动评价深层初见成效。2017 年，突出断层相关岩溶的精细刻画，针对鹰山组二段部署了中古 113 井，该井在 6235～6880m 完井、放喷求产，用 4mm 油嘴，油压 44.3MPa，日产油 $11.8\mathrm{m}^3$，原油密度 $0.7752\mathrm{g/cm}^3$（20℃），日产天然气 $98420\mathrm{m}^3$；中古 113 井获高产油气流，展现出深层鹰二段具有良好的含油气性，标志着塔中地区奥陶系鹰山组深层具有良好成藏地质条件；2017 年至今，中古 113 井区部署上钻 5 口开发评价井，落实天然气储量 $180\times10^8\mathrm{m}^3$、凝析油储量 300×10^4t。

挺进深层获得重要突破。2017 年，深化鹰三段、鹰四段层间岩溶成藏地质研究，部署上钻的中古 70 井获得成功，该井 7318～7413.84m 测试求产，日产气 $17.8\times10^4\mathrm{m}^3$，取得奥陶系鹰三段、鹰四段油气勘探重要突破，揭示了鹰山组多个层段油气富集特征；同时，基于对鹰山组下伏蓬莱坝组超深油气成藏地质认识的不断提升，部署的风险探井中蓬 1 井可望获得高产，并拓展超深油气勘探新领域。

超深勘探资源潜力巨大。塔中隆起从浅层石炭系、志留系碎屑岩到奥陶系碳酸盐岩浅层，再到奥陶系中深层、寒武系，均发现了油气藏，具有典型的复式成藏特点；依据全国第四次油气资源评价，塔中隆起不小于 6000m 的超深领域，油气资源约 12×10^8t，其中，天然气 $8861\times10^8\mathrm{m}^3$、石油 53692×10^4t。

最新研究表明，塔中隆起下古生界多层段有"串珠状"地震强反射规模发育，且大面积连片展布；塔中隆起超深勘探"纵向拓层、横向扩边"潜力巨大、前景广阔。近几年新区新领域勘探成效显著：① 2011 年 8 月，中深 1 井，首次发现塔里木盆地寒武系盐下原生气藏；2013 年 7 月，中深 1C 井，经小型酸洗测试，油压约 40MPa，最高折合日产气 216677m³，定产 158545m³，中深 1 井的成功拓展了塔中超深寒武系的勘探领域。② 2012 年 5 月 15 日，古城 6 井，在奥陶系鹰山组三段，6144～6169m 井段完井测试，用 8mm 油嘴放喷求产，油压 30.4MPa，折合日产气 264234m³，古城 6 井的成功扩大了塔中东部的超深勘探领域。

（二）实践与创新

塔中奥陶系大型凝析气田勘探开发实践，就是一部海相碳酸盐岩油气勘探的创新史、创业史、创造史。针对"死亡之海"油气勘探所面临的诸多科学问题与技术挑战，塔里木石油人历经千难万险与曲折，始终坚持"实践认识、再实践再认识"。创新了碳酸盐岩台地结构认识，发现了大型礁滩体与内幕不整合，建立了礁合体与层间岩溶地质模型；深化了走滑断裂控储控藏机理，构建了缝洞型凝析气藏地质模型；提升了复式油气聚集理论认识，推动了古隆起立体勘探实践；同时，创新了高密度三维地震技术采集、处理与解释等关键技术。发现了中国奥陶系最大的碳酸盐岩凝析气田，推进了碳酸盐岩增储上产与塔里木油田 3000×10^4t 大油田建设。

1. 注重台地结构剖析，发现台缘大型生物礁，探明中国奥陶系最大礁滩复合体凝析气田

1989 年，塔中 1 井碳酸盐岩获战略性发现，但紧接着在中央断垒带高部位潜山区钻探的塔中 2 井、塔中 3 井、塔中 5 井却接连失利；1996—1997 年，随着勘探的战略转移，塔中Ⅰ号"断裂带"东部塔中 24 井、西部塔中 45 井在奥陶系碳酸盐岩获高产油气流，但随后勘探却再度受挫，跌落低谷；塔中 44、塔中 161 等井虽然发现了奥陶系碳酸盐岩小型生物化石与油气，但未获工业油气流，在构造勘探阶段并未引起重视，且当时塔中碳酸盐岩普遍难以稳产也是掣肘勘探的重要因素；特别是，塔里木盆地奥陶纪是否具备造礁生物的古地质环境，能否形成大规模的生物建造，很多专家与学者都曾持怀疑态度。

（1）台地结构解剖，发现塔中Ⅰ号坡折带台缘发育大型生物礁群落。

虽然塔中隆起中央垒带潜山油气勘探受挫，但对"大场面"锲而不舍的追求从未停止。随着碳酸盐岩勘探的纵深发展，2002 年塔里木油田组织了国内外相关科研单位和著名专家联合攻关。

众所周知，碳酸盐岩台地结构的认识是碳酸盐岩油气勘探目标评价优选的前提。通过精细解剖塔里木盆地碳酸盐岩台地结构，充分认识到塔中Ⅰ号构造带是早奥陶世末期至晚奥陶世早期所形成的大型逆冲断裂带，上奥陶统沉积前遭受长期侵蚀形成复杂的断裂坡折带，良里塔格组沉积时期沿高陡断裂坡折带发育台地边缘礁滩复合体，形成碳酸盐岩沉积坡折带，这里具有发育生物礁的

沉积环境。

同时，古地理、古气候、古地磁等研究表明，奥陶纪塔中Ⅰ号坡折带具备发育大型生物礁的古环境。科研人员集中力量开展了老井复查，精心剖析塔中Ⅰ号坡折带塔中44井、塔中42井及塔中30井等的岩心资料并建立单井图版；研究中发现塔中晚奥陶世发育大量钙质海绵、托盘类、层孔虫、群体珊瑚、管孔藻等造礁生物，其规模数量均属于全球含油气盆地中发现的奥陶纪最大造礁生物群落。

（2）国内外典型剖面实地考察，构建礁滩复合体及其岩溶地质模型。

"将今论古"，攻关中坚持野外与地下结合，地质与地震结合，开展了塔里木盆地周缘一间房组剖面、澳大利亚大堡礁Heron岛的实地考察与精细解剖，构建了台地边缘礁滩复合体地质模型。塔中坡折带礁滩复合体主要由块状托盘海绵骨架岩、层孔虫骨架岩、珊瑚骨架岩与藻粘结生物碎屑灰岩、藻粘结砂砾屑灰岩组成。

与此同时，建立大型礁滩复合体空间几何学地质模型，礁滩复合体纵向多旋回叠置、横向多期次加积，具小礁大滩的结构特征和向上水体变浅的沉积特征（图3-23）；礁滩复合体沿台缘成群成带分布，长约220km，宽度8~18km，厚度150~200m（韩剑发等，2007，2008，2009，2010）。

高频层序地层学研究与钻探成果表明，礁滩复合体经历多期暴露，发育蜂窝状的溶蚀孔洞，具有良好的储集物性。由此提出了台缘礁滩体岩溶概念，明确礁滩复合体钻探目标。

（3）构建凝析气藏地质模型，探明中国奥陶系最大礁滩体凝析气田。

立足三维地震与钻探成果，多学科动态、静态一体化研究，构建以桑塔木组泥岩为盖层、礁滩复合体为储集体、东西长200km、油柱高度大于2000m的大型礁滩复合体准层状凝析气藏地质模型；同时，利用黄金管分析技术、流体包裹体定年技术和成藏地球化学研究最新技术方法，揭示塔中Ⅰ号坡折带碳酸盐岩早期成油、晚期气侵的大型凝析气田形成机理；据此部署塔中62井、塔中82井等一批高产稳产井，推动了中国奥陶系最大礁滩复合体凝析气田的发现与探明。

2003年，塔中62等井获高产油气流，发现了中国奥陶系最大的台缘礁滩型亿吨级凝析气田，突破了塔中碳酸盐岩不能高产稳产的难关；2005年，塔中82井钻遇礁滩复合体，测试油气当量超千吨。

2005—2007年，塔中Ⅰ号坡折带东部连片探明塔中82、塔中62、塔中26井区亿吨级凝析气田，宏观控制塔中坡折带中西部近两亿吨级油气田。整体查明台缘坡折带在长200km、宽8~18km、面积2100km^{2}范围内，蕴藏着全球

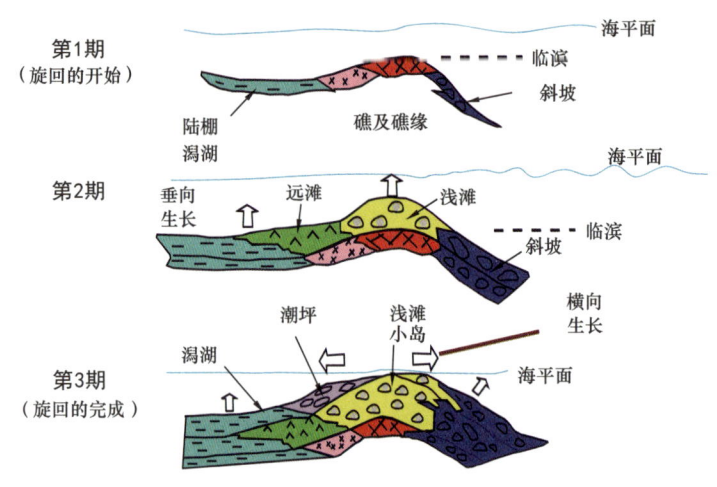

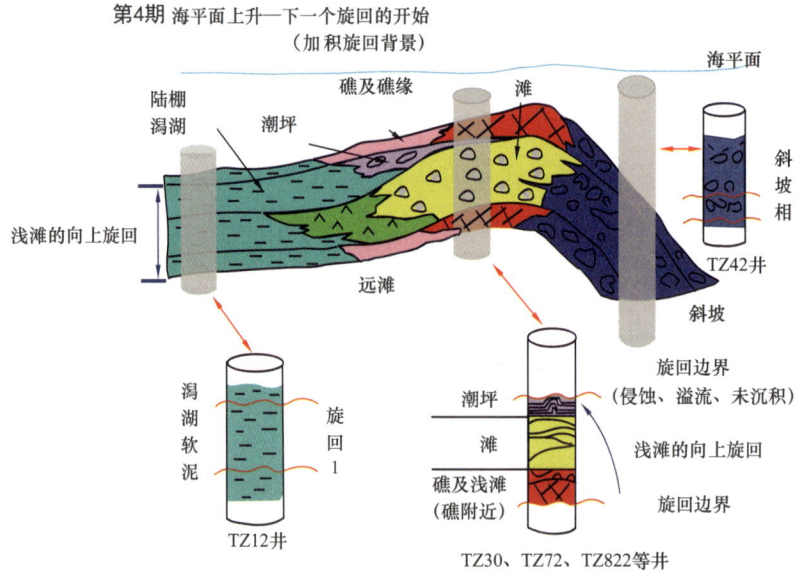

图 3-23 塔中地区良里塔格组礁滩复合体发育旋回模式图

埋藏最深、年代最老的大型—特大型礁滩复合体凝析气藏（韩剑发等，2008，2009，2015）。

截至 2007 年底，累计探明含油气面积 190km²，探明天然气地质储量 $770×10^8m^3$、凝析油地质储量 $4000×10^4t$、油当量储量超过 $1×10^8t$，成为油气增储上产的重点领域。

2. 突出地质理论创新，发现层间岩溶型储层，高效探明塔中北坡鹰山组亿吨级凝析气田

区域性不整合所引起的长期暴露溶蚀是发生岩溶作用、形成碳酸盐岩优质储集体的关键，任丘潜山、轮南潜山等均属与大型不整合岩溶相关的缝洞型潜山。塔中奥陶系海相碳酸盐岩地层平均厚度超过 1500m，局部厚度甚至超过

2000m，如此巨厚的碳酸盐岩内幕是否存在区域性不整合面，并且能否形成规模优质岩溶储层，一直是制约奥陶系碳酸盐岩油气勘探开发的关键问题。

（1）联合攻关，发现塔中古隆起奥陶系内幕存在大型不整合面。

2006年，根据塔里木油田塔中阵地战"加快做大"的战略部署，组织多家科研单位展开联合攻关。根据塔中12井、塔中35井、塔中43井、塔中69井、塔中162井等老井复查、地震剖面精细解释，认为塔中隆起早奥陶世末期发生了强烈的构造隆升，整体缺失上奥陶统吐木休克组、中奥陶统一间房组及下奥陶统鹰山组一段、鹰山组二段，形成了第一期广泛分布、全球可对比的区域性不整合。

同时，结合碳酸盐岩构造沉积特征及古生物鉴定、微量元素分析成果，证实奥陶系良里塔格组与鹰山组之间缺失三个牙形石化石带，断代时间约12Ma，首次发现塔中奥陶系碳酸盐岩内幕存在大型不整合面（图3-24），具备形成大型层间岩溶储层的地质条件（杨海军等，2011）。

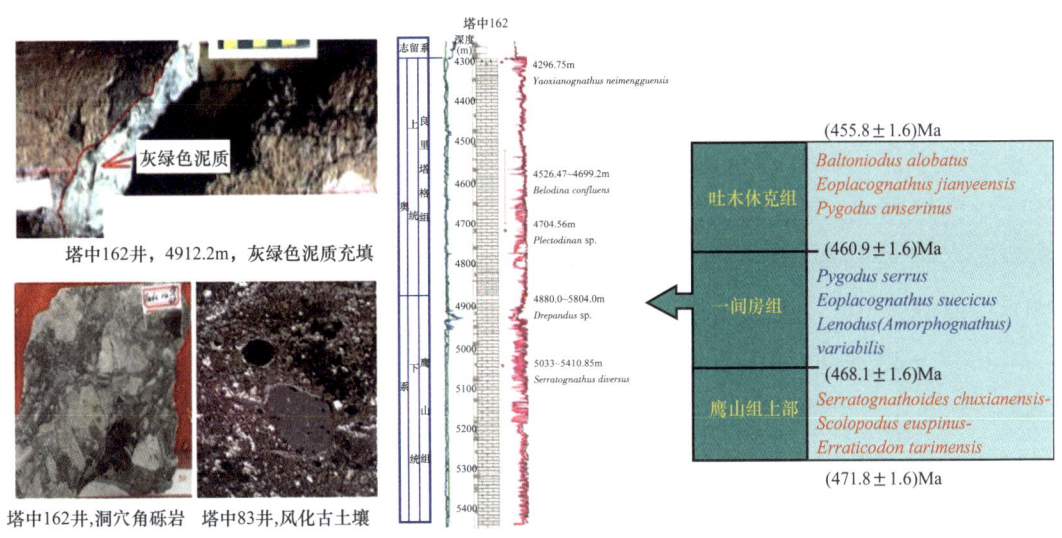

图3-24　塔中巨厚碳酸盐岩内幕存在大型不整合证据

（2）重新评价，构建鹰山组层间岩溶储集体凝析气藏地质模型。

巨厚碳酸盐岩内幕储层发育的主控因素与大型碳酸盐岩潜山、台缘礁滩复合体不同，依据地震反射特征、成像测井响应特征及钻井工程信息，构建多成因、多期次叠合复合层间岩溶地质模型。钻井资料表明，鹰山组层间岩溶厚度一般为100～200m，岩溶作用强烈、发育时间长，具有明显的纵向分带、平面呈层状展布的特征，储层预测研究发现大型岩溶缝洞发育，与其上覆的200～400m巨厚上奥陶统泥灰岩组成良好的储盖组合（韩剑发等，2015；韩剑发等，2015；韩剑发等，2016）。

上、下奥陶统成藏对比研究表明，下奥陶统风化壳与上奥陶统礁滩体具有相同的油气来源与成藏期次、相似的碳酸盐岩岩性圈闭、相近的时空配置，因而具备形成大型凝析气藏的基本地质条件。

（3）战略转移，高效探明塔中北斜坡鹰山组亿吨级凝析气田。

① 塔中83井获高产气流，甩开钻探遭遇挫折。

2005年，依据台内鹰山组层间岩溶型储层、准层状油气藏这种地质认识，反复论证并部署了塔中83井。该井钻井过程中发生放空、漏失，且油气显示活跃，完井测试用5mm油嘴求产，油压49.47MPa，日产天然气$15.7955 \times 10^4 m^3$。

然而，塔中鹰山组凝析气田的勘探并非是一帆风顺的坦途，期盼中的"大场面"并未一蹴而就。塔中83井突破之后，针对鹰山组部署的中古1、中古3、中古4等井均告失利。"鹰山组没有大场面，小油田可能还有"，有人悲观，有人放弃。勘探的大起大落又让塔里木石油人心急如焚、夜不能寐，勘探是否会重蹈覆辙，再度"败北"？

② 勘探战略重大转移，探明鹰山组凝析气田。

经过痛定思痛，塔里木石油人不放弃、不抛弃，及时开展了鹰山组"三个重新"工作，即重新认识与评价鹰山组的勘探潜力、重新优选主攻领域、重新优化勘探技术，明确塔中北斜坡鹰山组层间岩溶勘探主攻领域，推动塔中奥陶系碳酸盐岩勘探"由东部向西部、由台缘向台内"的战略转移（韩剑发等，2008；韩剑发等，2011）。

2007—2008年，依据当时最新科研成果部署的中古5井、中古6井、中古7井、中古8井、中古21井相继成功，又坚定了人们在鹰山组寻找大油气田的信心和决心，拉开了塔中奥陶系鹰山组层间岩溶型凝析气田勘探的序幕。

2009年，塔中"阵地战"的油气储量任务异常艰巨，然而，探明储量的主力区块——中古8井区，当时仅有中古8井、中古21井两口工业油气流井。充分利用三维地震技术与层间岩溶理论创新成果，优化储量部署，细化井位论证，并不断优化，整体部署探井6口、评价井1口，完井测试均获高产油气流，钻井成功率100%，推动了层间岩溶亿吨级凝析气田首次探明，新增储量油气当量$1.58 \times 10^8 t$。

2010年3月，根据油田储量任务紧急调整，中古43井区又整体部署了12口井。然而，井位论证会上，争论异常激烈，焦点是油气不可能先充注中古8井区后，再翻越一个凹槽，继续向南部的中古43井区运聚成藏。科研人员充分展示了塔中北斜坡油气立体输导、网状运移等创新成果，最终形成"先实施2口侧钻井，若成功，则剩余10口井开钻"的决策。塔中201C井加深侧钻获得高产油气流后,按照一体化生产组织运行模式,中古 43 井区部署的 10 口井也先后获得工业油气流,成为在塔里木盆地超深碳酸盐岩中当年发现、当年探明千亿立方米大型凝析气田的首例,新增探明油气当量 1.52×10^8 t。

③扩大层间岩溶战果,揭示鹰山组油气潜力。

基于中古 8、中古 43 井区的勘探成果,不断深化层间岩溶凝析气藏地质认识。至 2010 年底,针对塔中北斜坡层间岩溶部署的 38 口井获高产油气流,宏观控制了东西长 200km、南北宽 25km、有利勘探面积约 2800km² 的岩溶斜坡带,油气规模 7×10^8 t 的特大型油气田(群)规模明朗,提升了塔里木盆地碳酸盐岩勘探的战略地位。

3. 强化走滑断裂研究,阐明控储控藏机理,拓展塔中隆起海相碳酸盐岩油气勘探领域

塔里木盆地的勘探开发实践证明,大型走滑断裂是碳酸盐岩缝洞体发育和油气输导成藏的关键地质事件,深化断裂带控储控藏机理研究是古隆起碳酸盐岩高效勘探开发的关键。

(1)充分利用三维地震,强化走滑断裂精细刻画及成图。

塔中隆起是一个加里东期定型的稳定古隆起,自北向南发育塔中Ⅰ号坡折带、塔中 10 构造带、中央主垒带、塔中 5 构造带、塔中Ⅱ号构造带,它们向西撒开,向东收敛,总体呈"帚状",主体构造走向为北北西向,压扭作用十分显著,走滑断裂带广泛发育。塔中隆起受地震资料品质以及走滑断裂刻画方法的限制,北东向走滑断裂一直未被发现。

直到 2003 年塔中东部塔中 16—塔中 31 井区三维地震数据的采集,走滑断裂的识别、研究和工业化成图才逐渐得以开展。特别是,随着塔中隆起及周边三维地震数据的采集处理与解释,大幅提升了走滑断裂带对储层改造、圈闭发育和油气运聚的控制作用的认识。

(2)坚持生产问题导向,深化走滑断裂控储控藏作用研究。

随着良里塔格组礁滩体与鹰山组层间岩溶勘探与研究的深入,虽然当时地震资料品质较差,构造形态难以准确刻画。但研究认为,塔中隆起发育一系列的大型北东向走滑断裂,能识别的延伸长度达 80km,且向深部一直延伸到寒武系。科研人员认为这可能是塔中重要的油气源断裂,并伴有多种类型的圈闭发育,是有利的勘探地区,"走滑断裂控储控藏"的勘探思路由此产生。

与塔北地区相比较,塔中地区走滑断裂断距小,断裂期次多,断裂识别更为困难。科研人员坚持探索,创新了振幅变化率等技术,走滑断裂识别与评价成效显著。解释成果显示,塔中地区发育多条具一定规模、北东走向的走滑断裂体系,将塔中隆起自西向东切割成多个断块(图 3-25);北东走向的走

滑断裂均表现为左行结构，贯穿塔中Ⅰ号、塔中 10、中央主垒带等北西向展布的构造带，延伸至基底，垂向断距较小，一般为 50~150m，常伴有小的"拉分地堑"发育。断裂精细刻画与工业化成图，为塔中碳酸盐油气勘探提供了强力支撑。

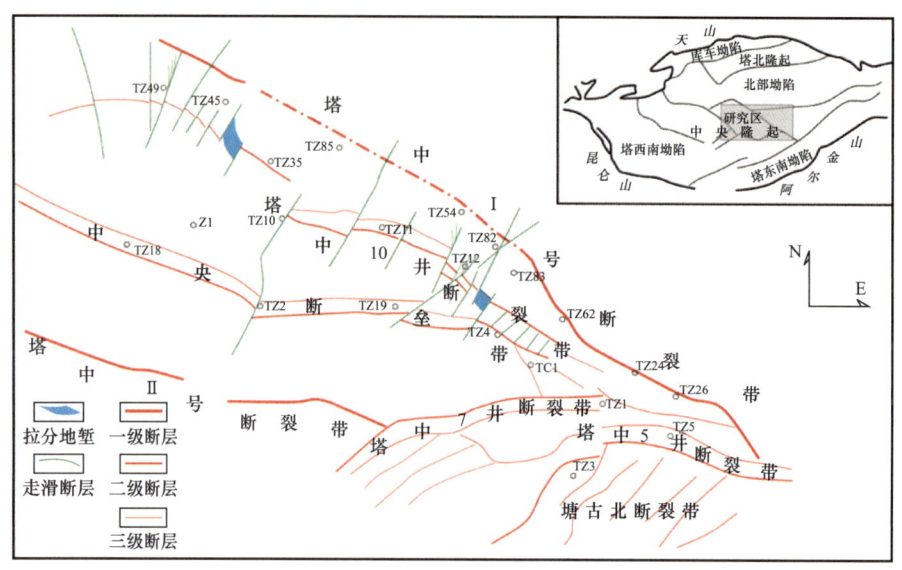

图 3-25 塔中地区断裂纲要图

同时，断裂"控储"作用的认识不断深入。塔中隆起碳酸盐岩断裂控储的核心是断裂破碎带本身与扩溶作用。由于区域应力场的作用，断裂破碎带更易于被来自浅层的大气淡水与来自深部的多种热液所溶蚀改造，形成具有一定规模、条带状展布的岩溶缝洞体。

断裂和裂缝可以大大改善碳酸盐岩基质的渗透性能，在储层岩溶过程中扮演了流体渗滤通道的角色；大气淡水和深部流体（酸性流体、热液）可以获得运移通道，溶蚀碳酸盐岩，使埋藏岩溶、热液改造作用得以发生，没有断裂及其裂缝带的沟通，上述岩溶作用难以大规模推进和发展。在岩溶发育过程中，多条裂缝相交处，更容易形成溶孔，而在多组断裂交会的地带，往往能够形成缝洞共生的优质储层。因为断裂或裂缝的交叉切割，多期断裂或裂缝的叠置发育，不仅降低了岩石的强度，更利于后期的碎裂破坏，这也增加了岩溶渗滤通道以及流体与岩石的接触面积，更利于岩溶作用的推进。

关于断裂"控藏"的认识也取得突破性进展。钻探表明塔中隆起碳酸盐岩呈现大面积成藏、局部富集的特点，油气分布宏观上具有西油东气、南油北气和上油下气的分布规律。在西段发现中古 15 油藏，中段发现中古 8—中古 43 凝析气藏，东段发现塔中 82—塔中 62 凝析气藏。塔里木盆地成藏研究表明，塔中隆起主力烃源岩为寒武系潟湖相泥岩与斜坡相泥灰岩，一系列北东走向的走滑断裂贯穿基底，有效沟通寒武系烃源岩，是油气运移成藏的重要输导格架。同时，也是塔中隆起海相碳酸盐岩呈现大面积成藏的主要控制因素（杨海军等，2007；韩剑发等，2012）。

（3）聚焦勘探重点领域，推进古隆起断裂破碎带增储上产。

2015年以前，在塔中碳酸盐岩油气勘探滚动评价中，一直将走滑断裂作为划分碳酸盐岩油气藏的边界。这种划分边界的依据主要源于中古43凝析气藏与中古433油藏之间只相隔中古433走滑断裂，表现为"左气右油"不相连通的特点。从而认识到塔中走滑断裂具有分割油气藏的作用，并据此将塔中碳酸盐岩油气藏自西向东以走滑断裂为边界划分出多个断块油气藏，用于指导当时的油气勘探与滚动评价。

2015年之后，随着塔中海相碳酸盐岩勘探、滚动评价和开发的不断推进，发现除了地震剖面上明显表现出"串珠"状的碳酸盐岩缝洞体储层多集中发育于走滑断裂附近之外，高产稳产井几乎都位于大型走滑断裂附近。而且距离大型走滑断裂较远的井很难获得高产、稳产，逐步证实走滑断裂具有"控储控藏"作用。

通过强化走滑断裂的研究，丰富了塔中古隆起走滑断裂控储控藏的内涵，明确了"大型走滑断裂破碎带"是油气最为富集的区域，指导了中古10、中古8、中古14等断裂带的井位部署和目标优选。近几年，钻井成功率和投产成功率显著提升，极大地拓展了塔中隆起海相碳酸盐岩油气勘探领域。

其中，中古10断裂带钻井25口，投产井22口，投产成功率达到88%；2018年12月，开井16口，日产油170t、日产天然气$60.7\times10^4m^3$，截至2018年底，已经累计产油41.77×10^4t、累计产天然气$8.91\times10^8m^3$，油气当量112.77×10^4t。

4. 大力推动精细勘探，高密度地震洞察储层，推进碳酸盐岩缝洞体油气藏整体增储上产

（1）规模效益开发，低精度三维地震面临挑战。

2002—2012年，塔中地区累计采集低精度三维地震超过$6000km^2$，以低覆盖、低宽度系数采集参数为主。这些资料经过连片处理和多次精细目标处理，在良里塔格组台缘礁滩体刻画、鹰一段和鹰二段层间岩溶缝洞体储层预测方面发挥重要作用，尤其是较大规模"串珠状"缝洞体储层预测和刻画效果比较明显。利用这些资料部署的探井、评价井，钻井成功率高达90%，推动了塔中Ⅰ号坡折带良里塔格组台缘礁滩体和中古8—中古43区块鹰一段、鹰二段层间岩溶增储上产。

但随着碳酸盐岩勘探开发的不断深入，对缝洞型碳酸盐岩储层刻画和描述的精度要求越来越高，低精度三维地震资料的局限性日渐凸显：储层预测和评

价精度低,断裂与裂缝难以准确识别和预测,井位论证与部署难度加大,失利井不断增多等。

2011年,塔里木油田加大塔中隆起中古8—中古43区块的勘探开发投入力度,加快推进前期产能建设,对"片状""杂乱状"等非"串珠状"地震响应储层进行了评价钻探,部署并上钻12口开发井与评价井,失利11口井,基本都是未钻遇储层而失利,塔中勘探开发一度遭遇"滑铁卢"。究其原因,常规低精度三维地震难以对碳酸盐岩中小缝洞储集体进行精准预测与刻画,因此提高地震资料品质势在必行。

(2)中古8区块高密度三维地震采集先导试验取得良好效果。

针对常规低精度三维地震资料的局限性,充分借鉴塔北哈7区块高密度全三维采集参数,2013年在塔中沙漠区开展高密度、宽方位地震采集攻关,主要地质目的是精准识别碳酸盐岩中小型岩溶缝洞体,为规模效益开发建产提供高精度地震资料。

基于塔中Ⅱ区三维地震储层预测与已钻井动静态一体化分析,在中古8区块优选了80km^2,实施高精度三维地震采集先导试验。与以往常规三维地震资料相比,中古8区块高密度三维地震资料采集参数具四个方面优势:①覆盖次数高,484次;②宽度系数大,1;③面元尺寸小,15m×15m;④炮道密度高,215万道/km^2。真正实现了"高密度、全方位"地震采集。

中古8区块高密度地震采集后,不仅单炮品质大大改善,特别是资料处理结果更让人眼前一亮,解释人员兴奋不已。80km^{2}工区内地震资料品质大幅提高,断裂特征更为清晰,资料纵向分辨率和横向分辨率大幅度提高,"串珠状"地震响应在剖面上数量数倍增加,"串珠"的形态更加规整,能量更为聚焦。达到了中古8区块高密度三维地震部署的目的,能够精准识别奥陶系碳酸盐岩中小型岩溶缝洞体,成为塔中三维地震资料的样板(图3-26)。结合油气藏最新研究成果与生产动态,一批评价井、开发井井位跃然纸上,落实了井位部署目标,中古8井区上产增储再一次迎来了春天。

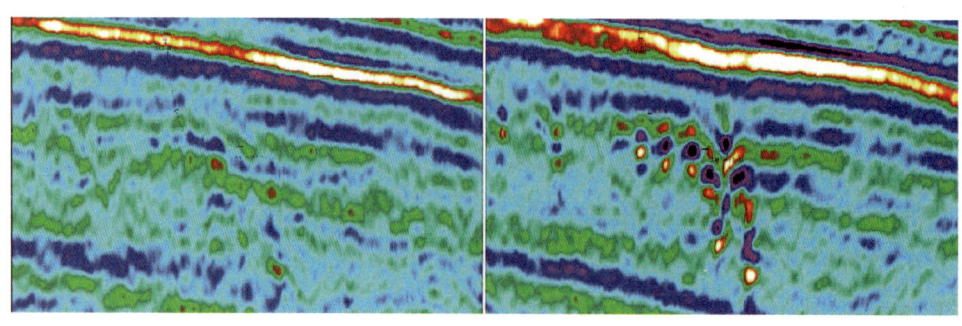

图3-26 中古8区块高密度叠前深度偏移资料(右)与老资料(左)对比剖面图

中古 8 区块高密度地震资料采集攻关成功，提高了沙漠区碳酸盐岩地震资料品质，对塔中沙漠区后续三维地震采集方法设计提供了参考；高密度地震资料对中小缝洞型储集体预测和刻画精度大幅度提升；有力支撑了缝洞型油气藏精细描述与勘探开发井位部署。

（3）高精度三维地震的推广促进了规模效益开发。

2013—2014 年，依据中古 8 区块高密度三维地震资料，先后在该区块部署并实施开发井 17 口，成功率 90%，取得了显著成效，强力支撑了开发建产。

通过中古 8 区块高密度三维地震资料分析性处理研究，进一步优化了采集方法和参数。塔中Ⅱ区中古 43—中古 10 井区，分三期采集高密度三维地震 1200km^2，高密度地震资料有效推进了塔中碳酸盐岩凝析气田规模效益开发。

5. 深化复式成藏认识，形成立体勘探思路，揭示塔中超深油气勘探潜力与主攻领域

（1）塔中隆起多层系油气发现，展现了复式成藏特征。

塔中隆起的勘探由浅而深，由易而难。自 1983 年征战"死亡之海"，发现"塔中隆起"、探索"坳中隆"、钻探"潜山大背斜"、寻找"大场面"以来，发现探明石炭系、志留系、奥陶系与寒武系的众多油气藏，充分展示了塔中隆起的复式成藏特征与勘探潜力。

20 世纪 90 年代初依据"背斜控油、潜山控油"的勘探思想，主攻塔中东部潜山构造带，发现了塔中 4、塔中 6、塔中 47 等 7 个石炭系砂岩油田，探明石油地质储量 5896×10^{4}t，天然气地质储量 178×10^{8}m^3，建成我国第一个沙漠腹地工业性油田——塔中 4 油田；发现了塔中 11、塔中 12、塔中 16 等志留系砂岩油田。

海相碳酸盐岩的勘探历经征战塔中隆起主垒带潜山区、转战北斜坡台缘礁滩复合体、挺进内幕层间岩溶体等勘探阶段，发现探明了塔中Ⅰ号坡折带上奥陶统良里塔格组亿吨级礁滩型凝析气田、中古 8—中古 43 井区下奥陶统鹰山组内幕层间岩溶型亿吨级凝析气田，拓展了奥陶系、寒武系超深碳酸盐岩内幕勘探新领域。

（2）多学科、动静态一体化研究，建立了复式成藏模式。

① 明确台盆区寒武系主力烃源岩。

早期围绕台盆区烃源岩争论较多，存在"源有不清、灶有不明"的问题。"十二五"攻关以来，塔里木盆地成藏有机地球化学研究不断深入，专家学者普遍认为寒武系潟湖相泥岩与斜坡相泥灰岩大面积分布，有机质丰度高，是台盆区形成大型油气田的主力烃源岩。

② 构建深大断裂为主体的三维输导格架。

2002 年以来塔中三维地震大面积采集处理与精细解释，推动了断裂系统的整体刻画与评价；深大断裂和烃源灶沟通是油气纵向运移、侧向分配与多期调整成藏的关键，同时，断裂系统与诸多不整合面、碎屑岩储层构成三维输导体系。

③ 创建塔中断控复式油气成藏地质模型。

基于复式成藏特征剖析和叠合复合岩溶地质建模（韩剑发等，2017），以及充足的烃源供给、完整的输导格架与规模储盖的组合研究，创建了塔中隆起断控复式成藏模型。特别是，在国际上首次发现了硫代金刚烷等，同时运用钾氩同位素定年、包裹体和颗粒荧光等分析技术，建立了晚期气侵改造、古油藏发生反凝析作用而形成凝析气藏的新模式。

（3）坚持塔中隆起立体勘探，揭示了超深层油气潜力。

塔中超深碳酸盐岩始终坚持立体勘探思路：主垒带潜山区高部位勘探、良里塔格组礁滩体勘探、鹰山组内幕层间岩溶勘探、超深白云岩勘探。实践证实多层系、立体式勘探是塔中油气规模探明与效益开发的基础，也是持续发展的关键。

立体勘探不仅打造了中深 1 井、古城 6 井等成功范例；针对超深鹰山组四段部署的中古 70 井完井测试，获日产天然气 $17.8 \times 10^4 m^3$，油压稳定在 96MPa；中古 71 井和重点风险井中蓬 1 井相继开钻，古隆起立体勘探不断向纵深发展，向超深领域挺进。

最新研究表明塔中超深碳酸盐岩油气资源超 $12 \times 10^8 t$，奥陶系深层逼近烃源岩，鹰山组、蓬莱坝组岩溶缝洞体发育，油气富集条件优越，立体勘探潜力巨大。

（三）勘探成效

1. 凝析气田基本特征

塔中奥陶系碳酸盐岩主力产层为上奥陶统良里塔格组、中—下奥陶统鹰山组，中奥陶统一间房组，油气层分布局限，仅在西部中古 15 井区发现油气藏。良里塔格组主要发育礁滩型油气藏，一间房组和鹰山组主要发育层间岩溶型油气藏。

1）良里塔格组礁滩型油气藏

良里塔格组油气垂向上主要分布于良一段—良二段、良三段—良五段局部分布。有利储层段主要分布在良里塔格组上部，厚约150m，储层岩性主要为礁滩相生物碎屑灰岩、砂砾屑灰岩、礁灰岩，测井解释平均有效孔隙度 1.8%～4.09%，试井解释渗透率为 0.01～452.29mD。

储集空间主要为早期暴露大气淡水溶蚀形成的孔洞，总体溶蚀较均匀，也存在后期改造形成的缝洞体，地震剖面上常反映为杂乱丘状特征，主要储集类型为孔洞型、裂缝—孔洞型。同时，礁滩体储层受古地貌控制，呈透镜状沿台缘带叠置连片分布。

（1）流体性质：油气分布具有"西油东气、内油外气"的特点。塔中Ⅰ号坡折带外带，除塔中621井、塔中62-1井的气油比较低外（<1000），其他工业油气流井的气油比都在1000以上，总体为凝析气藏，中间夹斑块状油藏，通常物性好的层段聚集的是天然气，物性差的层段聚集的是原油；内带的塔中58井和塔中72井，两口出油井的气油比也很低，分别为276和218，为正常油藏；塔中西部也是如此，外带的塔中86井、中古17井具有较高的气油比，为中—高含凝析油的凝析气藏；而位于内带的塔中45井区及中古15井区，所有工业油气流井的气油比均较低，为挥发性油藏。

（2）温压系统：礁滩型油气藏的温度梯度为1.99～2.28℃/100m，压力梯度为0.35～0.61MPa/100m，属于正常温压系统。

（3）油气藏类型：良一段、良二段油气分布受礁滩复合体储层控制，油气赋存于礁滩复合体透镜状储层中，叠置连片，沿塔中Ⅰ号坡折带富集，不受局部构造控制。在东西220km范围内均发现了工业油气流，油气层东西高差2400m，剖面上油气层顶底包络线凹凸不平，是典型的准层状凝析气藏。

2）鹰山组层间岩溶型油气藏

鹰山组目前已经发现的油气主要分布于鹰一段—鹰二段。以中古8—中古43区块为代表。鹰山组以开阔台地相及台地边缘滩相沉积为主，主要岩石类型为亮晶砂砾屑灰岩、白云质砂屑灰岩、灰质云岩和泥晶灰岩，基质孔隙度低，测井解释平均有效孔隙度1.8%～3.7%，试井解释渗透率为0.02～65.9mD。

储集空间主要为后期溶蚀改造的大洞大缝，在地震剖面上常表现为"串珠状"反射特征，储集类型以洞穴型、裂缝—孔洞型为主。储层段主要集中分布在距鹰山组不整合面下200m范围内。

（1）流体性质：油气性质复杂，以凝析气为主，也有弱挥发油和干气，油气相态的变化没有截然的边界。原油以低密度、低黏度、低胶质+沥青质、低含硫、中高含蜡的凝析油和轻质原油为主，普遍含H_2S。

（2）温压系统：与礁滩型油气藏类似，具有相对统一的温度、压力系统。

（3）油气藏类型：油气分布受层间岩溶储层控制，油气赋存于缝洞体中，不同的含油气缝洞体具有不同的气水界面。含油气缝洞体之间可能出现含水的缝洞体（局部封存水），气层顶面和底部不同缝洞体气水界面的包络线凹凸不平，表现为中—高含凝析油的准层状凝析气藏。

2. 油气储量

塔中Ⅰ号气田已累计探明石油地质储量 21983.21×10^4t，天然气地质储量 $3940.80\times10^8m^3$。其中：

（1）油藏累计探明石油储量5个区块（塔中24、塔中45、中古15、中古29、中古434），累计含气面积 $287.63km^2$，石油地质储量 6849.53×10^4t、技术可采储量 1011.08×10^4t，溶解气地质储量 $260.49\times10^8m^3$、技术可采储量 $37.20\times10^8m^3$。

（2）气藏累计探明石油储量7个区块（塔中82、塔中62、塔中83、塔中86、中古43、中古8、中古7—中古10），累计含气面积 $780.87km^2$，天然气地质储量 $3680.31\times10^8m^3$、技术可采储量 $2213.13\times10^8m^3$，凝析油地质储量 15133.68×10^4t、技术可采储量 4166.33×10^4t（韩剑发等，2014）。

3. 开发成效

塔中Ⅰ号气田整体开发始于2004年，截至2018年9月30日，开井155口，日产天然气 $259\times10^4m^3$，日产油1212t，累计产天然气 $88.54\times10^8m^3$、累计产油 484.14×10^4t，综合含水38.83%。

塔中Ⅰ号气田整体开发形势较好，油气产量持续上升。上产阶段：2004—2014年的平均年产油气当量 52.17×10^4t，年平均产天然气 $3.99\times10^8m^3$，年平均油 20.38×10^4t；稳产阶段：2015—2018年的平均年产油气当量 153.46×10^4t，年平均产天然气 $11.76\times10^8m^3$，年平均油 59.76×10^4t。

三、新区新领域超深勘探重大突破

（一）中深1井实现塔里木盆地寒武系盐下白云岩重大突破

塔里木盆地下古生界发育规模巨大的白云岩地层，分布范围超过 $20\times10^4km^2$，厚度近1400m；同时，下寒武统发现玉尔吐斯组优质烃源岩，上部发育多套储盖组合，生储盖空间配置条件优越。因此，下古生界白云岩是塔里木盆地十分重要的勘探领域，一直是几代塔里木石油人的大油气田梦想之所在。

1. 塔里木盆地寒武系盐下白云岩勘探历程

（1）瞄准古隆起大型台背斜，初探深层古生界碳酸盐岩。

塔里木石油会战之初，油气勘探由盆地周缘"马蹄形"转向盆地内部大型古隆起深层大背斜，以探索盆地深层碳酸盐岩含油气性。1989年，在盆地内钻探轮南1、英买1、库南1、塔中1、塔东1等井，发现了一批奥陶系碳酸盐岩油气藏，包括轮南1井、英买1井与塔中1井。其中，轮南1井与英买1井为石灰岩油气藏，塔中1井为白云岩油气藏。塔东1井钻探虽然未获油气流，但首次钻揭了塔东寒武纪地层，对盆地构造沉积演化与下古生界沉积相的系统认识起到至关重要的作用。

1995年前夕，塔中、轮南与英买力奥陶系石灰岩油气田的评价遇到困难，多口评价井相继失利。主要问题是碳酸盐岩储层发育特征与分布规律认识不清，下古生界碳酸盐岩油气勘探随之陷入迷茫。为此，转变勘探思路和勘探方向，瞄准中央古隆起大型台背斜，探索寒武系白云岩，相继上钻和4井、塔参1井、方1井与塔东2井，钻探均见不同程度油气显示，但未取得实质性突破。塔参1井上寒武统顶部取心见大量微裂缝，含可动油；塔东2井震旦—寒武系中测获52L原油。

古隆起大型台背斜探索阶段，发现奥陶系石灰岩油气藏，同时对深层寒武系白云岩的探索起到积极的推动作用，证实塔里木盆地古生界深层具备规模油气成藏条件，形成台盆区古生界两个沉积相区的认识，基本查明塔里木盆地下古生界"西台东盆"的沉积格局，首次发现并系统分析寒武系烃源岩；同时野外露头发现下寒武统玉尔吐斯组烃源岩，有机碳含量可达7%~14%，局部区域高达22.39%，构成一套优质烃源岩。首次发现中寒武统盐层与下寒武统白云岩所组成的优质储盖组合。

（2）聚焦寒武系盐下白云岩，探索巴楚隆起盐下大构造。

1997年，和4井钻探揭示中—下寒武统优质的生储盖组合之后，掀起了一轮以寒武系盐下白云岩为主要勘探目的层的探索。在巴楚隆起相继钻探了康2井、和田1井、同1井、和6井、巴探5井与玛北1井。之所以将巴楚隆起作为早期寒武系盐下勘探的先锋区块，是因为通过二维地震连片解释，在巴楚隆起寒武系盐下发现了成排成带的大构造，具有构造隆起幅度高、圈闭面积大、埋藏深度适中等优势。实钻结果为上述6口探井相继落空。其中，和6井、和田1井由于工程复杂，未钻揭下寒武统目的层而提前完钻；玛北1井下寒武统录井与取心，见良好的油气显示；康2井、同1井、巴探5井在下寒武统白云岩仅见较弱气测，完井试油均未获得工业油气流。

通过这6口井的钻探，证实中—下寒武统两套储盖组合稳定分布：一为寒武系阿瓦塔格组蒸发岩与下伏沙依里克组石灰岩组成的储盖组合，二为寒武系沙依里克组下亚段蒸发岩、吾松格尔组膏泥岩与下伏肖尔布拉克组白云岩组成的储盖组合（图3-27）。统计结果显示，阿瓦塔格组膏盐岩厚度变化在200~340m之间，沙依里克组石灰岩储层厚14~49m；沙依里克组下亚段蒸发岩与吾松格尔组膏泥岩厚度变化区间为110~150m，下伏肖尔布拉克组白云岩储层厚50~70m。

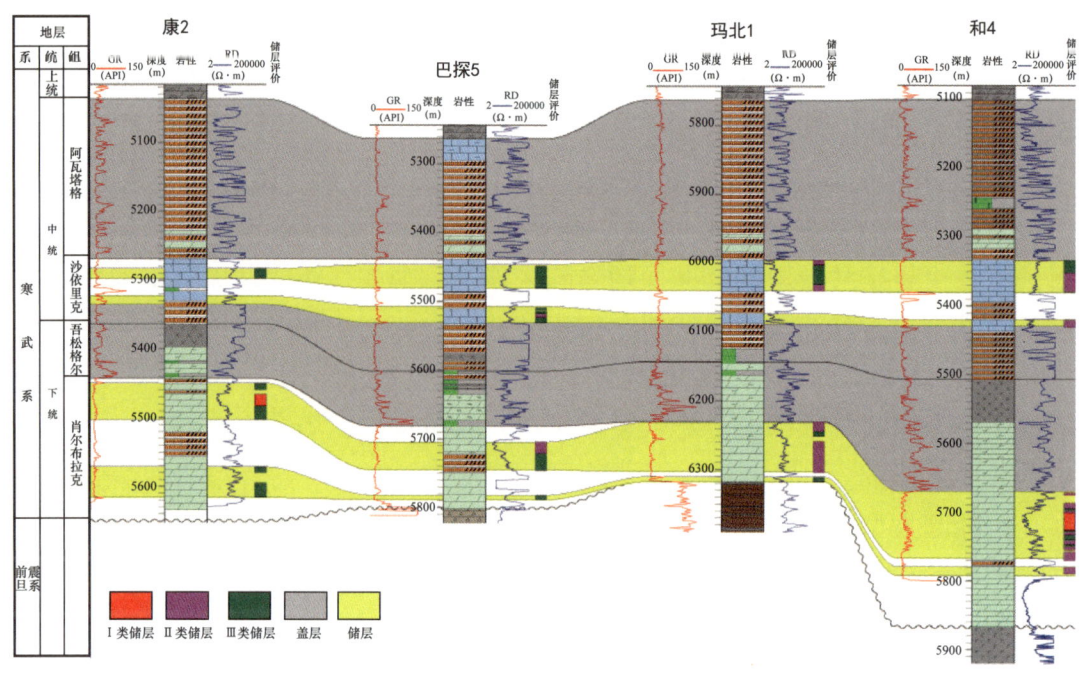

图 3-27　康 2 井—巴探 5 井—玛北 1 井—和 4 井中—下寒武统储盖组合对比图

（3）重新认识寒武系盐下勘探领域，钻探继承性古隆起取得战略突破。

2010 年以来，塔北、塔中古隆起及斜坡奥陶系碳酸盐岩油气勘探开发取得较好成效，呈规模上产增储的良好态势，随着塔北轮南—英买力、哈拉哈塘、塔中Ⅰ号奥陶系碳酸盐岩主力油气田的发现和落实，在下古生界和深层寻找战略接替层系和领域逐渐引起重视。由于巴楚隆起寒武系盐下白云岩勘探失利，使人们对寒武系产生了诸多疑问：寒武系是否具有规模油气成藏条件？古老的寒武系即使能够形成油气藏，经历多期剧烈构造运动之后还能否保存下来？寒武系盐下白云岩有利勘探方向在哪儿？

带着诸多疑问，基于对寒武系盐下白云岩勘探领域基本石油地质条件的整体把握，重新开展了四个方面的认识研究：一是重新认识古隆起构造与成藏演化，锁定塔中深层寒武系；二是重新认识塔参 1 井，认为失利原因主要是钻至古隆起高部位，储层不发育，而古构造斜坡部位具备储层发育条件；三是重新认识巴楚—塔中隆起中—下寒武统蒸发岩与白云岩储盖组合展布，认为塔中发育中寒武统蒸发盐岩盖层；四是利用塔中三维地震，重新落实寒武系深层大背斜断裂构造特征。通过重新对寒武系盐下白云岩的认识研究，评价出塔中隆起是塔里木盆地在该领域的最佳区块，并大胆部署风险探井中深 1 井，最终实现了塔里木盆地寒武系盐下白云岩勘探领域的战略突破。

2. 中深 1 井的发现

2011 年在塔中隆起东部部署的风险探井——中深 1 井，旨在探索塔中隆起寒武系白云岩的含油气性，寻找塔中战略接替领域。该井于 2011 年 8 月开钻，2012 年 5 月完钻，完钻深度 6835m，完钻层位为前震旦系基底。

中深 1 井中，在中—下寒武统发现油气显示 39m/23 层。其中，中寒武统气测显示 21m/12 层，最大全烃值 99.99%，组分全，分离器点火焰高 8~10m，伴少许黑烟；下寒武统气测显示 18m/11 层，最大全烃值 90.33%，分离器点火焰高 2~3m。中深 1 井下寒武统肖尔布拉克组完井测试，折合日产天然气 $3 \times 10^4 m^3$，日产水 $34m^3$；在中寒武统阿瓦塔格组两次酸压测试，共获原油 $110m^3$。

由于井况复杂，中深 1 井下寒武统肖尔布拉克组主力产层在钻进过程中不具备取心条件，完井测试也不具备酸压改造的条件，故很难评价该层的储层特征和产能情况。2012 年 11 月，为了寻求工业性发现，查明寒武系盐下储层特征，评价其产能情况，又侧钻了中深 1C 井。2013 年 5 月，中深 1C 钻至 6944m 完钻，完钻层位为下寒武统肖尔布拉克组。2013 年 7 月，中深 1C 井经小型酸洗后，油压约 40MPa，最高折合日产气达 $216677m^3$，最终定产 $158545m^3$；经过侧钻井的实施，中深 1 井寒武系盐下白云岩由发现苗头升级为战略性突破。

3. 发现的战略意义

（1）首次在寒武系盐下获得工业油气流，发现了一个新层系、新领域。

中深 1 井的发现是塔里木盆地寒武系盐下白云岩原生油气藏的首次获得。初步印证了寒武系盐下大油气田的构想，揭开了寒武系超深油气藏的神秘面纱。中深 1 井的发现是新层系、新领域的突破，初步展示塔里木盆地寒武系盐下广阔的勘探领域和巨大的勘探潜力。塔里木盆地寒武系盐下储盖组合分布范围近 $30 \times 10^4 km^2$，7000m 埋深内约 $4 \times 10^4 km^2$，8000m 埋深内约 $5.2 \times 10^4 km^2$，资源潜力巨大；同时，塔中大背斜寒武系盐下油气藏的发现，为塔中富油气区带长期稳产准备了接替层系。

（2）发现寒武系油气，证实了塔里木盆地深层仍具备液态烃赋存条件。

原油发生裂解受到诸如温度、压力等各种因素的制约，由于地质条件的不同，原油在储层中保存的温度也有很大的差异。中深 1 井下寒武统油藏的温度为 165℃，仍然有液态石油的保存，说明原油的裂解温度可能超过该温度段。这主要是由于塔里木盆地现今地温梯度低（20℃/1000m）所致，表明塔里木盆地深层石油勘探仍然具有很大潜力。

由于中寒武统蒸发盐岩层的封盖与遮挡，上部奥陶系油气不可能"倒灌"到寒武系储层里面，因此中深 1 井寒武系盐下油气藏只可能接受下部来源的油气,而下部仅存在下寒武统烃源岩。中深1井中寒武统原生油藏的发现,证实了塔里木盆地寒武系端元油的存在,这对于重新认识塔里木盆地台盆区海相油气来源、确定海相油气主力烃源岩,具有重大的地质和勘探意义。

(3) 指明了塔里木盆地深层寒武系盐下有利勘探方向。

中深1井寒武系盐下原生油气藏的发现,证实塔里木盆地寒武系深层具备原生油气藏规模成藏的基本石油地质条件。首先,下寒武统是主力海相烃源岩的发育层位,深层寒武系距烃源岩更近,油源条件更充足;其次,巴楚隆起—塔中隆起内已钻井的情况揭示,中—下寒武统发育区域性分布的良好储盖组合,具有层位性和规模性的优质白云岩储层是发现大油气田的基础;塑性蒸发盐岩盖层则起到强有力的封盖作用,高效保护古油藏。

中深1井寒武系盐下获得战略性突破的关键地质认识有两点:一是良好的储盖组合配置;二是继承性古隆起构造背景。优质的储盖组合是油气规模聚集成藏的物质基础;塔中继承性古隆起是油气运聚的长期有利指向区,是油气规模成藏的重要保障。中深1井寒武系盐下原生油气藏的发现,证明近源、继承性古隆起上的寒武系盐下领域是最有利的勘探方向。

以白云岩发育区、古隆起背景、烃源岩分布区与−8000m海拔线为区带评价依据,塔里木盆地内,满足优质的生储盖组合与继承性古隆起的区域有两个,其一是巴东—塔中—古城地区,其二是塔北地区(图3-28)。塔中—巴东—古城有利区的面积约 $2.0 \times 10^4 \text{km}^2$,塔北有利区面积约 9000km^2,勘探潜力巨大。

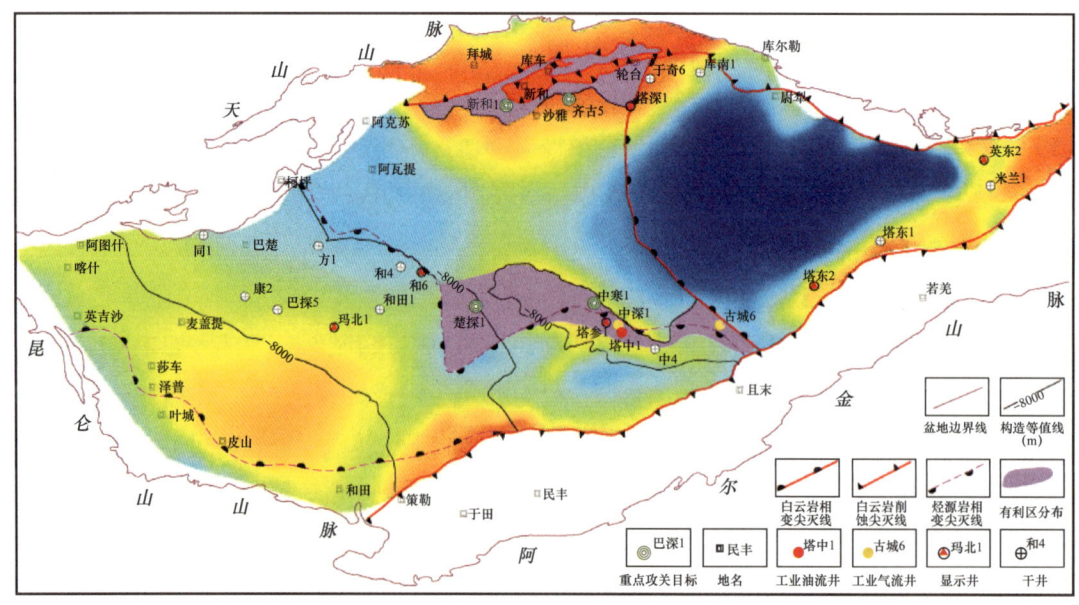

图3-28 塔里木盆地寒武系盐下白云岩有利区带预测图

（二）古城 6 井实现了古城鼻隆天然气勘探的突破

古城地区位于满加尔生烃凹陷南缘，具有良好的古构造背景与储盖组合条件，石油地质条件优越。1989—2011 年，累计钻探井 14 口，但均未获工业性油气，其中，油气显示井 1 口，低产油气井 1 口；2012 年古城 6 井在奥陶系鹰山组含白云岩层系中获工业气流，这是古城地区 23 年来的首个战略性突破，也是塔里木盆地下古生界内幕白云岩勘探的重点突破。

1. 古城鼻隆勘探历程

1）古城多层系海相碎屑岩钻探，三大领域收效甚微

1995—2003 年，古城低凸起及周缘的勘探主要围绕海相碎屑岩展开，主攻目标是地层岩性圈闭三大领域：一是石炭系东河砂岩海湾岩性圈闭；二是志留系超覆岩性圈闭；三是上奥陶统斜坡—陆棚浊积岩。

（1）围绕东河砂岩古海湾勘探钻井 3 口。1995 年上钻塔中 28 井与塔中 29 井两口探井，结果表明该处缺失东河砂岩，不存在"古海湾"及石炭系东河砂岩地层—岩性圈闭。1996 年 ESSO 公司在邻区满加尔凹陷南缘钻探且北 1 井，虽钻揭东河砂岩 75m，但由于圈闭不落实而宣告失利。2003 年，以向北继续寻找东河砂岩海湾岩性圈闭为思路，上钻塔中 51 井，仍然由于东河砂岩缺失而失利。

（2）针对志留系超覆岩性圈闭钻井 4 口。1995 年，同时上钻塔中 32 井与塔中 33 井，以探索志留系沥青砂岩。塔中 32 井钻揭志留系 245m，发现油气显示两层，获荧光岩屑 3m，含油岩心 1.1m，用 MFE 工具中途测试未获油气，分析认为塔中 32 井位于志留系超覆岩性圈闭的油水界面以下。塔中 33 井钻揭志留系 431m，沥青质砂岩段发现荧光显示。1996 年，基于塔中 32 井、塔中 33 井的钻探认识，部署的塔中 34 井钻揭志留系 203m，全井无任何油气显示，该区断层侧向封堵条件差，未能形成有效圈闭。2003 年，继续探索志留系沥青砂岩超覆岩性圈闭，上钻满南 1 井，钻揭志留系 300m，全井未见油气显示，完井测试日产水 15.04m³；分析认为志留系储层物性良好，但缺乏优质盖层，志留系超覆地层圈闭不落实。

（3）钻探上奥陶统斜坡—陆棚相浊积岩。上奥陶统斜坡—陆棚相浊积岩在地震剖面上表现为异常反射或内幕强反射，这套岩层曾是多口井的兼探层系。1995—2003 年，通过塔中 28 井、塔中 29 井、塔中 32 井、塔中 33 井、满南 1 井等 5 口探井实钻，认为除塔中 33 井上奥陶统内幕强反射被证实为玄武岩外，其他内幕强反射异常体皆为浊积砂岩的沉积特征。2006 年，针对上奥陶统内幕具异常反射体的浊积砂岩岩性圈闭钻探满加 1 井（图 3-29）。实钻表明上奥陶

统内幕的异常反射与强反射是泥质灰岩的响应；其间亦有部分井钻遇奥陶系碳酸盐岩，但均未获得突破。

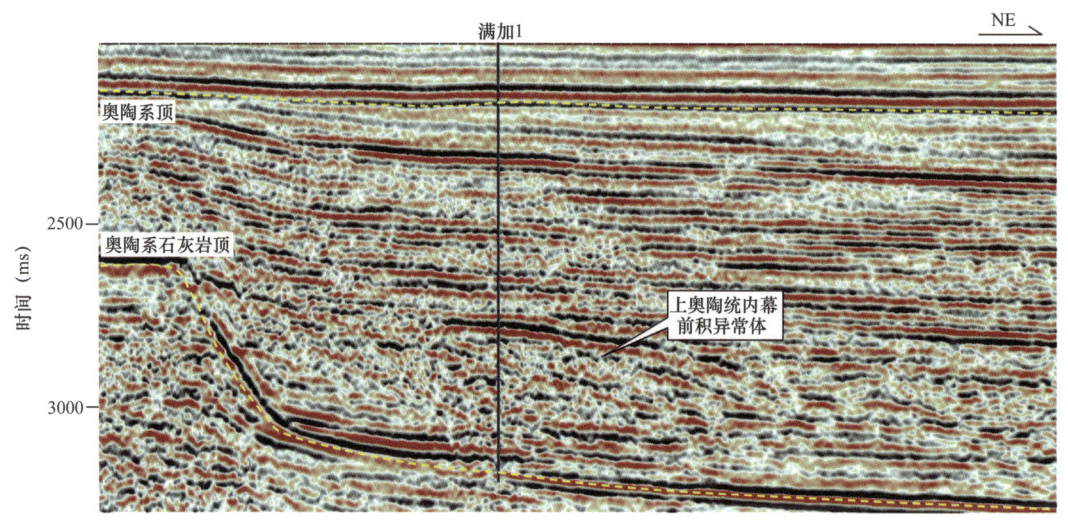

图 3-29 过满加 1 井地震剖面图

2）探索古城台缘坡折带礁滩体，油气勘探初现曙光

塔中 I 号坡折带奥陶系良里塔格组台缘礁滩型凝析气田发现后，加强了古城地区沉积环境和地质条件研究，认为该区可能存在台缘带礁滩体，由此实现勘探方向由海相碎屑岩向深层奥陶系台缘带的重大转变。

（1）重新厘定轮南古城台缘坡折带。塔中 I 号坡折带台缘礁滩型凝析气藏的发现，推动了塔里木台盆区寒武—奥陶系沉积岩相古地理的研究，2004—2005 年取得两方面重要认识：

第一，塔东地区寒武纪—早奥陶世为被动大陆边缘坳陷（拗拉槽）背景。拗拉槽西侧为轮南—古城台缘带，寒武系—下奥陶统均可见代表台缘带的丘状前积反射，拗拉槽东侧为罗西台缘带。

第二，确定了塔里木盆地寒武系—下奥陶统大台地、两斜坡的沉积背景。寒武系—下奥陶统沉积时期，塔里木盆地可分为西部台地、东部盆地、罗西台地三大沉积区。轮南—古城斜坡向西为统一的碳酸盐岩大台地即西部台地，古城坡折带奥陶系可能存在礁滩体。

（2）重新评价古城低凸起勘探潜力。早期依据 1983 年采集的贯穿全盆地的 19 条地震大剖面成果，塔里木盆地划分为"三隆四坳"的构造格局，其二级构造单元——古城低凸起处于东南隆起的西端。基于轮南—古城寒武系—上奥陶统坡折带的认识，以下古生界碳酸盐岩为主要勘探目的层，将古城低凸起从东南隆起内剥离，作为塔中隆起的二级台阶，与塔中隆起连为一片，提高对古城低凸起的地质评价。

第一,古城低凸起及周缘邻近生油凹陷,烃源岩条件优越。与古城低凸起相邻的满加尔凹陷,寒武系—中下奥陶统发育一套厚层深水陆棚相烃源岩,烃源岩厚度50~360m,有机碳丰度、生烃潜量、氯仿沥青"A"以及总烃含量等地球化学指标研究均表明,满加尔凹陷内各种岩类的烃源岩均达到或超过"好生油岩"标准。

第二,古城低凸起下古生界碳酸盐岩发育多套储层。借鉴塔中隆起的勘探成果,古城低凸起可能发育礁滩型储层与下奥陶统内幕多套储层。

第三,古城低凸起下古生界碳酸盐岩油气保存条件优于塔中。古城地区区域性盖层——上奥陶统却尔却克组以泥岩沉积为主,厚度1000~1800m,分布广泛。巨厚的泥岩层可有效阻止下部油气的散失,为该区下古生界碳酸盐岩油气藏的保存提供可靠屏障。

(3)古城坡折带先期钻探成果认识。古城坡折带的勘探分为两个阶段:第一阶段,2003—2004年古城2井、古城3井的钻探;第二阶段,2005年古城4井的钻探。

古城2井与古城3井主要钻探目的层为下奥陶统碳酸盐岩,钻探目的为寻找下奥陶统原生油藏,探索塔东寒武系—下奥陶统坡折带的含油气性。钻探结果表明该区域"有构造无圈闭"。古城2井、古城3井的钻探虽然失利,但同时带来了"向北部构造平缓区寻找有利目标"的启示。

2004年,塔里木油田按照"台缘带储盖组合有利、逼近烃源岩、避开车尔臣复杂断裂区"的思路,加大对古城台缘带的地震部署力度,部署二维1000km/15条地震测线。新部署的测线基本控制了古城台缘带的构造高部位,并利用新部署的测线与资料品质较好的老测线,对台缘丘状反射进行精细刻画,勾勒出古城丘状反射带,展示了坡折带礁滩体的分布,继而部署古城4井。

古城4井的目的层为下奥陶统—上寒武统,主要探索古城坡折带的岩性、物性及含油气性,推动塔里木盆地下古生界台缘高能相带的油气勘探与评价。古城4井于2006年12月19日完钻,后对下奥陶统—上寒武统白云岩进行中途测试,日产水11.57m³,结论水层。古城4井尽管失利,但其钻后认识对古城低凸起深层勘探具有深远的意义。

证实了古城台缘带的存在。中—下奥陶统为典型的台地边缘浅缓坡中低能砂屑滩与灰泥丘相沉积,上寒武统为台地边缘上斜坡垮塌沉积;钻揭下古生界优质储层,测井解释Ⅰ类储层38.5m,Ⅱ类储层18m,Ⅲ类储层45.5m;钻揭多套含沥青层系,特别是在寒武系白云岩段发现角砾状沥青,热演化程度高,R_o值多大于3.0%,表明该区曾经古油藏聚集,但遭受破坏;全井见气测显示

119m/6 层，且中奥陶统测试获得低产气流，表明在该区存在晚期成藏事件。

3）坚持坡折带理论与技术创新，迎来勘探重大突破

通过地质认识的转变，明确古城下古生界碳酸盐岩勘探主攻领域。借鉴塔北、塔中碳酸盐岩勘探成功经验：储层预测是关键，地震技术是保障。塔里木油田于 2007—2009 年在古城鼻隆上持续 3 年地震攻关，终于在 2012 年实现了古城 6 井区奥陶系气藏的重大突破。

（1）沙漠腹地实施"宽线 + 大组合"及非地震攻关。2008 年首次在台盆区沙漠腹地开展宽线攻关，采集宽线 2 条共 147km，宽线攻关效果显著。主要表现为资料品质有较大程度改善，古城 4 井与古隆地区油气显示层位大体相当，大大提高了对该区的地质认识，为三维地震部署提供了依据。

2008 年，为进一步落实三维地震部署区块，在古城 6 构造上部署了非地震电法勘探高精度建场 388km/8 条。高精度建场资料在下奥陶统—寒武系顶面附近显示出烃类呈层状分布的特征。基于二维宽线和非地震资料综合研究成果，进一步明确了三维地震部署的靶区。

2009 年，中国石油勘探与生产分公司及塔里木油田决定打破常规，在该区无工业油气流井的情况下，实施三维地震，满覆盖面积 170.2km^2。三维地震极大提升了内幕成像资料品质，为碳酸盐岩非均质储层预测提供了重要保障。

（2）锁定层间岩溶储层，推动古城大发现。塔中地区奥陶系巨厚碳酸盐岩内幕发现了大型凝析气藏。研究表明塔中巨厚碳酸盐岩内幕发现不整合，沿不整合发育缝洞型岩溶储层呈准层状、非均质性分布，由此提出了层间岩溶理论。

塔中北斜坡层间岩溶认识的提出为塔里木盆地碳酸盐岩勘探提出了理论依据，也开拓了古城地区奥陶系碳酸盐岩勘探的思路。古城低凸起与塔中隆起，构造上连为一体，寒武系—下奥陶统为统一的碳酸盐岩台地，具有相似的沉积构造演化背景，可能广泛发育层间岩溶储层。

2005—2007 年，中国石化在古城低凸起西段的古隆 1 井钻遇奥陶系鹰山组三段白云岩储层，获日产气 10067m^3，实钻揭示为层间岩溶叠加热液改造作用形成的白云岩储层，表明古城地区中—下奥陶统储层受控于层间岩溶作用。2011 年 7 月，针对下奥陶统鹰山组层间岩溶储层上钻古城 6 井，获重要发现。

2. 古城 6 气藏的发现

1）古城 6 井基本情况

古城 6 井构造位于北部坳陷古城低凸起，古城 6 井 2011 年 7 月 13 日开钻，2012 年 4 月 26 日完钻，完钻井深 6169m，完钻层位奥陶系鹰山组。2012 年 5 月 15 日，古城 6 井在奥陶系鹰山组三段 6144～6169m 井段完井试油，用

8mm油嘴放喷求产，油压30.4MPa，日产气264234m³，测试结论为气层；从试采曲线上可以看出，油压稳定，显示地层供液能力强。

2）地层与产层

古城6井钻揭新生界第四系、新近系、古近系；中生界白垩系、三叠系；古生界石炭系、奥陶系（未穿）；缺失中生界侏罗系、古生界二叠系、泥盆系及志留系。发育石炭系/奥陶系、三叠系/石炭系、白垩系/三叠系三个区域不整合。

主产层为鹰山组三段，储集空间主要为粒间溶孔、晶间孔和针状溶孔，地震上表现为"串珠状"强反射特征，岩性以石灰岩、含云灰岩、云质灰岩为主。

测井解释储层80.5m/8层，其中Ⅱ类储层31m/3层，Ⅲ类储层49.5m/5层。储层大致分为两段：上段6072.0～6089.0m，厚17.0m，Ⅱ类，孔隙度3.7%，电成像测井见裂缝；下段6144.0～6158.0m，厚14.0m，裂缝孔洞型，Ⅱ类，孔隙度2.5%～3.6%。古城6井产层段白云石含量与储层物性相关性好，表明白云石含量与储层发育有关。

3）气藏性质

化学分析结果显示，古城6井天然气相对密度在0.614～0.627之间；天然气组分甲烷含量89.6%～91.4%，CO_2含量4.4%～5.37%，N_2含量3.91%～4.72%，乙烷以上烃类含量不到1%，干燥系数达0.998；古城6井为干气气藏。

古城6井的气层温度170.3℃，折算地温梯度2.79℃/100m，属正常低温系统；地层压力70.55MPa，压力系数1.18，属正常压力系统气藏。

3. 古城6气藏发现的战略意义

1）深化了塔东地区成藏地质认识

地球化学分析结果表明，原油裂解气是塔东地区最重要的气源。通过对塔东2井、古城6井原油地球化学分析，显示其来自寒武系烃源岩。因此，塔东地区具备形成古油藏与原油裂解气藏的条件。由于塔东地区寒武系烃源岩演化程度高，奥陶纪末即进入生油窗，而且古油藏主要分布在深层震旦—奥陶系储盖组合中，因此原油裂解气既可分布在深层，也可运聚至中浅层成藏。

2）拓展了超深层油气勘探新领域

古城6井试获工业油流层位为鹰山组三段，区域对比分析表明，该层位在塔北隆起、塔中隆起与巴楚隆起均有钻井揭示，表明其分布稳定，是重要的勘探层系。古城6井的发现，指示了鹰山组内幕云质灰岩与上覆石灰岩层可形成有效储盖组合，显示了塔里木盆地下古生界白云岩领域是一油气勘探新领域。

3）揭示了古城巨大的勘探潜力

古城6气藏的发现层段——鹰三段储集体发育，具有"串珠状"反射层位稳定、发育密度大的特点。初步估算，7000m埋深可探面积4300km^2，有利面积2700km^2，天然气资源逾5000×10^{8}m^3。另外，古城6气藏的发现揭示西部台地内鹰山组下部规模发育的白云岩储层具备形成大油气田的条件，勘探前景十分广阔，海拔-6500m之上的勘探面积约13.6×10^{4}km^2。

第二节 超深缝洞型碳酸盐岩油气勘探技术创新

一、沙漠区超深缝洞型碳酸盐岩地震勘探技术

塔里木盆地塔克拉玛干沙漠地区震勘探始于1983年。经历了二维地震勘探和三维地震勘探两个阶段。1983—1998年为二维地震构造油气藏勘探阶段：1983年中国石油与美国GSI公司合作，首次进入塔克拉玛干沙漠腹部进行地震勘探，共完成了19条纵贯盆地南北的区域地震大剖面的采集处理解释工作，1986年取得了对盆地"三隆四坳"构造格局的初步认识。此后针对塔北、塔中和巴楚三大古隆起及盆地，全面展开二维地震普查，以搜索构造圈闭、落实钻探目标为主要目的，测网密度达到1km×1km～4km×8km，不仅发现了一批碎屑岩构造油气藏，还发现了轮南潜山、塔中Ⅰ号坡折带和英买力等一批碳酸盐岩油气藏。1998—2018年为三维地震岩性油气藏勘探阶段：19世纪90年代末到20世纪初，重点针对油气发现区块如轮南大型潜山背斜和塔中Ⅰ号断裂带坡折带，进行"整体解剖勘探"，采集上以窄方位、较低覆盖和斜交观测系统为主，开展了沙漠区三维地震处理解释技术攻关，形成了叠前时间偏移处理、古地貌雕刻和基于"串珠"响应振幅属性预测的方法，取得良好效果。但随着碳酸盐岩油气勘探开发一体化的不断深入，对缝洞体结构和连通性（裂缝发育分布情况）提出了迫切需求，同时也认识到缝洞体时间域存在飘移现象，导致了部分井失利，通过理论分析和正演、反演研究，揭示了缝洞体的连通性和精确成像，需要宽方位较高密度地震资料和高保真叠前深度偏移处理。2010年针对沙漠区超深缝洞型碳酸盐岩地震勘探缝洞体精确成像和量化描述的难点和需求，先后开展了多块小面积三维先导性攻关试验，形成了以沙漠区超深缝洞型碳酸盐岩三维地震采集技术为基础、高精度成像技术为关键、量化雕刻技术为核心的沙漠区超深缝洞型碳酸盐岩三维地震勘探技术系列（彭更新等，2017），有力支撑了沙漠区超深缝洞型碳酸盐岩的油气勘探开发。

（一）沙漠区超深缝洞型碳酸盐岩地震勘探难点

1. 疏松沙漠地表降低了地震资料信噪比及分辨率

塔里木盆地克拉通缝洞型碳酸盐岩储层深埋在塔克拉玛干沙漠之下，地表为流动性疏松沙丘。疏松沙丘不但对地震波高频能量吸收衰减严重，而且也会带来较强的噪声干扰，降低了资料的信噪比及分辨率。

2. 埋藏超深和火成岩发育降低了地震资料信噪比及分辨率

塔里木盆地克拉通缝洞型碳酸盐岩的储集空间主要为溶孔、溶洞、裂缝，非均质性强、各向异性强，对地震资料的成像精度和地震属性的均匀性要求高。碳酸盐岩目的层埋藏超深，单个缝洞体规模小，地震波传播路径长，能量和频率衰减快，碳酸盐岩内幕信噪比和分辨率低。同时，上覆的二叠系中广泛发育火成岩，岩相复杂，纵横向速度变化大，强阻抗界面多发育层间多次波，多次波与下伏奥陶系内幕的反射波相互干涉，对下伏奥陶系碳酸盐岩缝洞成像精度影响大，极大降低了奥陶系碳酸盐岩地震资料的信噪比及分辨率。

3. 油气藏类型特殊，地震描述难度大

塔里木盆地克拉通缝洞型碳酸盐岩油气藏是一种特殊的复杂岩性油气藏，埋藏超深（6000~8000m）、非均质性强且规模小（数十米到数百米不等），油气受缝洞体控制，基质基本不含油气，地震描述难度大。

（二）沙漠区超深缝洞型碳酸盐岩三维地震采集技术

1. 基于缝洞型储层成像精度的高密度宽方位三维观测系统设计技术

围绕塔里木盆地克拉通缝洞型碳酸盐岩地震勘探面临的"地表复杂、埋藏深、非均质性强"三方面的地震地质难题，地震采集技术首先要解决由复杂地表引起的激发、接收问题；其次，根据深层勘探特点和非均质储层发育规律，在建立地质模型的基础上，结合经济投入和勘探效益分析，实现地震采集处理解释一体化和经济技术一体化。通过20多年的地震实践与探索，逐步形成了基于缝洞体的波动方程模型正演观测系统设计技术、基于缝洞成像精度的高密度宽方位三维地震采集技术以及配套的采集参数优化方法等。

1）基于缝洞成像的波动方程模型正演技术

缝洞型碳酸盐岩储层以绕射波形式作为地震波运动学特征，以射线理论为基础的几何地震学方法研究分析来满足这种储层需要的观测系统参数是显然不够的，因而需要用波动地震学理论来指导观测系统的参数设计。观测系统参数的设计重点应该是保证缝洞型储层引起的地震响应具有足够的偏移成像精度。为此，首先要通过波动方程正演分析在地震资料上影响碳酸盐岩储层识别的因素，主要包括缝洞本身的地质因素和不同采集方法（地震波主频、面元大小、

覆盖次数、观测方位等）；其次，根据正演分析所得到的结论，设计合理的观测系统参数。

碳酸盐岩岩溶缝洞体可以视为由准均匀介质中呈不规则分布的、大小和形状各异的低速体共同组成的非层状储集体。在水平叠加剖面上看到的应是这些低速体的散射（绕射）波。通过反复分析和研究，形成了采用具有一定近性的等效地质体来替代实际复杂缝洞体的思路，即采用统计学方法中使用的非均匀性随机介质模型来描述缝洞型油气藏，以得到比较接近实际的地震波场。

研究表明，影响缝洞型储层识别的主要因素包括储层性质、地震波主频和面元尺寸三个方面。在地震勘探中，提高小缝洞的识别能力主要通过以下两种途径：一是拓宽地震波频带和增强地震波能量，提高缝洞的反射强度；二是提高采样密度和观测方位，提高地震资料对缝洞体的分辨能力。

2）基于缝洞成像精度的高密度宽方位三维观测系统设计技术

随着油气评价开发工作的不断推进，低密度（炮道密度 10×10^4 个 $/km^2$ 以内）、窄方位（宽度系数不足 0.4）三维地震资料对小缝洞体及连通性识别能力不足的问题逐渐凸显，尤其是裂缝预测精度低，制约了超深缝洞型碳酸盐岩油气藏的开发效率。通过开展哈 601 拟全三维、哈 7 高密度三维和中古 8 区块高密度三维的地震先导性攻关试验，形成了基于缝洞成像精度的高密度三维地震采集技术，主要在观测系统参数方面有了较大改变：面元保持不变；覆盖次数从 70 次提升至 200~500 次；炮道密度从不足 10×10^4 个 $/km^2$ 提高到 $(100 \sim 250) \times 10^4$ 个 $/km^2$；观测方位从窄方位（宽度系数不足 0.4）到宽方位（宽度系数接近 0.8）。相比其他地区的高密度三维地震技术，该技术并不过于强调单点采集、小面元以及室内组合，而是针对塔里木盆地沙漠区吸收衰减严重、目的层超深、非均质性强的含油气储集体，赋予高密度三维地震采集技术以新的内涵：即观测系统高炮道密度、小线距和均匀的空间采样，采用适当组合检波，为室内处理提供更高品质的地震资料。

（1）基于缝洞成像精度的炮道密度设计。

炮道密度是高密度三维地震技术的基础，是高密度三维地震资料大幅提升的基础。塔里木盆地缝洞型碳酸盐岩埋藏超深，地震采集有效信号为缝洞体或断层绕射波，三维单炮排列片动辄上万道甚至达到两万道以上，导致采集电子设备数量占用大，相应的配套运输设备和人工也大幅增加，造成勘探成本的急剧上升。因此，如何优化超深缝洞储层高密度三维地震采集技术，寻找经济和技术之间的最佳平衡点，是高密度三维得以规模化推广所面临的现实问题。沙漠区高密度三维地震采集攻关观测系统关键参数对缝洞体成像精度的影响分析表明，在低成本战略指导下，高密度三维观测系统选择，首先要保证高炮道密度，而增加炮道密度的方式，首选覆盖次数，接收线距的选择要充分考虑深层目的层噪声发育情况，对于缝洞体偏移成像精度宽方位也是非常必要的，最后选择优化面元。高密度技术在不同地区优化的方向不同，塔里木盆地超深缝洞型碳酸盐岩观测系统优化的优先顺序依次为：炮道密度、覆盖次数、炮/检线距、观测方位、面元。

（2）基于无污染采样的面元选择。

高密度采集与常规采集最大的不同就是空间采样密度大，对有效波和干扰波均要无假频采样。对于没有空间假频的噪声，用基于多道线性相关的噪声压制办法很容易将其去除。

对干扰波做到无假频采样，即对噪声充分采样，通常必须采用极小的面元，但这将导致勘探成本的急剧上升，Baeten 等人给出了另外一种计算方式，即保证在干扰波不污染到有效波的情况下进行面元选择。这样在对干扰波进行必要采样的情况下，允许选择的面元尺寸选择范围变大，在保证去噪效果的同时，兼顾了经济性，使得高密度三维在野外可以得到较好的推广应用。目前在塔中沙漠区超深缝洞储层勘探中采用 25m 面元是较为适合的，当然，在勘探成本允许的情况下，小面元是更好的选择。

（3）基于缝洞成像精度的观测方位设计。

根据地震波传播理论，地震波在穿过裂缝介质时，其速度、能量和频率都存在方位各向异性特征，利用这种方位各向异性特征，可以检测裂缝发育情况，为了满足裂缝检测要求，地震纵波资料的方位分布应该是宽方位的（最好是全方位），才能得到更稳定的解。

在基于缝洞体成像精度的观测方位设计中，创新引入了宽度系数的概念。宽度系数既考虑了单元模板的横纵比，同时又考虑了覆盖次数和炮检线方位角的分布，是一种更为科学的方法。三维观测系统要达到较宽的方位，除了模板的横向长度和纵向长度要比较接近外，还要求纵横向覆盖次数的差异要小，尽量均匀。同时，根据塔里木盆地沙漠区目的层超深的特点，在实际设计中，采用了数据利用率和各个方位覆盖次数均匀分布（便于消除观测系统原因所导致的各向异性）两个原则，来确定观测方位宽度。

（4）覆盖次数的选择。

碳酸盐岩勘探是尽可能得到不同尺度储集体的成像，并主要体现在偏移剖面上，而偏移剖面上碳酸盐岩内幕储层反射波的信噪比取决于叠加覆盖次数和可偏移绕射波的数据量。宽方位观测系统和常规三维差异主要在方位宽度上，为满足裂缝分方位各向异性预测处理的需求，分方位处理时方位角划分应至少大于 3 个方位，才能满足分方位处理后应用不同的方位角信息，拟合方位各向异性椭圆，来确定方位各向异性的方向和强度；为了能更好地描述裂缝的不同发育方向和计算的稳定，一般三维分方位处理最好用6个方位。在确定观测方位宽度后，就是尽量减小不同分方位数据集中的面元属性差异。在面元属性中，分方位数据集的面元内覆盖次数差异是反映宽方位观测系统优劣的一个重要参数，一方面要求不同分方位数据集的覆盖次数相近，还要满足不同方位面元高信噪比需求；另一方面要求不同分方位数据集内的炮检距对分布相对均匀，满足每个方位上的三维资料都能够精确保真成像需求。

在三维资料上，找到被钻井证实的碳酸盐岩缝洞储层，分析三维偏移后该缝洞储层反射波的信噪比提高比率，分析三维偏移资料上该缝洞储层反射波的信噪比，根据钻井资料确定该储层特性参数及反射系数，利用三维资料，求出该三维覆盖次数下的信噪比，再根据目标储层与该储层的反射系数差，可以计算目标储层所需覆盖次数。

2. 沙漠区高速层地震波激发技术

表层调查得知，塔里木盆地沙漠区存在稳定的潜水面。潜水面以下为饱含水的砂层或泥砂层，其地震波传播速度分布稳定，基本在1600～1800m/s之间，是良好的激发速度层。2000年以前，由于钻井工具及技术原因，在沙漠区采用4～8m吹沙筒进行钻井埋置震源弹施工，地震勘探难以实现潜水面以下激发；2000年以后，随着水钻、麻花钻等钻井工具研发成功，以及膨润土等固井技术的成功应用，在沙漠区实现了100%潜水面以下激发，地震资料实现了质的飞跃（图3-30）。

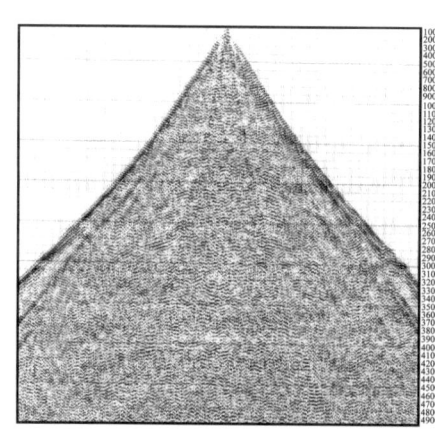
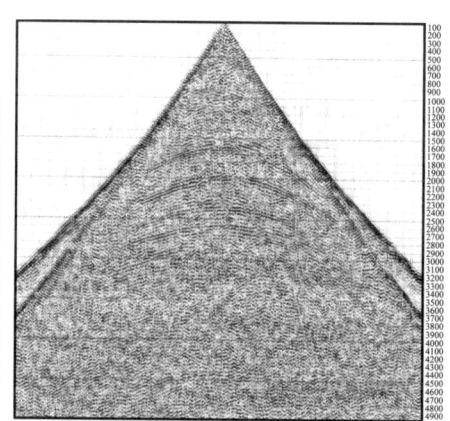

(a) 潜水面以上激发　　　　　　(b) 潜水面以下激发

图3-30　潜水面上下激发单炮对比

沙漠区潜水面就是虚反射界面。根据虚反射理论，虚反射对地震信号频率的影响是一个井深与频率的周期函数。在大多数情况下，随着激发深度的加大，地震信号的频率峰值逐渐向低频方向移动，表明在虚反射界面下大深度激发具有低通效应。通过理论论证和实际资料分析（图3-31），为了尽可能避免虚反射对有效反射波的影响，震源在高速层中的激发位置，距离高速顶界面不宜超过7m，高速顶之下3～5m为地震波最优激发深度。因此，沙漠地区潜水面以下激发深度选择要考虑消除虚反射影响，且有利于提高激发子波频带宽度。

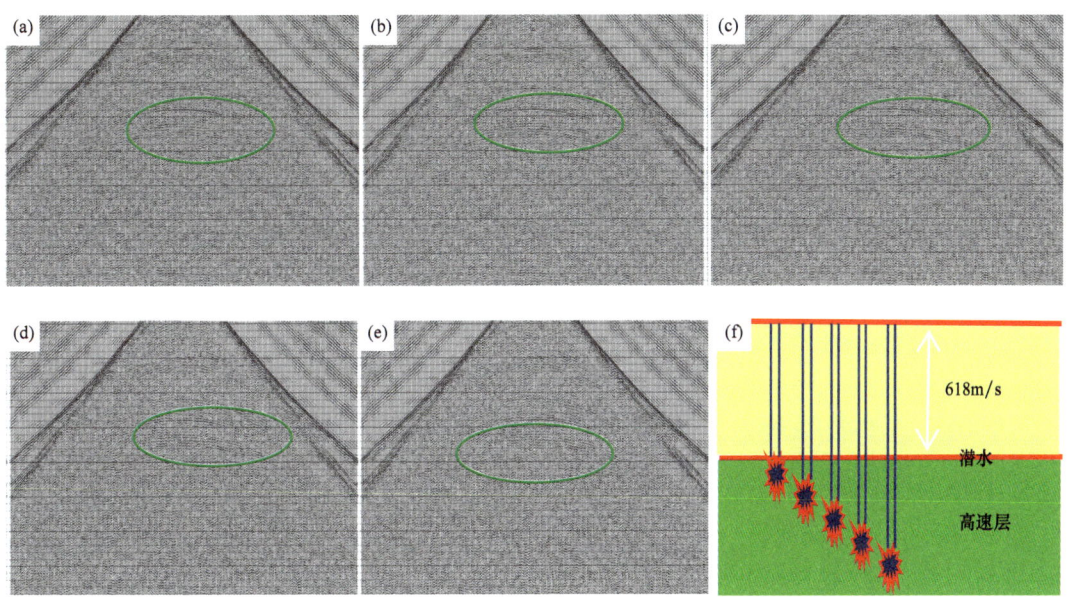

图3-31　沙漠区不同激发深度对比试验结果（统一16kg药量）
（a）—（e）潜水面以下1m、3m、5m、7m、9m激发记录；（f）激发位置示意图

（三）沙漠区组合接收技术

野外接收方法是影响沙漠区地震资料品质的重要因素之一。塔里木盆地沙漠区地表被疏松沙丘覆盖，疏松沙丘对地震资料的影响主要表现在四个方面：一是疏松沙丘对地震波的吸收衰减，二是疏松沙丘与检波器的耦合系统对地震资料的影响，三是疏松沙丘产生的不规则噪声对地震资料的影响，四是地表虚反射对地震资料产生的影响。这四个方面的影响程度随地震波频率及沙丘性质的不同而不同。

沙漠区选线选点原则。在以往的勘探中，接收方面更加强调检波器与地表的耦合，在野外检波点的布设时，以优先选择沙丘中致密的迎风面为原则。通过分析疏松沙丘对地震资料的影响，明确了降低疏松沙丘引起的各种噪声是野外接收工作的重点。实际资料表明，随着沙丘厚度的增加，噪声强度也随之增加。沙漠区的选线选点原则为优先选择较低沙丘，尽可能降低沙丘引起的噪声强度；其次选择平坦沙丘，保证检波器的组合面积以压制各种干扰；最后选择致密沙丘，提高检—地耦合系统的谐振频率压制效果。

检波器组合高差逐点设计方法。对于野外采集来说，检波器组合是压制疏松沙丘产生的各种噪声的最有效方法之一。按照行业标准规定的 2m 组合高差，起伏沙丘区的检波器组合图形将难以拉开，因此，越是起伏大的沙丘，检波器组合的压噪作用越是受到限制。起伏大的沙丘的组合高差能不能适当地放大呢？应该遵循什么样的原则呢？大量研究表明疏松沙丘具有连续介质性质，且其平均速度随沙丘厚度呈递增趋势，因此，沙丘厚度的不同，其允许的检波器组合高差也可以不同。

（四）沙漠区超深缝洞型碳酸盐岩高精度成像技术

塔里木盆地沙漠区超深缝洞型碳酸盐岩地震资料处理，主要面临信噪比低和成像精度不高的问题，地震资料处理的核心是要在振幅相对保真前提下，做好静校正与表层建模、噪声压制、精细速度建模和偏移成像处理，消除目的层上覆巨厚地层（尤其是二叠系火成岩）的影响，优选最佳成像方法，以保证超深缝洞型碳酸盐岩储层的分辨力和准确成像。

1. 沙漠区静校正技术

通过沙漠区静校正的不断攻关，微测井约束的层析反演静校正技术逐步取代了沙丘曲线静校正技术。层析反演静校正技术的基本实现过程可以划分为数据采集、正演模拟、建立线性方程组和反演求解四个过程，但实际地震资料缺少近道初至信息，层析反演结果普遍出现浅层速度过高的现象，因此提出了一种约束层析反演静校正技术。该技术就是先利用小折射或者微测井得到的低速层和降速层的速度和厚度，在进行大炮初至层析反演过程中，使得低速层和降速层在每一次迭代结果速度不变或者发生较小的变化，以弥补单炮初至丢失的浅层精细速度信息，使得反演近地表模型更加准确。

与常规反演近地表模型相对比，微测井约束得到的近地表模型速度结构更加合理、规律性更强，且与微测井结果吻合程度更高。对比沙丘曲线静校正技术和约束层析反演静校正技术两种共偏移距初至和叠加剖面，约束层析反演静校正技术能够更好地解决沙丘引起的基准面静校正问题。

2. 保幅、保真提高地震资料信噪比技术

与其他地表资料相比，沙漠区地震资料的噪声有其自身的特点，主要表现为：一是沙丘位置的炮集记录上发育线性规律差、分布集中、能量强的散射噪声；二是由于沙丘鸣震的影响，高大沙丘引起线性干扰发育的特征，即面波干扰。针对性的干扰压制方法，首先是通过炮域高能干扰分频压制技术，压制中浅层分布范围较小的面波散射干扰，然后通过优化的十字子集锥形滤波，压制检波域较为明显的高速线性干扰及中深层分布较广的散射干扰，最后通过随机

道重构压制残余的散射噪声。

针对沙漠区地震资料噪声发育的特点，对去噪技术经过深入细致的研究和实践探索，逐步形成了以多域、分频、分阶段等叠前去噪为指导思想，强化叠前去噪与叠前振幅补偿的迭代处理，实现对沙漠区面波、线性干扰、多次波、随机噪声等各种干扰的有效压制，以此为速度建模、裂缝预测、叠前反演提供高品质的道集数据。

3. 火成岩对下伏缝洞型碳酸盐岩精细成像影响消除技术

二叠系火成岩在塔里木盆地碳酸盐岩发育区广泛分布，岩相、厚度、速度变化剧烈，对下伏地层空间振幅、碳酸盐岩储层的准确偏移成像均带来极大影响：一是火成岩下伏地层能量强弱与火山岩分布呈正相关，这样的振幅关系会给储层预测带来错误结果；二是由于其厚度、速度纵横向变化剧烈，引起下伏地层构造形态、地震成像位置不准的问题。针对这些特点，在地震资料处理过程中逐步攻关形成了以火成岩振幅透射补偿技术、火成岩相控速度建模技术为核心的配套技术。

1）火成岩振幅透射补偿技术

针对不同岩相火成岩对地震波能量吸收衰减的差异导致下伏地震反射能量空间差异大的问题，通过火成岩地震相空间展布的精细刻画，求取对应的振幅补偿因子，并在时间方向上拟合出相应的补偿曲线，从而达到消除火山岩对下伏地层反射振幅吸收衰减的影响。

从应用该技术前后的剖面对比可见（图3-32），火山岩的下伏地层反射能量得到较好的恢复，较好地消除了平面能量上与火成岩分布的相关性，其振幅关系更能反映地下地层的反射特征。

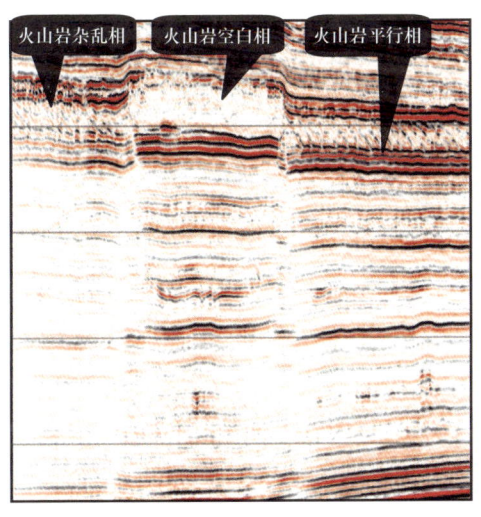
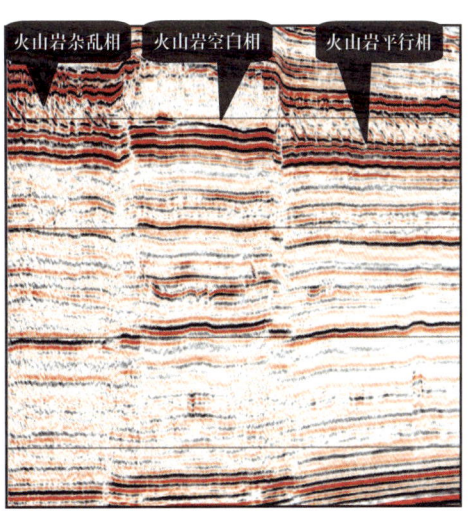

图 3-32 振幅补偿前后地震剖面对比

2）火成岩相控速度建模技术

针对上覆火成岩岩相、厚度、速度纵横向变化剧烈引起下伏地层地震成像位置不准的问题，在对火成岩岩性、物性、电性、井速度特征分析和地震相分析的基础上，通过相控火成岩体的精细层析速度反演，建立相控反演约束的二叠系火成岩段速度模型，替代传统层控速度建模速度体中的火成岩段层速度模型，然后开展各向异性参数求取、网格层析迭代反演，得到火成岩相控反演约束的高精度速度模型和叠前深度成像，以消除由于火成岩速度剧烈变化对下伏地层地震精确成像的影响，提高超深缝洞体地震偏移成像精度。

不同速度建模思路的叠前深度偏移剖面对比（图3-33）结果表明，火成岩相控速度建模技术较准确地刻画了火成岩空间上的速度、厚度变化，通过后续叠前深度偏移后，下伏地层的构造形态得以恢复，假断层现象消失，而深层缝洞型碳酸盐岩储层反射成像更加清晰、准确。

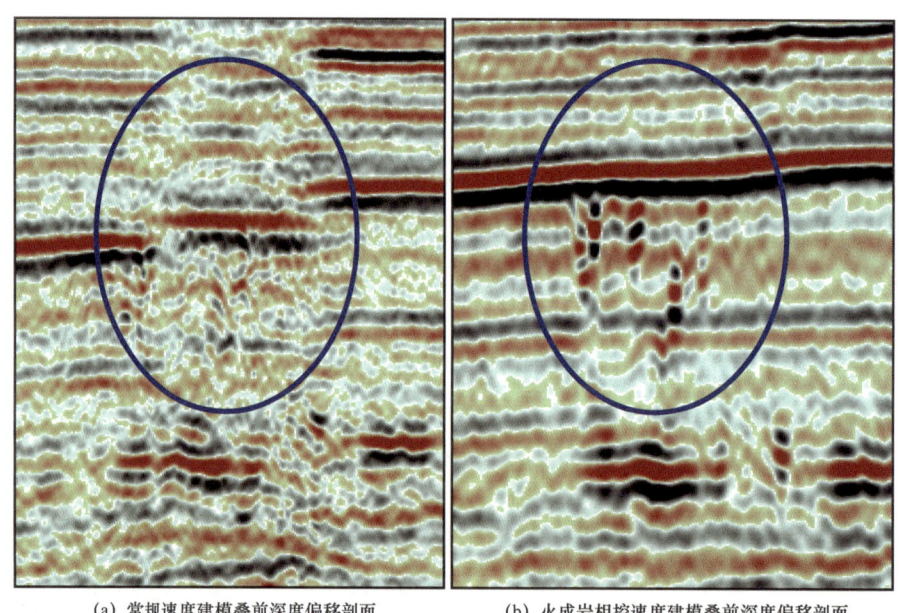

(a) 常规速度建模叠前深度偏移剖面　　(b) 火成岩相控速度建模叠前深度偏移剖面

图 3-33　常规速度建模与火成岩相控速度建模叠前深度偏移剖面对比图

4. 缝洞型储层 OVT 域地震成像技术

裂缝型地层存在地震各向异性特征，表现为地震振幅、速度、反射波形和相位随接收方位、炮检距方位的变化而发生变化，利用这些方位各向异性特征既可以消除方位各向异性影响和改善成像，又可以 OVT 螺旋道集进行裂缝预测。

在以往裂缝预测中也尝试利用方位角信息，主要采用基于地面扇区划分，但为满足一定的覆盖次数和各方位之间的均匀，方位角划分往往较大，导致方位角信息模糊和采样稀疏，裂缝预测精度不高。而 OVT 域是在五维空间（时间坐标、X 坐标、Y 坐标、炮检距坐标和方位角坐标）中进行地震数据的分析研究，其道集偏移后的共成像点道集（螺旋道集）保留了炮检距和方位角信息，不但能提高裂缝型储层成像精度，而且能够提高基于各向异性的叠前裂缝预测精度。

5. 缝洞型储层逆时偏移成像技术

针对积分法偏移技术存在振幅保真度不足、偏移噪声较大的问题，通过应用与创新逆时偏移处理技术，有效解决了高陡倾角和纵横向变化剧烈的地质体成像问题，提高了资料信噪比和振幅保真度。

逆时偏移具有相位准确、成像精度高、对介质横向速度变化和高陡倾角构造适应性强等优点。该技术对提高小尺度缝洞的成像精度以及提高资料保幅性方面有明显效果，2014 年开始在塔里木盆地超深缝洞型碳酸盐岩资料处理中得到全面推广应用，在提高缝洞体成像精度和钻井成功率方面发挥了重要作用。

6. 沙漠区连片三维地震资料处理技术

沙漠区超深缝洞型碳酸盐岩地震勘探处理中，对地震成果保真保幅要求高，在连片资料处理中，由于多个三维区块采集年度、采集参数的差异，面元（主要有 25m×25m、12.5m×25m、15m×15m）、覆盖次数（72～500 次）差异大，同时各三维区块地震成果数据之间存在时间、振幅、频率、相位的差异，影响了沙漠区超深缝洞型碳酸盐岩油气藏的整体认识、整体评价和整体开发。

沙漠区超深缝洞型碳酸盐岩连片地震资料处理技术主要包括连片静校正技术、连片振幅一致性处理技术、连片子波处理技术等。沙漠区连片三维地震资料处理过程中，利用连片约束层析反演静校正技术可解决连片静校正问题；利用连片地表一致性振幅补偿技术和基于覆盖次数振幅处理技术可解决区块之间振幅差异问题；利用子波整形技术、地表一致性反褶积技术提高子波的空间一致性，解决区块之间频率和相位的差异问题。

二、超深碳酸盐岩缝洞雕刻技术

塔里木盆地碳酸盐岩缝洞型油气藏的有效储集空间为由洞穴、孔洞和裂缝组成的缝洞型储集体，储集体在三维空间中分布极不规则，洞穴在储集体中所占比重非常大，非均质性很强。过去沿用的"井控豆腐块"静态储量估算方法也暴露出了储量估算单元划分较粗、储集体类型难以细分、储量估算结果满足不了碳酸盐岩缝洞型油气藏的储量估算精度、含油面积图等图件对油气藏进一步评价和开发指导性不强等问题。通过反复实践、攻关形成的超深碳酸盐岩缝洞型储层定量雕刻技术和缝洞型油气藏储量计算方法，解决了碳酸盐岩缝洞型油气藏储量估算精度低的难题，满足了强非均质碳酸盐岩油气藏勘探开发的油气藏描述需求。

（一）缝洞型储层主要特征与串珠状地震反射的发现

塔西碳酸盐岩台地的形成演化过程中，寒武系—奥陶系中发育了石灰岩、白云岩、盐岩、膏岩、泥岩及其过渡相岩石类型；奥陶系石灰岩比较致密，平均基质孔隙度仅有1.05%，20年来，塔里木油田上交碳酸盐岩的所有储量区块内储层孔隙度的跨度非常大，一般在2%～90%之间，岩溶和断裂是控制塔里木寒武系—奥陶系碳酸盐岩储层最重要的两个改造因素，缝洞型碳酸盐岩储层的非均质性非常强。

1. 缝洞型储层宏观储集空间特征

缝洞型储层的储层空间主要有洞穴、溶蚀孔洞、裂缝，它们具有较大规模的宏观次生孔隙，这种孔隙不但可以通过露头、岩心来识别，而且还可以通过常规测井、成像测井甚至是地震资料来进行识别。

洞穴：是指由岩溶作用形成的、直径大于500mm的大型次生孔隙，直径0.5～16m不等，常与溶缝、溶孔伴生。洞穴可被泥质、角砾、方解石等半充填—全充填。钻井液漏失和钻具放空多是因为钻遇了洞穴及其伴生的裂缝、溶蚀孔洞。洞穴在FMI成像图中显示为具有一定厚度的黑色条纹；在偶极子声波成像测井（DSI）变密度图上表现为"人"字形条纹；在常规测井响应上表现为深浅侧向电阻率曲线显示较低的电阻率值，井径异常扩径，声波时差增大，密度异常降低，自然伽马曲线值明显比石灰岩段高。典型的洞穴发育井如轮古701井，该井钻进到奥陶系鹰山组5240.03m时，连续放空4次，累计放空14.68m，同时漏失钻井液476.2m³。这种洞穴型储层在地震解释剖面中反映为强"串珠"反射特征，储层孔隙度、渗透率极大，孔隙度接近100%，易于识别和判断。

2. 潜山构造勘探

1990年，轮南1井首先在奥陶系获得突破，日产油96m³，一直到1996年，轮南潜山及周围，钻探奥陶系石灰岩的井达到了47口，但出油井仅有17口。油气水关系复杂，大多数井因没有钻到优质储层而无法展开评价，塔里木盆地的碳酸盐岩勘探也因此陷入了地质认识和技术瓶颈的艰难境地。

3. 高分辨率三维地震标定与串珠状地震反射识别溶洞

1）考察类比原苏联的尤罗勃钦油气田，坚定在轮古潜山勘探的信心

1991—1995年，在塔北—塔中地区相继发现了东河油田、哈得油田、塔

中 4 油田等多个碎屑岩油田之后，塔里木盆地的碳酸盐岩勘探工作却陷入了新的一轮低谷期。塔里木油田勘探开发指挥部为此组织人员到原苏联去考察了尤罗勃钦油气田，经过认真对比，发现轮古潜山与尤罗勃钦油气田有很多相似之处：（1）都是古老地层，即震旦系和奥陶系；（2）基质孔隙度都很低；（3）古潜山规模都很大（2300km^2 和 8350km^2）；（4）单井产量高（5～500t 和 10～610t），产量变化大；（5）储集空间类型相似（溶洞为主）；（6）储量丰度低[（8～150）×10^{4}t/km^2 和 45×10^{4}t/km^2]，这次考察坚定了再次勘探轮南潜山的信心。

2）高分辨率三维地震的标定与串珠状地震反射识别溶洞技术

经过 1995 年尤罗勃钦油气田的考察之后，依靠中国石油物探公司相干图（当时称为反去噪图）的综合预测结果，塔里木油田部署了轮古 1 井、轮古 101 井、轮古 2 井、轮古 2-1 井、轮古 2-2 井及轮古 4 井、5 井、6 井、7 井等大斜度井的钻探，虽然不同程度地见到了油、气、水，但是总体储层钻遇率非常低；在 1998 年，中国石油部署了 69.27km^2（一次覆盖 127km^2）的高分辨率三维地震实验区（25m×25m、覆盖次数 24 次）；1999 年 5 月—9 月，经过三维地震覆盖区内 10 口井的精细标定和精细解释，经过轮古 1 井、轮古 2 井、轮古 2-1 井、轮古 2-2 井、轮古 6c 井、轮南 8 井和轮南 18 井等钻遇溶洞的井的准确标定，确定了这些井在高分辨率三维地震剖面上都见到了串珠状地震反射，随后与轮南 34 井、轮古 4 井、轮古 5 井、轮古 7 井、轮南 101 井等没有钻遇溶洞的井进行对比分析，它们都没有钻遇串珠状地震反射，这样，就首次出现了串珠状地震反射来识别溶洞的技术，并且首次解释了暗河溶洞体系，提出了以溶洞为潜山型碳酸盐岩核心钻探目标的认识。

3）"七沟八梁"的岩溶古地貌特征

经过 2～3 年的三维地震部署和解释，并结合老三维地震资料（50m×100m）解释，对整个轮古潜山进行了喀斯特地貌解释，中国石油物探公司和塔里木油田一起，采用印模法，完成了轮古潜山地区石炭系沉积初期的古地貌图，主要表现为"七沟八梁"的整体特征，这为轮南地区的整体部署起到了关键作用。

4. 串珠状地震反射的推广

1999 年轮古潜山发现串珠状地震反射并识别溶洞的技术成功，极大地激励了轮南地区、塔河地区、塔中地区和哈拉哈塘地区的高分辨率三维地震部署，在轮南地区，部署了轮古西三维、桑南三维、轮南 8 三维和轮古东三维，部署了轮古 8 井、轮古 11 井、轮古 15 井、轮古 16 井、轮古 17 井等重点探井，2000 年钻井成功率达到了 100%；2004—2005 年塔中地区提出了整体部署、分步实施,打开了塔中地区碳酸盐岩的勘探思路,并在台缘礁滩体和层间岩溶的缝洞体识别中做出了重要贡献;2008—2009年,在哈拉哈塘地区一间房组层间岩溶缝洞体和走滑断裂所形成的串珠状地震反射部位也部署了井位,成功率达到了85%~95%。

(二)缝洞体地震响应模型正演技术

为了搞清楚碳酸盐岩缝洞型储层地震响应的特征类型,在溶洞实体物理模型制作的基础上,又根据哈拉哈塘油田哈6三维区奥陶系碳酸盐岩储层地震地质研究成果,以20000∶1的尺度比例制作了与实际缝洞储层地质特征相类似的溶洞、裂缝、古河道、尖灭线等多种缝洞体实体物理模型。通过实验室内模拟地震采集和地震资料处理,得到了与哈6三维区奥陶系缝洞型碳酸盐岩储层地震响应特征相一致的三维地震数据。

通过物理实验,取得以下两点重要认识:(1)缝洞体的规模大小和丰度存在差异,在常规地震剖面上可表现为串珠状、片状和杂乱状三种反射特征;(2)在几何外形相似的条件下,缝洞体面积、总体积与其反射振幅成正相关。仅靠地震响应的几何形态,无法识别缝洞的储层类型和内部结构,体积大、孔隙度小的缝洞体可能会与体积小、孔隙度高的缝洞体的地震响应相似。

(三)缝洞体定量雕刻与评价技术

为了量化预测评价非均质性很强的缝洞体有效储集空间,通过建立测井、地震响应特征与储层发育情况的量化关系,形成了缝洞体定量雕刻与评价技术(郑多明等,2011)。

1.缝洞体定量雕刻技术

缝洞体定量雕刻的基本经验是:在利用地震数据几何属性信息进行地震相分析的基础上,结合单井测井相建模、构造信息、反演波阻抗信息,求取缝洞体几何结构空间地质模型、储层类型模型和有效孔隙度模型,计算出有效储集空间(图3-34)。

1)缝洞体三维几何结构模型的建立

依据碳酸盐岩缝洞储层模型正演和储层井震标定,在叠后保真地震数据体上,利用地震相分析技术和软件,将反映碳酸盐岩缝洞型储层的串珠状、片状、杂乱状和弱反射四种地震反射特征分类进行地震相刻画。然后将串珠相、裂缝相、片状反射属性和杂乱相分别采样到三维构造地质网格中定量化,并根据同一网格串珠优先,片状、裂缝通道其次,杂乱相最后的原则,将缝、串珠、片状反射和杂乱相合并成为一个储层的几何空间地质模型。

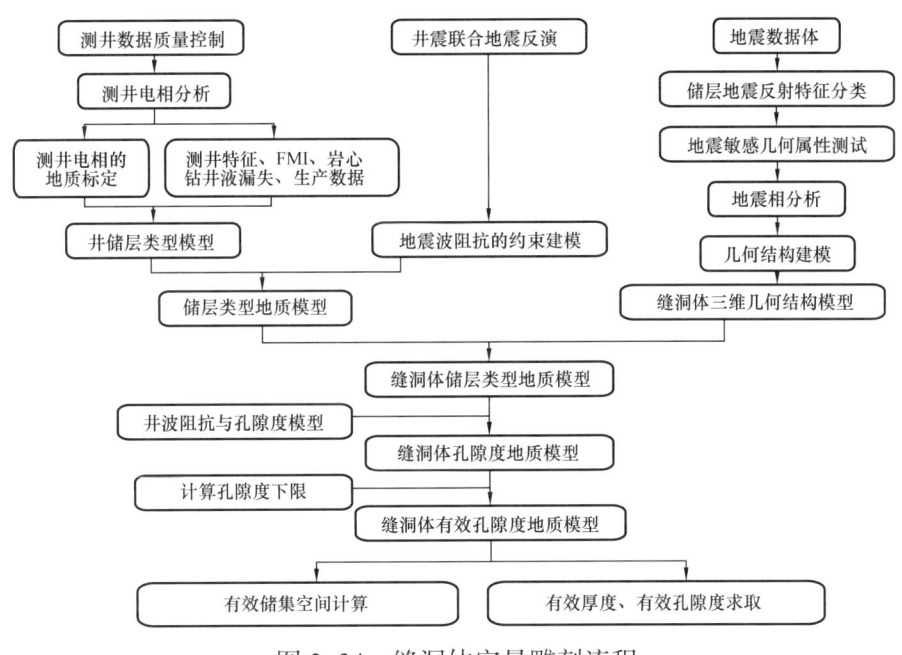

图 3-34 缝洞体定量雕刻流程

2）井震联合地震波阻抗反演

就是将常规的地震反射振幅的相对变化，转变为波阻抗的变化，从而把反映地层界面特征的地震剖面转换成反映储层的阻抗剖面，由此来反映储层横向变化规律。

3）单井储层类型模型的建立

通过对反映缝洞储层特征的自然伽马测井（GR）、两种电阻率测井（深测向和浅测向）、声波（AC）测井数据开展测井电相分析，发现以低伽马、低电阻和高声波时差为特征的测井电相代表溶洞和高角度溶蚀裂缝（一类储层）发育；以低伽马、中—低电阻率和中等声波时差为特征的测井电相代表溶蚀孔洞和导流裂缝（二类储层）发育；以中—高伽马、中—高电阻率和低声波时差为特征的测井电相代表致密非储层。

4）储层类型与伽马、电阻率、波阻抗曲线特征关系的建立

利用波阻抗与井中测井电相储层类型的统计分布关系，确定每一种储层类型波阻抗数据的分布范围。

5）缝洞体储层地质模型与孔隙度模型的建立

在各种储层类型的单井概率模型分析的基础上，利用单井储层类型与波阻抗的统计关系，把井的储层类型模型作为硬数据，在地震波阻抗属性体的约束下，采用协同克里金模拟方法建立储层类型地质模型，通过缝洞系统的三维几何结构地质模型的约束，得到缝洞连通体储层类型的地质模型。

储层类型模型建立后，利用测井解释孔隙度数据，分析每一种储层类型的

孔隙度分布情况，分别建立三种储层类型的孔隙度与波阻抗的统计关系。将测井解释孔隙度作为硬数据、波阻抗属性体和储层类型模型作为空间的约束，采用协同克里金模拟方法建立各储层类型的孔隙度模型，最终结合缝洞连通体结构模型得到缝洞连通体的孔隙度模型。

6）缝洞体有效储集空间计算

根据碳酸盐岩缝洞储层有效孔隙度下限，对孔隙度模型以网格为单位通过积分法求取有效体积：单个有效网格的有效储集空间为单个有效网格体积与相对应的有效孔隙度的乘积；缝洞连通体的有效储集空间为缝洞连通体内所有有效网格的有效储集空间之和；区块内有效储集空间为区块内所有缝洞连通体的有效储集空间之和。

缝洞储层定量雕刻成果展示了缝洞体的空间形态、分布特征、各类储层发育规律，体积与有效容积大小、相对高低，可充分反映非均质岩溶储层的特点。

2. 大型缝洞集合体描述技术

通过对缝洞型岩溶储层地震反射特征的描述与地质解译，提出了大型缝洞集合体的概念（杨鹏飞等，2013），并将其锁定为部署高产稳产井的有利目标。大型缝洞集合体是指具有一定成因联系、空间位置相近，并由裂缝或小断裂沟通的不同规模缝洞的集合体。

1）大型缝洞集合体的形态及分类

大型缝洞集合体在地震剖面上表现为规模大、强反射或串珠群等地震相组成的集合体，平面上呈团块状或线状，表现出串珠群或串珠链特征。按照地震反射特征的不同，可分为串珠群、串珠+片状反射和串珠+杂乱反射三种类型（图3-35）。

以哈拉哈塘油田为例，由于从北向南储层发育的主控因素存在差异，相应的大型缝洞集合体成因和分布规律也不尽相同，可分为四种类型：（1）与潜山岩溶相关的大型缝洞集合体，发育在潜山岩溶区，与岩溶残丘、水平潜流岩溶储层有关；（2）与明河、暗河相关的大型缝洞集合体，多发育在层间岩溶与顺层改造区叠加的古河道附近，与明河、暗河有关，暗河连通较多；（3）与台缘叠加改造相关的大型缝洞集合体，发育在层间岩溶与良里塔格组台缘叠加区，由于良里塔格组礁滩体储层发育，和一间房组层间岩溶储层纵向连通成为一个缝洞体；（4）与断裂岩溶改造相关的大型缝洞集合体，发育在层间岩溶与断裂控储叠加区，储层受断裂控制作用更明显，沿断裂扩溶的缝洞集合体很发育（图3-36）。

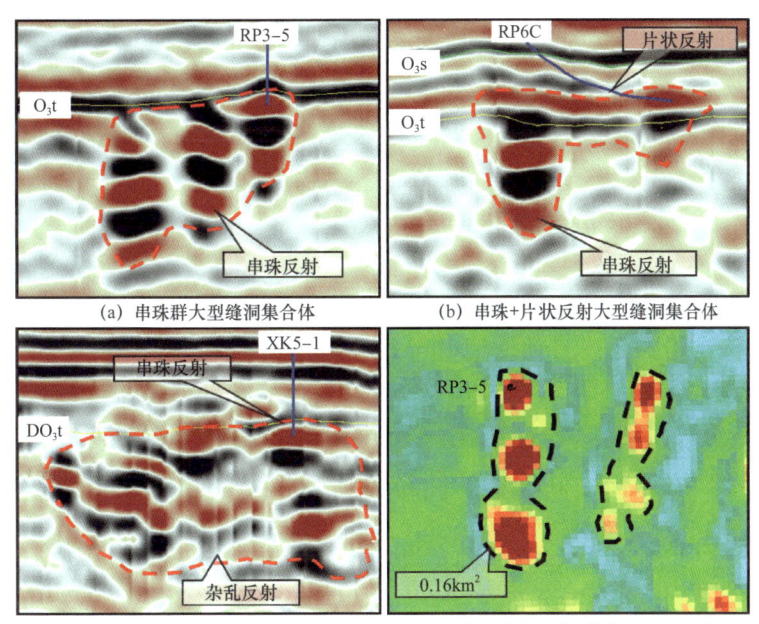

图 3-35 大型缝洞集合体分类示意图

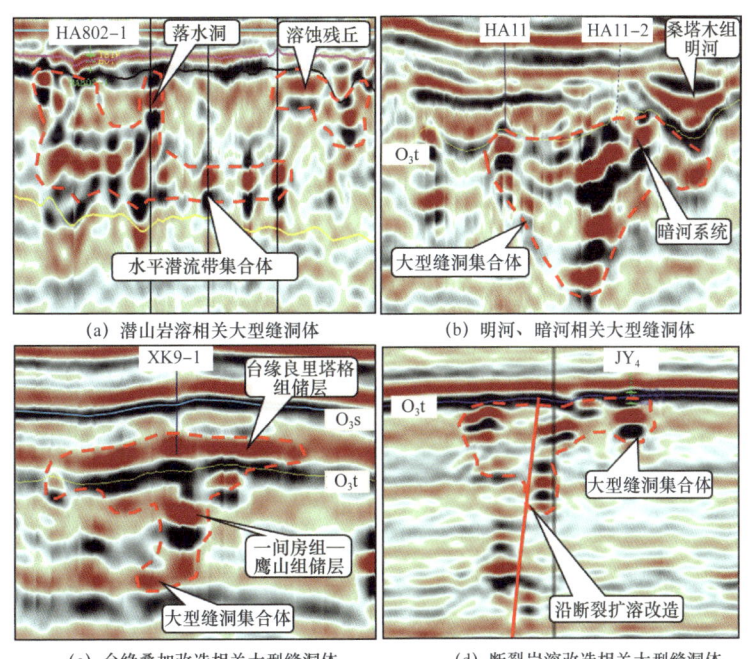

图 3-36 哈拉哈塘油田大型缝洞集合体成因分类示意图

2）大型缝洞集合体描述

大型缝洞集合体的描述是针对不同地震相优选不同敏感属性组合进行聚类分析，获得该地震相的空间分布，如串珠相的敏感属性为相干、曲率和振幅梯度，微断裂—裂缝的敏感属性为地震反射倾角、曲率和相干等，在此基础上建立大型缝洞集合体三维结构和连通性几何结构模型；运用统计学反演技术和协模拟技术，建立地质体的岩性模型和孔隙度模型；再利用动态数据优化属性标定，实现静态模型的动态校正，从而实现对大型缝洞集合体的精细描述。

3. 缝洞带—缝洞系统—缝洞单元划分评价技术

1）缝洞带划分

碳酸盐岩缝洞带是指断裂及其伴生的裂缝溶蚀系统。经岩溶作用形成的溶蚀缝洞相对发育区域，是碳酸盐岩油气预探阶段的重要单元。碳酸盐岩缝洞带的划分是在同一岩溶背景下，按断裂及其伴生的裂缝溶蚀系统，把溶蚀缝洞相对发育区域划为一个缝洞带，溶蚀缝洞边界即为缝洞带边界。缝洞带的评价需根据缝洞带规模、缝洞发育程度、成藏条件等因素进行评价。

2）缝洞系统划分与评价

缝洞系统是指在同一个碳酸盐岩缝洞带内，储层关系密切、流体性质相似的缝洞集中发育区，是碳酸盐岩油气藏评价的重要单元。缝洞系统的划分要动静态资料相结合进行，要考虑具有油气藏控制作用的逆冲断裂和走滑断裂、平面上储层相对集中发育、预测边界范围可圈定，系统内具有相似的油气藏特征。

缝洞系统评价主要包括以下几个方面：（1）具有相同构造背景。每个缝洞系统都发育在同一构造带上或同一沉积背景的沉积相带上，并且在同一构造带上的二级或三级构造单元上。（2）具有相同储层控制因素及发育规律。不同缝洞系统内的裂缝、溶蚀孔洞发育程度不同，流体性质也可能呈现较大差异。空间上不同规模的缝洞系统可以相互叠置，每个系统具有极强的形态不规则性和内部结构的非均质性以及孔隙度、渗透率等非均质性。（3）压力系统相近。每个缝洞系统内都具有相对独立的压力系统或相对一致的压力变化规律以及相似的流体性质，在生产中可作为一个相对独立的流体运动单元和油气开采的基本单位。（4）相对封闭。缝洞系统的规模可以是若干孤立分布储集体联合而成的较大规模的缝洞连通体，也可独自成一个孤立的储渗体系（即封闭定容体），开采过程中单元间互不干扰，产能、流体性质相差也很大，在生产中可作为油气开发的基本单元。

3）缝洞单元划分与评价

缝洞单元是指在碳酸盐岩缝洞系统内，经动态、静态分析证实相互连通的单个或多个缝洞体集合，储集体间相互连通，储集体内流体性质一致，油气开发动态特征相互影响，是碳酸盐岩井位部署的重要目标。缝洞单元划分原则为具有相似的断裂和构造样式，储层类型和规模大小相似，具有相似的流体性质，相对统一的油水界面和温压系统。缝洞单元划分过程中，对于已动用单元，首先根据地震反演刻画缝洞单元的空间展布形态，然后根据试井资料和自然边界来约束地震雕刻的门槛值，从而使缝洞单元的划分同时满足动态、静态资料，减少多解性。对于未动用单元，利用周围已动用单元雕刻的门槛值，在同一套地震资料上进行雕刻与缝洞单元的划分，从而进行了动态约束下的缝洞单元雕刻。评价依据主要包括缝洞单元的规模和含油性，并以此为开发井组的部署搭建坚实的数据平台。

4.缝洞雕刻容积法储量估算方法及效果

缝洞型碳酸盐岩储层具有规模大、非均质性强及油气藏复杂的特征，油气藏中流体分布复杂，不受局部构造高低控制、没有统一的油气水界面，区域上具有准层状分布、大面积含油气、局部富集的特征。随着碳酸盐岩勘探开发一体化、上产增储一体化的实施，以缝洞量化雕刻技术为基础，攻关形成了"缝洞雕刻容积法"储量计算新方法（赵宽志等，2015），实现了分储层类型计算储量，提高了缝洞型碳酸盐岩油气藏储量计算的精度。

1)"缝洞雕刻容积法"的内涵

"缝洞雕刻容积法"储量计算方法是分洞穴、孔洞、裂缝三种储层类型分别计算储量，储量计算精度较高，此方法计算的储量为传统容积法储量计算的40%，相对于容积法更能体现油气藏的非均质性特征。该方法创新性地将储层量化雕刻技术应用到了缝洞型碳酸盐岩油气藏的储量计算中，通过缝洞几何轮廓的雕刻及缝洞带、缝洞系统的划分，明确了缝洞体的空间分布特征及油气富集区的分布，这种储量是洞穴及其相关孔洞、裂缝发育区的储量，碳酸盐岩基质并未计算储量，当开采洞穴储量时，孔洞及裂缝储量也可一并采出，均为可动用的地质储量，可以直接作为开发规划方案的依据。

2)储量计算参数的确定

"缝洞雕刻容积法"在计算单元确定、含油面积、有效厚度、有效孔隙度及采收率确定等方面提出的思路，更适合于非均质缝洞型碳酸盐岩油气藏，除这些主要储量计算参数确定方法与传统计算方法存在差异外，储量的计算公式仍与传统容积法公式保持一致。

计算单元的确定：平面上将岩溶储层分区与缝洞带相叠合，按缝洞带发育规模、缝洞发育程度和成藏条件划分出缝洞系统，并作为储量平面计算单元；纵向上依据储集空间类型分洞穴型、孔洞型、裂缝型三个计算单元，以此作为储量纵向计算单元。

含油面积的确定：利用地震反射叠后属性识别技术，圈定出反映洞穴型储层的串珠状、片状反射地震相平面分布范围；利用地震有效缝洞储层孔隙度数据体，圈定出洞穴型储层孔隙度平面分布范围；将反映洞穴型储层的地震相平面图和孔隙度平面图相叠合,交集部分即为洞穴型储层的面积;再扣除已钻洞穴水井面积比例即为洞穴型储层含油面积。

平均有效厚度、有效孔隙度求取:利用反映洞穴型储层的孔隙度数据体按面元进行积分,求取面元有效厚度和有效孔隙度,然后对面元有效厚度分缝洞系统积分碾平,即可算出洞穴型储层的平均有效厚度和有效孔隙度。裂缝型储层则利用已钻井的测井解释成果,开展算术平均值求取;对于未钻穿储量计算单元底部的井,采用净毛比进行单井延拓赋值。

原始含油饱和度求取:洞穴型储层含油饱和度,取有测井资料的洞穴型储层解释饱和度的平均值;孔洞型储层含油饱和度,取计算单元内单井含油饱和度算术平均值;裂缝型储层含油饱和度,则根据室内实验结果确定。

原油密度、原始气油比、原油体积系数求取:依据各计算单元内控制井的算术平均值,若计算单元内没有相关的井参数,取相邻计算单元的参数值。

采收率的确定:推荐动态标定法,即根据投产井(或试采井)生产动态资料确定采收率。利用投产井(或试采井)缝洞雕刻储量作为单井控制的地质储量,利用产量递减法计算单井可采储量,根据可采储量占地质储量的百分比,分别计算不同洞穴、孔洞、裂缝三种储层类型的平均采收率。

目前,"缝洞雕刻容积法"已经应用于哈拉哈塘、轮古、塔中3个地区、9个区块的碳酸盐岩储量计算中,上交三级储量超过5×10^8t,同时利用该方法哈拉哈塘落实可动石油地质储量近3×10^8t,很好地指导了后期方案的编制及评价开发。

"缝洞雕刻容积法"的创立,解决了缝洞型碳酸盐岩储量计算的难题,根据高品质的三维地震资料通过缝洞雕刻,即可计算圈闭资源量,当分别达到预测、控制、探明储量的井控程度、储量动用程度、录取资料的丰富程度时,即可分别计算缝洞型碳酸盐岩油气藏的预测、控制、探明储量。

超深碳酸盐岩缝洞雕刻技术应用中取得好效果,储层预测吻合率达到92%,直接投产率达到81%,钻井成功率达到91%,"缝洞雕刻容积法"储量估算方法已经形成企业和行业标准。

三、超深碳酸盐岩缝洞体精确中靶钻井技术

(一)地质特征与钻井难点

1.裸眼段长,深部地层可钻性差,钻井周期长

1)裸眼段长,深部地层可钻性差

随着塔标Ⅲ井身结构的推广应用,二开裸眼段长度普遍超过4000m,进尺占全井进尺70%以上,最长裸眼段长达5995m(ZG162-H2井),需要穿

越新近系到奥陶系上部近10个层系，由于二叠系至奥陶系存在玄武岩、石灰岩、砾岩、灰质泥岩等岩石，硬度最高可达2232.54MPa，牙轮可钻性级值最高7.93，PDC钻头可钻性级值最高6.85，相对研磨性最高101.7，造成钻头寿命短，单只钻头进尺和机械钻速低，严重影响了二开井段的钻井速度。如中古8井二叠系ϕ311.5mm井眼3146～3842m井段进尺696m，占全井进尺13.33%；钻井时间31天，占全井钻井周期18.24%；累计使用钻头8只，平均机械钻速1.22m/h。其中牙轮钻头5只，平均机械1.24m/h，平均单只进尺108.5m；PDC钻头3只，平均机械钻速1.14m/h，平均单只钻头进尺51.17m。

2）固井井漏严重，井筒完整性控制难度大

二开长裸眼段固井一般采用双密度水泥浆柱结构，二叠系以下采用1.90g/cm³常规密度水泥浆，二叠系以上采用1.35g/cm³低密度水泥浆，由于二叠系承压能力一般在1.3g/cm³左右，导致80%以上的井固井在二叠系均发生井漏，固井水泥浆一次上返几乎难以实现，往往需要采取井口反挤水泥浆进行补救，导致井筒完整性控制难度大。如哈拉哈塘地区82%以上的井固井在二叠系均发生井漏，60%以上的井固井水泥浆一次上返施工后需要反挤固井，平均固井合格率仅32.6%。井漏的主要原因是二叠系孔隙、裂缝发育，玄武岩虽然致密，但微裂缝、弱面发育，固井水泥浆在压差作用下侵入地层岩石内部发生漏失。

2. 超深碳酸盐岩缝洞体目标小，准确中靶难

克拉通碳酸盐岩储层埋藏深度普遍超过6000m，缝洞体目标小（地震预测宽度一般几十米至几百米）、空间形态极不规则、非均质性强。因地震资料成像归位精度、分辨率、缝洞体储盖层特征和自然井斜等因素，给精确中靶带来了极高的难度和挑战：钻井中靶精度一般要求直井靶半径小于30m，水平井半靶高小于5m，即使钻井作业达到设计靶点的中靶要求，仍然有很多井因没有钻遇碳酸盐岩缝洞体而需要酸压或回填侧钻，造成费用高、周期长。

3. 储层压力敏感性强，高含H_2S，安全钻井难度大

碳酸盐岩储层缝洞体的存在使得井筒与储层具有良好的通道，在平衡（或近平衡）条件下表现为典型的重力置换溢流（有溢有漏），重力置换溢流是储层流体（特别是天然气）和井内钻井液在其密度差的作用下进行置换而诱发的溢流形式，是缝洞型储层的特有现象，导致碳酸盐岩储层现场合理钻井液密度极难确定，溢流、井漏频繁发生，节流压井成功率低。如中古80井碳酸盐岩储层在6130.3～6145.83m井段钻进过程中，钻井液密度低于1.21g/cm³溢流，高于1.30g/cm³井漏，处理溢流、井漏累计损失时间788h，处理溢流过程中漏失钻井液3776m³。

碳酸盐岩储层除了压力敏感性强以外，还普遍含有H_2S，塔中地区H_2S含量最高达580000mg/m³（中古9井），哈7井区H_2S含量高达158760mg/m³（哈701井）。高含硫对钻井设备、工具、材料、工艺等方面都提出了更高要求，作业人员的人身安全面临着极高风险，尤其是对于又喷又漏高含硫油气层，钻井作业面临巨大的安全风险。

（二）多靶点井身结构设计

1. 塔标Ⅲ井身结构

通过实钻井资料统计及地层压力分析，塔中、塔北等碳酸盐岩油气藏勘探区域第三系—奥陶系的地层压力梯度一般在1.03~1.2，属正常压力系统，必封点有两个——第四系—新近系上部疏松地层和奥陶系灰岩顶，即表层套管下至1500m左右，封固第四系—新近系上部疏松地层，为二开长裸眼段安全快速钻进提供条件；技术套管下至奥陶系灰岩顶，对于二叠系地层裂缝发育及井壁垮塌问题，可以通过优化钻井参数和水力参数，加强钻井液随钻封堵能力来解决；三开降密度钻开目的层，并根据勘探开发需要确定完井方式。

根据SY/T 5431—2008《井身结构设计方法》，结合塔里木盆地克拉通超深碳酸盐岩油气藏勘探开发需求，总体设计思路是在ϕ273.05m+ϕ177.8mm+ϕ127mm套管结构的基础上，不增加套管层次，不大幅增加主要钻井井眼尺寸，通过井眼尺寸与套管尺寸的合理匹配，加大二开技术套管尺寸，实现ϕ139.7mm套管完井。按照该思路设计了塔标Ⅲ结构ϕ273.05m+ϕ200.03mm+ϕ171.5mm（裸眼或ϕ139.7mm套管完井）。

塔标Ⅲ井身结构有以下几个方面的特点：

（1）二开井眼尺寸由ϕ215.9mm增大为ϕ241.3mm，使用ϕ200.03mm套管，相比ϕ177.8mm套管，通径从ϕ152.5mm增大到ϕ178.19mm，有利于三开钻进和后期老井侧钻；

（2）三开井眼由ϕ152.4mm增大到ϕ171.5mm，目的层增大的井眼满足了完井和增产措施作业的要求；

（3）三开钻具尺寸由ϕ88.9mm增大到ϕ101.6mm，降低了钻具内循环压耗，钻杆抗拉强度提高22%，7000m井深钻具抗拉余量提高80%，减少了事故与复杂的发生，提高了应对复杂事故的处理能力。

2. 套管设计与校核

1）套管材质选择

碳酸盐岩油气藏大部分为酸性油气藏，普遍含H_2S和CO_2气体，H_2S含量范围11~580000mg/m³，CO_2含量1.60%~4.91%。H_2S极易溶于水形成弱酸，对金属是一种强烈的腐蚀剂，在湿环境中，H_2S 分压在 1.01325×10^{-4}MPa 就有硫化物应力腐蚀破裂的危险，H_2S 引起的腐蚀破坏主要表现有电化学腐蚀、氢致开裂和氢鼓泡、硫化物应力开裂。CO_2 对金属也是一种强烈的腐蚀剂，同时含 H_2S 和 CO_2 时，引起的腐蚀比单纯含 H_2S 大得多。

各区块碳酸盐岩储层的 H_2S 浓度差距较大，从安全的角度出发，依据不同的 H_2S 含量选择相应的套管，对于以 H_2S 腐蚀为主的环境，使用 C110 和 T95 钢级防硫套管；对于以 CO_2 腐蚀为主的环境，当 CO_2 分压低于 0.5MPa 时，使用常规钢级套管，当 CO_2 分压大于 0.5MPa 时，使用 P110-3Cr 钢级套管。

2）套管强度设计与校核

塔标Ⅲ井身结构中二开套管要封固 5000m 左右长裸眼段，考虑到可能出现异常高压，ϕ200.03mm 套管设计了 12.7mm、11.51mm、10.92mm 三种壁厚，可根据现场实际情况选择，一般正常压力系统工况下选择 10.92mm 壁厚的套管完全可以满足需求。

以 ϕ200.03mm 壁厚 10.92mm 为例，对套管的强度进行校核，为了保证井控安全，在技术套管和目的层段，使用了不同钢级复合管柱。

（三）长裸眼段快速钻进技术

1. 长寿命大扭矩螺杆 + 高效 PDC 钻头

1）螺杆钻具结构及性能

针对常规螺杆寿命短、抗温能力不足的问题，应用了抗高温、中速、大扭矩、等壁厚螺杆，基本结构与常规螺杆相同，最大的特点是采用耐高温橡胶的等壁厚定子，同规格的等壁厚螺杆的转速、工作排量、扭矩和输出功率等技术指标优于常规螺杆。

2）钻具组合及钻具参数

钻具组合结构：ϕ241.3mmPDC 钻头 +ϕ172mm 或 203mm 螺杆 +ϕ203.2mm 无磁钻铤 1 根 +ϕ196.9mm 螺旋钻铤 1 根 +ϕ241.3mm 螺旋稳定器 +ϕ177.8mm 螺旋钻铤 15 根 +ϕ127mm 斜坡加重钻杆 +ϕ127mm 斜坡钻杆。

钻井参数：转盘 40~60r/min，钻压 4~10kN，排量 20~50L/s。

3）应用效果

ϕ203mm 等壁厚螺杆 + 高效 PDC 钻头组合在塔北地区 16 口井二开新近系—三叠系 1500~5636m 井段应用，平均机械钻速 16.74m/h，钻井时间 12.86 天，相比邻井同井段应用常规螺杆，平均机械钻速提高 67.7%（6.76m/h），平均钻井时间降低 35.6%（7.12 天）。大部分应用井均能实现二开 1 根螺杆一趟钻钻穿二叠系以上 3500m 左右的地层，单趟最大进尺达 4158m，而邻井同井段则需要 2~4 根常规螺杆、2~7 趟钻，因而显著降低了起下钻次数，缩短了钻井周期。

2. 扭力冲击器 + 特殊 PDC 钻头

1）提速原理

在正常钻井条件下，PDC 钻头能够连续地切削地层，但钻坚硬地层时，钻头经常由于扭矩不足导致停转，此时扭矩能量就会聚集在钻柱之中，导致钻柱像发条一样打卷扭曲，一旦所需扭矩能量达到破碎岩层，钻头将以高于正常转速破岩，这种猛烈变化运动即为"黏滑"现象，会导致钻头使用寿命降低、下部钻具事故增加。

扭力冲击器是将钻井液的流体能量转换成高频（680~2400 次 /min）、均匀稳定的扭向机械冲击能量并直接传递给 PDC 实现瞬时破岩，此时 PDC 钻头上就有两个力在切削地层，一个是转盘提供的扭力，一个是扭力冲击器提供的扭向冲击力，相当于每分钟额外 680~2400 次切削地层，使钻头不需要等待积蓄足够的能量就可以切削地层，消除了"黏滑"现象，保持了钻头对地层切削的连续性，因此能够大幅提高机械钻速，延长钻柱寿命，提高钻井效率。

2）钻具组合及钻井参数

钻具组合：ϕ241.3mm 特殊 PDC 钻头 +ϕ165mm 扭力冲击器 +ϕ177.8mm 无磁钻铤 1 根 +ϕ177.8mm 螺旋钻铤 1 根 +ϕ238.5mm 螺旋稳定器 +ϕ177.8mm 螺旋钻铤 +ϕ127mm 斜坡加重钻杆 +ϕ127mm 斜坡钻杆。

钻进参数：转速 50~70r/min，排量 30~40L/s，钻压 5~10kN。

由于常规 PDC 钻头不适应主动产生高频扭向冲击的扭力冲击器的工作特性，甚至会快速失效，因此与扭力冲击器配套的特殊 PDC 钻头必须具有良好的耐磨性和较高的抗冲击性。

3）应用效果

扭力冲击器在塔北 10 口井二叠系—奥陶系中应用，平均单井进尺 1284.5m，平均机械钻速 4.44m/h，平均钻井时间 16.67 天，与邻井同井段常规钻井相比，平均机械钻速提高 170.7%（2.8m/h），钻井时间缩短 64.5%（30.27 天），实现了二只钻头完成二叠系到奥陶系桑塔木组的全部进尺。其中哈 11-4 井应用扭力冲击器 + 特殊 PDC 钻头 1 趟钻完成三叠系底—泥盆系 5448~6155m 井段 707m 进尺，平均机械钻速 4.16m/h，比邻井哈 13 井常规钻井的平均钻速提高 195%，节省钻井时间 17.5 天。哈 13-5 井二叠系—奥陶系上部井段应用扭力冲击器 + 特殊 PDC，钻头钻井时间仅 12 天，消耗 2 只特殊 PDC 钻头；而邻井同井段采用常规钻井，钻井周期 84 天，消耗了 17 只钻头。

3. 全阳离子钻井液技术

1）技术原理

钻井液体系中黏土颗粒的 Zeta 电位与体系抑制性有很大的关系，黏土颗粒 Zeta 电位越高，阳离子浓度越高，压缩双电层，使得黏土越不易分散，体系抑制性越强。当体系的阳离子浓度与阴离子浓度相平衡时，钻井液电性对黏土颗粒的 Zeta 电位影响很小，几乎可以忽略，此时，地层岩屑颗粒在钻井液中的 Zeta 电位与在原地层条件下的 Zeta 电位相匹配，即零电位差，此平衡状态下的钻井液，抑制能力最强，井壁稳定能力也最强。全阳离子钻井液体系就是利用这一思路建立的，体系主要处理剂全部是阳离子型，体系的阳离子浓度高，黏土颗粒在钻井液中的 Zeta 电位也高，现场应用中，通过调节处理剂的浓度，使黏土颗粒在钻井液中的 Zeta 电位为 $-20\sim-10$ mV，等于或稍高于原地层条件下黏土颗粒的 Zeta 电位，使地层得到最大程度的抑制，以减少钻井液引入后对地层的影响，确保地层的稳定性。

2）体系配方及性能

全阳离子钻井液体系已在哈拉哈塘、新垦、热普等地区应用，根据地层特点，通过室内评价实验，各开次全阳离子钻井液配方及性能如下。

（1）一开配方及性能。

配方：膨润土（6%～8%）+烧碱（0.1%～0.3%）+全阳离子包被剂（2%～4%）+全阳离子抑制剂（0.5%～1%）+全阳离子降滤失剂（0.5%～2%），体系性能见表 3-1。

表 3-1　一开全阳离子钻井液体系性能

漏斗黏度（s）	60～100	含砂量（体积分数）（%）	≤0.3
动切力（Pa）	5～16	pH 值	8～9
塑性黏度（mPa·s）	4～17	黏滞系数 k_f	≤0.2
初切力（Pa）	3～5	固含（%）	2～14
终切力（Pa）	5～15	膨润土含量 MBT（g/L）	20～50
API 失水（mL）	≤14	滤饼（mm）	≤0.5

（2）二开配方及性能。

配方：膨润土（2.5%～5%）+烧碱（0.1%～0.5%）+全阳离子包被剂（1%～3%）+全阳离子抑制剂（0.5%～0.8%）+全阳离子降滤失剂（2%～5%）+全阳离子防塌润滑剂（2%～5%）+润滑剂（0.5%～1.5%）+防塌剂（1%～2%）+

加重剂。体系性能见表3-2。

表3-2　二开全阳离子钻井液体系性能

漏斗黏度（s）	40~60	高温高压滤失量（mL）	≤12
动切力（Pa）	5~15	含砂量（体积分数）（%）	≤0.3
塑性黏度（mPa·s）	6~21	pH值	8~10
初切力（Pa）	1~4	黏滞系数 k_f	≤0.2
终切力（Pa）	3~12	固含（体积分数）（%）	5~17
API失水（mL）	≤8	膨润土含量MBT（g/L）	20~50
滤饼（mm）	≤0.5		

（3）三开配方及性能。

配方：膨润土（3%~5%）+烧碱（0.1%~0.5%）+全阳离子包被剂（1%~3%）+全阳离子抑制剂（0.5%~0.8%）+全阳离子降滤失剂（2%~5%）+全阳离子防塌润滑剂（2%~5%）+储层保护剂+加重剂，体系性能见表3-3。

表3-3　三开全阳离子钻井液体系性能

漏斗黏度（s）	50~60	高温高压滤失量（mL）	≤10
动切力（Pa）	5~16	含砂量（体积分数）（%）	≤0.2
塑性黏度（mPa·s）	5~17	黏滞系数 k_f	≤0.1
初切力（Pa）	2~4	固含（体积分数）（%）	3~14
终切力（Pa）	5~15	膨润土含量MBT（g/L）	20~50
API失水（mL）	≤5	滤饼（mm）	≤0.5

3）体系特点

全阳离子钻井液体系与传统水基钻井液体系相比，应用井的平均机械钻速提高18.99%，事故复杂损失的时间降低29.14%，钻井周期短15.99%。由钻井液引起的事故、复杂损失时间少。

（1）体系抑制性较强，性能稳定。

应用全阳离子钻井液体系，在钻进过程中有效抑制了上部井段软泥岩的水化膨胀，钻井液性能稳定，始终保持低黏切、强抑制及强包被特性，未发生泥包钻头现象，井眼畅通、起下钻顺利。

（2）体系具有独特的流变特性，高温下悬浮携带能力强。

体系高温流变性能稳定，触变性能好，开泵泵压低，不易发生因压力激动造成的抽汲与井漏问题。同时，良好的高温触变性能保障了钻井液具有很强的悬浮携砂能力,保证了每趟深井起下钻的顺畅与井底清洁。

(3)体系抗温能力强,高温下具有一定增效能力。

应用井井底温度最高163℃,钻进过程中钻井液流变性稳定,钻井液未出现高温增稠或减稠现象,处理剂高温增效效果明显。

(4)地层 Zeta 电位接近。

室内淡水体系阳离子浓度10000mg/L,Zeta电位 –10mV 左右,现场实测淡水体系阳离子浓度大于>10000mg/L,Zeta电位 –10mV(哈601-5井,5620m);室内盐水体系阳离子浓度8000mg/L,Zeta电位 –10.5mV 左右,现场实测盐水体系阳离子浓度大于4000mg/L,Zeta电位 –13.5mV(YM231井,4500m)。体系的Zeta电位为 –15~–10mV,稍高于地层岩屑颗粒的Zeta电位,实现了近地层Zeta电位钻井。

(四)精细控压钻井技术

1. 技术原理

精细控压钻井技术是在钻井过程中能够精确控制井底压力,实现安全钻井的一项技术,其技术核心是精细控压系统,该系统主要由旋转防喷器、PWD随钻测压工具、数据采集系统、自动节流控制系统、回压泵等五部分组成。

主要技术原理:使用旋转防喷器建立一套密闭的循环系统,利用随钻测压工具PWD实时测量井底压力,并通过MWD将井底压力数据传回数据采集系统进行计算分析,然后根据分析结果通过自动节流控制系统和回压泵,合理调整井口回压,确保在正常钻进、接单根、起下钻、开关钻井泵等工况下的井筒内压力剖面按预定规律变化,精确地控制井筒压力稳定,避免或减少溢流、井漏等复杂情况的发生。

精细控压钻井系统的应用,既实现了对井底压力的精确控制(控制精度达到 ±50psi),又及时补偿了起下钻和停泵引起的井底压力波动,克服了常规钻井中井底压力波动大的问题,减少了井漏、溢流等复杂情况的发生。

2. 精细控压钻井工艺

1)微漏精细控压钻井工艺

针对碳酸盐岩储层压力敏感,井漏和溢流的风险非常高,在水平井水平段钻进过程中几乎找不到压力平衡点,并且高含硫化氢气体,针对此种情况,依据漏失量,合理调整井口回压,保持在漏失量可控的情况下(漏失速度控制在50m^3/d之内)进行水平段钻进,形成了微漏精细控压钻井工艺技术。

2)微溢流精细控压钻井工艺

碳酸盐岩储层气油比高,在钻进过程中经常会发生因气体置换或后效气体上升膨胀而导致溢流。按照原来的井控实施细则,当溢流量超过$1m^3$后,会立即转至常规井控。但如此一来,就会因为实施常规井控的溢流量上限值过小,而轻易转为常规井控,严重影响钻井时效,不利于实现安全快速钻井的目的,为此,需根据井口压力的大小分级处置,进行微溢流钻进,如果井口压力大于10MPa,则必须实施压井作业。

3)复杂情况处理

(1)溢流处理。

采用精细控压进行水平井钻进时,如果发生溢流,应根据溢流情况采取以下处理措施:当液面上涨小于$1m^3$或井口压力有上涨趋势且小于2.5MPa时,立即停止控压作业;若根据PWD数据或其他技术手段确认液面上涨是由于单根峰、岩屑气、后效气或短暂欠平衡气体进入井筒造成的,可通过增加井口压力2MPa来保证井底正压差,井队和录井加密监测液面,如液面不变,则继续下步施工;如液面继续上涨,则适当提高钻井液密度以降低井口套压;若液面继续上涨体积大于$1m^3$或者井口压力不小于4.5MPa,按溢流关井程序关井并汇报,确定压井方案并准备到位,在微漏状态下节流循环压井,最终井口控压不大于4.5MPa,开闸板防喷器恢复控压钻井作业;若控压循环时套压持续上涨至10MPa(或者套压迅速升高,预测套压值可能超过20MPa)时,井口卡好钻具死卡,做反推准备(接水泥车及试压准备),关井反推,反推时开始推入适量高密度钻井液,至套压不大于5MPa停止反推作业,带压起钻至储层以上50m,节流循环压井,排出上部进入井筒的地层流体;控压钻进期间如需关井,按硬关井程序执行,以减少溢流量。

(2)井漏处理。

控压钻井作业期间若出现井漏,应根据井漏情况,在能够建立循环的条件下逐步降低井口套压,寻找压力平衡点;若井口套压降为0时仍然无效,则逐步降低钻井液密度,每循环周降$0.01\sim0.02g/cm^3$,待液面稳定后恢复钻进;若出现放空、失返、大漏(漏速大于$10m^3/h$)时,应立即上提钻具观察,监测环空液面,测漏速,严禁循环,以防将含H_2S的油气带入上部井筒,采取适当反推、注凝胶段塞、投球堵漏等综合措施,控制到微漏状态,将钻具起至储层以上50m,方可循环压井回到微过平衡状态,恢复钻进;如经过反复堵漏,仍无法建立循环,用环空液面监测仪进行液面监测,吊灌起钻至套管鞋,并上报至上级有关部门,考虑不再继续钻井,直接完钻。

(3)溢流、井漏同存处理。

在溢流、井漏同时存在的井段钻井时,应按照以下原则处理:如果存在钻井液密度窗口,应先增加井口压力至溢流停止或漏失发生,逐步降低井口压力寻找微漏时的钻进平衡点，保持该井口压力钻进，在钻进和循环时，控制漏失量在 50m³/d，并持续补充漏失的钻井液；如果无密度窗口，应转换到常规井控，按照钻井井控细则进行下一步作业。

（4）井口失返处理措。

如果井漏失返，则首先用回压泵连续灌浆，起钻到安全井段，如果起钻过程中井口回压超过 5MPa，则停止起钻，关井观察进行压井。

4）终止精细控压钻井条件

出现下述情况之一，应立即停止控压钻井作业。

（1）自井内返出的气体（包括天然气），在未与大气接触之前含硫化氢浓度不小于 75mg/m³，或者自井内返出的气体（包括天然气），在其与大气接触的出口环境中硫化氢浓度大于 30mg/m³。

（2）如果钻遇大裂缝，井漏严重，无法找到微漏钻进平衡点，导致控压钻井不能正常进行。

（3）控压钻井设备不能满足控压钻井要求。

（4）实施控压钻井作业中，如果井下频繁出现溢漏复杂情况，无法实施正常控压钻井作业。

（5）井眼、井壁条件不满足控压钻井正常施工要求。

5）其他钻井工艺

（1）钻进无油气显示井段，降井口回压为 0MPa。

根据国外精细控压钻井经验，在发现油气显示前，通常将井口回压控制在 1MPa 进行控压钻进和起下钻，但如此一来，井漏风险增大，机械钻速降低，不利于安全快速钻进。因此在钻进无油气显示井段时，将井口回压控制为 0MPa，进行控压钻进和起下钻，不仅大幅提高了钻井时效，同时更利于发现油气层。

（2）缩短下钻到底循环钻井液时间，提高钻井时效。

常规钻井和控压钻井下钻后，通常要循环钻井液排后效，这个过程需要一个迟到时间，降低了钻井时效。利用精细控压钻井技术能在起下钻作业过程中保持井底压力基本稳定，并根据具体情况缩短下钻到底循环钻井液的时间，提高了钻井时效。

（3）分阶段降钻井液密度，减少钻井液转换时间。

常规钻井向精细控压钻井转换过程中，要求先循环将钻井液密度降至精细控压所需的密度，然后再开始精细控压钻进，这个过程一般需要 5~6h。通过对精细控压钻井现场应用过程中钻井液替换过程的分析，根据各井情况的不同，采取分阶段降低钻井液密度，在保持井底压力一定的情况下，采取边控压钻进边降钻井液密度的技术，提高了钻井时效。

3. 应用效果

塔里木油田 2009 年在塔中地区开展了精细控压钻井技术现场试验，2011 年开始推广，已累计应用 60 余口井。与常规钻井相比，平均单井钻井液漏失量降低 78.93%（1438.2m³），复杂时间降低 66.9%（348.6h），平均单井水平段长度增加 180.8%（575.7m）。其中塔中 862H 井完钻井深 8008m，垂深 6327.6m，水平段长 1552m，钻进过程中没有发生漏失。

（五）超深碳酸盐岩缝洞体精确中靶技术

1. 利用自然井斜规律偏移地面井口位置

哈拉哈塘地区碳酸盐岩缝洞体埋藏深度普遍超过了 6500m，钻井深度一般在 6500～7500m 之间井深越大，井底位移的控制难度就越大。钻井入靶要求一般井底距设计靶点位移要小于 30m，甚至某个方向入靶半径要小于 15m，才能确保该井命中地震雕刻的缝洞体主体，达到钻遇好储层的目的。通过实钻井的自然井斜规律分析发现，在哈拉哈塘地区，埋深 4000m 以下，自然井斜会发生偏移，偏移方位为南东方向，一般偏移距离为 20～40m。根据这种自然井斜规律的认识，现场井口踏勘时，依据邻近已钻井的自然井斜偏移数据将井口（地面井位）向北西方向进行适当偏移（井口、靶点两个坐标），达到利用自然井斜精确中靶的目的。该方法已经在上百口井得到实施，直接中靶率提高了 20%，钻井周期缩短 3～5 天，节约了定向钻井费用。

2. VSP 驱动随钻地震导向钻井技术

塔里木盆地克拉通碳酸盐岩目标缝洞体埋藏超深、储层非均质性强，钻前地震成果资料由于受精度的限制，导致碳酸盐岩缝洞体空间归位存在偏差，影响了优质储层钻遇率（放空漏失率 45% 左右）。VSP 驱动随钻地震导向钻井技术是在钻前地震叠前深度偏移处理解释模型的基础上，在实际钻井过程中，通过距目标缝洞体一定距离处进行 VSP 测井，利用 VSP 速度和已钻井段（及相邻井）的地层岩性资料信息，对地下叠前深度偏移速度模型、各向异性参数进行更新，对钻探目标进行重新地震偏移成像和解释，对目标靶点和入靶方式进行重新预测，对钻头前方的靶前轨迹进行重新整调，以提高中靶精度。例如，HA16-7 井按 VSP 驱动随钻地震处理解释资料移动后，井底距原设计靶点 13.6m，钻进至一间房组 6606m 和 6632m 发生漏失及失返，累计漏失钻井液 505.43m³，对井段 6640.22～6632m 进行常规裸眼测试，用 5mm 油嘴反掺稀求产，油压 18.26MPa，日产油 109.95m³。

该项技术的应用，使得缝洞型碳酸盐岩钻井放空漏失率由 45% 提高到

83%，钻井成功率由 70% 提高到 85%，缩短了钻完井周期，减少了侧钻与储层改造等费用。

3. 水平井随钻伽马导向钻井技术

塔中地区奥陶系良里塔格组发育台缘礁滩体碳酸盐岩储层，鹰山组发育碳酸盐岩层间岩溶储层，这两种类型的储层平面上具有准层状发育、沿断层相对富集的特征，一些缝洞体平面上沿断层呈线状展布且距离较近，纵向厚度小，其上封盖层伽马值普遍较高。通过多年创新实践，逐渐形成了以随钻伽马导向为核心的水平井钻井技术：根据随钻自然伽马信息，实时定量调整井眼轨迹，精细控制，使钻井压力与地层压力相接近，实现了奥陶系高伽马标志层之下的缝洞体储层、礁滩体储层精确中靶，提高了水平段优质储层钻遇率和钻井成功率。2013 年应用该技术在塔中地区实施水平井 30 口，优质储层钻遇率由 2011 年的 27% 上升为 45%，钻井成功率由 45% 上升至 91%，基本解决了碳酸盐岩水平井精确中靶的问题。

四、超深缝洞型碳酸盐岩测井技术

在塔里木盆地超深碳酸盐岩油气勘探实践中，碳酸盐岩测井技术的发展经历了三个阶段。

第一阶段是常规测井半定量解释阶段（1990—1996 年）。在大量岩心裂缝参数观测的基础上，运用三维有限元算法定量计算裂缝孔隙度，综合运用双侧向，地层倾角等常规测井曲线，建立概率判断模型，实现了碳酸盐岩储层的半定量评价。这一阶段的测井技术为以轮南 2 井为代表的轮南古潜山的早期发现与评价发挥了重要的作用。

第二阶段是成像测井直观描述阶段（1997—2001 年）。在测井采集上，引进成像测井、偶极横波测井与方位电阻率成像测井（"三 I"成像测井）。"三 I"成像测井对裂缝、孔洞的定性直观描述，解决了缝洞型碳酸盐岩储层类型的识别与划分难题，"三 I"成像测井在轮古和塔中碳酸盐岩油气发现与储层描述中发挥了重要作用，为上报探明地质储量提供了可靠的参数。

第三阶段是定量精细评估到全面综合评价阶段（2002—2018 年）。2002 年以后，随着塔里木盆地勘探向超深缝洞型碳酸盐岩领域纵深发展，规模成像测井配套采集，加大科技攻关与创新力度，形成了成像测井缝洞定量刻画技术、远探测声波井旁缝洞探测技术和视地层水电阻率谱流体评价技术等具有塔里木特色的超深缝洞型碳酸盐岩储层测井评价技术系列，为塔里木盆地超深碳酸盐岩上产增储提供了强有力的技术支撑。

（一）技术难题

1. 测井采集难

塔里木盆地超深缝洞型碳酸盐岩地层易喷易漏，复杂测井环境条件下发生溢流险情无法安全关井，测井施工时井喷风险大。为保安全，常常取消测井采集，造成无测井资料、无测井评价。

储层埋藏深度达6000m以上，裸眼井段超过5000m，水平段长达1200～1500m，且硫化氢含量高、腐蚀性强；井底温度高（120～170℃）、压力高（80MPa），目的层段多数采用6in及以下小井眼，测井采集技术在仪器性能、工艺安全和工具配套等方面均存在一系列技术难题。

工艺不成熟、安全隐患大。高温高压超深复杂井测井采集配套工艺技术基础薄弱，主要表现为测井采集施工工艺配套技术不成熟，事故防范与处理工艺技术不完善、工具不配套。

2. 测井评价难

塔里木盆地超深缝洞型碳酸盐岩储层的测井评价，早期面临的主要难点是测井资料少，测井评价储层类型难。

缝洞型碳酸盐岩储层类型多，储层非均质性强、并且基质孔隙度为典型的低孔低渗储层，测井定量表征储层孔隙度、饱和度、渗透率等参数难度大。

多期油气充注与储层非均质性造成油气水分布复杂，高部位出水，低部位出油气的现象时有发生，很难准确判别流体性质、识别油气水界面。

距井旁2～50m的缝洞储集体探测深度不够，不能准确确定井旁缝洞发育方位，不能满足酸压测试和微侧钻的需要。

（二）超深复杂井筒配套工具和相关工艺技术

塔里木盆地超深碳酸盐岩的井况特点：高温、高压、小井眼、大斜度、超长裸眼井段，水平井段长、易漏易喷以及欠平衡井，针对这些复杂井况，2012—2015年，塔里木油田先后引进美国APS公司Sureshot系列、Tolteq公司随钻MWD系列、贝克休斯公司4.75英寸旋转地质导向系统、APS公司PWD随钻测井仪、斯伦贝谢公司SlimXtreme（小井眼高压高温测井平台）以及美国哈里伯顿公司Hostile（高温高压小井眼测井系列）。SlimXtreme可应用于小井眼、高压、高温等非常规环境下测井。从2016年开始，塔里木油田开始逐渐使用自主研发的GIT伽马成像随钻测井仪和RIT方位侧向电阻率成像随钻测井仪。通过引进并推广应用内存储过钻杆测井新工艺，完成了电缆测井所无法完成的资料采集任务，得到了较好的应用效果，喷漏同层井都采用该工艺测井，保证了测井期间井控安全，该测井工艺成为塔中地区碳酸盐岩水平井测井资料采集的首选，一次下井成功率基本达到90%以上。

为解决小于6in井眼水平井声电成像测井仪和核磁测井仪等居中测量和密度定向偏心贴井壁测井的技术难题，塔里木油田自主研制成功了3类、9种复杂井况的配套工具和相关工艺技术。研发了六点曲面滚动、支撑力可调双灯笼扶正器和模块式单螺旋锌合金水平井密度测井仪姿态定向器等工具。在带有防硫涂层的$2\frac{7}{8}$in钻杆中应用高温高压水平井工具，一次对接成功，无须倒换油管，节约时效100%。相关工艺在轮古7-9C井等8口大斜度井和水平井中进行了应用，测井资料优等率100%，满足了安全生产需求。

上述系列技术在塔里木盆地工业化应用超过1450井次，2009年以来，使得原始测井资料优等率保持在90%以上，测井事故率由4.5%降低到1.7%，复杂测井事故处理时效提高近100%。取得发明专利3件，实用新型5件。

（三）碳酸盐岩储层测井缝洞定量刻画技术

1.科学探井图科1井的钻探与标定

缝洞型碳酸盐岩由于储层裂缝、孔洞发育，难以获取完整岩心资料。为此，专门针对地表露头钻探的国内第一口科学探井——图科1井，实现缝洞型碳酸盐岩岩心标定测井解释工作。该井位于新疆巴楚县勒亚依里塔格山西边，钻探目的层自上而下包括良里塔格组、吐木休克组、一间房组和鹰山组（未钻穿），完钻深度207m。自井深60m始连续系统取心112.01m，进行了详细的岩心地质描述工作，得到了丰富的岩心露头资料。图科1井完成了斯伦贝谢、哈里伯顿、贝克休斯和中油测井四家测井公司采集作业，得到了丰富的测井资料，开展了测井公司不同系列测井仪器对比与检验刻度。

通过岩心图像三维重建、岩心地面伽马归位、"岩心刻度测井"深度和方位归位，实现了取心井段岩心—测井的精细刻度。岩心伽马归位主要是利用地面取心的实测伽马数据和测井伽马曲线交互刻度，对岩心进行深度归位的一种方法；"岩心刻度测井"则是基于同一地质现象（裂缝、沉积构造、岩性、层界面和垂向岩性序列变化等），实现取心深度和测井深度的吻合，以进一步为储层参数的精确计算奠定基础。在具体处理时，由于测量系统本身存在的偏差，四套测井数据之间也存在着深度的不一致性，且在不同深度，偏差值也可能不同。因此，在实际对比和应用时需要分段进行刻度标定。由于岩心数据的体积大、岩心扫描图像的高分辨率，研究主要是基于岩心数字化软件平台实现，该平台可对岩心进行全井段批量处理，最终的成果图实现了全井段岩心和井壁成像测井图像的全方位、三维立体旋转，为地质、测井解释人员提供了直观、可对比的图像特征（图3-37）。

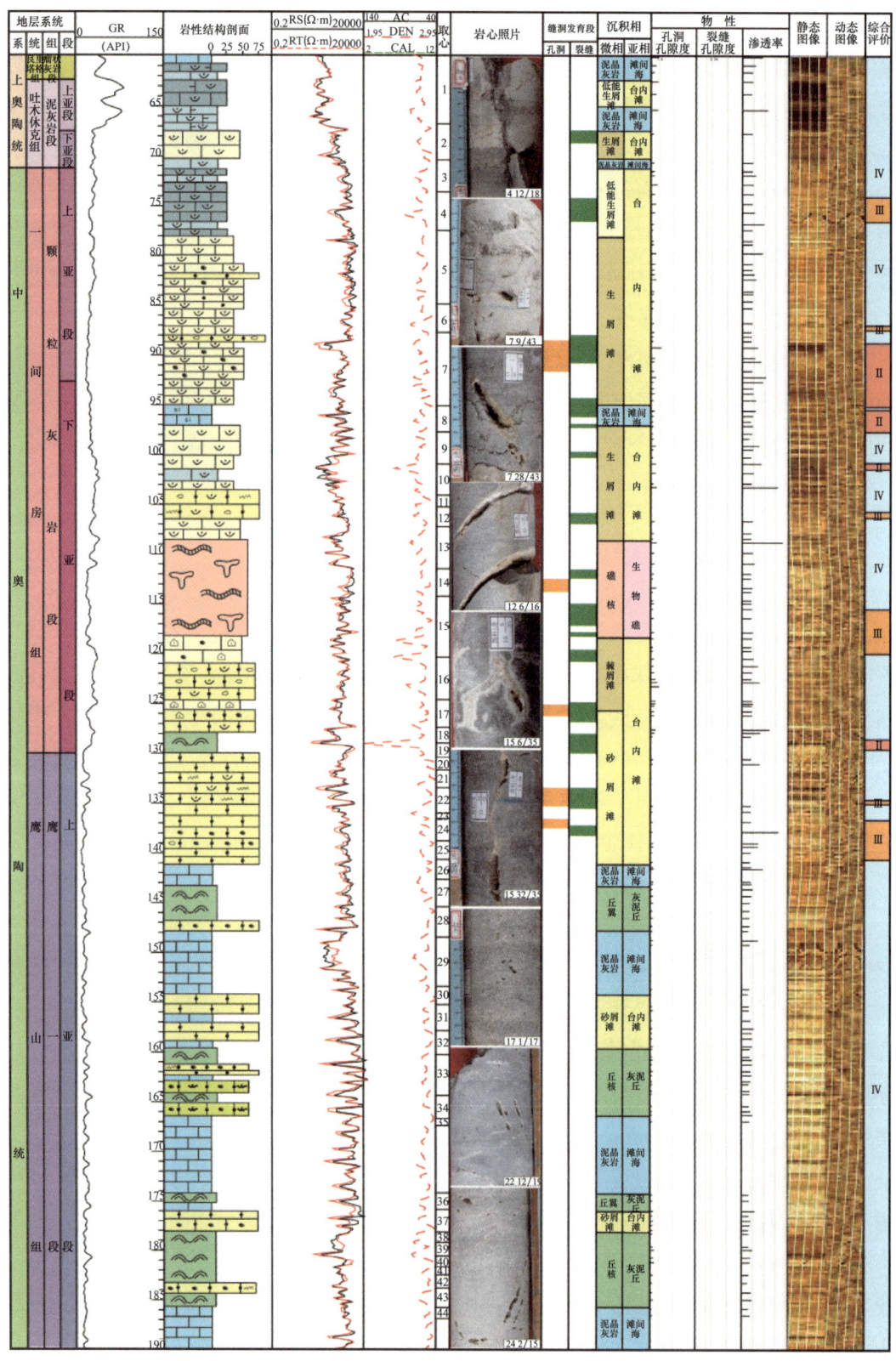

图 3-37 图科 1 井 "岩心刻度测井" 与地质综合研究 "铁柱子"

图科 1 井的钻探具有五点现实的科研意义：（1）首次建立国内缝洞性碳酸盐岩储层地面露头标准取心井与测井刻度井；（2）基于奥陶系主要层段的系统取心与配套的测井采集，建立了测井岩石物理评价模型与刻度模型；（3）解决了缝洞型碳酸盐岩取心不足、标定检验不够准确的难题，确保了碳酸盐岩区块各级储量上报；（4）为不同的测井采集仪器系列提供标准刻度井，以消除系统误差；（5）建立露头、井下岩心、测井响应三位一体的碳酸盐岩缝洞储层认识的"铁柱子"（图 3-37）。

2. 井壁特征图版库及电成像测井相技术

以形态分类法为主线，以地质意义为核心，将碳酸盐岩井壁成像测井图像特征分为 10 个大类、17 个亚类，建立了超深碳酸盐岩油气藏井壁特征测井地质解释图版库。

在开展碳酸盐岩电成像测井相分类体系及识别准则细化研究的基础上，提出了"FMI/EMI 成像测井相"的概念，根据成像测井图像的颜色及结构特征，将碳酸盐岩成像测井相划分为块状相、层状相和斑状相三个大类；层状相根据纹理特征又细分为平行层状相、交错层状相、递变层状相、变形层状相和互层相五个亚类；在以上大类和亚类划分的基础上，根据成像测井图的颜色和结构特征进一步将成像测井相细分为 15 种类型（表 3-4）。

表 3-4 碳酸盐岩 FMI/EMI 成像测井相分类体系

成像测井相类型			成像测井相特征	
大类		小类	图像颜色	图像结构
块状相		深色低阻块状相（F11）	黑棕色系	块状
		浅色高阻块状相（F12）	黄白色系	块状
层状相	平行层状相	深色低阻平行厚层相（F21）	黑棕色系	内部纹层相互平行，且产状与地层顶底界面一致，单个纹层厚度>10cm
		浅色高阻平行厚层相（F22）	黄白色系	
		深色低阻平行薄层相（F23）	黑棕色系	内部纹层相互平行，且产状与地层顶底界面一致，单个纹层厚度<10cm
		浅色高阻平行薄层相（F24）	黄白色系	
	交错层状相	深色低阻交错层状相（F31）	黑棕色系	纹层成组出现，组间纹层产状不协调
		浅色高阻交错层状相（F32）	黄白色系	
	递变层状相	正向递变层状相（F41）	向上颜色渐深	单层厚度向上减薄
		反向递变层状相（F42）	向上颜色渐浅	单层厚度向上增大
	变形层状相	深色低阻变形层状相（F51）	黑棕色系	纹层扭曲变形
		浅色高阻变形层状相（F52）	黄白色系	
	互层相（F61）		颜色深浅交互	纹层厚薄相间

续表

成像测井相类型		成像测井相特征	
大类	小类	图像颜色	图像结构
斑状相	亮斑相（F71）	颜色不均匀，呈斑块状；斑块颜色较浅，背景基质颜色相对较深	
	暗斑相（F72）	颜色不均匀，呈斑块状；斑块颜色较深，背景基质颜色相对较浅	

以塔中地区为例，充分利用岩心刻度、常规测井和地震资料，以减少成像测井相解释的多解性，提高分析和预测的精度。通过成像测井相与储层的对比分析，得出暗斑相和低阻平行薄层相为塔中地区的"优势储层成像测井相"，在逐井提取优势相厚度百分比的基础上，分段编制良里塔格组优势储层成像测井相厚度分布图，据此预测有利储层发育区的分布。

3. 储层类型及典型测井响应特征

根据岩心观察、镜下铸体薄片的鉴定和结合地震、测井、钻井等解释结果，碳酸盐岩储集空间类型主要有孔洞型、裂缝型、裂缝—孔洞型和洞穴型，不同类型储集空间的成像测井响应也不同。

孔洞型储层测井响应特征：小的溶孔、溶洞，伽马值低——中等，电阻率值降低，深浅双侧向差异不明显，三孔隙度曲线明显偏离骨架值，反映储层有一定的孔隙性。在井壁地层微电阻率成像测井图像上，表现为豹斑状不规则低阻暗色星点分布。

裂缝型储层测井响应特征：自然伽马值一般较低，电阻率值降低，深浅双侧向具有明显差异，井径微扩，三孔隙度曲线变化较小，在骨架值附近波动。在井壁地层微电阻率成像测井图像上，表现为低阻暗色的正弦曲线分布。

裂缝—孔洞型储层，综合了裂缝型储层与孔洞型储层的储层特征，因此在测井资料上也综合了两者的响应特征。它在常规和成像测井资料上，比起上述两类储层更容易识别。

洞穴型储层测井响应特征：自然伽马值一般较纯灰岩增高，电阻率值降低，深浅双侧向具有明显差异；三孔隙度曲线变化大，同时伴随扩径。井壁地层微电阻率成像测井图像上，所有极板均反映低阻暗色块状分布。偶极子声波成像测井（XMAC或DSI）变密度图在洞顶底界面上表现为"人"字形条纹，洞穴部分的波形杂乱，能量衰减严重。当洞穴中有泥质充填时，总伽马和无铀伽马都增高；当洞穴无泥质充填时，总伽马增高，但无铀伽马基本不变。

4.缝洞镂空处理与定量计算技术

1）电成像图像镂空处理技术

电成像图像镂空处理的主要目的是要从电成像测井资料中提取定量信息，如面孔率、裂隙率、溶蚀孔洞大小、溶蚀孔洞和裂缝处的局部电阻率等参数。一个基本的步骤就是要对电成像图像数据进行分割，即从电成像测井资料中分离出主要反映裂缝、孔洞的子图像，然后采用相应的方法对分割后的子图像进行进一步的处理和参数计算。

2）电成像图像裂缝孔洞参数计算

为了对电成像测井资料进行定量参数计算，需要从分割出的图像中求出目标边缘点序列。对边缘点序列编码后，可以计算电成像测井图像中有意义的各种目标参数，如长度、宽度、周长、圆度等，进而利用这些参数作为中间结果来判断目标的形状。

（四）缝洞型碳酸盐岩储层有效性评价技术

1.成像孔隙度谱储层有效性评价技术

根据阿尔奇公式，对于某一给定深度窗口的用浅电阻率刻度后的成像测井资料，可以对每个钮扣电极测量的电导率转换为孔隙度，对该窗口内所有采样点对应的孔隙度进行直方图统计，便得到孔隙度频谱图像。

2.斯通利波储层有效性评价技术

斯通利波是沿井筒表面滑行的面波，其振动方向垂直于井壁。当井筒中的钻井液与溶蚀孔洞、溶蚀裂缝连通时，传播的斯通利波就要带动钻井液运动，其能量就要衰减，产生衰减反射。另外，斯通利波在传播方向遇到不同的物性（岩性）界面和井眼突变时也产生衰减反射。因此利用斯通利波评价储层有效性时，必须正确区分层界面反射和井眼突变所造成的衰减反射。

通过对碳酸盐岩地层的偶极子声波测井资料进行处理，计算斯通利波能量衰减，绘出斯通利波波形变密度图。用斯通利波能量衰减与反射系数评价储层有效性，并对应用偶极子声波资料评价储层有效性的影响因素进行分析。实践表明，偶极子测井资料可以用来判断储层的有效性，效果良好。利用斯通利波资料进行储层有效性评价时，应充分结合其他测井资料综合考虑分析，才能更准确地评价储层的有效性。

利用斯通利波法、电成像孔隙度谱及特征参数建立了储层有效性评价图版和标准，在哈拉哈塘、跃满、富源、中古等区块的碳酸盐岩解释评价中规模应用400余井次，使缝洞型碳酸盐岩储层有效性的解释符合率从85%提升到93%，为油气发现和增储上产提供了重要的技术支撑。

（五）远探声波测井旁缝洞探测技术

1. 单极子纵波远探测测井技术

受现有测井仪器径向探测深度的制约，常规测井仅能够对井筒附近 1～2m 的储层进行评价，远离井筒周围 2m 以外的缝洞体储层则无法探测。2009 年，引进了国产单极纵波远探测声波反射波成像测井技术（简称单极子纵波远探测）。单极子纵波远探测以辐射到井外地层中的纵波作为入射波，探测从井旁裂缝或洞穴反射回来的纵波反射波。通过分析探测器接收到的全波列信号，可以了解井旁介质的构造信息。

单极子纵波远探测首先在轮东 2 井开展了先导性现场采集试验，获得成功。轮东 2 井碳酸盐岩地层，用常规资料解释，在 6720～6730m 井段，电阻率大于 $1000\Omega \cdot m$，孔隙度小于 1.8%，储层物性差；用成像测井解释，裂缝不发育，仅在 6726m 发育一条微裂缝，综合评价为Ⅲ类差储层。但用远探测声波资料解释，发现 6720～6750m 井旁 3～10m 处有 5～8m 厚的两个裂缝发育带。根据这一解释结果，建议对 6713～6745m 井段酸压试油，结果日产气 $113284m^3$，日产油 $15m^3$，获得高产油气流。先导性试验的成功，证明了远探测声波技术是测井识别井旁隐蔽储层的一种有效技术。在 2009—2014 年单极子纵波远探测在轮古、塔中、哈拉哈塘等区块的碳酸盐岩地层中，规模化采集和应用达 50 井次，成功率达到 80% 以上，为碳酸盐岩储层改造提供了有效的技术支持。

2. 深横波远探测测井技术

随着超深碳酸盐岩定向酸压和侧钻井的增多，单极子纵波远探测只能探测井旁 10m 以内的反射体，不具方位性，达不到地质工程要求。2014 年以来，开展了深横波远探测反射波成像技术试验与攻关，该技术能确定反射体的走向和倾角，横向探测深度更广，达到 30～50m。

通过攻关，研发了具有自主知识产权的深横波远探测处理软件与解释评价技术。结合常规测井资料和电成像资料建立了井旁反射体、过井网状缝、泥质充填洞等远探测典型响应图版库，为井旁反射体的解释奠定了基础。该技术现已日益成熟，它为超深油气的试油层位优选和微侧钻发挥出了关键指导作用。

深横波远探测技术指导跃满 22 井试油层位优选获得成功。跃满 22 井是位于跃满西区块的一口预探井，目的层位为奥陶系一间房组和鹰山组。该井设计钻遇串珠状反射体，地震裂缝预测该处裂缝发育。但该井完钻后，目的层气测显示微弱，且无放空、无漏失，根据常规资料及电成像在一间房组解释 24.5m/2 层差油层，在鹰山组解释 14m/3 层差油层，整体来看井壁附近储层较差。

从深横波成像处理成果可以看出（图3-38），该井7332～7350m、7355～7390m发育两个反射体，走向为北西10°，距井筒11～27.5m。反射体深度与一间房组储层深度基本一致，为井旁缝洞体；反射体2成像能量非

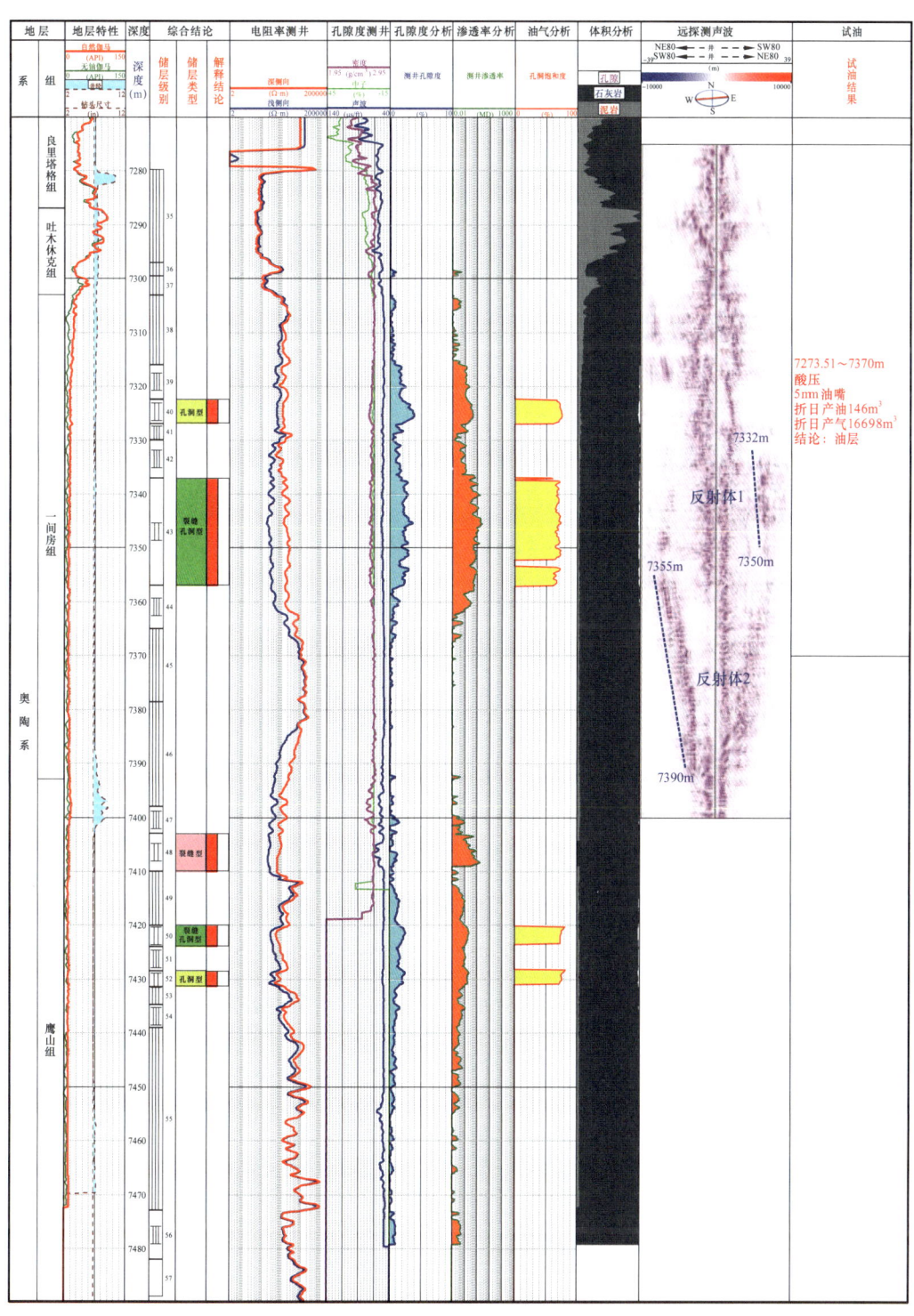

图3-38 跃满22井综合解释成果图

常强，根据 VSP 标定结果，井旁存在两条北西向的断层，距离分别为 205m、55m，反射体 2 可能是 VSP 标定的断层的次生小断层，连通一间房组储层和鹰山组储层。根据远探测结果，建议直接对一间房组储层（7273.51～7370m）进行酸压测试，结果，用 5mm 油嘴求产，折合日产油 146m³、日产气 16698m³，获得了高产工业油气流。

深横波远探测还指导了 ZG7-5 井微侧钻获得高产油气流。ZG7-5 井是位于塔中Ⅰ号气田中古 7 区块的一口开发井，设计钻遇串珠状反射缝洞体。但完钻后，该井目的层气测显示差，测井解释差（仅有一个Ⅲ类储层），表明未钻遇有效缝洞体，地质工程决定对该井微侧钻。为探测该井井旁隐蔽缝洞体是否发育，加测了深横波远探测声波测井。根据远探测解释结果，该井旁发育两段缝洞发育段。经钻探，侧钻至 5691.56m 漏失钻井液 2.7m³，钻遇了缝洞体；试油测试用 5mm 油嘴放喷求产，日产油 150m³，日产气 91386m³，获得高产工业油气流。

深横波远探测技术在哈拉哈塘、跃满、富源、中古等区块规模化应用超过 70 余井次，应用成功率达到 86% 以上，对超深碳酸盐岩试油获得率和钻井成功率的提高起到了至关重要的作用。

（六）缝洞型碳酸盐岩储层流体性质评价技术

1. 不同储层类型流体性质识别图版法

利用电阻率和孔隙度等常规测井资料，结合试油资料，分储层类型建立了塔北地区奥陶系孔洞型、裂缝型、裂缝—孔洞型和洞穴型四种储层类型的流体性质识别图版（图 3-39），经对储层流体进行评价，符合率达到 85%，起到了较好的应用效果。

玉科 1 井为玉科区块超深油气勘探部署的一口重点探井，该井的钻探成功意义重大。根据玉科 1 井的测井资料处理解释成果图，在识别储层类型的基础上，将孔隙度与电阻率曲线交会，落在了图版的油气区，测井解释油层 6m、差油层 16m。根据测井解释结果对 6628.89～6772m 井段常规测试，用 3mm 油嘴求产，日产油 99m³，日产气 27568m³，获得了高产工业油气流。

2. 视地层水电阻率谱定性到定量流体评价技术

针对超深缝洞型碳酸盐岩流体识别难题，发明了逐点刻度电成像计算视地层水电阻率谱均值和方差定量评价流体性质新方法。

电成像测井资料经浅侧向电阻率刻度后就能反映井壁附近的真实电阻率。对于给定的深度窗口，计算出窗口内每个采样点对应的视地层水电阻率 R_{wai}，对每个采样点的视地层水电阻率值，在一个深度窗统计其分布，得到视地层水电阻率分布谱。对于水层，其电阻率测井数值相对于油层低，在电成像测井图

(a) 孔洞型储层　(b) 裂缝型储层

(c) 裂缝—孔洞型储层　(d) 洞穴型储层

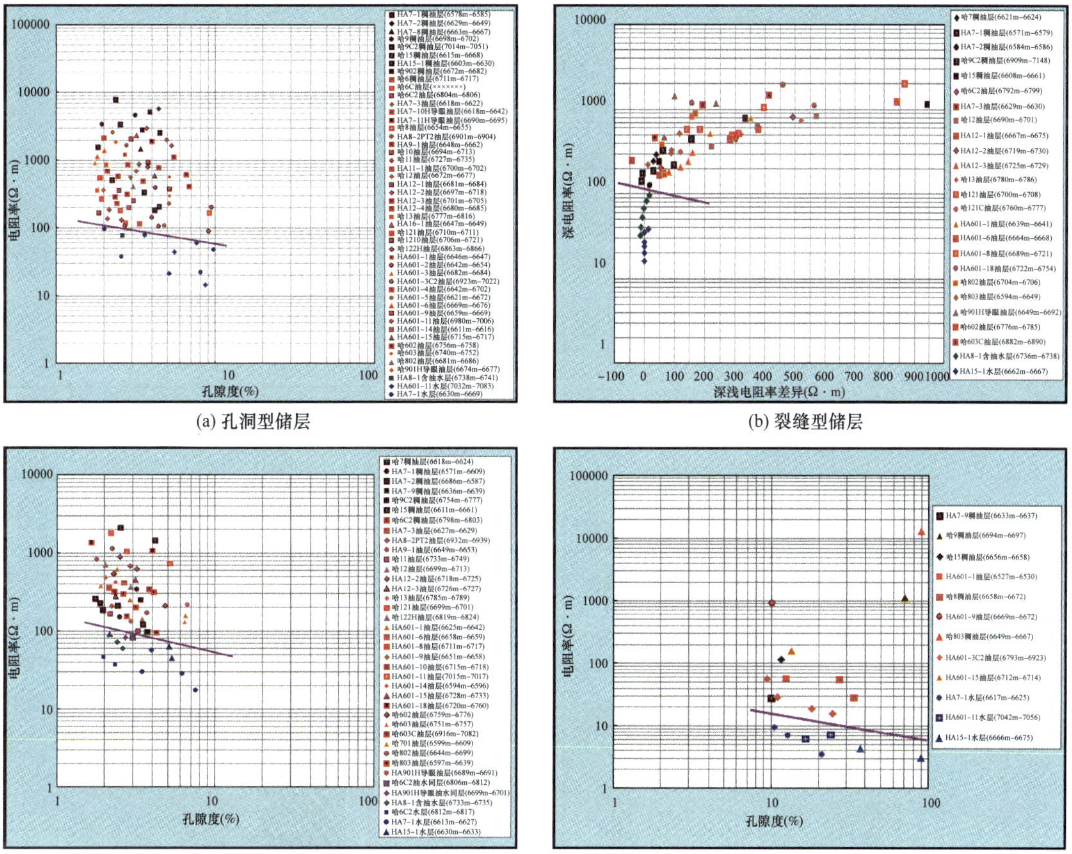

图 3-39　塔北地区奥陶系不同储层类型流体性质识别图版

像上其颜色较油层的要暗一些；在视地层水电阻率分布图上其主峰向小的方向偏离；对于油层，尽管钻井时油气被驱离了一部分，但仍残留油气信息，视地层水电阻率值较大，主峰值将向大的方向偏离（图 3-40）。

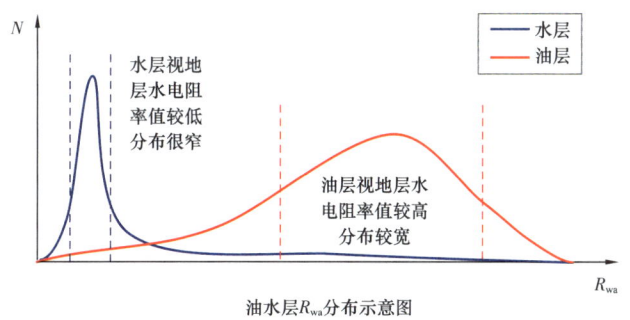

图 3-40　油水层电成像视地层水电阻率谱示意图

该技术在超深缝洞型碳酸盐岩油气发现中发挥了关键作用，为风险探井中深 1 井、罗斯 2 井、古城 6 井等的重大油气发现作出突出贡献。如中深 1 井，根据视地层水电阻率谱（图 3-41），井深 6777m 以上谱峰表现后移且较宽，为气层特征，测井解释为气层；井深6777m以下谱峰表现前移且较窄，为水层特征，测井解释为气水同层。该井在6597.63～6835m井段进行试油，用5mm油嘴求产，日产气30281m³，日产水34.92m³，证实了6777m为该井气水界面。这一成果指导了中深1井往构造高部位侧钻，经侧钻后，测试获得日产158545m³的高产工业气流，且无水。准确的测井流体判断为中深1井油气勘探大突破做出了贡献。

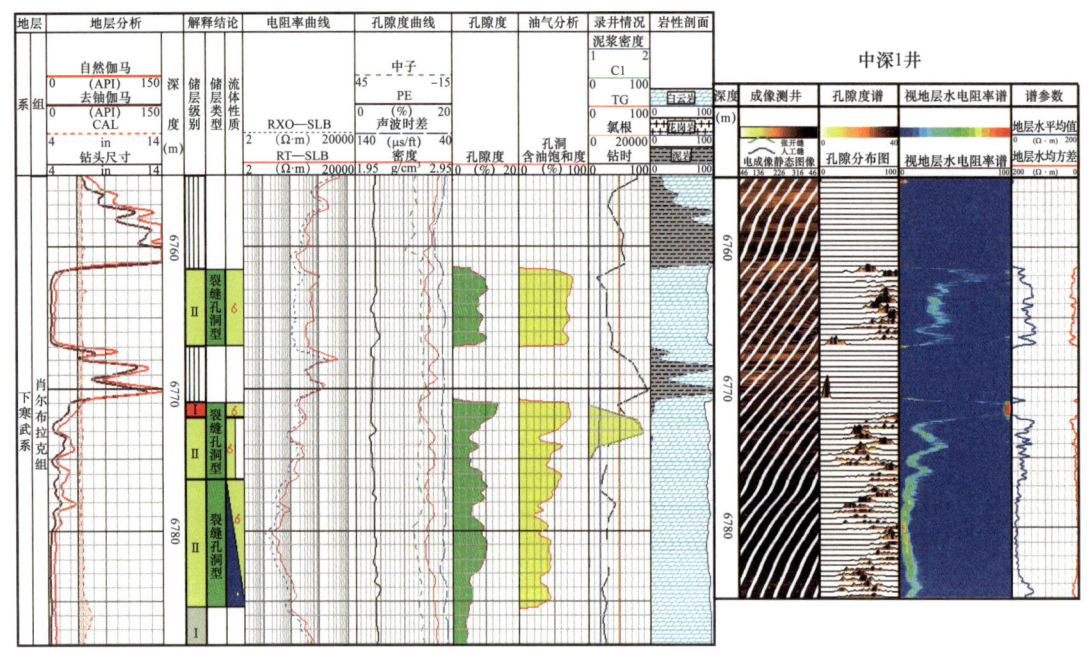

图3-41 中深1井视地层水电阻率谱处理解释成果图

应用电成像视地层水电阻率谱方法处理成像测井资料，逐点计算成像视地层水电阻率谱的均值和方差，建立了视地层水电阻率谱流体性质评价图版（图3-42）和标准（表3-5）。利用图版和标准可定量判断流体性质。

表3-5 塔北地区奥陶系碳酸盐岩成像测井资料流体性质识别标准

流体性质识别指标	R_{wa} 均值	R_{wa} 均方根差	备注
油气层	>9.0	>2.5	（1）统计条件：孔隙度下限为1.8%； （2）排除部分含泥井段、异常高阻井段
水层	<9.0	<2.5	

视地层水电阻率谱识别流体性质图版与标准在超深碳酸盐岩油气勘探与评价中规模化应用300余井次，大幅度提高了流体性质评价符合率，达到了87%以上，成为超深碳酸盐岩流体评价的利器，为超深碳酸盐岩规模油气发现与储量上交发挥了关键支撑作用。

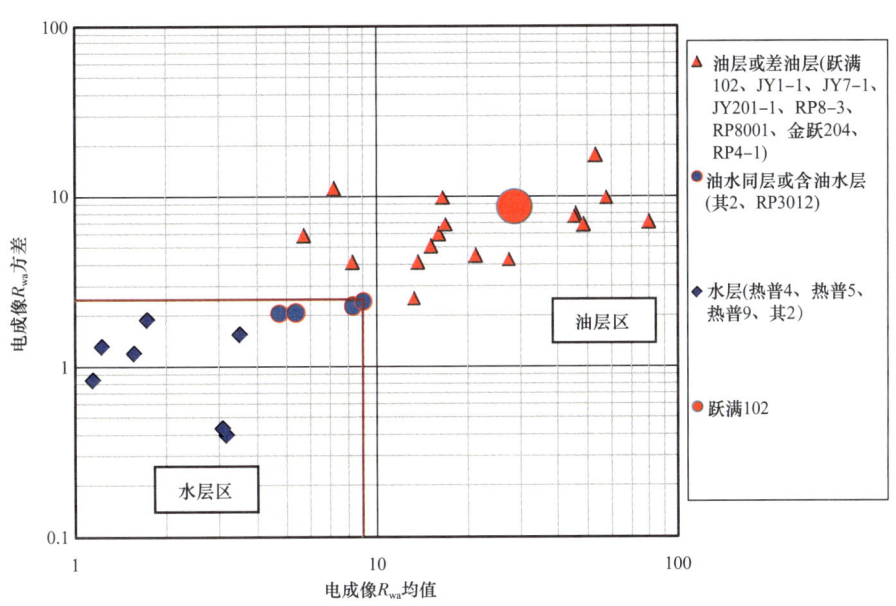

图 3-42　塔北地区成像测井资料计算的视地层水电阻率均值与方差交会图

30年来，超深碳酸盐岩测井资料从采集到储层评价都取得了巨大的进步，储层有效性解释符合率从85%提高到93%，储层流体性质评价的符合率由65%上升到85%以上。这些技术已在塔中、塔北超深碳酸盐岩10多个区块的勘探开发中得到规模应用1100多井次，为超深缝洞型碳酸盐岩亿吨级油田的发现和百万吨产量的建设发挥了关键作用。已获发明专利8件、实用新型专利12件、软件著作登记权10项、制定行业技术标准1项。技术成果在大庆、长庆、西南和新疆等油气田也已推广应用1450井次。

五、超深缝洞型碳酸盐岩油气层试油与储层改造配套技术

塔里木的超深缝洞型碳酸盐岩主要分布在塔中、哈拉哈塘、轮古、英买力四个区块。与库车前陆区相比，塔里木超深碳酸盐岩储层的地层压力相对较低（多为正常压力系数）；加之经过了20余年的勘探，对地层的认识比较成熟，超深碳酸盐岩油气层的试油采用的技术与库车前陆区基本相同，只是对井下及地面工具、仪器、设备的承压能力要求低一些，但要考虑防硫要求。而超深缝洞型碳酸盐的改造提产技术是自"十五"至今攻关的难点和重点。

（一）超深缝洞型碳酸盐岩油气层试油技术

20世纪90年代初，塔里木碳酸盐岩储层的勘探区域主要集中在塔北、塔中地区，地层压力多属正常压力系统，压力资料录取多为机械压力计，电子压力计压力等级一般为70MPa，使用国内研发的试井分析软件进行资料解释，对

于非自喷井或关井时间短处于过渡期的井的资料解释评价难度很大。90年代末期到21世纪初，勘探领域向库车前陆区推进。2006年以来，塔中Ⅰ号坡折带碳酸盐岩储层油气勘探被确定为塔里木盆地油气勘探的三个阵地之一，标志着碳酸盐岩储层油气勘探大幕再度拉开。

台盆区缝洞型碳酸盐储层埋藏深（最深8008m，塔中862H井）、地层温度高（185℃，古城4井）、易喷易漏（压力窗口仅0.02g/cm³当量密度）、高含硫化氢（最高410000ppm[①]，中古6井）、储层类型复杂（洞穴、缝洞、基质孔隙），但地层压力系数不高（1.08～1.2），试油施工难度小于库车前陆区。超深缝洞型碳酸盐岩油气层试油技术，基本与库车前陆区试油技术相同，只是在选择井下工具、油管、地面设备等装备时，需要考虑防硫的要求。

由于地层易喷易漏，台盆区试油工作液以原井钻井液为主，且主要为聚磺钻井液。由于地层压力不高、钻井液密度不高，环空保护液主要为清水+缓蚀剂（THB-1）。

2010年以前台盆区碳酸盐岩勘探主要采用MFE测试工艺，来获取井下温度、压力等资料。2010年至今，由于台盆区进入勘探后期，部分重要探井采用MFE和APR试油管柱录取井下温度、压力资料；其他探井评价井大多采用完井管柱，没法通过管柱获取井下温度、压力等资料，因此采用钢丝投捞压力计的方式录取井下温度、压力资料。

资料解释方面，针对缝洞型碳酸盐岩储层，提出了考虑孔、洞、缝在内的三重介质物理模型及相应的数学模型，研发了缝洞型碳酸盐岩储层试井分析软件，已用于塔中Ⅰ号坡折带缝洞型碳酸盐岩储层试井分析解释。将塔中地区试井曲线划分为五种类型。第Ⅰ类试井曲线：井眼位于储集体上，储层缝洞系统发育；第Ⅱ类试井曲线：井眼位于储集体边缘（附近），远井储层缝洞系统发育；第Ⅲ类试井曲线：井眼位于储集体上，但储集体发育规模有限；第Ⅳ类试井曲线：井眼位于储集体上，但为低孔低渗储集体；第Ⅴ类试井曲线：井眼位于非储层上，地层不存在储集体。根据试井曲线分析结果，建立了试井曲线类型与措施效果对应关系。

（二）超深缝洞型碳酸盐岩油气层储层改造技术

1. 技术发展历程

第一阶段：探索阶段（1988—2000年）。1988年5月，轮南1井奥陶系酸化，拉开了碳酸盐岩储层改造的序幕。受当时施工装备（当时多用CTT986水泥车，耐压50MPa，最大排量3m³/min）和酸液（盐酸）的限制，该阶段储层

[①] 硫化氢含量 1ppm=1.539mg/m³

改造以常规解堵酸化为主（酸量<100m³，施工排量<2.0m³/min）；改造规模有限，改造有效率低（平均40%），稳产效果差，碳酸盐岩探井普遍见油，但出现"见油不出油、高产不稳产"的局面，碳酸盐岩勘探一度陷入被动。

第二阶段：发展阶段（2001—2006年）。引进了2000型压裂车组，建立了大排量（4.0～13.1m³/min）+大液量（400～1413m³）的酸压改造新思路。同时借鉴国外改造新理论，发展了新型液体体系（胶凝酸、乳化酸、变黏酸、表活酸），形成了以胶凝酸为主的前置液酸压、多级注入酸压系列工艺技术。轮古15井酸压改造后日产油达443m³，成为轮古奥陶系第一口高产稳产井，为轮古碳酸盐岩勘探打开了新局面。

第三阶段：定型推广阶段（2007年至今）。在设备能力已经满足的条件下，如何最大限度地提高储层改造程度成为了主要矛盾。建立了1套压前综合地质评估方法，研发了6套改造工作液体系。针对不同的储层类型及钻遇模式，配套了5种深度改造工艺。塔中82井变黏酸深度酸压改造后，日产油过千吨，成为塔中碳酸盐岩第一口千吨井，证实了地质学家对塔中Ⅰ号坡折带奥陶系礁滩体整体含油的科学推论。英买204井转向酸压后获得了日产油112.88m³，日产气7973m³的高产油气流。

2. 面临的难点与挑战

超深缝洞型碳酸盐岩改造面临的难点与挑战：

（1）改造段深度大（5000～7809m）、温度高（130～185℃），对改造工作液性能要求高。

（2）缝洞体展布及油水关系复杂，对储层评估技术和酸压改造工艺要求高。

3. 储层压前综合地质评估与设计优化技术

缝洞型碳酸盐岩储层非均质性强，开展储层压前评估、正确认识储层是进行针对性储层改造决策的前提。基于缝洞型储层特征，结合地质研究、三维地震及垂向地震剖面、钻井录井显示、常规测井解释及远探测声波、测试资料，形成"五位一体"。"动静结合"的压前综合地质评估技术，对缝洞的探测精度提高到10m级，实现了对井筒及井周缝洞空间展布的有效预测。

压前地质评估的结果有效地指导了选井选层和设计优化。一般来说，压前地质评估结果主要包括以下五种情况。

（1）储层呈强"串珠"状反射，实钻井眼位于缝洞体顶部，有一定漏失，测录井显示好。这时，采用小规模酸压（化）改造，疏通近井缝洞系统，对酸液的缓速性能要求低。

(2)储层呈"串珠"状反射,实钻井眼偏离"串珠"中心,井周30m以内发育异常反射体,并且主应力与串珠展布方位、天然裂缝发育方位匹配性好,钻井无放空漏失,测井录井解释储层较差。这时,采用中等规模酸压改造,沟通井周缝洞储集体,要求压裂液体系具有较强的造缝能力,酸液体系具有一定的缓速性能。

(3)储层呈"串珠"状反射,实钻井眼偏离"串珠"中心,井周30m以内无异常反射体,并且主应力与串珠展布方位、天然裂缝发育方位匹配性好,钻井无放空漏失,测井录井解释储层较差。这时,采用大规模深穿透酸压改造,沟通井周缝洞储集体,要求压裂液体系具有较强的造缝能力,酸液体系具有良好的缓速性能。

(4)储层呈"串珠"状反射,实钻井眼偏离"串珠"中心,并且主应力与串珠展布方位、天然裂缝发育方位匹配性差,钻井无放空漏失,测井录井解释储层较差。这时,采用暂堵转向酸压工艺,强制裂缝转向,沟通井周缝洞储集体,要求压裂液体系具有较强的造缝能力,酸液体系具有一定的缓速性能,暂堵转向材料具有一定的承压能力。

(5)储层呈"片状"或者"杂乱"反射,钻井无放空漏失,测井录井解释储层一般。这时,采用加砂压裂或者酸携砂改造工艺,造长高导流能力的支撑裂缝,增大井周泄流面积。

储层改造工作液则根据储层改造工艺进行相应选择。

4. 超深缝洞型碳酸盐岩储层深度改造工作液体系

为了实现不同储层类型的有效沟通,研发了6套改造工作液体系,其中包括4套酸液体系(胶凝酸、温控变黏酸、地面交联酸、清洁自转向酸)和2套压裂液体系(低伤害交联压裂、黄胞胶非交联压裂液)。它们的基本性能特征如下。

(1)胶凝酸体系:基本配方20%HCl+0.8%胶凝剂+辅助单剂。耐温120~150℃,黏度45~56mPa·s。120℃条件下,$170s^{-1}$剪切60min后黏度20mPa·s以上。靠黏度减缓酸—岩反应速率,可用于中高温储层的深穿透酸压。

(2)温控变黏酸体系:基本配方20%HCl+0.8%温控胶凝剂+辅助单剂。当温度大于70℃时酸液黏度迅速增大,形成凝胶;温度大于120℃时,酸液逐渐破胶。反应过程中酸液黏度200mPa·s以上,具有较强的缓速性能。降解后,黏度小于10mPa·s,便于返排。靠增黏减缓酸—岩反应速率,可用于高温储层的深穿透酸压。

（3）交联酸体系：基本配方 20.0%HCl+0.8% 稠化剂 + 交联剂 + 辅助单剂。耐温 120～140℃，基液黏度 27～33mPa·s。交联时间 20～270s 可控，交联酸用于深穿透酸压时，适当增加交联时间，便于泵注；用于携砂酸压时，适当减小交联时间，保证交联酸携砂性能稳定。交联后冻胶黏度 800mPa·s 以上，120℃条件下，170s^{-1} 剪切 60min 后黏度大于 200mPa·s，破胶后黏度 6mPa·s。交联酸的反应速度比胶凝酸慢 1.875 倍，更易形成沟槽式刻蚀，可以用于高温储层的深穿透酸压或酸携砂压裂。

（4）清洁自转向酸体系：基本配方 20%HCl+8-10% 清洁自转向剂 + 辅助单剂。耐温 90～150℃。酸液与储层岩石反应，生成大量的钙镁离子，导致表面活性剂分子在残酸液中首先缔合成柱状或棒状胶束；由于大量钙镁反离子的存在，柱状或棒状胶束对极性的亲水基团产生吸附，形成集合体，并相互连接形成巨大的体型结构，从而导致残酸体系的黏度急剧增大，可达 400～800mPa·s，实现暂堵转向。残酸遇地层烃类易破胶，与大量地层水接触后增黏，可以降低水层沟通率，有利于稳油控水；同时不含聚合物，降解较彻底，对地层伤害小。缝洞方位不在最大主应力方向上时，可采用清洁自转向酸体系进行转向酸压。

（5）低伤害交联压裂体系：基本配方 0.3～0.45% 瓜尔胶 + 交联剂 + 辅助单剂。耐温 120～180℃。180℃条件下，170s^{-1} 剪切 120min 后黏度为 150mPa·s 左右，具有良好的耐温性能，储层伤害率小于 20%。可用作前置液酸压或多级交替注入酸压时的前置液。

（6）改性黄胞胶非交联压裂液体系：基本配方 0.3%～0.8% 黄胞胶 + 辅助单剂，耐温 120～160℃。0.6% 黄胞胶非交联压裂液在 120℃条件下，170s^{-1} 剪切 120min 后黏度大于 40mPa·s；相比瓜尔胶压裂液，摩阻降低 25%，成本降低 35%。具有高抗盐性，可直接用井场水配置。可用作前置液酸压或多级交替注入酸压时的前置液。

5. 超深缝洞型碳酸盐岩储层深度改造工艺技术

塔里木缝洞型碳酸盐岩储层非均质性强，缝洞关系复杂。基于储层评估结果，针对不同钻遇模式，为了实现对缝洞体的充分沟通，集成配套了垂向酸压（化）、深穿透酸压、转向酸压、加砂压裂/酸携砂等四种深度改造工艺技术。每种工艺的基本原理如下。

（1）垂向酸压（化）工艺：实钻井眼位于缝洞体顶部，有一定漏失，测录井显示好。采用垂向酸压（化）工艺，疏通近井缝洞系统。改造液体系组合为黄胞胶非交联压裂液 + 胶凝酸，酸压规模 100～300m^3，施工排量 4.0～6.0m^3/min。2012 年至今，该工艺应用 82 井次，改造后平均单井日产油 24.1m^3。

（2）深穿透酸压工艺：利用压裂液与酸液的黏度差形成"指进"，提高酸液有效作用距离，非均匀刻蚀裂缝壁面，形成长、高导流能力酸蚀裂缝来提高酸压效果；适用于实测井眼偏离强"串珠"反射区、与储集体缝洞系统连通性差，但串珠展布方位、天然裂缝发育方位与地应力匹配关系好（天然裂缝走向与最大主应力方位一致）的井。改造液体系组合为低伤害交联压裂液＋交联酸/温控变黏酸，一般采用2～3级交替注入＋闭合酸化工艺，酸压规模400～600m³，施工排量4.0～6.0m³/min。2012年至今，该工艺应用321井次，改造后平均单井日产油49.2m³。

（3）转向酸压工艺：采用暂堵材料或高黏液体强行阻挡裂缝的延伸方向，或者隔离酸液与岩石的接触面积，使人工裂缝的延伸偏离原来方向。主要有暂堵转向酸压工艺和清洁自转向酸压工艺两种。适用于实测井眼偏离强"串珠"反射区，且与储集体缝洞系统连通性差，串珠展布方位、天然裂缝发育方位与地应力匹配关系差的井。改造液体系组合为低伤害非交联压裂液＋交联酸/温控变黏酸＋暂堵转向剂、低伤害非交联压裂液＋清洁自转向酸，一般采用2～3级交替注入＋闭合酸化工艺，酸压规模600～800m³，施工排量4.0～6.0m³/min。2012年至今，该工艺应用136井次，改造后平均单井日产油40.0m³。

（4）加砂压裂/交联酸携砂酸压工艺：适用钻遇地震反射为杂乱或者片状反射的裂缝孔洞型储层，为了建立长、高导流能力裂缝，并保证裂缝具有长期高导流能力，采用加砂压裂或者交联酸携砂工艺。加砂压裂采用低伤害交联压裂液，酸携砂工艺采用交联酸体系，同时满足携砂和刻蚀。2010年至今，加砂压裂/交联酸携砂工艺共应用32井次，单井最大加砂量42m³，最高砂浓度622kg/m³。

深穿透酸压和转向酸压是塔里木超深缝洞型碳酸盐岩储层酸压的主体工艺，80%以上的超深井采用了这两种工艺。下面以塔中82井和英买204井为例，介绍深穿透酸压和暂堵转向酸压的实施过程和效果。

（1）深穿透酸压工艺典型井：塔中82井。

2005年8月，首次在塔中82井奥陶系裸眼井段5440.0～5487.0m进行了温控变黏酸酸压改造新工艺试验，该层从取心、测井、试油等资料分析，井周附近物性较差，为低孔低渗透灰岩储层，地层温度为139℃，测井解释孔隙度0.2%～2%，非均质性强，连通性较差，改造前评价为Ⅲ类油气层。酸压规模441.3m³，其中降阻酸65.9m³，胶凝酸50m³，变黏酸300m³，顶替液25m³。泵注排量1.0～5.6m³/min，施工压力17.5～92.97MPa。停泵测压降20min，油压15.5MPa保持不变。根据施工曲线，泵注温控变黏酸阶段，在排量稳定的前提下，井口施工压力出现两次大幅下降，分别下降了15MPa、40MPa，表明井底压力也大幅下降，表明泵入速率小于滤失或漏失速率，人工裂缝沟通了缝洞体。后期即使提高了排量，施工泵压也没有显著的上升，且在施工后期泵压持续下降。且停泵后压力基本不降，说明裂缝向地层滤失很快就获平衡，表明裂缝沟通了缝洞发育系统。酸压后用12.7mm油嘴求产，日产油485m³，日产气727106m³。

（2）暂堵转向酸压典型井：英买204井。

英买204井是塔里木盆地英买2号大型背斜构造上的一口评价井。英买2号构造钻探证实储层纵向及横向的非均质性均很强，裂缝为主要的储集空间与渗流通道。英买204井钻井录井显示差，实钻井眼轨迹偏离了强振幅异常反映的储集体，从目的井段至储集体中部，距离为150m左右，且测井资料解释目的层段最大主应力方位为45°左右，而天然裂缝发育方位为315°左右，天然裂缝发育方位与最大主应力方位基本垂直。该井套管射孔完井后测试，开井36h，仅产少量油（0.02m³）。

结合地质特征，该井采用具备分流转向能力的清洁自转向酸和纤维暂堵转向复合工艺，酸压规模767m³，施工排量2.4～5.7m³/min，施工泵压30.1～85.8MPa。纤维暂堵剂进入地层后泵压升高15～20MPa，裂缝有明显的转向显示；转向后泵压持续下降，有明显的沟通缝洞显示。英买204井酸压后用6mm油嘴求产，获得了高产油气流：日产油112.88m³，日产气7973m³。

6.超深缝洞型碳酸盐岩储层压后评估技术

1）基于酸压曲线形态特征分析方法

缝洞型碳酸盐岩储层酸压施工过程中，泵压、排量等施工参数会随着人工裂缝是否压开、是否沟通天然缝洞系统而有所变化，它能够直接反映出地层的真实情况。

酸压施工过程中，在液体体系、施工排量基本稳定情况下，施工压力主要有以下几种表现形态。（1）直线下降型，该类型泵压压降值较大，压降曲线呈直线型快速下降，其中不同的压降值和压力坡角对应不同的沟通模式，一般压降值越大、压力坡角越大，表明所沟通缝洞体规模越大；（2）曲线下降型，泵压压降值较小，压降曲线呈曲线型缓慢下降，其压力坡角也较小，其中压降值越大、压降曲线下降速度越快，则表明沟通效果越好；（3）水平直线型，该类型泵压高，且基本不变化，曲线呈一条水平的直线，表明人工裂缝未沟通到缝洞储集体。

酸压停泵后，压降曲线的表现形态有：（1）水平直线型，停泵后井底压力与缝洞体油藏压力瞬间达到平衡，其中停泵压力低于15MPa，则缝洞发育较好，高于30MPa则储集层物性较差；（2）快速直线下降型，该类型酸压井的停泵压降曲线呈快速直线下降，说明人工裂缝沟通到天然裂缝，停泵后注入液体主要沿某一条或几条天然裂缝进行滤失扩散；（3）曲线下降型，该类酸压井的停泵压降呈弧形曲线下降，表明沟通到一定的缝洞体系，但溶洞周围渗透率较低，井底压力与地层压力通过渗流扩散缓慢达到平衡。

在酸压施工曲线以及停泵压降曲线形态特征分析基础上，以压后效果为准绳，建立了快速有效识别酸压沟通储集类型的双压降图版（表3-6）。

表3-6 缝洞型碳酸盐岩酸压双压降图版

地震反射剖面	测井特征		施工曲线			停泵曲线		返排率（%）	试井特征	沟通情况
	储层类型	储集类型	施工压降（MPa）	压力坡脚	净压力双对数	停泵压力（MPa）	停泵压降（MPa）			
串珠状	Ⅱ、Ⅲ类储层	裂缝孔洞型、孔洞型	>20	70°~90°	上凸下降型	<16	<3.0	<9	上翘特征不明显，基本未出现径向流段	大型溶洞（洞穴型）
串珠状	Ⅱ、Ⅲ类储层	裂缝孔洞型、孔洞型	>18	50°~70°	上凸下降型	<17	<3.0	5~14	导数曲线前期下凹，晚期上翘，多区供液	中型溶洞（洞穴型）
串珠状	Ⅱ、Ⅲ类储层	裂缝孔洞型、孔洞型	>10	30°~50°	上凸下降型	<38	0.5~2.0	<28	后期持续上翘，呈"三角形"	充填型溶洞（洞穴型）
强反射状	Ⅱ、Ⅲ类储层	裂缝孔洞型、孔洞型	<2	20°~45°	上凹下降型	>21	<4	7~45	中期下凹，窜流特征明显	裂缝孔洞型
杂乱反射或强振幅反射	Ⅱ、Ⅲ类储层	裂缝孔洞型、孔洞型	0	0	缓慢上升型	>30	<3	>30，后期一般不出液	均质型	孔洞型储层

2）地质工程一体化储层综合后评估方法

酸压施工资料为地质静态资料与工程动态资料相互联系的重要体现，结合地震资料、钻井情况、测井解释及生产动态分析等方面的资料，按照储层—流体分析的角度，建立了"看、断、验"三位一体、相互验证的缝洞储集体识别方法（图3-43）。

油藏模式	井名	看		断	验					储层类型
		地震剖面	放空漏失	施工曲线	净压力曲线	导流能力曲线	试井曲线	累计产量与累计压降曲线		
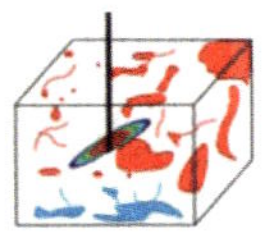	热普7006	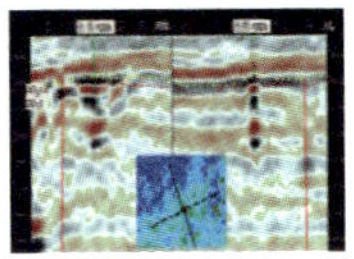	未见放空漏失	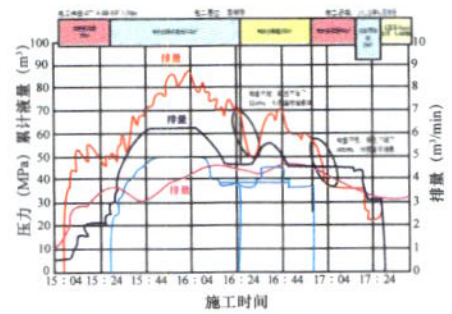	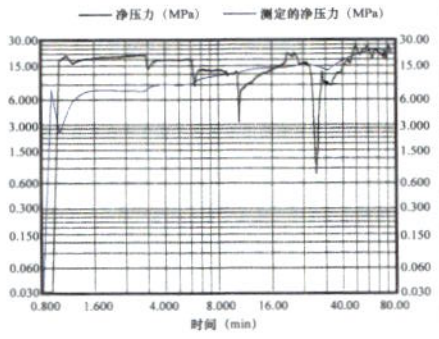	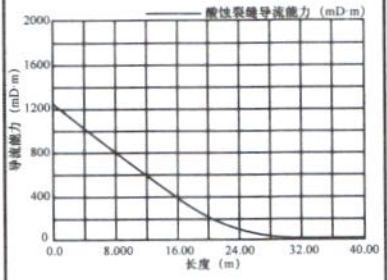	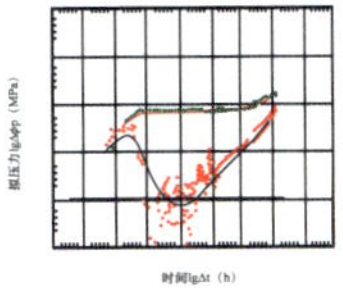	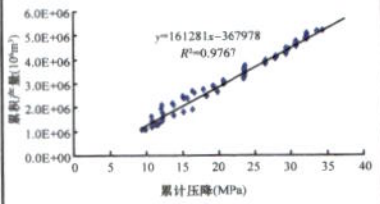		单一缝洞系统
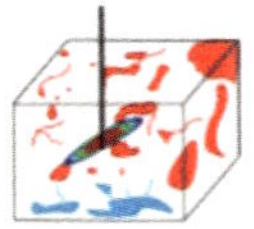	新垦8HC2	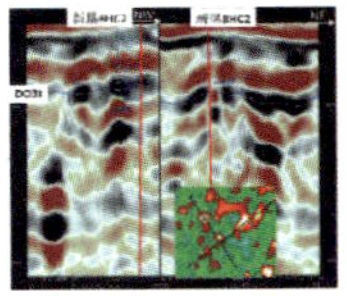	未见放空漏失	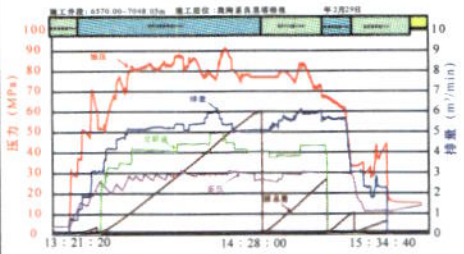	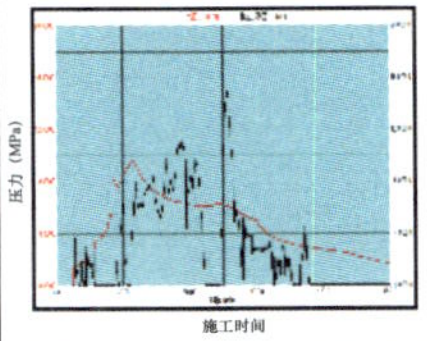	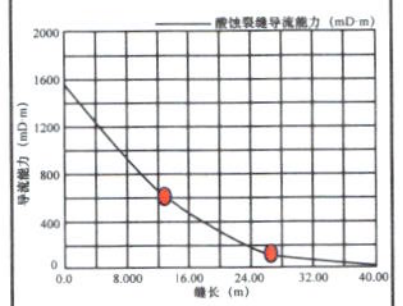	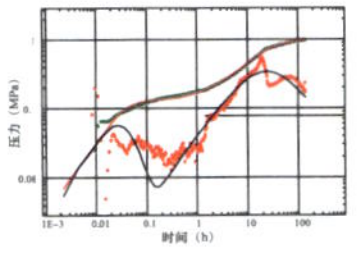	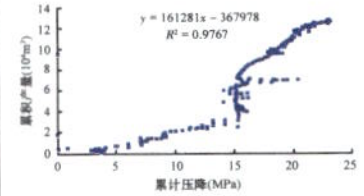		多个缝洞系统
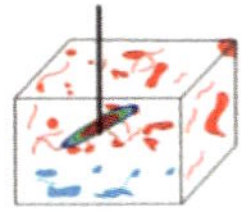	哈803	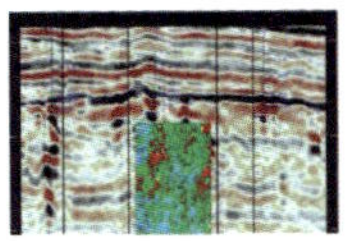	漏失932.5m³	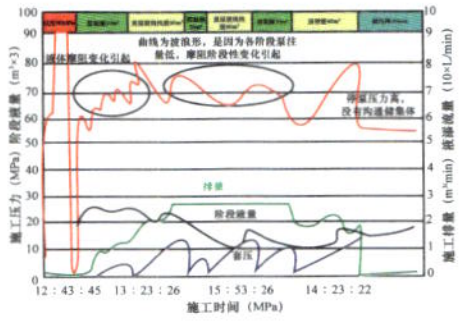	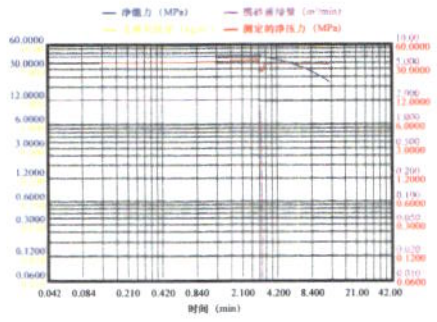	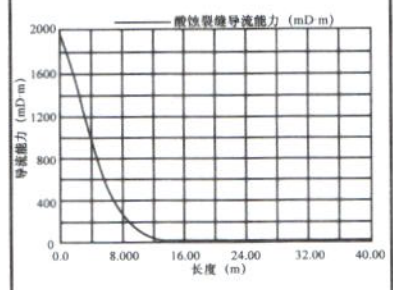	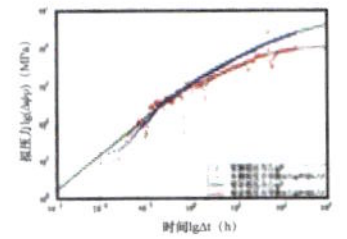	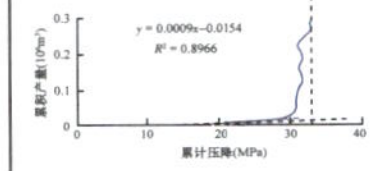		裂缝孔洞型
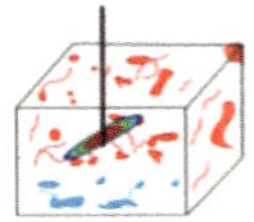	热普7004	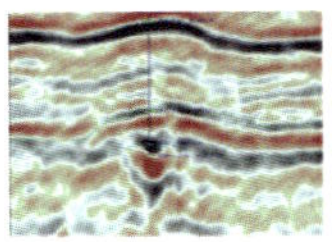	未见放空漏失	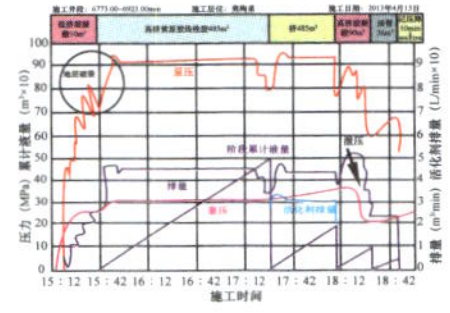	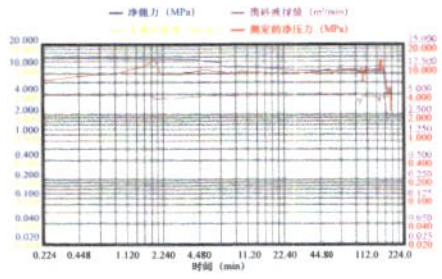	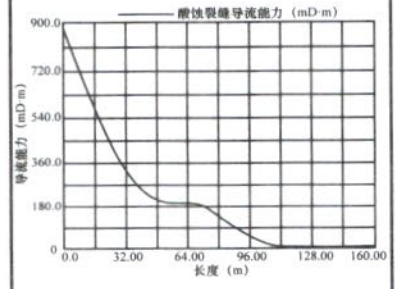	无	无		孔洞型

图 3-43 酸压后储层综合后评估方法图版

— 261 —

（1）"看"：看地震解释，串珠状反射说明缝洞体发育，强反射或弱反射说明缝洞体发育较差；看钻井过程是否放空漏失，若存在漏失说明钻遇到缝洞体，反之未钻遇缝洞体；看测井解释天然裂缝及溶蚀孔洞发育情况。通过这三看，初步判断缝洞储集体的类型和钻遇情况。

（2）"断"：根据酸压施工曲线和停泵压降曲线中压力及排量演变过程，判断是否沟通到缝洞储集体以及沟通储集体的规模和类型。

（3）"验"：综合施工净压力曲线形态、导流能力沿缝长变化曲线及试采和试井双对数曲线，验证所沟通的储集体类型、规模及数量。

2012 至 2018 年，碳酸盐岩探井和评价井累计酸压改造 539 井次，其中垂向酸压（化）82 井次，改造后平均单井日产油 24.13m³；深穿透酸压工艺应用 321 井次，改造后平均单井日产油 49.2m³；转向酸压工艺应用 136 井次，改造后平均单井日产油 40m³。取得了显著的增产效果，创造了巨大的经济效益。

第三节　超深缝洞型碳酸盐岩油气地质认识创新

加里东运动期，在塔西台地基础上，形成了相对稳定的继承性古隆起，发育了厚度超过 3200m 的碳酸盐岩地层，层间岩溶和走滑断裂控制了储层的发育规模和油气富集程度；塔中—塔北台隆整体含油气，主要特征是缝洞型储层的强烈非均质性、多期油气原地垂向充注、准层状油气藏和油气多层系叠置连片分布。超深缝洞型碳酸盐岩油气地质的认识，有效地指导了塔里木盆地 10 亿吨级超深缝洞型碳酸盐岩油气田的勘探发现，丰富了超深海相油气地质理论。

一、塔中—塔北大型台隆整体含油气

（一）塔中—塔北大型台隆多层系叠置连片含油气

塔里木盆地台盆区的油气勘探表明，油气主要大面积分布于塔中、塔北台隆区（包括古城地区和阿满低梁），主要含油层系为奥陶系鹰山组、一间房组以及良里塔格组，基本形成了塔北、塔中两个 10 亿吨级的富油气区带，近年来，在古城 6 井、中深 1 井台盆区深层白云岩获重大发现，打开了塔里木深层寒武系新领域。

塔中—塔北台隆奥陶系碳酸盐岩不同油气层系叠置连片，形成巨大的含油气区，油气藏主体埋藏深度为 6000～7500m。塔北隆起南坡北部为鹰山组潜山油藏分布区，向南为一间房组层间岩溶油气藏分布区，在此之上，在哈拉哈塘—哈得逊一带还叠置了良里塔格组礁滩体油藏，再向南，满西低梁—古城、塔中的广大地区则主要是鹰山组油气藏分布区，在塔中北部斜坡带边缘，也叠

置了良里塔格组礁滩体油气藏。这里整体含油气面积达 $2.0 \times 10^4 km^2$，其中潜山油气藏分布区 $5000 km^2$，层间岩溶油气藏分布区 $1.5 \times 10^4 km^2$。区域分析研究表明，中—下奥陶统鹰山组沉积期，西部台地连为一体，全区在鹰山组下部发育规模优质储层，且在埋深 8000m 圈闭线内，塔中隆起、满西低梁、塔北隆起连为一体，整体含油气。在塔北隆起—满西低梁—塔中隆起中国石油矿权内，埋深小于 8000m 的面积约 $6 \times 10^4 km^2$，资源量为 $(50\sim60) \times 10^8 t$。

（二）塔中—塔北大型台隆沉积特征

1. 碳酸盐岩台地沉积相特征

塔里木盆地塔西台地区沉积了寒武系—奥陶系厚度超过 3000m、以白云岩和石灰岩为主的碳酸盐岩地层，面积超过 $36 \times 10^4 km^2$。台地细分为局限台地、半局限台地、开阔台地、台地边缘和沉没台地 5 个相，以及潮坪、潟湖、障壁滩坝、台内滩、滩间海、半局限潟湖、台内礁（丘）等 16 个亚相（图 3-44）。

塔里木盆地塔西台地区从寒武纪早期的缓坡碳酸盐岩局限台地，到中寒武世成了镶边式台缘发育且蒸发岩发育的局限台地，再到晚寒武世—早奥陶世，塔西台地成了半局限台地—开阔台地。到了中—晚奥陶世，塔西台地开始逐渐分裂为塔北台地和塔中台地，到晚奥陶世晚期，大规模海侵，大套泥岩"黑被子"覆盖全盆地。

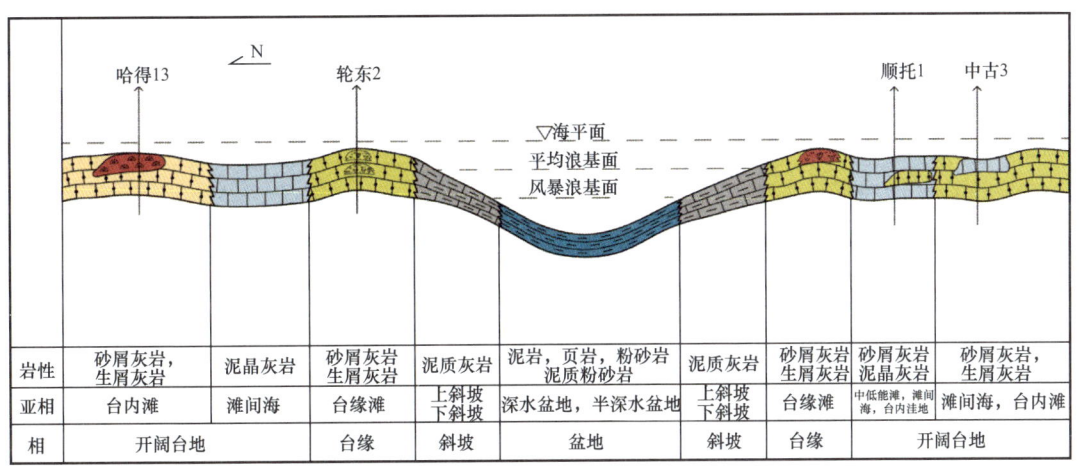

图 3-44 塔里木盆地奥陶系南北向沉积相模式

2. 塔西台地沉积演化

早寒武世—早奥陶世，塔里木板块内的古地理格局总体没有发生大的变化，早寒武世主要呈现为"西台东盆"的沉积格局，但塔西碳酸盐岩台地持续发生了进积、加积型的碳酸盐岩建造，从而变得更大，并且不同时空的台地边缘类型及其叠置型式也发生了变化，主要表现为早寒武世以发育缓坡—弱镶边台地边缘为主，中—晚寒武世以发育弱镶边—镶边台地边缘为主（冯增昭等，2006）。

与前期相似，早奥陶世塔里木板块内的碳酸盐岩台地，沉积格局总体持续扩大，至蓬莱坝组—鹰山组沉积早期扩张至最大；早奥陶世末期，塔里木板块与周缘地块之间的运动方式开始由离散向聚敛转变，塔里木盆地由初始拉张状态转化为挤压状态，该时期为塔里木盆地重要的转折时期。鹰山组的残余地层厚度分布与沉积相平面展布揭示，受轮南—古城台缘带的遮挡作用，盆地内部表现为半局限—开阔台地沉积特征，以沉积大量泥晶灰岩、泥晶颗粒灰岩为特点。一间房组沉积期，塔里木盆地由最初的"东西分异"转变为"南北分异"。受区域性压扭应力场控制，盆地内部形成隆坳相间的构造格局，一间房组分布相对较为局限，缺失区主要在巴楚—塔中台地主体部位。一间房组的残余地层厚度分布与沉积相平面展布，揭示出存在着两个深海盆地，分别为塔东盆地和阿瓦提盆地，台地边缘包括轮南—古城台缘带、塔北西部—巴楚北部U形台缘带及罗西台缘，整体呈现出塔北地区与塔中—巴楚地区分化的雏形。

晚奥陶世，塔里木板块与其周缘的库地岛弧、阿尔金岛弧及伊犁—中天山陆块均发生会聚拼合，致使阿尔金岛弧及库地岛弧成为大量陆源碎屑供给的物源区，并导致了盆地相区主要被陆源碎屑浊积岩充填，台地相区主要呈现出碳酸盐岩—陆源碎屑的混积台地特征，但良里塔格组沉积期，在全球海平面上升背景下，前期的巴楚—塔中台地隆起剥蚀区及塘南古陆均被海水淹没并发育为开阔台地，巴楚—塔中台地、塘南台地及库鲁克塔格台地的边缘均主要受断裂控制进而形成垂向加积型镶边台地边缘，其台地边缘高能礁滩沉积相带发育，虽宽度较窄、但厚度较大（图3-45）。

塔西台地面积最大的时期超过了$33 \times 10^4 km^2$，台地碳酸盐岩的大构造沉积背景为碳酸盐岩岩溶储层的发育提供了地质基础。

（三）塔中—塔北台隆构造特征

1. 台隆形成与演化

塔里木盆地经历了多期构造运动，塔里木运动（亦称柯坪运动）形成了塔中、塔北古陆，奠定了塔中—塔北台隆形成、发育的基础，加里东中期塔西台地东部受沉积作用控制，形成塔中—塔北台隆的雏形（图3-46），晚加里东运动和海西运动使塔中—塔北台隆的演化具有了差异性。塔中古隆起具有形成、定型早，稳定继承发育的特点，石炭纪后未发生大的构造运动，表现为典型的继承性古隆起特征；而塔北古隆起后期遭受印支期构造运动破坏，表现为典型的残余古隆起特征；塔北—塔中之间的满西低梁则继承性地稳定发育，未遭

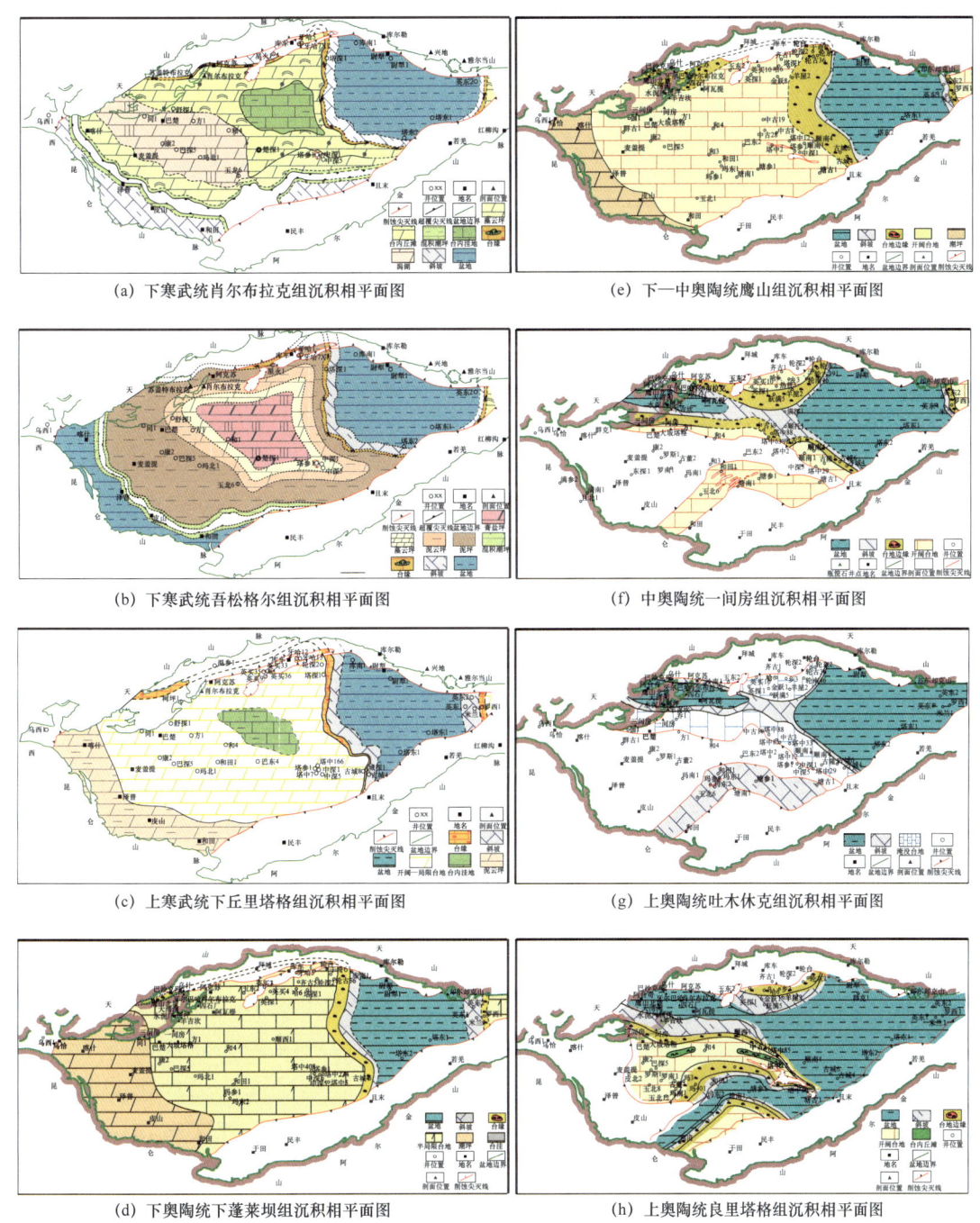

图 3-45　塔里木盆地塔西台地沉积演化

受破坏，到晚加里东期基本定型，海西期—燕山期，西段抬升翘倾，喜马拉雅期，东段抬升、西段沉降，满西低梁最终形成。

1）早、中加里东期的台隆雏形

早加里东期寒武纪—早奥陶世，塔里木盆地继承震旦纪构造格局，并受震旦纪隆坳控制作用和早—中期加里东构造运动的持续影响，塔里木盆地形成了

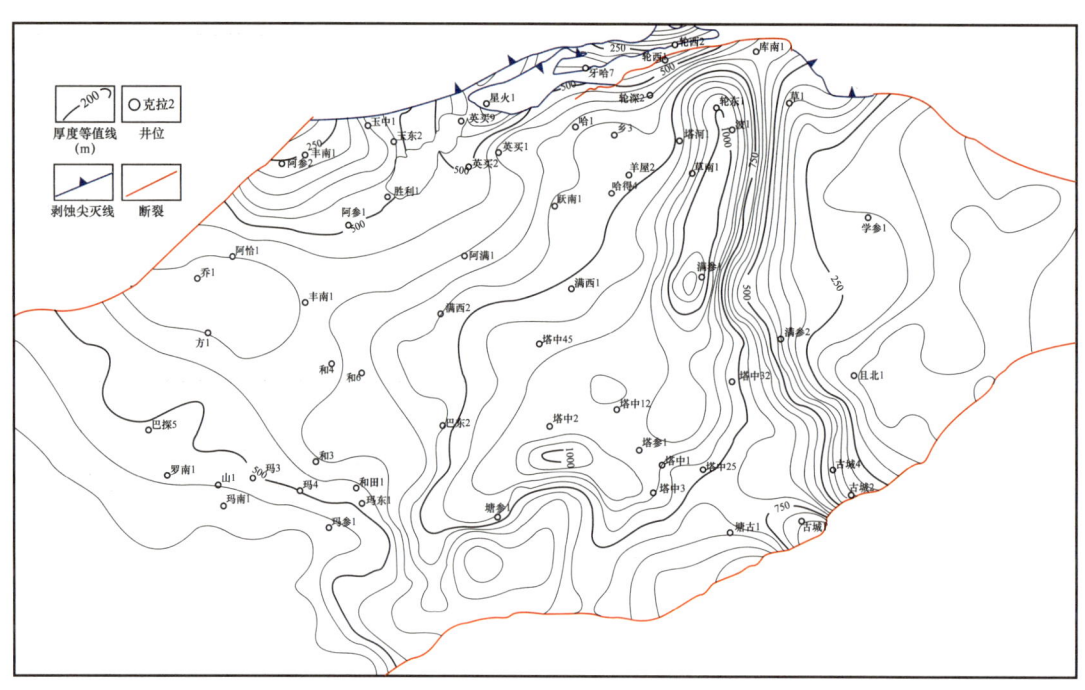

图 3-46　塔中—塔北地区上寒武统—奥陶系碳酸盐岩厚度等值线图

"西台东盆"、西高东低、南高北低的构造格局。塔里木盆地逐步发育成为一个沉积成因的大型碳酸盐岩台地，受到库地洋的聚敛活动影响，产生了碳酸盐岩内幕不整合，塔西台地奠定了塔中—塔北台隆形成和发育的基础。

中加里东末期，塔里木盆地南缘古昆仑洋与中昆仑地块发生碰撞，阿尔金岛弧与塔里木板块发生拼接，塔里木盆地南部转为活动大陆边缘（何登发等，2008；邬光辉等，2012），形成台—沟—弧—盆的构造格局，塔里木板块南缘挠曲下沉，出现弧后前陆盆地。该时期，塔里木盆地北缘仍然处于弱伸展时期，但受南缘碰撞挤压远程效应影响，塔北也有隆升作用。塔中隆起发生强烈的抬升剥蚀，塔中地区挤压型古隆起形成。塔北地区没有明显控制隆起的边缘大型断裂，处于较弱褶皱隆升状态。此时期满西低梁受构造运动影响弱，稳定发育并基本定型。在基底古隆起的基础上及塔里木板块内部区域挤压的背景下，塔中—塔北台隆雏形形成。

2）晚加里东期—早海西期，塔中—塔北台隆定型

晚加里东期，塔里木板块南缘发生弧陆碰撞（贾承造，1997），塔中地区形成强烈的板内构造活动，形成塔中复式背斜的基本格局，塔北也是褶皱隆升，隆起高部位发育大型断裂，有大面积下古生界出露地表，满西低梁继承发育。塔中—塔北台隆基本形成。

晚加里东末期—早海西期，古昆仑洋闭合（贾承造，1997）造山，盆地东南部构造变形强烈，但板内活动较弱，奥陶系大背斜稳定发育。受到古天山洋

聚敛的影响，轮台断裂强烈活动；围绕轮台断隆志留系遭受剥蚀，出露海相碳酸盐岩风化壳；受东南方向挤压作用，在古隆起早期东西走向的基础上，形成北东向斜列展布的轮南、英买力、温宿等凸起，之间以斜坡过渡，上倾方向与轮台断隆斜交，反映古隆起对后期构造的影响，并依附轮台断隆；轮南地区构造活动强烈，在北东向鼻隆发育的过程中，形成整体、大面积的抬升剥蚀，轮南低凸起基本形成（徐智，2011；邬光辉，2012）；英买力低凸起开始发育，形成向西南倾斜的宽缓鼻隆，但构造抬升较弱，没有碳酸盐岩的大面积出露。塔中、塔北之间，满西低梁作东西调整，整体稳定。

3）喜马拉雅期，沉降埋藏期

喜马拉雅期，塔里木盆地周边隆升，盆地内部开始快速沉降。塔中、塔北古隆起有一定翘倾运动与调整，但形态基本稳定。满西低梁西段阿瓦提进一步沉降，从而形成了现今塔中—塔北台隆面貌。

2. 现今构造特征

塔中—塔北台隆是寒武系—奥陶系碳酸盐岩大型复式台背斜，呈"哑铃形"分布的格局（图3-47），高点海拔 –2600m，以海拔 –7000m 计算，构造幅度达 4400m，总面积约 $6 \times 10^4 \text{km}^2$，主体深度在 6000~8000m 之间；塔北潜山背斜呈北东走向，高点海拔 –4100m，以海拔 –6000m 计算，构造幅度达 1900m，总面积 $1.7 \times 10^4 \text{km}^2$；塔中潜山背斜呈北西走向，高点海拔 –2600m，

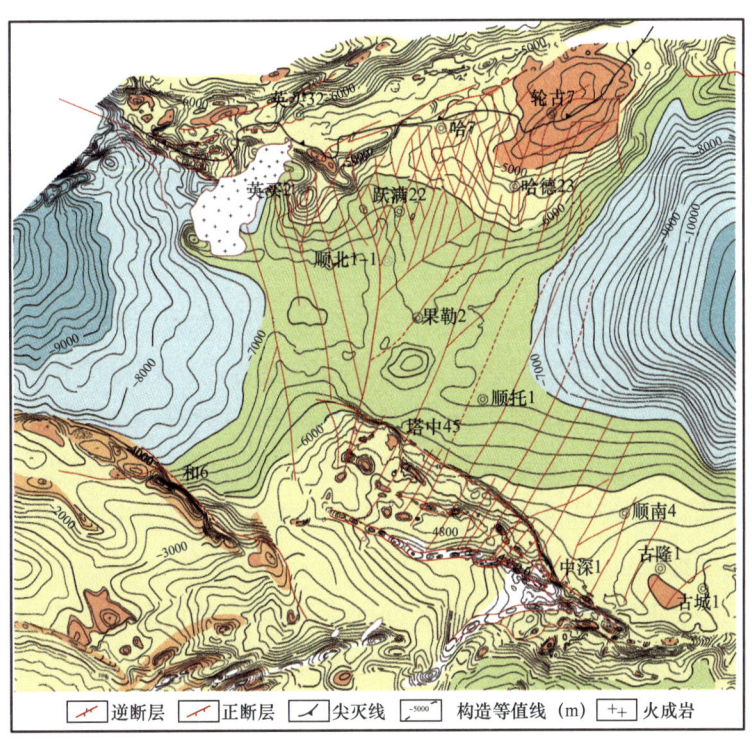

图 3-47 塔中—塔北台隆奥陶系石灰岩顶面构造图

以海拔 –6000m 计算，构造幅度达 3400m，面积约 $2.2 \times 10^4 km^2$；中间满西低梁呈南北向分布，为被满加尔凹陷和阿瓦提凹陷所夹持的低梁。这一构造背景，为高能滩沉积、古岩溶、油气运移及油气勘探指明了方向。

（四）塔中—塔北台隆发育多期不整合

1. 多期构造运动发育多个区域不整合

塔里木盆地克拉通经历多期构造活动。结合盆地内部构造解析和周缘地表露头构造分析，可将塔里木盆地克拉通构造演化划分为八个阶段：前南华纪克拉通基底形成阶段、南华纪—震旦纪强伸展—挤压阶段、寒武纪—奥陶纪弱伸展—强挤压阶段、志留纪—泥盆纪陆内坳陷阶段、石炭纪—二叠纪弱伸展克拉通内坳陷阶段、三叠纪挤压隆升阶段、侏罗纪—古近纪弱伸展—强挤压阶段、新近纪—现今陆内前陆盆地阶段。

寒武纪早期，随着古昆仑洋的伸展扩张，塔里木克拉通在前寒武纪背景上发生广泛海侵，形成广阔陆表浅海，有利于碳酸盐岩台地的发育。寒武纪—早奥陶世，碳酸盐岩台地不断生长，逐渐从缓坡台地发育为镶边的陡坡台地。中奥陶世晚期，受库地洋向北俯冲闭合影响，塔里木克拉通开始从伸展转变为挤压，克拉通内部塘古—塔中—巴楚地区发生整体抬升，海水变浅，能量增高，形成塘古、玛南、塔中等大面积的台内滩发育。良里塔格组沉积期，随着挤压作用的加强，塔中与塘古地区发生分异，塘古坳陷开始形成，台地进一步收缩，形成近东西向展布的孤立台地。随着岛弧陆缘碎屑的供给逐步增大，至桑塔木组沉积期，碳酸盐岩台地全被淹没，最后消亡（图3-48）。

奥陶纪末古昆仑洋开始闭合，南天山洋持续扩张，阿尔金岛弧与塔里木板块碰撞，形成西昆仑—东昆仑的弧后前陆盆地，克拉通南部塔西南—塘古—阿尔金一线处于前缘隆起位置，整体抬升，奥陶纪末期，在全盆地形成了区域大型不整合。

志留纪—泥盆纪，塔里木盆地南北缘都进入聚敛或者碰撞时期，周缘处于活动大陆边缘（赵振民等，2010；许志琴等，2011），西昆仑的强烈隆升与南天山洋的闭合削减，造成盆地内部克拉通大面积的抬升与剥蚀。克拉通内部则进入陆内坳陷阶段，发育多期变迁的碎屑岩沉积体系。晚泥盆世，东河砂岩段沉积前的早海西期运动是盆地构造格局转换的重要时期，在海西早期，形成了全盆地区域大型整合。

石炭纪末，受控于南天山洋闭合过程中产生的来自北部的挤压作用，塔北隆起又开始抬升，塔中隆起受到影响，也有小规模隆升；二叠纪末晚海西运动发生，南天山洋自东向西剪刀式闭合（贾承造，1997）；在海西末期，形成了海陆相转换的区域性不整合。

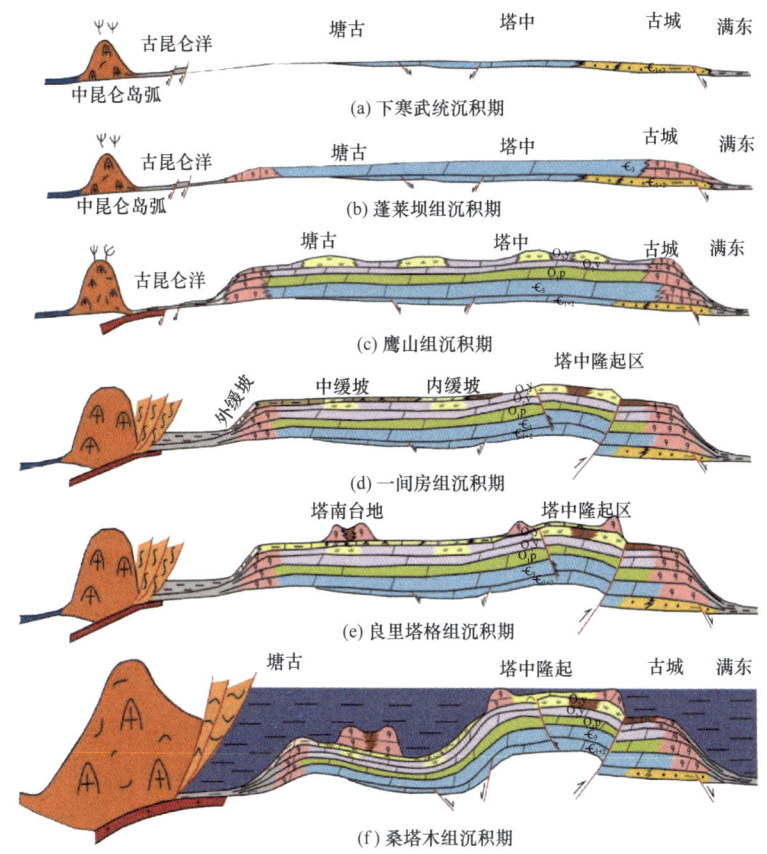

图 3-48　塔里木盆地寒武纪—奥陶纪碳酸盐岩台地沉积演化示意图

三叠纪，塔里木盆地整体处于弱伸展阶段，内部广泛发育陆相河流—三角洲—滨浅湖沉积。三叠纪末，受羌塘地块与塔里木板块碰撞拼合、古特提斯洋闭合的影响，盆地周缘发生强烈的隆升，在塔里木盆地南部形成隆起，导致三叠系在盆地周缘地区发生剥蚀缺失，形成较大规模不整合。

此后，侏罗纪—白垩纪，盆地处于弱伸展—强挤压阶段，随着新特提斯洋的扩张，侏罗纪早期塔里木盆地内部也基本夷平，形成宽缓的陆内坳陷，下侏罗统在盆地中北部均有发育。白垩纪晚期受 Kohistan—Dras 岛弧与古拉萨地体的碰撞影响，塔里木盆地整体抬升，普遍缺失上白垩统。在盆地北部形成了区域不整合。

多期构造运动形成了多期不整合。结合地层年代学、沉积层序标志、构造标志等地质研究，塔里木盆地共识别出 11 期不整合（贾承造，1997；何碧竹，2011）。主要与加里东中期、加里东晚期、海西期、印支期、燕山期和喜马拉雅早期的构造运动有关。

1）野外露头不整合证据

寒武系野外典型剖面位于阿克苏西南约 45km 的肖尔布拉克剖面，奥陶系

- 269 -

典型剖面位于巴楚大坂塔格剖面、乌什鹰山剖面，寒武系—奥陶系存在多期沉积旋回，发育多期区域不整合、层间不整合和沉积间断。

在肖尔布拉克剖面，可见下寒武统玉尔吐斯组不整合覆盖在上震旦统奇格布拉克组之上，剖面上表现出典型的暴露层序界面，在奇格布拉克组顶部发育与风化剥蚀相关的、厚度超20m的层状塌陷白云岩；其上部为下寒武统玉尔吐斯组泥质白云岩、硅质岩和泥质页岩等。

在巴楚地区大坂塔格剖面，下奥陶统蓬莱坝组层序顶面为明显的微角度不整合，顶部发育古风化壳，地层明显减薄，其上与鹰山组之间存在明显的沉积间断面。在乌什鹰山剖面，缺失2个牙形石化石带，为明显的层序界面。

在西克尔剖面，中奥陶统一间房组与上覆的上奥陶统铁热克阿瓦提组直接接触，其间发育大型的区域不整合，一直延伸至麦盖提斜坡中东部。奥陶系顶部在柯坪地区相当于铁热克阿瓦提组，在塔东露头相当于银屏山组，该层序界面表现为明显的削截不整合特点，与上覆层系之间的不整合可区域连续追踪。

这些露头的不整合与大规模的沉积间断是层序界面划分的最直接的依据。

2）钻井不整合证据

塔里木盆地奥陶系沉积期间经历了多期构造演化（斯春松等，2012；赵宗举等，2015；孟祥霞等，2015），中加里东构造运动和晚加里东构造运动对塔里木盆地奥陶系影响最大，形成了多个大范围的地层不整合。而一些局部地区的暴露剥蚀和沉积间断，造成了小范围的地层不整合（图3-49）。

3）部分碳同位素不整合证据

碳同位素的正负漂移是与生物爆发/灭绝相关的全球性等时事件。形式上，生物辐射与碳同位素正飘移协同出现，生物辐射与古温度升高有关，温度升高造成极地冰雪消融，导致海平面升高（Anderson和Arthur，1983；Romanek等，1992），因此碳同位素正负漂移也与海平面升降协同性出现。将前人报道的震旦纪—奥陶纪碳同位素演化曲线拼接起来作为全球标准，可作为塔里木盆地内同位素地层学对比的依据。

利用沉积旋回划分层序，结合碳同位素可以更好地确定层序界面。塔里木石油会战初期（1991年），组织开展了碳同位素地层对比研究，形成了柯坪地层小区震旦系—奥陶系、库鲁克塔格地区寒武系的碳同位素曲线；赵宗举（2010）对柯坪地区肖尔布拉克剖面寒武系进行了碳同位素复测，并加测了柯坪水泥厂与永安坝剖面的奥陶系同位素曲线，为塔里木盆地岩石地层单位等时对比提供了条件。

4）地震层序界面识别

利用地震地层学原理，结合钻井的标定，针对塔里木盆地19条区域地震

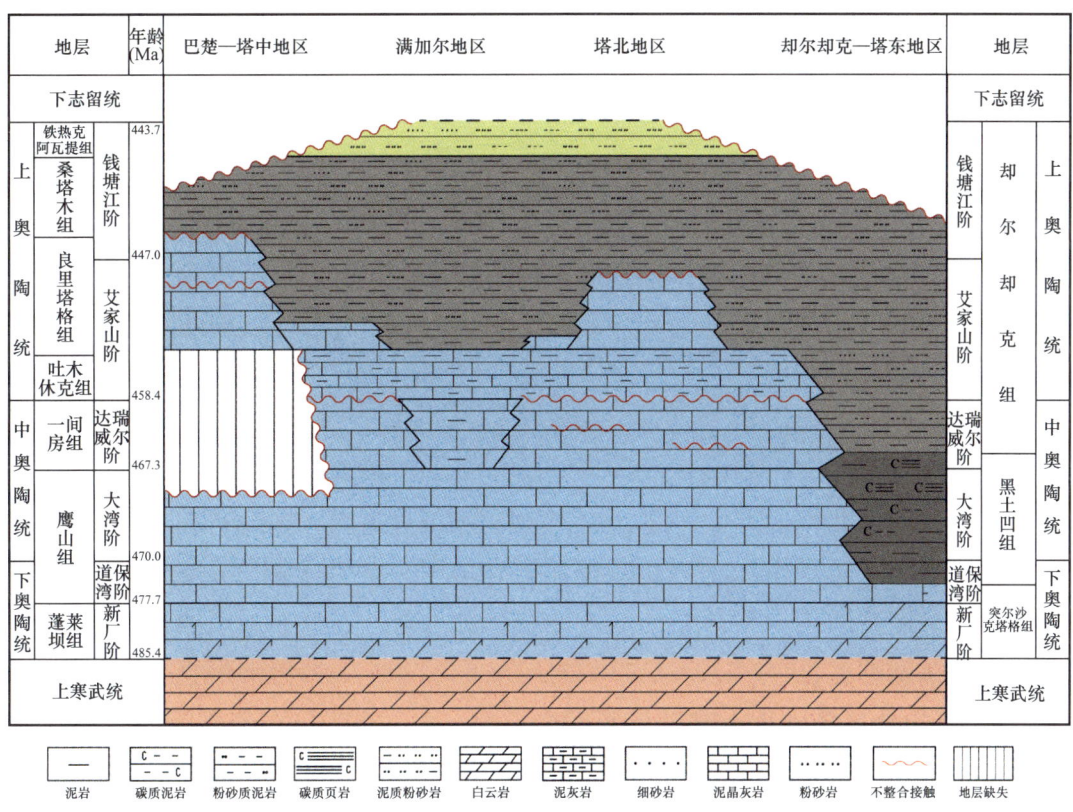

图 3-49 塔里木盆地奥陶系地层不整合

大剖面进行了层序地层解释，可以识别不整合面形成的Ⅰ型层序界面和由沉积间断或岩性界面形成的Ⅱ型层序界面。

在塔中地区地震剖面上（图 3-50），良里塔格组底面具有明显的削截特征，下伏鹰山组向南削蚀减薄明显，为典型的Ⅰ型层序界面。在塔中Ⅰ号带北部，良里塔格组台地边缘，杂乱丘状反射向北变为弱连续、弱振幅楔状地震反射，此为台缘带碳酸盐岩与盆地相碎屑岩相变带的反射特征。在台地斜坡具有明显的上超斜交特征，一间房组—吐木休克组向塔中隆起超覆减薄、尖灭，在塔中主体部位缺失。

2. 重要不整合分布特征

1）柯坪地区鹰山组—蓬莱坝组地层不整合

在柯坪水泥厂剖面，下奥陶统蓬莱坝组顶面岩性为凹凸不平的暴露风化改造面，含有大量燧石条带的杂色亮晶粉屑灰岩及藻纹层灰岩，被改造成厚度1m左右的紫红色粉细晶白云岩，此为典型的暴露特征（赵宗举，2009），且与上覆鹰山组底部的开阔台地相潮下藻席夹风暴滩沉积的地层相区分，缺失牙形石 *Glyptoconus flower* 带和 *Tripodus proteus/Paltodus deltifer* 带，缺失地层时间约为 2Ma。

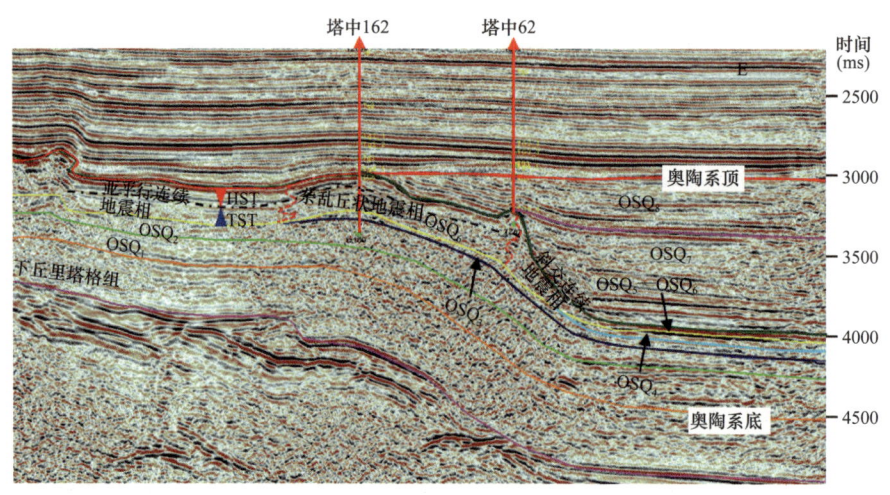

图 3-50 过塔中 162—塔中 62 井寒武系—奥陶系地震剖面

鹰山组—蓬莱坝组地层不整合仅在柯坪地层分区的水泥厂剖面发现,在覆盖区井下未发现鹰山组和蓬莱坝组的明显不整合标志,因此这仅为柯坪地层分区的局部地层不整合。

2)塔中地区鹰山组上部地层不整合

塔中地区在中奥陶世发生构造抬升运动,地层抬升幅度较大,影响延伸至巴楚井下覆盖区(和 3 井、和 4 井和方 1 井等井区),使中—下奥陶统鹰山组上部地层、中奥陶统一间房组和上奥陶统吐木休克组,长期遭受暴露剥蚀风化,直至被剥蚀殆尽,仅在鹰山组二段顶部沉积有一定厚度的风化壳;在塔中隆起地区,构造剥蚀作用强烈,鹰山组缺失鹰一段和鹰二段,且缺失上奥陶统良里塔格组底部或下部地层;在塔中中央断垒带附近地区,鹰山组下部的上覆奥陶系,或蓬莱坝组的上覆奥陶系全部缺失。在测井曲线上鹰山组顶部可以见到自然伽马明显增高,密度及电阻率曲线减小,声波时差增大等现象。在塔中地区西北部和巴楚井下覆盖区和 3 井、和 4 井、方 1 井等井区,地层缺失牙形石 *Microzarkodina parva* 带至 *Balton iodus alobatus* 带共 8 个牙形石带,缺失地层时间为 14Ma 左右;在塔中隆起(除中央断垒带)地层缺失牙形石 *Serratognathoides chuxiannensis-Scol opodus euspinus-Erraticodon tarimensis* 带至 *Baltoniodus alobatus* 带共 11 个牙形石带,缺失地层时间为 17~20Ma。

鹰山组顶部地层不整合在巴楚—塔中覆盖区井下发现,主要分布在巴楚井下覆盖区和 3 井、和 4 井、方 1 井等井地区和塔中 I 号断裂带以西地区,在塔中Ⅲ区,有少量一间房组和吐木休克组分布。

3)塔北—塔中地区一间房组内部及上部地层不整合

塔北地区和塔中Ⅲ区中奥陶统一间房组上部沉积时,发生中加里东Ⅰ幕构造运动,一间房组小幅隆起抬升,形成海岛沙洲型地层,暴露并发生沉积间断，形成了平行不整合面。俞仁连（2005）、翟晓先（2006）等人，通过显微薄片、锶同位素和微量元素组成，证实了塔河油田一间房组顶部存在暴露。据赵宗举（2009，2015）等人的研究成果，塔北地区中奥陶统一间房组顶部缺失牙形石 *Pygodus serrus* 带，包含 *Eoplacognathus foliaceus* 亚带和 *Eoplacognathus protoramosus* 亚带。在塔北中奥陶统一间房组内部地层，也有局部范围的暴露，但分布局限，可对比性弱，不易识别。

一间房组顶部的地层不整合在塔北井下发现，主要分布在塔北地区和塔中Ⅲ区。

4）塔中—塔北地区良里塔格组内部及上部地层不整合

塔中—塔北地区上奥陶统良里塔格组沉积末期，桑塔木组沉积前，发生中加里东Ⅱ幕构造运动，良里塔格组抬升，形成海岛沙洲型地层，暴露并发生沉积间断。上奥陶统良里塔格组顶部不整合面在地震剖面上，显示为明显的连续、强反射特征，可对比性好，易识别。在岩性上有明显的突变，不整合界面之下为碳酸盐岩台地沉积，不整合面之上为泥岩夹陆源碎屑和少量石灰岩的陆棚—盆地沉积。在测井曲线特征上，不整合面上下，几乎所有测井曲线都发生突变或偏移。不同地区的良里塔格组顶界不同，缺失的牙形石带不同，缺失的地层时间也不同，在巴楚露头剖面（赵宗举等，2009，2015），良里塔格组上覆奥陶系剥蚀殆尽，缺失牙形石 *Yaoxianognathus neimengguensis* 带至 *Aphelognathus pyramidalis* 带共3个牙形石带，缺失地层时间大约为8Ma。在塔中地区良里塔格组内部，发现存在局部的暴露，但分布局限，且不易识别。

良里塔格组上部的地层不整合，除在塔北和塔中井下发现之外，还在巴楚露头区可见。良里塔格组顶部地层不整合主要分布在塔中、塔北地区。

5）塔里木盆地晚奥陶世地层不整合

在塔里木盆地奥陶系沉积末期至志留系沉积前，发生中加里东Ⅲ幕构造运动，奥陶系整体抬升遭受剥蚀。在不同地区，构造抬升幅度不同，剥蚀强度不同。在满加尔、却尔却克—塔东盆地和塔北南部地区，构造抬升幅度较低，剥蚀程度较低，桑塔木组和上覆铁热克阿瓦提组，或却尔却克—塔东盆地的却尔却克组保存较好；在巴楚—塔中和塔北北部地区，构造抬升幅度增大，剥蚀程度增加，铁热克阿瓦提组和桑塔木组顶部地层缺失，缺失牙形石 *Aphelognathus pyramidalis* 带，缺失地层时间大约为4Ma。在塔北轮南古潜山地区和塔中中央断垒带，构造抬升幅度达到最大，剥蚀程度最强，上奥陶统完全被剥蚀，中—下奥陶统也被暴露遭受剥蚀。

晚奥陶世中加里东Ⅲ幕构造运动造成的地层不整合，在塔里木盆地大范围分布，此为全盆地范围的地层不整合。

二、层间岩溶储层规模分布

（一）塔里木盆地碳酸盐岩岩溶分类与分布

碳酸盐岩储层作为重要的油气储层类型，其形成、演化与后期构造抬升、断裂叠加改造岩溶等密切相关。塔里木盆地巨厚的碳酸盐岩内幕存在多期不整合，阶段性暴露溶蚀，叠加后期岩溶改造，形成了沿不整合面、顺断层大规模发育的岩溶储层。按照岩溶成因及分布特征将塔里木盆地碳酸盐岩古岩溶划分为三大类型（王招明等，2015）：风化壳岩溶（潜山岩溶、层间岩溶）、礁滩体岩溶（同生期、准同生期、成岩早期岩溶）、埋藏岩溶（热液溶蚀、地下水及有机酸溶蚀、顺层岩溶）（表3-7）。

表3-7 塔里木盆地奥陶系碳酸盐岩岩溶分类

类	亚类	分布地区	分布层位
风化岩溶	潜山岩溶	轮南、塔中、英买力、和田河周缘	良里塔格组、鹰山组、蓬莱坝组顶部
	层间岩溶	塔北南部、塔中北部斜坡区	良里塔格组、一间房组、鹰山组、蓬莱坝组顶部
礁滩体岩溶	同生期（准同生期）或成岩早期	塔中Ⅰ号坡折带、塔北南缘	良里塔格组
埋藏岩溶	热液岩溶	塔中、英买力西部等火成岩发育区	鹰山组、蓬莱坝组
	地下水、有机酸岩溶	塔中、塔北、和田河深大断裂区	奥陶系各组

1. 潜山岩溶

潜山岩溶是构造抬升造成地层长期缺失所形成的风化岩溶，石炭系、志留系或更新的地层覆盖在奥陶系石灰岩之上，潜山岩溶与上覆不同时代的地层呈现非常清楚的高角度不整合接触关系，风化面凹凸不平，溶蚀极不均匀，岩溶垂向分带清楚，储层具大洞、大缝特征，但洞穴充填较严重，储层可沿潜山面之下大面积分布，潜山岩溶在塔北北部（轮南等地区）、塔中、英买力等地区都比较发育。

2. 层间岩溶

层间岩溶是构造抬升造成地层短期缺失所形成的一种风化岩溶，地层缺失少，表现为奥陶系内部各层组之间的抬升间断与暴露淋溶，上下地层之间呈平行或低角度不整合接触关系，溶蚀规模相对小、溶蚀不均匀，岩溶垂向分带不明显，储集空间以大洞、缝洞为主，储层沿不整合面之下大面积分布。层间岩溶在塔北南部、塔中北部斜坡等地区的蓬莱坝组、鹰山组、一间房组顶部大面积分布。

3. 礁滩体岩溶

礁滩体岩溶指发生于同生（准同生）期或成岩早期，台缘粒屑滩、骨架礁等浅水沉积体因海平面相对下降而出露海面，受大气淡水渗入淋滤所形成的溶蚀现象。主要特点是短暂暴露，溶蚀对象具有组构选择性，优先针对欠稳定的文石、高镁方解石进行选择性溶蚀，溶蚀形成较均匀的孔洞或小缝洞，横向上多呈透镜状特征，这类储层呈现明显的沉积相控特征，但受后期构造抬升短期风化岩溶的叠加，局部也可发育大型缝洞体，礁滩体岩溶在塔中Ⅰ号坡折带沿台缘成群成带规模分布。

4. 埋藏岩溶

埋藏岩溶指碳酸盐岩深埋地下后，上覆地层压实排出的酸性压释水及地下其他流体（如热液、地下水、有机酸等）所产生的溶蚀作用。常见的溶蚀类型有热液溶蚀、有机酸溶蚀等，另外在古隆起围斜部位，空间上与潜山岩溶相伴生的顺层溶蚀作用也可归属于埋藏岩溶范畴。热液溶蚀形成的缝洞中常常充填萤石及重晶石等热液矿物。在塔中、塔北西部等火成岩发育区，局部的鹰山组、蓬莱坝组热液溶蚀也较发育，溶蚀孔隙中常见石膏及硫化物等充填物。埋藏岩溶作用常沿断裂、大裂缝等溶蚀通道发育，溶蚀作用时间长，分布规律性不强，它是对潜山岩溶、层间岩溶、礁滩体岩溶的一种叠加改造作用。

（二）层间岩溶储层特征

1. 岩性特征

塔里木盆地奥陶系一间房组—鹰山组层间岩溶储层的岩石类型，主要为亮晶砂屑灰岩、亮晶砂砾屑灰岩、亮晶生物碎屑灰岩、泥晶颗粒灰岩和泥晶灰岩。据取心资料统计，亮晶颗粒灰岩占66.67%、泥晶颗粒灰岩占12.67%、颗粒泥晶灰岩占9.33%、泥晶灰岩占11.33%，主要是开阔台地相的台内滩沉积岩类。

2. 物性特征

层间岩溶储层的基质岩心都较为致密，通过对569个岩心样品实测的孔隙度、渗透率数据分析表明，孔隙度主峰位于0.5%~1.8%之间，平均值为1.22%；渗透率主峰位于0.1~1.0mD之间，平均值为0.77mD，基质孔隙度普遍较低，储层以大缝大洞为主，这也是超深缝洞型碳酸盐岩储层的普遍特征。

3. 储集空间特征

碳酸盐岩层间岩溶的储集空间主要有孔、洞、缝三大类。包括岩心统计的孔、洞、缝，钻井放空、井漏等大型溶洞，也包括测井资料解释的大型溶洞，这些是油气聚集成藏的有利场所。

洞穴是指洞径大于20mm的溶蚀孔洞，取心可见溶洞内填充物。孔洞是指洞径为2～20mm的小洞和洞径为0.01～2mm的大孔、中孔、小孔、微孔，统称孔洞，与裂缝的发育有密切的联系，一般沿裂缝溶蚀扩大而形成溶洞。裂缝既是储集空间，又是渗流通道，当多组裂缝相互沟通或者裂缝与发育的溶蚀孔、洞储集空间相互沟通，可成为好的有效储层。通过对哈拉哈塘油田20口井312条成像测井裂缝统计，裂缝平均宽度为0.035mm，为微缝—小缝，裂缝孔隙度平均为0.082%，裂缝走向以北东向（30°～90°）为主，裂缝倾角以高角度（45°～75°）为主。

4. 储层类型

根据地震、测井、钻井、录井等解释结果，并结合岩心观察、镜下薄片的鉴定，奥陶系碳酸盐岩储层类型根据储集空间可划分为洞穴型、孔洞型和裂缝型三种。

1）洞穴型储层

洞穴型储层以洞穴为储集空间，常伴有孔洞或裂缝，是哈拉哈塘油田奥陶系碳酸盐岩最主要的储层类型。该类储层的储集空间主要为洞径大于20mm的溶蚀孔洞，在地震剖面中表现为串珠状反射特征，在钻井过程中通常会发生钻具放空、钻井液漏失等现象，漏失量一般大于500m^3，主要分布在一间房组顶面向下45m范围内，热普401井最深在一间房组顶面向下62m处发生放空29m。若未直接钻遇洞穴型储层，则酸压曲线一般表现为停泵压力低（<10MPa）、停泵压降曲线呈水平直线型、酸液返排率低等特征。

洞穴型储层的测井响应特征表现为：在FMI、EMI图像上可看到明显较大面积的暗色或黑色斑块，常规测井曲线中电阻率值较低，深、浅侧向差异大，三孔隙度曲线均有较大变化，储层的孔渗性能较好。

试井解释地层系数通常大于2000mD·m，试采特征一般为投产油压高（>20MPa），高产稳产，油压呈线性关系或指数关系缓慢递减，注水替油效果好，关井压锥效果好。

2）孔洞型储层

孔洞型储层以次生溶蚀孔洞为主要储集空间，常伴有裂缝发育，裂缝兼具渗滤性和储集性，主要起沟通孔洞的作用。该类储层主要分布于上奥陶统良里塔格组台缘礁滩体和洞穴附近，具有较好的储集能力，为研究区重要的储层类型，含油气性较好。

该储层类型电性特征上表现为低阻、低伽马，声波、中子、密度具跳变特征，成像测井上可明显看出裂缝沟通孔洞，或孔洞沿裂缝发育的特征。

钻遇孔洞型储层，无放空现象发生，若酸压沟通储层，酸压曲线常表现为停泵压力较高，停泵压降曲线呈快速下降或缓慢下降型，残酸返排率10%~50%；试井解释地层系数通常小于2000mD·m；试采特征一般为投产油压低（<20MPa），油压递减快，产量低，注水替油效果差，关井压锥无效；漏失量小，一般小于200m³。

3）裂缝型储层

裂缝型储层的主要储集空间为裂缝和少量沿层分布的溶孔。哈拉哈塘油田奥陶系碳酸盐岩储层裂缝普遍发育，裂缝既是储集空间，又是渗滤通道，当多组裂缝相互沟通，或者裂缝与发育的溶蚀孔、洞储集空间相互沟通，可形成有效储层。取心井和成像测井中，多处见延伸较长的、连续和不连续的高角度缝半充填或充填方解石，这些裂缝是碳酸盐岩的主要储渗空间。

裂缝的测井响应特征：EMI或FMI图像上为黑色正弦曲线，一般为构造缝，多被泥质或者高导物质充填；伽马值一般较低；深、浅双侧向具有明显差异，微侧向或微球形聚焦测井在裂缝段较双侧向有较多的起伏，且在双侧向电阻率背景上来回变化；井径微扩，中子、密度、声波曲线变化不大，接近骨架背景值。

（三）层间岩溶储层控制因素

层间岩溶储层的发育受控于相对短期暴露的不整合面，受控于断裂、裂缝薄弱带，它以缝洞集合体、缝洞带的形式存在。不同的缝洞集合体集中分布于不整合面（一间房组或鹰山组一段、二段等）之下一定的范围内，剖面上呈准层状特征，平面上缝洞体沿断裂带富集，大面积非均匀分布。储层发育最直接的特征便是钻井过程中发生放空漏失。哈拉哈塘地区钻遇放空漏失的井达到了170口，占完钻井数的63.7%，放空漏失的位置集中发育在不整合面之下40m范围内，占放空漏失井的60%以上。

Loucks曾提出当古溶洞埋深超过1700m以后，洞穴型孔隙下降到总孔隙度的20%以下，而洞穴坍塌所形成的角砾间孔隙则达到最大。也就是说，当埋藏深度大于1700m以后，多数溶洞在上覆地层压力下发生坍塌，混杂堆积的坍塌角砾岩间所形成的孔隙是埋深超过1700m以后的主要孔隙来源。然而，塔里木盆地岩溶洞穴形成具有特殊性，在超过7000m的深度，仍然存在大量岩溶洞穴，塔里木盆地岩溶洞穴主要是构造抬升大气淡水溶蚀成因，洞穴围岩为致密坚硬"钢结构"的碳酸盐岩，使洞穴得以在超深处保存。

（四）典型实例

1. 塔中鹰山组层间岩溶储层发育模式与规模分布

塔中地区鹰山组层间岩溶储层的发育受古地貌及晚加里东期断裂作用等多种因素的控制，集中发育在不整合面之下200m范围内，发育有规模不同、形态各异的岩溶缝洞系统和内部充填物。吐木休克组沉积末期的构造抬升，造成一间房组、吐木休克组的大面积缺失，同时鹰山组也遭受部分剥蚀，形成了鹰山组的层间岩溶储层；到了良里塔格组沉积时期，礁滩体多期暴露，形成多套孔隙层叠置，大气淡水作用有可能对鹰山组储层产生影响；后来又经过晚加里东期—喜马拉雅期的多期构造破裂和埋藏溶蚀作用，进一步对储层进行了改造，最终形成了鹰山组优质的层间岩溶型储层（图3-51）。

塔中地区鹰山组层间岩溶最有利发育区主要发育在岩溶斜坡发育区及岩溶次高地的溶峰、溶丘及断裂的叠合发育区，主要分布在中古44井区、中古8-21井区和塔中10号构造带的部分地区；有利区主要分布在岩溶次高地发育区及岩溶下斜坡区，包括塔中Ⅲ区内带、中古44井区、中古8-21井区和塔中10号构造带，分布面积比最有利区大；次有利区主要分布在岩溶下斜坡及岩溶上斜坡的溶丘洼地中，分布面积广泛；不利发育区主要在岩溶洼地中，这些区域虽然位于台缘外带，尽管沉积相带有利，但由于在岩溶古地貌上位于岩溶洼地，不利于岩溶的发育，故成了层间岩溶的不利发育区（图3-52）。

2. 塔北一间房组模式与规模分布

哈拉哈塘油田奥陶系碳酸盐岩储层发育，主要受岩性岩相、层间岩溶、构造断裂作用的叠合影响（孙崇浩，2016）。岩性岩相是岩溶储层发育的物质基础：一间房组沉积时期塔北地区整体以大套厚层滩体沉积为主，中—高能滩体发育区是后期溶蚀的物质基础。层间岩溶控制储层区域分布：吐木休克组沉积前，一间房组经历了层间岩溶作用，层间岩溶主要受碳酸盐岩大台地控制，顺粒间孔和层理面选择性溶蚀，层间岩溶储集体呈准层状展布，大面积规模分布；良里塔格组沉积末期、桑塔木组沉积末期，岩溶作用进一步叠加改造储层。中—晚加里东期断裂、缝网体系控制储层发育程度：哈拉哈塘油田加里东中期及其以前形成的多组断裂和裂缝系统，为加里东中期岩溶作用提供了渗滤通道，溶蚀总是沿断裂及其缝网形成的薄弱带和溶蚀优势带进行。层间岩溶储层在暴露地表或埋藏过程中，沿裂缝面发育的溶蚀孔洞和沿断裂带发育的大型洞穴，为本区提供了最为有效的储集空间（图3-53）。

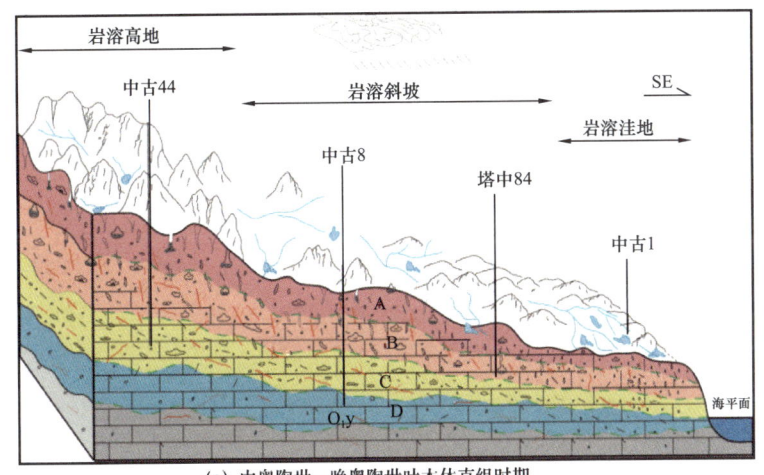
(a) 中奥陶世—晚奥陶世吐木休克组时期

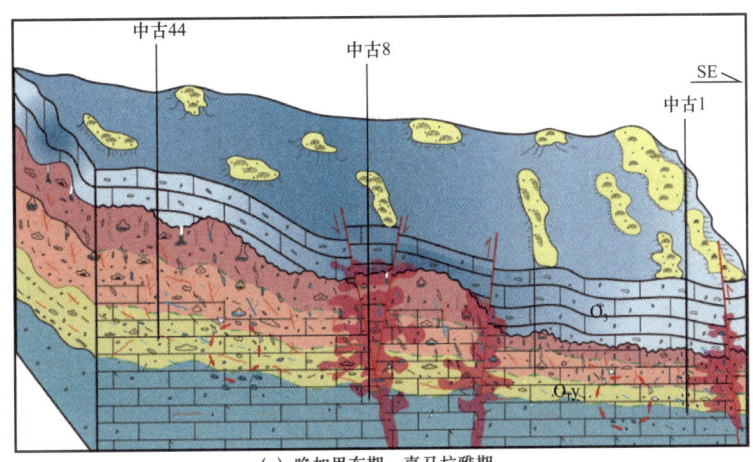
(b) 良里塔格组良五段—良四段沉积时期

(c) 晚加里东期—喜马拉雅期

A—表层岩溶带；B—垂向渗滤溶蚀岩溶带；C—径流溶蚀带；D—潜流溶蚀带；

图 3-51 塔中地区鹰山组层间储层形成动态演化示意图

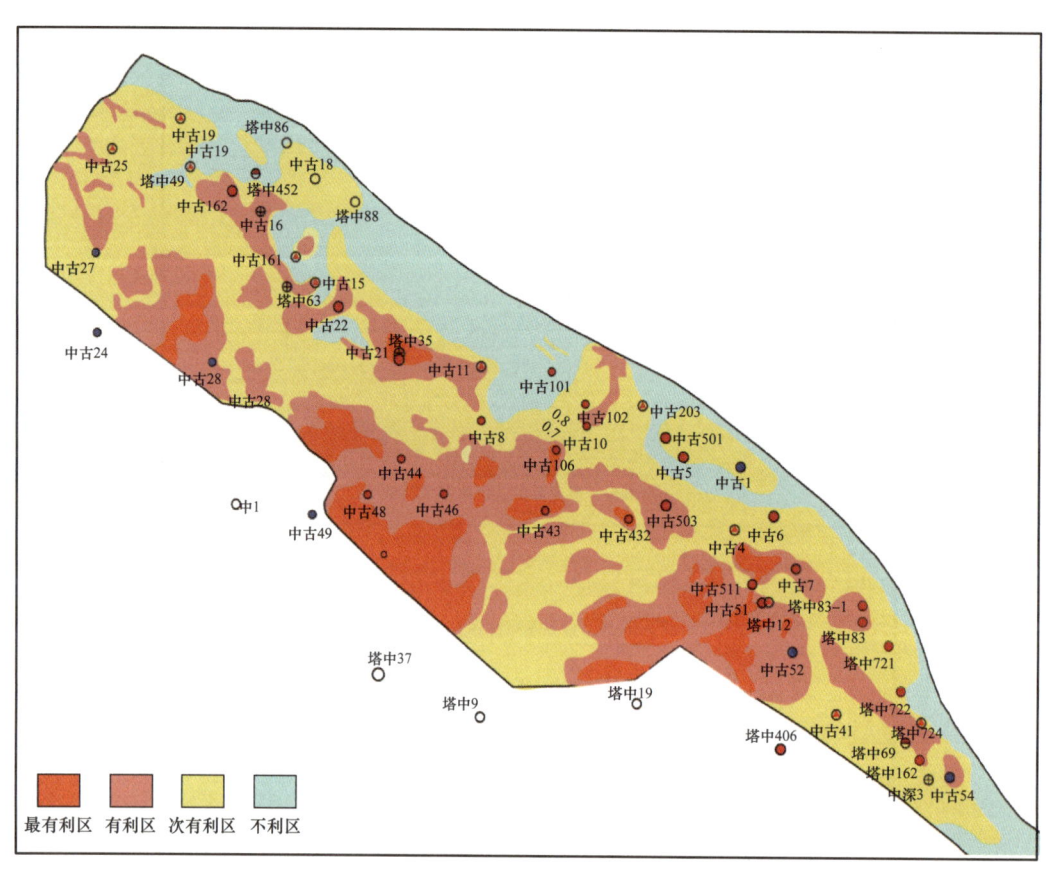

图 3-52 塔中地区中下奥陶统鹰山组层间岩溶储层平面分布预测

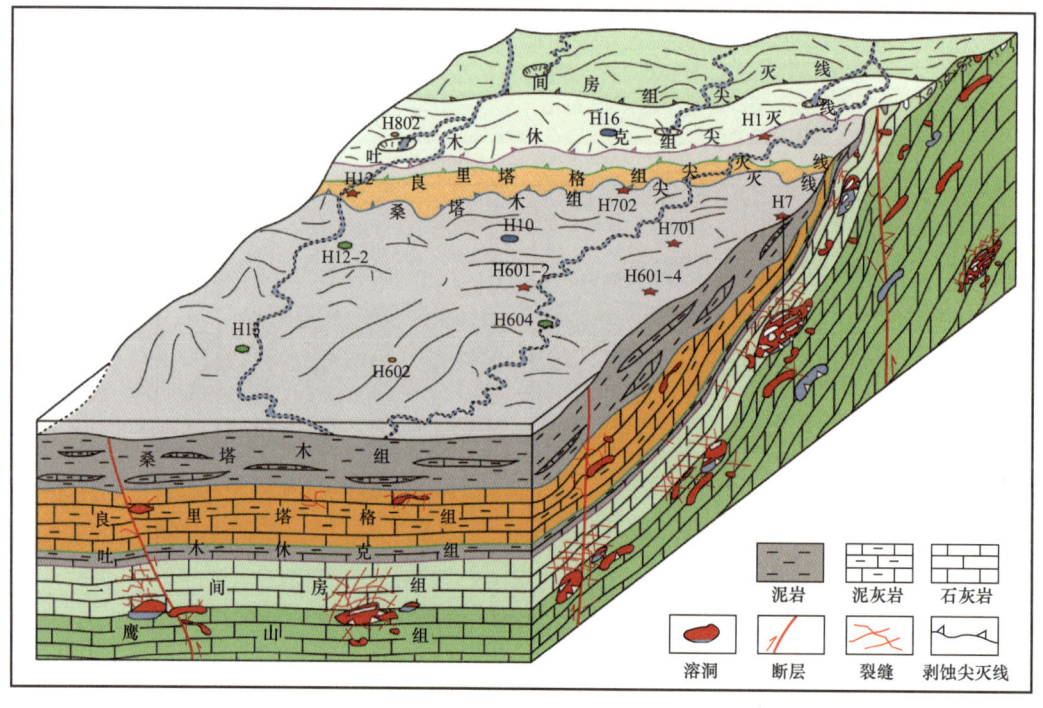

图 3-53 哈拉哈塘油田奥陶系岩溶储层叠加改造发育模式

哈拉哈塘地区一间房组层间岩溶主要受控于断裂作用。通过多种地震储层预测技术的综合分析研究，并结合测井、钻井、地质等资料，一间房组储层主要受北西向及北东向走滑断裂控制且沿断裂分布，储层类型为洞穴型和裂缝孔洞型，其中洞穴型储层纵向发育，裂缝孔洞型储层一般位于洞穴型储层顶部，在哈拉哈塘地区北部的断层和河道发育区，该类储层较发育，呈层状展布；平面上岩溶储层主要受大型走滑断裂控制，呈条带状或局部片状分布，北部储层发育程度较高。

在沉积相带控制的基础上，塔里木盆地古老海相碳酸盐岩古岩溶储层总体表现出受多种岩溶作用叠加改造的特征，奥陶系蓬莱坝组、鹰山组、一间房组、良里塔格组等多套层系发育潜山岩溶、层间岩溶、礁滩体岩溶等岩溶类型，岩溶储层在平面上叠置连片分布（图3-54）。其中礁滩体岩溶主要分布于坡折带、台缘带，有利勘探面积530km^2；层间岩溶主要沿内幕不整合面分布，由塔北南坡北部的潜山岩溶储层向南到满西低梁、古城鼻隆，变成了一间房组和鹰山组一段、二段的层间岩溶储层，到塔中又变成了良里塔格组礁滩体储层和鹰山组层间岩溶储层多层系叠置，有利勘探面积$3.5 \times 10^4 km^2$；潜山岩溶主要分布于隆起高部位，有利勘探面积$1.74 \times 10^4 km^2$，目前已初步形成塔中—塔北纵向上多层系含油、平面上叠置连片含油的格局。

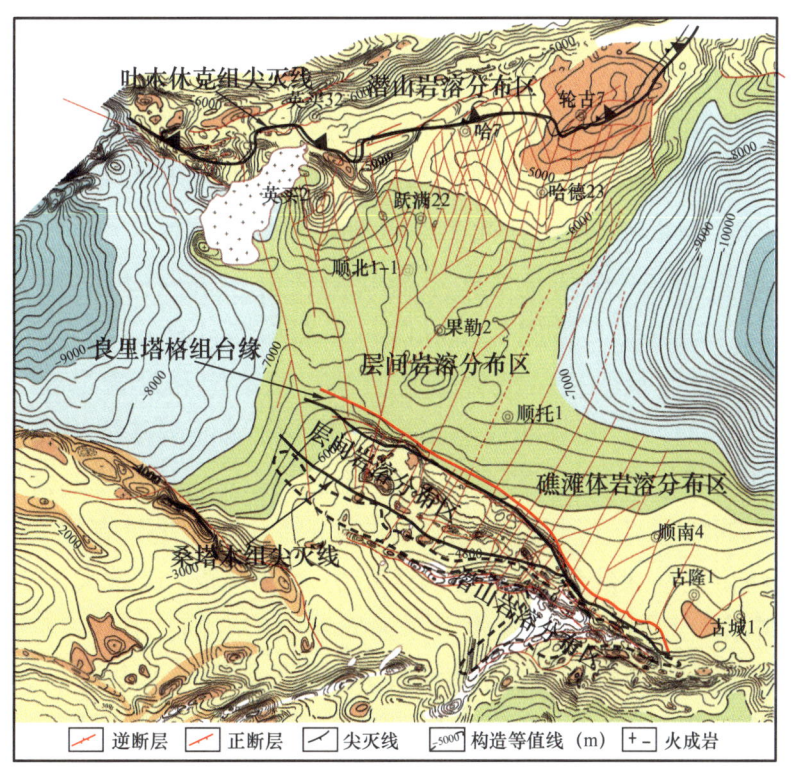

图3-54 塔北—塔中古生界碳酸盐岩岩溶类型分布

三、走滑断裂控储控藏

（一）中—下寒武统是塔中—塔北台隆的主力烃源岩

塔里木克拉通发育多套烃源岩，对于主力烃源层一直存在争议。随着2012年中深1井在中寒武统的突破，确定中—下寒武统是塔西台地的主力烃源层。

1. 中深1井发现寒武系端元油气

关于塔里木盆地克拉通海相油气主力烃源岩的争论由来已久。在1989年"塔里木勘探技术座谈会"上，与会专家普遍认为，塔里木盆地的主力油源岩为寒武系—奥陶系，但随后又陷入了主力油源岩是中—上奥陶统还是寒武系—下奥陶统的争论。究其主要原因，一是克拉通发育从下寒武统玉尔吐斯组到上奥陶统良里塔格组—印干组等多套海相烃源岩（张水昌等，2012）；二是寒武系烃源岩目前已处于高成熟—过成熟阶段，正演模拟取样困难；三是一直没有取得有代表性的寒武系端元油气，塔东2井虽在寒武系取得55L的稠油，但它是经过热蚀变的稠油，已不能很好地代表寒武系端元油的特征。

2012年，部署在塔中隆起上的中深1井，在中寒武统阿瓦塔格组盐间获得突破，6426~6497m测试，累计产油10.99m³、天然气6616m³。分析认为，产层位于中寒武统膏盐岩层下部，上覆盖层为中寒武统含膏盐层，区域上分布稳定，厚度为250m左右，是良好的区域性盖层；同时，上覆的上寒武统和下奥陶统厚度在1500~2400m之间，中—上奥陶统烃源岩生成的油气无法"倒灌"入中—下寒武统储层中，因此，所产油气只能来源于下部地层，即中深1油气藏为寒武系原生油气藏，所产原油为寒武系的端元油（王招明等，2014）。

2. 塔中—塔北海相原油与中深1井地球化学特征一致

中深1井在中寒武统阿瓦塔格组盐间白云岩6426~6497m井段所产的轻质油，密度0.7870g/cm³，黏度1.213mPa·s，含蜡量4.5%，沥青质0.49%，胶质1.04%，属低凝、低黏度、低含蜡轻质油；原油饱和烃含量83.03%，饱和烃/芳香烃值15.23，反映原油成熟较高；原油全油色谱基线平直，正构烷烃呈单斜分布，主峰碳数nC_8，轻组分保留完整，显示油藏上覆的膏岩盖层具有良好封闭性，油藏没有遭到破坏，油藏保存条件良好，是具有代表性的寒武系端元油。三环萜烷呈双峰分布，C_{24}四环萜烷含量中等；碳数大于26的长链三环萜烷含量丰富，反映烃源岩母质主要为低等水生生物；五环三萜烷以藿烷为主，莫烷相对含量较低；Ts与Tm呈均势分布，C_{29}Ts、C_{30}重排藿烷含量非常低；伽马蜡烷含量较低；C_{31}—C_{35}升藿烷系列丰度相对较低；孕甾烷系列丰度较高，C_{27}重排甾烷丰度相对较高，C_{28}丰度较低，呈明显的"V"字形分布。甲基菲比值 F1 和 F2 分别为 0.71 和 0.38，均落在高成熟油区，说明原油成熟度很高。

目前在塔北—塔中发现的海相原油，绝大多数具有低甲藻甾烷、低 4-甲基甾烷、低 C_{26}，24-降胆甾烷、低 C_{26}，24-降重排胆甾烷、低伽马蜡烷、低 C_{28} 规则甾烷和高重排甾烷等"六低一高"的特点（张水昌等，2004），生标特征与中深 1 井原油一致，因此，它们应该具有相同的来源。

3. 中—下寒武统是形成塔中—塔北台隆海相大油气田的主力烃源岩

塔里木盆地发育从下寒武统玉尔吐斯组到上奥陶统良里塔格组—印干组多套海相烃源岩。总体看，中—下寒武统烃源岩分布广、厚度大，在盆地东部和中西部均发育；上寒武统—下奥陶统烃源岩也有一定的厚度，但主要分布在盆地东部；中—上奥陶统烃源岩分布局限且厚度薄。

从烃源岩发育的面积和厚度分析，中—上奥陶统烃源岩应不具备支撑塔北—塔中已发现几十亿吨油气规模的物质基础；上寒武统—下奥陶统烃源岩主要分布在塔东地区，在中西部分布范围有限，其生成的油气对塔北—塔中台隆应该没有太大的贡献，可能往东在轮古东—古城地区贡献会增大。因此，塔北—塔中台隆海相大油气田的主力烃源岩应该为中—下寒武统，这得到了生烃模拟结果的支持。各套烃源岩生烃量模拟结果显示，寒武系—奥陶系各套烃源岩中，以下寒武统烃源岩生烃量最大，其次为中寒武统和中—下奥陶统黑土凹组（鹰山组）。其中，中—下寒武统生烃量占到了整个寒武系—奥陶系生烃量的 53.3%。黑土凹组（鹰山组）烃源岩生烃量虽然也较大，但其分布局限在塔东地区，根据碳酸盐岩"立体网状运移"的特点，它对塔北—塔中台隆大油气田的贡献应该不大。因此，塔北—塔中台隆海相大油气田的主力烃源岩应该为盆地中西部的中—下寒武统烃源岩。

（二）走滑断裂发育特征

与世界典型克拉通相比，塔里木盆地克拉通具有总体规模小，受影响的构造期次多，沉积响应差异大的特点。由于克拉通面积小，周缘每期次构造活动都使得克拉通内部具有一定的响应，这与全球大克拉通内部受构造运动影响小、长期保持稳定的特点存在很大差别。其次，受到的构造运动期次多，多期构造作用叠加导致了早期构造变形重新活化或者复杂化的情况普遍存在。又由于克拉通内部和边缘构造沉积响应差异大，因此不同地区的沉积地层在岩性、物性上都存在较大差别，导致克拉通内不同地区的相同构造层在性能上存在一定的差别，从而导致塔里木克拉通构造变形复杂多变。

综合分析表明，塔里木盆地克拉通断裂发育，以挤压断裂为主，同时走滑断裂发育。塔里木盆地超深勘探实践表明，走滑断裂是克拉通超深层碳酸盐岩最重要的断裂构造样式，它对沟通油气源、改造碳酸盐岩储层、控制油气成藏都起到了非常重要的作用。

利用三维地震资料解释，结合地表构造建模，对塔里木盆地克拉通内部不同地区的走滑断裂构造样式进行了分析。以塔北地区为例，地震剖面上，走滑断裂呈现正花状、负花状、半花状、直立型和"花上花"5种样式（图3-55），具有从直立向花状发展的趋势；而塔中地区则以直立型、正花状和"花上花"构造样式为主。

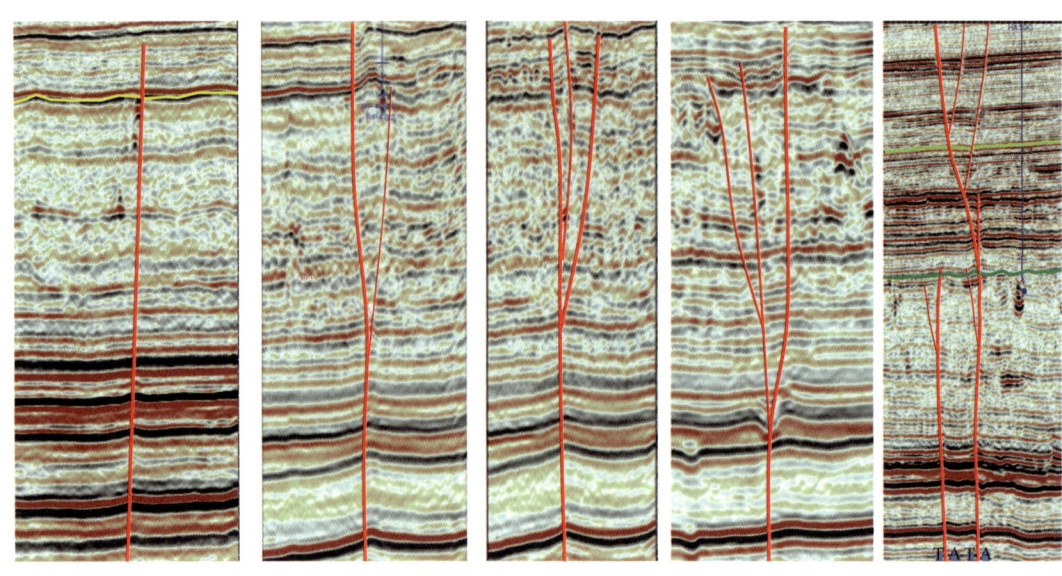

图3-55 塔北隆起哈拉哈塘地区走滑断裂构造样式剖面

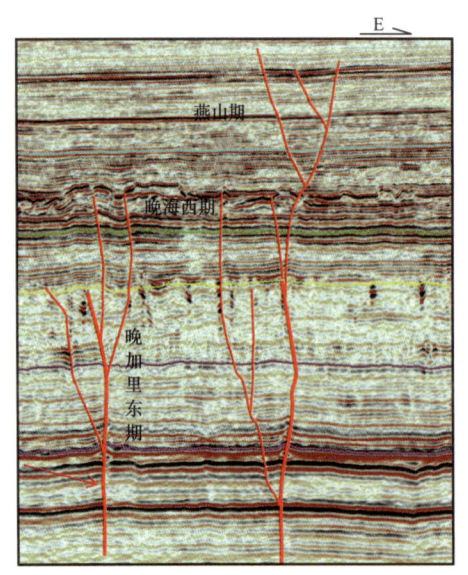

图3-56 塔北哈拉哈塘地区三期走滑断裂解释

平面上，塔北和塔中地区的走滑断裂构造样式也存在较大差异。塔北地区主要发育"X"形走滑断裂，而塔中地区以北东向走滑断裂为主。单条走滑断裂在平面上具有一定的分带性。在塔北地区，一般将走滑断裂划分为线性走滑带、花状构造带、辫状堑垒带和羽状带，而在塔中地区则分为线性走滑带、斜列走滑带、羽状破碎带和马尾状走滑带。

根据走滑断裂的错开层位、相互切割关系以及区域构造应力场背景分析等，塔里木盆地台盆区的走滑断裂主要有三期（图3-56），即加里东期、晚海西期和燕山期。加里东期，克拉通南缘由于发育周缘前陆盆地，受到南北向挤压力影响，塔中地区由于中寒武统发育较厚的膏盐岩，首先发育自南向北的逆冲断裂，然后由于不同地区之间的逆冲推覆速率存在差异，发育一系列北东向调节走滑断裂。塔北地区由于滑脱层不发育，逆冲断裂不发育，但发育透入性的 X 形走滑断裂。晚海西期，断裂活动迁移到克拉通北部地区，塔北古隆起遭受斜向强烈冲断作用，压扭性构造活动强烈，形成北东东向左行压扭断裂。燕山期，走滑断裂主要发育在塔北隆起，沿北东向主走滑带在中生界发育张扭小断陷与雁列构造，拉张作用强烈，以右旋伸展走滑为主。该期断裂活动以上部中生代的块断作用为主，断裂向上撒开，下部收敛合并至古生界断裂，对早期断裂改造作用微弱。

总之，塔里木盆地克拉通走滑断裂与典型大克拉通走滑断裂相比具有较大的差异性。与北美克拉通周缘发育的圣安德烈斯断裂以及国内的郯庐断裂相比，也具有断裂规模小、横向位移不大、主断裂连续性不强的特征。这可能与塔里木克拉通规模较小，基底变质岩和超深层碳酸盐岩地层强度较大，构造变形不容易向克拉通内部传播有关。同时，在剖面上，塔里木克拉通走滑断裂以花状构造为主，特别是塔中地区，"花上花"的构造样式非常发育，这应该与塔里木克拉通构造沉积响应差异大、构造层性能差别明显有关。在塔中地区，中寒武统发育一套塑性较大的膏盐岩，盐下地层是强度较大的白云岩，盐上层则是石灰岩，同时上奥陶统—志留系发育海相碎屑岩，强度较弱。因此走滑断裂发育过程中在不同构造层形成了不同的构造样式，强度小的构造层以发育直立型构造为主，强度大的构造层以发育花状构造为主，形成了纵向上多种构造样式叠加的现象。塔北地区则由于构造层性能差异不大，走滑断裂构造样式比较单一，同一期走滑运动，导致不同构造样式纵向上叠加的现象不明显。同时由于构造层差异和构造运动迁移，早期来自克拉通南部的挤压作用经常在塔中地区通过滑脱冲断进行吸收，使得塔中地区只发育单一方向的调节走滑断裂，而塔北地区由于滑脱层不发育，因此在挤压作用下形成全区发育透入性的 X 形走滑断裂。同时，由于海西期和燕山期的构造运动主要发生在克拉通北部，因此这两个时期的走滑断裂主要发育在塔北隆起。

（三）走滑断裂控制岩溶储层发育

断裂控制岩溶储层发育，主要体现在三方面：一是断裂活动控制或改变古地貌，从而控制岩溶地貌的特征。在隆起背景上，由于断裂发育，造成地形起伏变化与分区分带，形成局部峰丛地貌，有利于岩溶作用沿断裂带发育。二是断裂控制古水系的分布，沿地形坡度方向发育的断裂带有利于流体的输导，可能控制水文走向；斜交区段有利于水流的注入与溶蚀，形成有利岩溶储层发育区段。不同级别断裂形成的网络系统是地下暗河发育的有利先决条件，通常对地表与地下水系有明显的控制作用，从而影响缝洞系统的分布。三是断裂带是应力释放区，有利于裂缝带的发育，是大气淡水溶蚀的有利部位。由于下古生界碳酸盐岩基质渗透率低，岩石内部溶蚀作用不发育，流体多沿裂缝带溶蚀，并向岩层内部扩展，影响流体输导与溶蚀作用进行的方向。

断裂带及其伴生裂缝带既是流体输导的有利通道，也是有机酸性水溶蚀发生的有利部位，在早期孔隙层与裂隙的基础上，埋藏期溶蚀作用多具结构选择性，沿断裂带附近的缝洞体、孔洞层、裂缝带是发生溶蚀作用的集中部位，可以有效改善早期的储集空间。埋藏溶蚀作用不但期次多，而且分布较普遍，规模也较大，所形成的各种串珠状溶蚀孔洞、扩溶缝，是油气有效的储集空间。埋藏溶蚀作用控制了储层的发育，并使储层的非均质性增强。虽然绝大多数埋藏期的流体作用发生在密闭的非开放空间，不能形成整体的增孔作用，甚至以破坏性为主，但在断裂带或储层发育带，这里多是流体溶蚀作用的主体部位，容易形成增孔作用，而在孔隙较低、流体动能弱化区则以沉淀减孔为主，形成局部储层区的发育以及储层非均质性。在塔中Ⅰ号带断裂发育的东段塔中82-塔中24井区、西段的塔中45井区，缝洞体储层发育，而且多见埋藏期的方解石充填，而中段缝洞体储层不发育，表明断裂带也是埋藏期大型缝洞体发育的主要部位。

钻遇奥陶系碳酸盐岩大型岩溶缝洞系统的井多位于断裂附近。哈拉哈塘典型断裂带统计分析发现，溶洞发育在距断裂1600m的范围内，一般在600m范围内，而且距断裂越远，溶洞发育越少，溶洞的规模也快速减小，表明溶洞与断裂之间具有良好的相关性，沿断裂碎裂带岩溶洞穴最发育。储层发育与断裂的规模、性质、走向相关，断裂规模越大，溶洞越发育。平面上，系列缝洞体储层可沿平行断裂带分布，或是与断裂低角度斜列（图3-57）。

沿断裂带，储层富集有三种方式（图3-58）：

（1）线性分布。在内幕区，线状单一主断裂发育，断裂活动的强度相对较小，缝洞体储层主要沿断层破碎带发育。由于破碎带规模也不大，一般距断层核部较近，在此基础上缝洞体紧邻断裂的破碎带发育，形成一系列近断裂的线状展布储层发育区。由于断裂两侧的构造活动差异，一般以一侧破碎带发育为特征，缝洞体储层也集中在一侧。在热普2、哈15等线状构造带上（图3-58a），储层通常以这种形式分布。

（2）片状分布。在次级断裂发育区，主断裂与一系列次级断裂形成宽度较

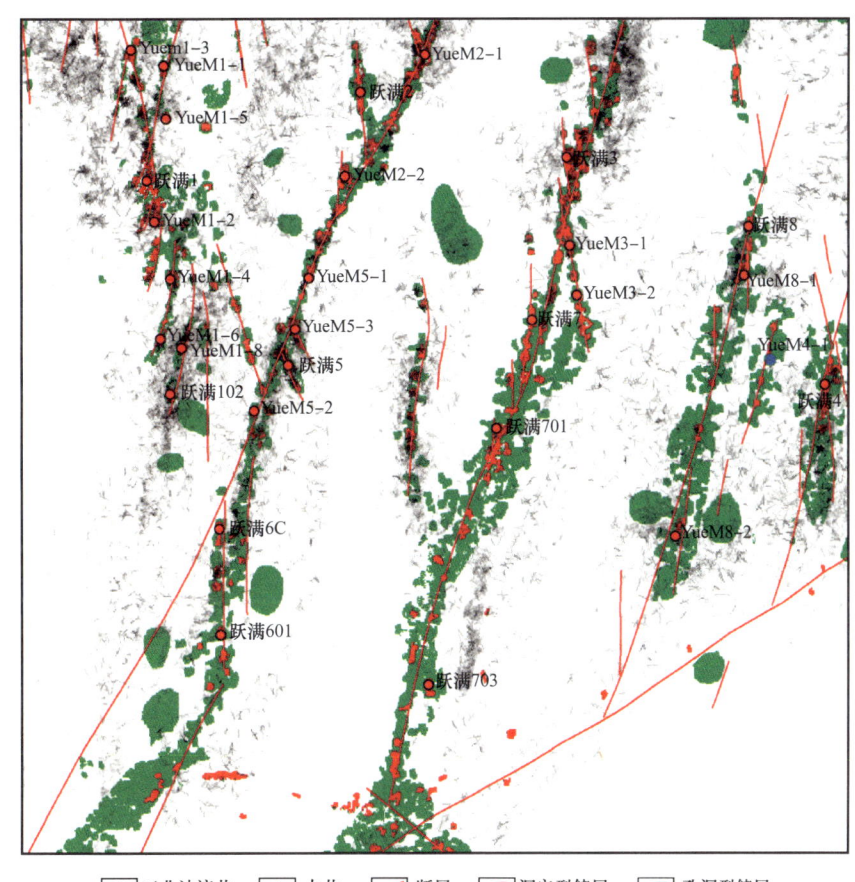

图 3-57 哈拉哈塘油田跃满地区缝洞储层平面图

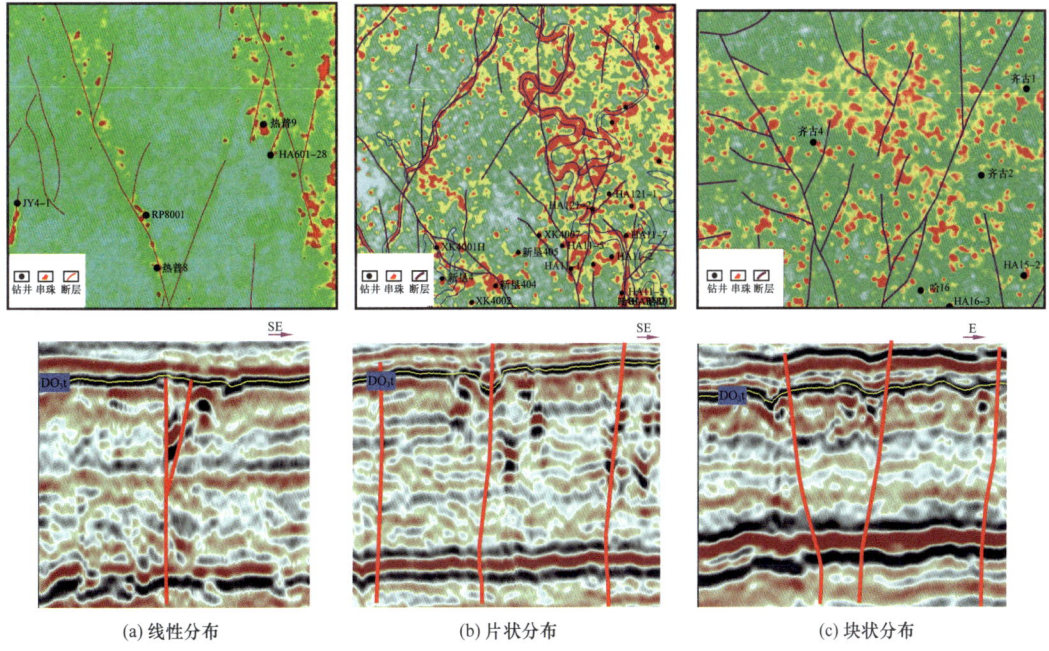

图 3-58 沿断裂带储层富集的三种方式

大的条带状破碎带，其中不均匀发育大型的缝洞体储层，或是断裂与河道的组合，形成储层发育宽度变化较大、但比较分散的缝洞体储层（图3-58b）。在哈121等井区多见这类储层发育，其单个储集体的规模较大，平面上有一定的宽度范围，不完全集中在断裂带。

（3）块状分布。这类储层主要分布在风化壳断裂周缘，在风化壳岩溶的基础上，沿断裂带组成的断裂裂缝网络形成较大范围的有利岩溶储层发育区，储层分布已超出断层破碎带的狭长区域，形成团块状分布（图3-58c）。

（四）走滑断裂控制油气富集规模

1. 主干通源断裂控制油气运移通道

台盆区下古生界发育多套储盖组合，油气要突破盖层，特别是中寒武统蒸发岩层，只能依赖深大断裂。塔中和塔北均发育断至寒武系甚至基底的走滑断裂，走滑断裂体系控制了油气的立体网状运移。

塔北哈拉哈塘地区加里东期大型"X"剪切断裂及伴生裂缝非常发育，溶蚀往往沿断裂及其形成的薄弱带进行，进一步优化了储层。花状构造主断面陡立，向下断穿寒武系至基底，向上多断至奥陶系顶面，少量断至二叠系与中生界；分支断裂高陡，在奥陶系碳酸盐岩顶部向上散开，向下收敛合并于主断裂上，走滑断裂及其缝网体系成为油气的垂向运移通道。研究表明，靠近断裂，油气充注强度大、油柱高度大、单井产能高，是富油气区带。钻探证实87%的高产井分布在主断裂1000m范围内。

塔中地区发育的北西向具走滑性质的逆冲断裂和北东向的走滑断裂，由于受挤压主应力所派生的拉张分应力的影响，走滑断裂沟通寒武系—奥陶系的烃源岩，在各构造运动期对油气水输导起到关键的运移通道作用。走滑断裂与逆冲断裂交会地带往往是油气的注入点。断裂交会的地带通常裂缝和岩溶等更为发育，储层物性通常也更好，是良好的油气运移通道，油气更倾向沿断裂交会处以点状注入方式注入储层。塔中地区的多种地球化学指标均显示，位于塔中83井区西北部的两条北东走向走滑断裂的交会部位，中古10、中古8走滑断裂与Ⅰ号带的交会部位，塔中45井区西北部的走滑断裂与Ⅰ号带的交会部位，为油气的重要注入点。

根据塔中已有探井距主干走滑断裂的距离与试油结果的相关性（图3-59），在距走滑断裂0.2~4.5km范围内，随着探井距离走滑断裂的靠近，日产油气当量具有逐渐增高的趋势；在距离走滑断裂大于4.5km范围内，日产油气当量仍然居高的探井，其油气运聚的主控因素可能为逆冲断裂或者其他因素。

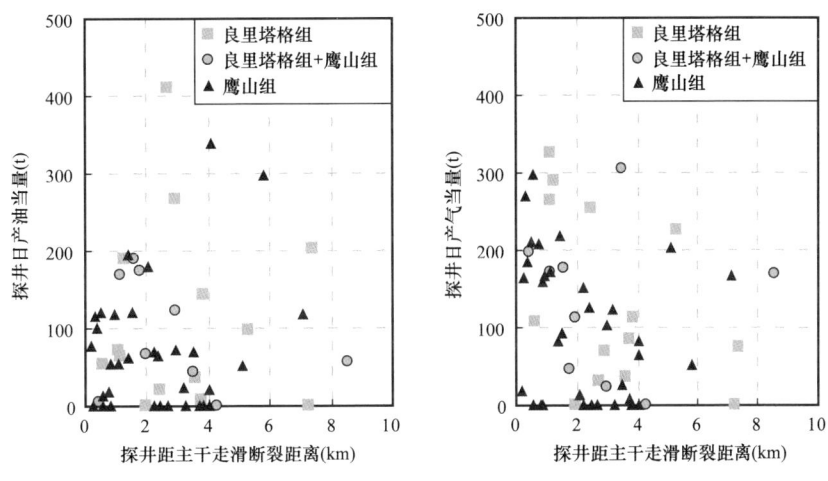

图 3-59 塔中走滑断裂与奥陶系油气产能关系散点图

2. 主干断裂破碎带控制油气富集

统计分析表明,在塔里木盆地碳酸盐岩目前发现的90%以上的油气分布在断裂带上及其附近。断裂控制油气的富集主要体现在三方面:

(1)断裂带是油气运聚的最有利方向。不同类型、不同级别的断裂系统在空间形成复杂的三维输导网络,同时断裂带裂缝发育,是油气运移的优势通道。大多油气藏具有垂向运移的特点,油气藏地球化学已显现明显的垂向运移证据。同时断裂形成的局部构造高部位,是油气侧向运移的指向区。断裂带上,95%以上的探井有油气或沥青显示,而没有任何显示的失利井几乎都远离断裂带,这表明这里的断裂带普遍发生过油气充注。

(2)断裂控制了油气的纵向分布。统计分析表明,油气的产出主要集中在断裂断至的不整合面附近。油气纵向分布与断裂断开层位密切相关,奥陶系顶部断裂最为发育,油气显示与发现也集中在奥陶系碳酸盐岩中。局部断裂向上断至志留系、石炭系、三叠系和白垩系,虽然断裂活动的强度明显减弱,分布也局限,但也可能形成高效的碎屑岩油藏。

(3)断裂带油气富集。断裂带是多种成因碳酸盐岩缝洞体发育的有利部位,地震储层预测的结果是沿断裂带储层最发育,70%以上碳酸盐岩缝洞发育的探井直接与断裂相关。统计分析表明,碳酸盐岩油气流井可能距离油气源断裂达6km,但大多分布在距断裂2km范围内。碳酸盐岩油气主要受缝洞系统控制,而断裂带及其周缘破碎带,是缝洞体储层最发育的地区。

邻近断裂带,不仅缝洞型储层发育,而且裂缝发育,有利于储层之间的连通,易形成高产稳产井。这里由于裂缝发育,裂缝沟通的范围大,连通的储集体多,故有利于油气的稳产。虽然近断裂带也有低产井、不稳产井,但大多数远离断裂带的井难以形成高产稳产。

四、准层状油气藏特征及富集规律

（一）准层状油气藏概念

层状、准（似）层状油气藏是对某一油气藏的空间几何形态的描述，准层状是针对层状提出来的。层状油气藏通常在顶、底有泥岩、石膏等良好封隔层作限制并具有边水砂岩（碎屑岩）油气层的空间几何形态。

准层状油藏概念：指沿不整合面规模分布的岩溶缝洞型储层，平面上整体含油气，局部油气富集，纵向上无统一油水界面，油气具有准层状分布特征。碳酸盐岩准层状油气藏不受局部构造控制，强非均质性的缝洞型储层导致油气藏无统一的气—油—水接触面和压力系统，它既不是典型的底水块状油气藏，也不是典型的边水层状油气藏。

该类油气藏是一种受缝洞体控制的油气藏，宏观上没有统一的油水界面，不同缝洞体的油气沿不整合面之下分布，油气藏空间上呈准层状大面积分布。

缝洞型碳酸盐岩油气藏普遍没有明显的油、气、水界面，油气水分布复杂，油气水产出变化大，油气藏类型特殊：大面积中—低丰度、层控型碳酸盐岩油气藏具有普遍性；油气相态丰富，油气产出变化大；10%～20%的高产井支撑了总产量的70%以上；相对独立的油储单元，复合叠置连片；低渗非均质储层结构特征造成油气水分异不明显。

（二）准层状油气藏模式

通过奥陶系缝洞型碳酸盐岩油气藏特征的研究，建立了准层状油气藏模式，油气藏受古隆起斜坡、不整合面（沉积面）、岩溶潜水面、碳酸盐岩缝洞储层控制，沿缝洞系统、缝洞带富集，在古隆起斜坡或低隆上，含油气缝洞体沿不整合面（沉积面）之下一定范围内（潜水面）分布，不同的含油缝洞体（系统）没有统一的油气水界面，含油气面积内常常可出现含水的缝洞体，油气层顶面之上常常是泥岩或致密碳酸盐岩等良好盖层，底面之下常常为致密碳酸盐岩，含油气缝洞体（系统）顶底包络线凹凸不平，油气层剖面上透镜状、片状近似连续发育，油气藏呈准层状特征。层间岩溶油气藏具有明显的层位性，这类油气藏有高度非均质、低丰度、大面积分布的特点。

（三）典型实例

塔里木盆地碳酸盐岩目前发现的油气藏主要有潜山型、礁滩型、层间岩溶型三种类型，均具准层状油气藏的特征。

1. 轮南潜山岩溶油气藏准层状分布

岩溶储层分布特征：缝洞体分布在碳酸盐岩潜山风化壳顶不整合面之下

200m 深度范围内，集中在表层岩溶带、垂直渗流带、水平潜流带，平面上主要分布在潜山斜坡，潜山脊等控制了缝洞体的分布（韩剑发等，2006）。

流体分布特征：流体性质复杂，产出重油、常规原油、凝析气、干气等。平面上气、油分布倒置，斜坡高部位以稠油为主，东部斜坡低部位以气为主，其间为正常油的分布区。这种流体分布倒置的现象充分展示出油气多期充注、储层高度非均质的特征。

油气藏类型：为准层状油气藏。油气藏受碳酸盐岩缝洞储层控制，含油缝洞体沿潜山顶面富集，没有统一的油气水界面，含油气面积内局部存在含水缝洞体，油气层之下为潜山内幕致密碳酸盐岩，其上为石炭系—三叠系泥岩盖层，含油气缝洞体顶底包络线凹凸不平，宏观上具准层状特征。含油气面积大，轮古—塔河潜山油气田含油气面积 $1.7 \times 10^4 km^2$，油气藏高差大于 700m。

2. 塔中礁滩体岩溶油气藏准层状分布

岩溶储层分布特征：礁滩体储层分布在良里塔格组高位体系域中，储层准层状发育，具层位性、旋回性、连续性，礁型地貌隆起和海平面相对变化所控制的暴露，以及准同生期大气淡水溶蚀、淋滤作用，是控制台缘礁滩体优质储层发育的根本原因，礁滩体储层沿塔中Ⅰ号坡折带成群成带分布，东西长 220km，南北宽 8~18km，面积 $2100km^2$。

流体分布特征：流体复杂多样，为多期成藏的体现，原油以凝析油为主，局部为弱挥发—正常油；天然气为干气，非烃类普遍，可分为低含氮气和高含氮气，高含硫化氢和低含硫化氢的天然气，为不同岩相烃源岩生成的油所裂解形成的天然气，尚未见到明显边水、底水，油气藏具有正常的温度压力系统。

油气藏类型：油气沿塔中Ⅰ号坡折带上奥陶统良里塔格组良一段、良二段礁滩复合体分布，东西 200km 范围内均发现了工业油气流，油气藏高差 1800m，油气分布不受局部构造控制，沿台地边缘礁群或礁带富集。相态以凝析气藏为主夹斑块状油层，物性好的层段聚集的是天然气，物性差的层段聚集的是油层。油气层顶面为中—上奥陶统泥岩，底面为致密碳酸盐岩，其包络线凹凸不平，宏观上呈准层状特征。

3. 哈拉哈塘层间岩溶油气藏准层状分布

岩溶储层分布特征：层间岩溶储层以洞穴型和裂缝孔洞型为主，洞穴与裂缝在空间上形成大型缝洞集合体，贯穿于一间房组顶部以下 100m 范围内，总体表现为纵向叠置、横向沿不整合面呈准层状集中分布的特征，平面上沿断裂带呈斑点状、斑团状分布的大型缝洞集合体，为大油气田的形成提供了有利储集空间。

流体分布特征：原油密度由西南向东北变稠，南部为中轻质油分布，东北及东部以重质油为主，油田主体在中轻质油分布区。该地区的油气主要来自于满加尔坳陷及哈拉哈塘下部的寒武系—奥陶系烃源岩，存在多期由南向北，以及沿走滑断裂垂向立体运移的油气充注过程，晚加里东期和晚海西期为主要成藏期，在南部还存在喜马拉雅期油气充注。

油气藏类型：属轮古—塔河—英买力奥陶系巨型油气藏的一部分，含油气缝洞体主要分布在一间房组不整合面以下 70m 范围内，不受构造控制，受储层的发育程度及区域油源断裂的控制作用较明显，没有统一的油水界面。含油气缝洞体之上、之下均为致密碳酸盐岩，包络线凹凸不平，具有准层状特征。

综上所述，在 20 世纪构造勘探实践和 21 世纪初储层勘探实践的基础上，提出了塔中—塔北台隆整体含油气认识、准层状油气藏模式和层间岩溶—走滑断裂控制油气局部富集的地质认识，丰富了超深海相油气地质理论；并形成了以缝洞雕刻技术和缝洞型储层精确中靶技术为核心的勘探开发一体化的系列创新技术，在哈拉哈塘大油田和塔中 I 号凝析气田两个亿吨级大油气田的勘探中起到了重要作用，塔中—塔北台隆探明油气地质储量超过 $10 \times 10^8 t$；为塔里木盆地的下一步发展和国内外相似盆地的勘探实践提供了重要的理论和技术系列。

第四章 塔里木盆地超深油气勘探启示与前景展望

塔里木盆地勘探工作者克服地表、地下双重困难，在库车前陆冲断带和克拉通区碳酸盐岩两大超深领域取得了丰硕的勘探成果，发现了克拉苏万亿立方米级大气田、哈拉哈塘亿吨级大油田、塔中北部斜坡奥陶系千亿立方米级凝析气田；丰富了前陆盆地、克拉通区碳酸盐岩的超深油气地质理论；创新形成了先进适用的勘探技术系列。这些勘探成果支撑了塔里木盆地油气储量、产量的高峰增长，三大超深油气田年产油气当量突破 $1000 \times 10^4 t$，获得了良好的经济效益，这极大地增强了各相似盆地在超深领域寻找大油气田的信心。超深领域的油气资源非常丰富，国内外许多含油气盆地的勘探正从中—浅储层转向深—超深储层。塔里木盆地超深勘探实践中所形成的经验启示、地质认识和勘探技术，可为其他含油气盆地的超深勘探提供指导和借鉴，推动国内外超深勘探不断取得新发现。

第一节 塔里木盆地超深油气勘探启示

回顾塔里木盆地超深油气勘探的各个历程，前进道路上充满着曲折和艰辛，勘探工作者们不断地从失败中总结经验教训，坚持不懈努力，揭示地质规律，创新勘探技术，最终才实现了超深油气勘探的大规模发现，这些历程中蕴含着丰富的启示。

一、坚持超深领域探索终获油气勘探大发现

在塔里木这样一个难题众多的叠合复合盆地寻找油气，时常要面对失败和挫折，面对难度更大的超深勘探更是如此。但是勘探工作者们始终坚定在塔里木盆地超深领域能找到大油气田的信念，不断地从失败中汲取教训，从失利井中探寻油气的线索，坚持不懈、锲而不舍地努力，最终取得了超深油气勘探大发现。

以克拉苏大气田的发现为例，继 1998 年克拉 2 特大型气田发现之后，历经 10 年的艰辛探索，中深层背斜圈闭全部打完，收获甚微。有一部分勘探家

开始对库车的油气资源量和克拉2气田的深层是否有大气田产生了质疑，但是塔里木盆地的勘探工作者没有放弃，通过对地震剖面仔细梳理，在其中一条剖面线上发现了克拉苏断裂下盘的古近系盐下构造显示，据此构建了克拉苏构造带的构造地质模型，认为克拉苏构造带发育被动顶板双重逆冲构造，克拉苏断裂下盘可能"别有洞天"。2005年针对克拉苏断裂下盘白垩系构造上钻了克拉4井，但是克拉4井经历3次加深都没有钻至目的层，最后由于巨厚复合盐层而导致工程失利。面对失败，勘探工作者仍然没有气馁，从克拉4井钻揭的地层结构和古近系白云岩的微弱气测显示入手，深入展开分析，更加坚定了在克拉苏古近系盐下超深领域发现大气田的信心。在此基础上，勘探工作者坚持开展"宽线+大组合"地震技术攻关，坚持研发攻克巨厚复合盐层的钻井技术，坚持对盐下超深领域进行勘探部署，终于实现了克深2井的突破。设想一下，如果面对钻井接连失利，面对地震、钻井等关键技术难关，塔里木的勘探工作者们踌躇不前甚至退缩放弃，那就绝不会有今天的勘探大场面，由此可见，坚持不懈对于难题众多、艰难前行的超深勘探有多么重要。

在哈拉哈塘油田的勘探历程中，也遭遇了许多挫折，从1990年底至2000年，主攻石炭系东河砂岩构造圈闭全部失利；2005年针对"丘状异常反射"上钻哈6井，一间房组未钻遇有效储层，再次失利。勘探工作者坚持探索，通过哈6井与轮古东奥陶系地层结构的对比，证实哈拉哈塘是轮南大型潜山背斜的一部分，处于斜坡部位，油气地质条件优越；哈6井钻探落空的主要原因是二维地震资料品质差，不能反映出岩溶缝洞体特征，也未能钻探到储层有利部位。根据这一认识，果断实施了哈6区块三维地震，锁定了有利钻探目标，2009年哈7井终于迎来重大突破。

在塔里木盆地这样复杂的油气地质条件下，认识—再认识的过程迂回且有反复，艰难而又曲折。这时勘探工作者勇往直前、永不言败、锲而不舍、坚持不懈的探索精神就成了勘探部署决策成功的第一关键要素，塔里木盆地的超深油气勘探正是在遭受挫折、遭受质疑时坚持了锲而不舍的精神，坚持打"进攻仗"，才有了丰硕的勘探成果。

二、打破固有认识束缚开拓超深油气勘探重大领域

油气地质规律的发现和理论认识的深化对指导勘探工作者转变勘探思路，瞄准新区带、新领域、新类型展开探索，进而实现勘探发现有重要意义。超深领域前人涉足少，塔里木盆地两大超深领域的油气地质特征都非常特殊，已有的油气地质认识和传统地质理论不能简单套用地指导盆地的勘探，地质家们只能在实践中不断深化认识，甚至打破固有认识，才有效地指导了前陆区和克拉

通区的超深油气勘探，带来了这两大领域的突破。

在库车前陆区，1999—2004 年一直把类似克拉 2 的中深层大型背斜圈闭作为主要勘探目标。2005 年开始，通过克拉苏构造带盐相关构造的建模，形成了"盐上顶篷构造、盐岩塑性流动、盐下冲断叠瓦"的构造认识，发现了盐下成排、成带的圈闭集中发育区，在此认识指导下转变勘探思路，将克拉苏构造带盐下超深层作为勘探主攻领域，才带来了库车前陆盆地的超深发现。

在克拉苏大气田发现之前，地质界有种观点认为，根据砂岩埋藏压实理论，库车白垩系砂岩储层超过 6000m 埋深后，孔隙度要普遍低于 3%。这种储层没有工业开发价值，因此将 6000m 定义为储层"死亡线"。而塔里木地质工作者通过分析认为，在顶篷构造支撑作用的保护下，库车前陆冲断带砂岩储层埋深与孔隙度的变化违背常规出现拐点，盐下 5500~7500m 深度泥岩的压实效果与盐上 3200~4200m 深度基本相当，盐下超深储层受埋深影响较小，预测 8000m 以下仍发育优质储层。这一认识打破了"6000m 埋深是储层死亡线"的传统认识，使得勘探范围向深部拓展了 3000~4000m，这为勘探管理层大胆决策部署提供了依据，在 7500m 以下仍钻获高产气流，发现了 24 个气藏，探明天然气储量近万亿立方米。

在哈拉哈塘油田的勘探历程中，长期受哈拉哈塘"凹陷"认识的束缚，认为奥陶系发育烃源岩，不发育储集层，奥陶系勘探长期停滞不前。哈 6 井、轮东 1 井钻探以后，完成了"凹陷"变"隆起"的认识转变，才提升了哈拉哈塘地区的油气勘探地位，为哈拉哈塘的勘探部署和勘探大发现奠定了基础。

2006 年以前，对于塔北隆起轮南古潜山之外的桑塔木组泥岩覆盖区，一度把其作为岩溶洼地，认为其缺少大规模的淡水渗流和岩溶作用条件，岩溶储层不发育。后来地质工作者在基础研究中，发现了奥陶系内幕层间存在加里东期沉积间断，进而提出了在潜山型岩溶储层和礁滩型岩溶储层之外的一种新储层类型——层间岩溶储层，桑塔木组泥岩覆盖区加里东期层间岩溶储层非常发育，这一认识带来了勘探思路的重大转变，勘探部署向塔北南缘轮古东、英买 2、哈拉哈塘一间房组，塔中北斜坡鹰山组层间岩溶领域拓展，持续获得了成功。与潜山型和礁滩型岩溶储层分布相对局限不同，层间岩溶储层在塔中北斜坡、塔北南缘甚至满西低凸起广泛分布，这大大扩展了奥陶系的勘探范围，实现了塔中、塔北含油气范围的不断扩大。

三、攻克地震勘探盲区推动超深油气勘探持续突破

库车前陆冲断带勘探目标主要位于巨厚膏盐层之下，地表多为山地，受地表、地下双重复杂的影响，盐下目的层的顶面反射信噪比低、成像很差，成为

地震勘探"盲区",无法有效识别同相轴并开展构造解释,严重制约了对克拉苏构造带盐下冲断带的认识,也无法有效落实圈闭。为提高地震资料信噪比,物探工作者通过强有力的地震攻关,创新形成了"宽线+大组合"地震勘探技术,使得低信噪比区信噪比成倍提高,地震反射从无到有,从弱到强,获得了盐下目的层的清晰反射,揭开了克拉2气藏之下的超深重大勘探领域的神秘面纱,锁定了克深2钻探目标,进而实现了勘探突破。克深2气藏发现后,塔里木油田公司开展了克拉苏区带三维地震的连片部署,2008—2018年累计部署实施了三维地震23块、面积6178km^2。三维地震勘探的实施和多轮次的叠前深度偏移处理,不断提升了盐下复杂构造的地震成像质量,为发现和准确落实构造圈闭,保障克拉苏气田的持续发现和高效评价奠定了坚实基础。

在秋里塔格构造带,直测线二维地震资料,"宽线+大组合"二维地震都无法准确落实逆掩叠置带的复杂盐下构造,先后钻探的东秋5井、东秋6井、西秋2井、秋探1井等悉数失利。2015年4月,部署了东秋8井区山地高密度三维地震,获得了较高品质的三维地震资料,盐下隐伏圈闭清晰成像,明确了中秋构造带发育与克深地区相似的盐下冲断叠瓦构造,发现了新的有利区带,部署了中秋1风险探井,终获战略性突破。

克拉通区超深缝洞型碳酸盐岩的钻探目标为平面宽度只有几十米至几百米的缝洞体。在二维地震阶段,缝洞体无法成像,根据二维资料部署钻井,常常不能钻遇有效储层,或者虽然试油获得高产,试采又不能稳产。开展三维地震部署,得到了缝洞体的有效成像,才真正实现了缝洞型碳酸盐岩的勘探突破。2002年,实施了塔中第一块三维地震——塔中16区块三维,以此为基础部署了塔中62井,在奥陶系良里塔格组获得高产,实现了礁滩体勘探的突破。2008年哈拉哈塘地区完成了第一块三维——哈6区块三维地震采集,2009年哈7井在奥陶系一间房组裸眼测试,日产油300m^3,哈拉哈塘油田诞生。哈6区块突破后,瞄准富油气区带,哈拉哈塘油田连片实施了三维地震16块7464km^2,连年取得勘探发现,不断扩展勘探成果,发现了含油范围大于5000km^2、年产原油超百万吨的大油田。

四、突破工程技术极限促进超深油气勘探规模展开

超深复杂油气藏勘探中面临的复杂地层、致密储层以及高温、高压等复杂井况给钻井、完井、试油、储层改造等工艺带来了一系列技术难题,工程技术人员通过技术引进和现场创新,不断攻克技术难关,突破技术极限,形成了先进适用的超深工程技术系列,钻井与完井实现了提速降本,试油与储层改造实现了增产增效。工程技术进步推动塔里木油田在超深领域展开了大规模勘探开

发部署，11年内共探明超深油气地质储量近 $15 \times 10^8 t$ 油当量，超深油气田年产油气突破 $1000 \times 10^4 t$。

库车前陆冲断带复杂地层钻井面临巨厚砾石层、巨厚复合盐层、高应力和强研磨性目的层等世界级难题。工程技术人员引进并结合现场应用发展了垂直钻井、气体钻井、复合盐层钻井等技术；研制了抗高温高密度油基钻井液体系，抗温能力达到260℃，现场应用最高钻进密度 $2.60 g/cm^3$，压井液密度配制高达 $2.85 g/cm^3$。通过先进钻井技术系列的研发与应用，库车山前钻井克服重重困难，钻井深度突破8000m，最深达8098m；钻井周期缩短至290天，实现了前陆冲断带复杂地层条件下的超深井"从打不成井到打成井、从打成井到打得快"的转变。

库车山前的试油和储层改造方面，塔里木油田研制出了耐温200℃的试油工作液体系，耐温210℃/170h高温射孔弹；形成了一套适合塔里木超深高温高压气井大规模储层改造的配套设备，满足施工压力138MPa下，施工排量可达到 $8.4 m^3/min$，保障了超深高温高压井储层改造施工的需要。通过技术突破，克拉苏气田的高压高产气井试油与储层改造取得良好效果，前期应用砂岩酸压解堵技术，压前天然气日产量 $(10\sim20) \times 10^4 m^3$，酸压后日产达到 $(40\sim60) \times 10^4 m^3$；加砂压裂技术也取得明显效果，克深5井压前日产气在井口无法计量，压后日产量达到 $15 \times 10^4 m^3$；最新的缝网酸压、缝网压裂技术的应用，使得天然气无阻流量平均提高了5倍，提产效果更为突出。

克拉通区超深井钻井技术和储层改造技术的进步，实现了超深缝洞型碳酸盐岩复杂油气藏的高效勘探开发。通过钻井提速，克拉通区7000m井深的钻井周期缩短至90天。通过技术攻关，形成了提前标斜、随钻VSP导向等技术，从而实现了超深井准确命中缝洞体等目的，缝洞型碳酸盐岩钻井放空漏失率由45%提高到83%，大大提高了碳酸盐岩油气井的直接投产率，节约了酸压成本。缝洞型碳酸盐岩储层非均质性极强，对于未直接中靶的单井，储层改造前油气产量很低甚至没有产量。为了实现不同储层类型的有效沟通，研发了6套改造工作液体系，最大耐温可达180℃；集成配套了垂向酸压（化）、深穿透酸压、转向酸压、加砂压裂/酸携砂等5种深度改造工艺技术，酸压规模可达 $600\sim800 m^3$，施工排量可达 $4.0\sim6.0 m^3/min$。塔中82井奥陶系改造前评价为Ⅲ类油气层，酸前无产能，酸压后用12.7mm油嘴求产，日产油 $485 m^3$，日产气 $727106 m^3$。英买204井由于井轨迹偏离串珠，奥陶系酸前测试仅产少量油（$0.02 m^3$），采用转向酸压工艺后获得百吨高产，英买2超深油藏评价得以成功推进。

五、颠覆传统管理理念实现超深油气勘探快速上产增储

超深油气勘探不仅面临诸多科学问题与技术挑战,而且也面临勘探部署与决策、运行与周期、投资与效益等诸多经营管理问题。由于超深勘探周期长,如果按传统先预探、再评价、最后交给开发的生产组织模式,从勘探发现到建成规模产能需要很长的时间,这将严重制约超深油气勘探的规模发现与效益开发,因此,创新勘探管理模式就成了超深勘探的迫切需要。

塔里木油田一直在积极探索油气勘探管理新模式。2010年之前,先后进行了轮古勘探开发一体化项目经理部、塔中勘探开发一体化项目经理部等一体化工作模式的先导试验,逐步形成完善了以上产增储为核心的六个一体化,构成科研、部署、决策、实施等无缝衔接的闭环管理模式(图4-1)。

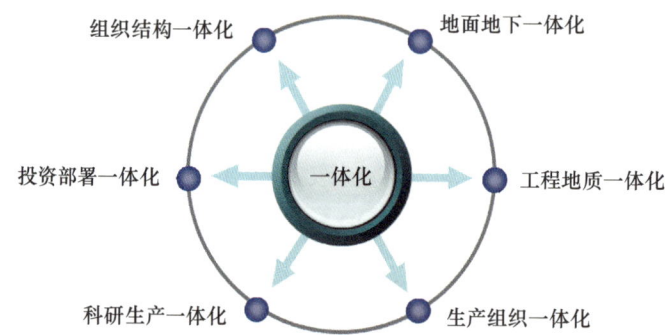

图4-1 塔里木油田勘探开发一体化无缝衔接的闭环管理模式图

六个一体化包括:

组织结构一体化——突出生产导向、目标导向,构建多专业一体化攻关团队;

投资部署一体化——突出优化部署,追求规模效益与利润最大化;

科研生产一体化——深化油气藏地质认识,提升生产组织运行效率;

生产组织一体化——各专业无缝化衔接,闭合式管理,缩短生产周期;

工程地质一体化——工程与地质信息共享,优化施工设计,提高效益;

地面地下一体化——保障地面场站建设规模与地下资源的匹配。

2010年塔里木油田组建了塔中、塔北、库车三个勘探开发项目经理部,成为塔里木油田三大阵地战的勘探开发投资责任主体。项目经理部以全新的勘探开发一体化组织管理模式运作,实现了诸多管理理念的根本性转变:

(1)勘探开发由接力式转变为融合式;

(2)富油气区带由有预探发现再上三维转变为先采集三维再打预探井;

(3)生产目标由先增储后上产转变为先上产后增储;

(4)开发方案由依据探明储量编制转变为可依据控制储量编制;

（5）由重视钻井成功率转变为重视高效井比例；

（6）由重视单井日产量转变为重视单井累计产量、采收率和单井日产量并重等；

（7）树立了"探井就是开发井，开发井也可发挥探井作用"的理念。

在日常的生产工作组织中：（1）坚持以勘探开发为主线，从地质勘探到油气采输，由物探、地质、钻井、测井及试油完井等多岗位、多专业，组成生产部门，打破了专业限制，实行融合式管理，保障了地质资料的有效录取与钻井、完井方案的及时准确；（2）建立单井一体化决策机制，成立单井项目决策组，共同制定钻井、完井设计方案和技术措施，促进钻井、完井各环节的衔接更加紧密，钻井、完井周期大幅度缩短；（3）成立钻井、完井一体化领导小组，定期召开工作会议，全面协调解决各种生产问题，上下游专业通盘考虑，统一完成油气产能和处理厂站建设。

勘探开发一体化管理的创新推进了超深油气田的高效勘探开发。2010—2015年克拉苏气田探明气藏7个，探明天然气地质储量$5762 \times 10^8 m^3$，夯实了西气东输的资源基础；哈拉哈塘油田从哈7井突破到2014年建成百万吨大油田仅历时5年；2010年塔中凝析气田中古43井区实现了当年发现、当年探明，是一体化高效运作的典型案例。实践证明，一体化管理是加快超深复杂油气藏勘探开发的一种有效途径。

六、获得油气规模发现迎来超深油气效益开发

超深油气田的勘探开发因投入成本高和回报低，故而制约了全球超深油气勘探的发展。但是塔里木盆地的勘探实践表明，超深油气田的规模发现和规模开发是可以获得良好经济效益的，这是与塔里木盆地超深油气田储量规模大、单井产量高这两个有利条件密切相关的。

库车前陆盐下冲断叠瓦构造带圈闭成排、成带的分布，油气充注强度大，故而形成了由几十个天然气藏所组成的克拉苏万亿立方米大气田。气藏内气柱高度大，一般介于300~650m之间，储量丰度高；气藏地层压力高，压力系数在1.6~1.86之间；砂岩储层基质孔隙度虽然低，但作为渗流通道的裂缝非常发育，可以提高渗透率2~3个数量级（刘春等，2017），这些条件为生产井的高产稳产奠定了基础，克拉苏气田各区块生产井平均日产气均大于$30 \times 10^4 m^3$。

克拉通区奥陶系缝洞型碳酸盐岩超深油气田同样具有储量规模大、单井产量高的特点。哈拉哈塘、塔中奥陶系油气田合计探明油气储量超过$7 \times 10^8 t$油当量，含油气范围超过$1 \times 10^4 km^2$。虽然整体上看这些油气田的储量丰度很低，但是，油气主要沿走滑断裂带富集，油柱高度普遍超过70m，哈拉哈塘南部的

跃满、富源区块实钻证实的油柱高度可达 300m。缝洞储层与井筒连通，油气以"管道流动"的形式向井筒流动（修乃岭等，2008），在试油过程中"百吨井"非常普遍，生产初期即使合理控制生产压差，用 3～4mm 油嘴生产，日产油水平也可达 30～80t，钻遇大型缝洞体的单井可持续高产稳产，单井累计产油一般大于 $2×10^4$t，高产高效井累计产油可大于 $5×10^4$t。

塔里木盆地三大超深油气田发现后均能快速投入开发，2018 年油气产量当量已超过 $1000×10^4$t，支撑了塔里木油田产量的持续增长。储量规模大、建产规模大使得油气设施得到高效利用，单井产量高减少了开发井数和钻完井成本，为塔里木超深油气田的大规模开发和获得良好经济效益创造了条件。按原油 70 美元 /bbl、天然气 945 元 /1000m^3 计算，克拉苏气田税后财务内部收益率可达 20.96%，塔中—塔北碳酸盐岩油气田税后财务内部收益率为 8.89%，表明在 6000m 以下的超深领域不仅可以找到大油气田，而且可以获得较好的经济效益，超深油气勘探大有可为。

第二节　塔里木盆地超深油气勘探示范与推广

塔里木盆地超深勘探实践中所形成的地质认识和勘探技术，可以推广和复制到其他盆地，以推动超深油气勘探的发展。地质认识方面，库车前陆盆地冲断叠瓦构造带的油气富集模式，对中国中西部前陆盆地冲断带的油气勘探具有指导意义；塔中奥陶系礁滩体的勘探发现打开了深层油气勘探新领域，对国内外礁滩体勘探有重要的启示。勘探技术方面，"宽线 + 大组合"二维地震技术，以及垂直钻井、非常规井身结构设计等超深井钻井技术，在国内外也得到了广泛应用，助推了国内外山前复杂高陡构造和超深领域的油气勘探开发实现提速增效。

一、"库车型"是典型的富油气陆相前陆盆地类型

前陆盆地普遍富集油气。在世界十大含油气盆地中，扎格罗斯前陆盆地、东委内瑞拉前陆盆地和艾伯塔前陆盆地是油气资源最丰富的前陆盆地，它们均为海相前陆盆地，油气资源量分别位于各盆地油气资源量的第 1、第 3 和第 4 位（张明辉等，2013 年），由此可见海相前陆盆地是一种主要的含油气盆地类型。油气在前陆盆地的冲断带、前渊—斜坡区和前缘隆起区都可以富集，根据对上述三大含油气前陆盆地的统计结果，已发现的油气主要富集在前渊—斜坡区。

作为典型前陆盆地，艾伯塔型前陆盆地的冲断带构造样式简单，缺乏区

域性膏盐岩盖层，并发育宽缓的前渊—斜坡带（图4-2a）。前渊—斜坡带的被动陆缘层系烃源岩生排烃后以侧向运移为主，于前陆斜坡带和前缘隆起区的构造和地层圈闭中富集，这是前缘隆起区富集的典型代表。

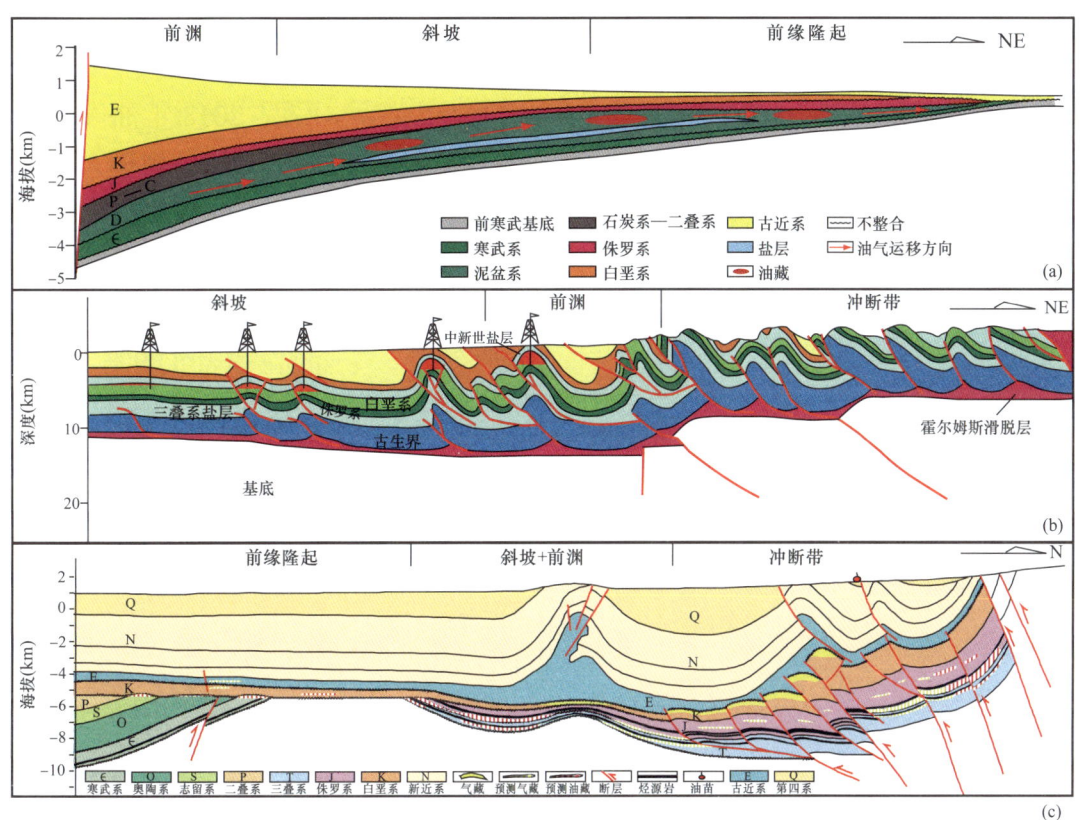

图4-2 不同前陆盆地地质结构剖面对比图
（a）艾伯塔型；（b）扎格罗斯型；（c）库车型

作为含盐前陆盆地之一，扎格罗斯前陆盆地发育多套膏盐岩地层，但构造变形以深层膏盐岩层为滑脱层，盐上层整体褶皱冲断变形，变形样式简单，以宽缓同心褶皱为主（图4-2b）。由于烃源岩位于滑脱层之上，生成的油气可以垂向运移至浅层背斜圈闭中，也可侧向运移到斜坡和前缘隆起区，油气主要富集于斜坡区，这是斜坡区富集的代表。

与上述前陆盆地不同，库车前陆盆地为典型的陆相前陆盆地，烃源岩为陆相泥质和煤系烃源岩，储层为陆相辫状三角洲沉积；从油气富集规律看，库车前陆盆地已发现的油气主要分布在冲断带，这与其他前陆盆地存在较大差别（表4-1）。库车前陆盆地由于膏盐岩的发育层位为古近系，构造变形以分层变形为主，盐下冲断褶皱变形强烈（图4-2c），构造圈闭成排成带发育，而且烃源岩发育于冲断褶皱带之下，油气主要经垂向近距离运移后富集于盐下的前陆冲断带中，部分油气经长距离运移后富集于前缘隆起中。因此，"库车型"前陆盆地是有别于其他前陆盆地的典型富油气陆相前陆盆地，是冲断带富集的代表。

表 4-1 不同前陆盆地油气富集特征对比表

盆地 要素	艾伯塔	扎格罗斯	库车
构造位置	板块边缘	板块边缘	板内
盆地结构	二元结构：海相被动陆缘前前陆沉积+前陆盆地碎屑岩	二元结构：前前陆盆地海相碳酸盐岩+前陆盆地碎屑岩	二元结构：前前陆盆地陆相凹陷沉积+前陆盆地陆相沉积
盆地形态	不对称，高陡冲断带，宽缓前渊+斜坡带	不对称，宽缓冲断带+宽缓斜坡带	不对称，宽缓冲断带、窄前渊+斜坡
烃源岩	泥盆系	白垩系	三叠系—侏罗系
圈闭类型	沉积尖灭、水动力圈闭和冲断带背斜圈闭	大型同心长轴背斜	背斜、断背斜
储层	砂岩	碳酸盐岩	砂岩
盖层条件	页岩、致密碳酸盐岩	蒸发岩	蒸发岩
油气分布	前缘隆起为主，斜坡	斜坡为主，前缘隆起	冲断带为主，前缘隆起

通过对库车超深领域的勘探，形成了库车前陆盆地盐下超深油气地质的理论认识，丰富了全球前陆盆地勘探的理论体系。面对新的油气富集类型和勘探对象，通过认识创新和技术攻关，库车前陆盆地高效地探明了万亿立方米天然气地质储量，成效显著。

中国中西部盆地前陆冲断带众多，在准噶尔盆地、塔里木盆地、四川盆地等 8 个盆地中共发育了 15 个前陆冲断带，均位于造山带与盆地之间的结合部位，具有形成大气田的有利构造背景（贾承造，2005）。库车前陆冲断带油气富集的模式可以为其他前陆冲断带的油气勘探提供参考和借鉴。川西北前陆区海相地层的油气地质条件有利，但构造复杂、储层变化大，加之埋深较大，长期未获重大突破。近年来通过借鉴库车前陆冲断带的勘探经验，加强山地地震技术攻关和成藏条件研究，认为川西北山前冲断带也发育有成排成带的断背斜构造圈闭，并具有多目的层的立体勘探潜力。2014 年部署的风险探井双探 1 井，在二叠系栖霞组、茅口组均获高产气流，打开了栖霞组孔隙型白云岩储层勘探新局面。其后钻探的双探 3 井、双鱼 001-1 井、双探 7 井等再获高产气流，双探 3 井还发现了泥盆系观雾山组新的含气层系，日产气 $11.6\times10^4\mathrm{m}^3$，证实了该区多层系含气，通过进一步勘探，有望形成新的规模含气区。

二、塔中超深礁滩体规模勘探打开深层油气勘探新领域

2003年塔中62井在塔中Ⅰ号坡折带的良里塔格组台缘取得突破,通过对塔中Ⅰ号坡折带80km长度范围礁滩体的整体评价,发现了中国第一个生物礁型千亿立方米级的凝析气田,打开了深层油气勘探新领域。塔中奥陶系礁滩体的勘探形成了几点认识和启示:(1)坡折带控制台缘分布;(2)台缘带发育礁滩复合体,是储层发育的物质基础;(3)台缘滩分布面积广,是重要的有利沉积相区;(4)三维地震是预测储层分布、优选井位的关键手段。根据这些认识和启示,确定了"沿坡折带找台缘,沿台缘找礁滩"的勘探思路,这一思路对塔里木盆地寒武系台缘带的探索以及其他盆地礁滩体的勘探都有重要的指导意义。

在塔中—塔北台隆东侧,沿轮南—古城一线发育寒武系坡折带,根据塔中Ⅰ号坡折带的认识,推测沿坡折带应发育多期寒武系台缘礁滩带(王招明等,2017)。2006年针对中寒武统礁滩带,上钻了塔深1井,钻遇了良好的白云岩储层(云露等,2008);2018年针对盖层条件更好的下寒武统礁滩带,上钻了轮探1井,有望进一步揭示寒武系礁滩的储层和含油气特征,拓展塔里木盆地礁滩体勘探的新领域。

在四川盆地,通过借鉴塔里木盆地礁滩体勘探的经验,在环"开江—梁平海槽"区的二叠系—三叠系台缘礁滩中获得了规模发现。早在1963年,巴3井就钻遇第一个三叠系飞仙关组鲕滩气藏;1976年在建南构造又发现了第一个二叠系长兴组生物礁气藏。但在随后的勘探中,由于对鲕粒滩、生物礁的地质分布规律和气藏成藏规律认识不清楚,勘探一直处于迷茫状态。2005年,受塔里木盆地勘探启示,中国石油西南油气田完成了穿越"开江—梁平海槽"的214条地震测线处理解释,勾绘出海槽、斜坡、台地等相带的分布,初步圈定出鲕滩和生物礁的有利分布区,落实了龙岗礁滩岩性圈闭,部署了龙岗1井,2006年10月完井后测试,二叠系长兴组、三叠系飞仙关组分别获气$65.3 \times 10^4 m^3/d$和$126.48 \times 10^4 m^3/d$,发现了龙岗礁滩气藏。

三、塔里木盆地超深勘探技术的推广应用成效显著

(一)地震技术推广应用情况

塔里木盆地针对库车山前所创新形成的"宽线+大组合"二维地震技术,适用于地表为复杂山地、地下目的层反射成像困难的地区,在准噶尔盆地南缘(朱鹏宇等,2010;李献民等,2012)、柴达木盆地英雄岭(张春贺等,2012)、

中亚塔吉克斯坦（卢良鑫等，2016）以及伊朗扎格罗斯等地的山前复杂地形区得到了广泛应用。

在准噶尔盆地南缘的阜康断裂带，由于地表起伏剧烈，地层倾角大，表层破碎，激发和接收条件差；面波、折射波发育，次生线性干扰强；断层发育，地下构造复杂，导致地层反射波组连续性及成像效果差，二叠系特别是石炭系反射的信噪比很低，难以准确成像。针对工区特点，勘探人员采用了"宽线+大组合"采集技术，利用宽线大幅度提高了有效叠加次数和抗干扰能力，提高了构造主体成像效果；利用检波器大组合压制多种干扰，提高单炮信噪比，使深层反射资料的信噪比和主体构造部位的成像效果得以显著提高（朱鹏宇等，2010）。在独山子背斜，由于常规剖面上该背斜北翼几乎没有反射资料，导致实钻的独深 1 井地层倾角与设计偏差较大，原解释为比较平缓的背斜，实际取心地层倾角达到 80°。后采用"宽线+大组合"观测和配套技术，资料品质获得突破性改观，背斜形态清楚，构造北翼浅层获得有效反射，深层下组合构造形态清晰，断裂特征明显（李献民等，2012）。在霍玛吐背斜带，2011—2013 年开展的"宽线+大组合"地震攻关，中深层地震资料成像品质也明显改善（魏凌云等，2014）。

"宽线+大组合"地震技术为准噶尔盆地南缘瞄准深层下部成藏组合展开勘探研究和部署奠定了基础。2018 年优选了高泉构造带作为下组合勘探的突破口，上钻高探 1 井获重大突破，日产原油 1213m³、天然气 32.17×10⁴m³，创下了准噶尔盆地单井日产量的最高纪录。

"宽线+大组合"技术在中国石油海外合作项目中推广应用，也取得了良好成效。在伊朗扎格罗斯山前，常规二维剖面上目的层几乎为空白反射，信噪比极低，而采用"宽线+大组合"二维采集技术后，盐下目的层见到了明显的反射，这为有效开展地震解释、落实构造目标夯实了基础。在塔吉克斯坦，以"宽线+大组合"技术为基础，发展形成了弯宽线采集技术，获得较高信噪比的地震数据（卢良鑫等，2016）。

（二）钻井技术推广应用情况

（1）垂直钻井技术。2004 年塔里木油田开始试验垂直钻井技术，2006 年该技术开始规模化应用。继塔里木油田应用成熟后，2006 年玉门青西油田在窟窿山青探 1 井中首次试验成功，西南油气田在龙门山前缘逆掩推覆构造带的龙深 1 井也开始应用；2007 年后，在川东北地区、渤海油田、大庆油田海拉尔地区、青海油田、吐哈油田、川西地区等山前构造带均应用了垂直钻井技术（刘振宇等，2007；刘峰，2009；刘文忠等，2010；王俊良等，2016）。

（2）新型抗冲击抗研磨 PDC 钻头设计技术。2013 年塔里木油田联合中国石油休斯敦研究中心开始了新型抗冲击抗研磨 PDC 钻头的研发，历经两次重大技术改进，2015 年定型产品在塔里木油田现场试验中取得较好效果，2016 年后在塔里木及中国石油开始推广应用，累计在塔里木、新疆、大庆、川渝、青海、玉门以及北美现场应用 109 井次，攻克并形成了适应多套难钻地层的钻头提速技术系列。

（3）非常规井身结构设计技术。塔里木油田的非 API 标准井身结构设计始于 2003 年，历经两次重大结构改进，2008 年塔标Ⅱ结构定型，并在克深 2 井应用成功，之后在库车山前地区全面推广应用。在国内其他地区，新疆油田在准噶尔盆地南缘地区重点探井——大丰 1 井推广应用了塔标Ⅱ结构，完成了 7400m 定向井的钻探。西南油气田借鉴塔Ⅱ的结构设计思路，又设计了其他的非常规井身结构，并在川东北元坝、龙岗、双鱼石等区块应用，其中五探 1 井最大钻井深度达到 8060m（邹灵战等，2018）。

（4）高性能钻具技术。塔里木油田研发成功的 ϕ127mm 塔标钻杆、ϕ73.025mm 小接头钻杆等非 API 标准钻杆，不仅在塔里木油田全面推广应用，同时已推广到了国内其他油田，其中 ϕ127mm 塔标钻杆在辽河油田、渤海钻探、长城钻探得到了推广应用；ϕ73.025mm 小接头钻杆在西部钻探得到了推广应用。

第三节　塔里木盆地超深油气勘探前景展望

近年来全球油气勘探的领域呈现出几个变化趋势：从储油气层到生油气层；从局部圈闭评价到大面积储层评价；从构造油气藏、岩性油气藏到"连续型"非常规油气聚集；从高点找油气到下凹（洼）、下坡找油气；从常规油气资源到非常规油气资源；从中、深储层到深、超深储层；从中浅海到深海、超深海；从常规地带到极端地带（胡文瑞等，2013），由此可见超深领域是未来油气勘探的一个重要方向。超深领域的油气资源非常丰富，勘探潜力巨大，但是受地质认识、勘探技术、勘探成本及近年低油价的制约，工作量投入少，发展相对缓慢，储量规模大的油气田发现较少。随着认识和技术的不断发展，高难度、高成本的瓶颈或被打破，超深油气勘探的未来发展前景十分广阔。

一、全球超深油气的发展前景

（一）全球超深油气储量现状

超深油气已成为全球油气勘探的重要领域，但超深领域的油气储量占全球油气储量的比例仍很低。对有数据可查的全球 31 个盆地 114 个超深油气田进行了统计，探明总可采储量约 42.8×10^8 t 油当量，约占全球油气探明总可采储量的 0.73%（据 HIS，2015）。超深油气田主要分布在被动陆缘盆地、前陆盆地、克拉通盆地和裂谷盆地中，其中被动陆缘盆地超深油气田最多，数量约占超深油气田总数的 70%，这些油气田总可采储量 14.9×10^8 t 油当量，约占超深油气总储量的 35%；克拉通盆地超深油气田数量约占总数的 14%，但是可采储量规模最大，约为 24.1×10^8 t，约占总储量的 56%；前陆盆地和裂谷盆地超深油气田占总数的 16%，总可采储量占比则约为 8%（图 4-3）。墨西哥湾盆地、滨里海盆地、南里海盆地是超深油气储量发现最多的盆地，在墨西哥湾盆地已发现超深油气田（藏）45 个，可采油气储量当量超过 10×10^8 t。

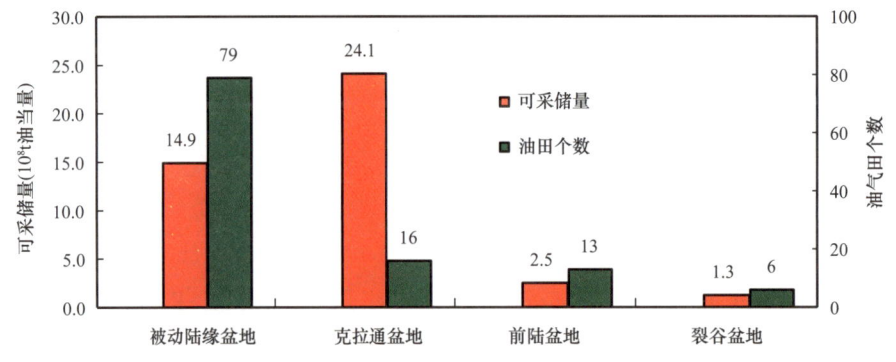

图 4-3　全球不同盆地类型超深油气田数量与储量分布直方图

（二）全球超深油气的发展前景

全球大规模的超深油气勘探始于 20 世纪 80 年代，21 世纪初，超深油气勘探进入快速发展阶段。近年来，由于地质理论与勘探技术的限制，加之国际油价下降和勘探成本提高，全球超深油气勘探又进入了相对缓慢的发展阶段。张光亚等（2015）研究认为，全球超深油气的产量仍将快速增加。2011 年全球超深石油产量为 550×10^4 t，产地主要在墨西哥湾地区；但是未来超深石油产量增长最快的将是巴西地区，预计到 2028 年达到高峰，超深石油年产量可达 3570×10^4 t（图 4-4），约占全球石油产量的 0.7%；至于超深天然气，2011 年全球产量为 252×10^8 m³，主要产在印度东部海域和阿塞拜疆的 Shah Deniz 气田，未来，超深天然气的产量将维持较高水平，主要产区为阿塞拜疆，预计 2019 年产量将达到峰值，超过 500×10^8 m³（图 4-5），约占全球天然气产量的 1.2%。总体而言，未来一段时间内，超深石油、天然气的储量和产量占比都还很低，但是，随着油气勘探技术快速进步，带动勘探开发成本下降，全球超深油气发展潜力很大。

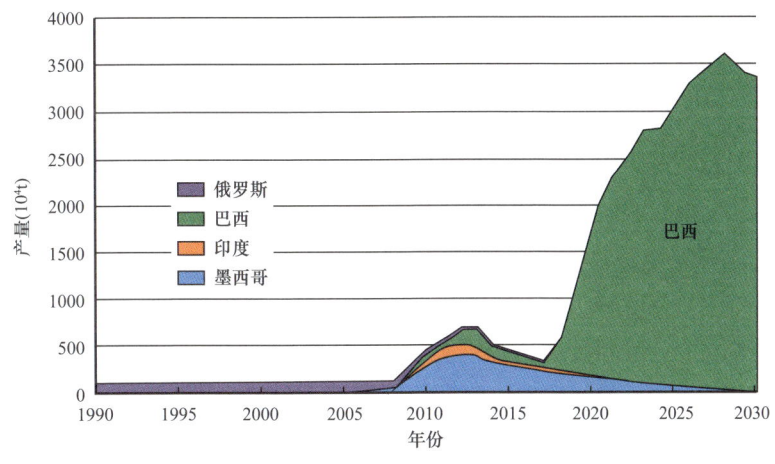

图 4-4　全球超深石油产量统计与预测曲线（据 Wood Mackenzie，2015）

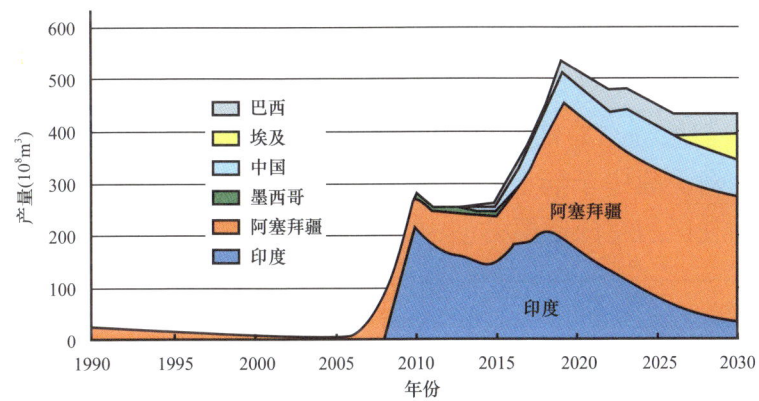

图 4-5　全球超深天然气产量统计与预测曲线（据 Wood Mackenzie，2015）

二、中国超深油气的发展前景

（一）中国超深油气资源状况

中国超深油气资源丰富，它是石油工业未来最重要的发展领域之一，同时也是中国石油引领未来油气勘探与开发最重要的战略现实领域（孙龙德等，2013）。中国的超深领域油气资源总量大，根据最新一轮油气资源评价的成果，中国石油矿权区内超深石油地质资源量达 $131.3 \times 10^8 t$，天然气 $24.8 \times 10^{12} m^3$（图 4-6），分别占石油、天然气总资源量的 25% 和 66%。由于埋深大，地层温度高，更有利于天然气藏保存，因此超深领域的天然气资源量占比更大，是未来加强天然气勘探的重点领域。

中国石油超深油气资源主要分布于东北、华北、西北、华南与南海 5 大油气区。东北油气区的超深油气资源主要集中在松辽盆地、二连盆地，其中原油资源量 $1.1 \times 10^8 t$，天然气资源量 $2.5 \times 10^{12} m^3$；华北油气区的超深油气资源主要分布在渤海湾盆地、鄂尔多斯盆地，原油资源量 $44.9 \times 10^8 t$，天然气

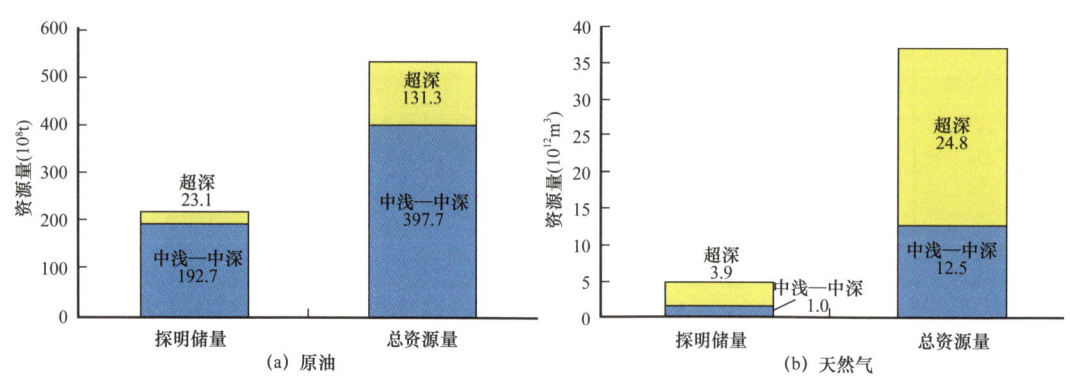

图 4-6 中国石油矿权区超深原油、天然气资源量直方图

资源量 $2.9\times10^{12}m^3$；西北油气区的超深油气资源主要分布于塔里木盆地、准噶尔盆地、柴达木盆地、吐哈盆地，原油资源量 83.7×10^8t，天然气资源量 $10.8\times10^{12}m^3$；华南油气区的超深天然气资源主要分布于四川盆地，资源量 $8.1\times10^{12}m^3$；南海油气区的超深油气资源主要分布于北部湾盆地、琼东南盆地、曾母暗沙盆地等，原油资源量 1.6×10^8t，天然气资源量 $5355\times10^8m^3$。超深油气资源相对更集中于陆上，原油以西北、华北为主；天然气以西北、华南为主；东北油气区的超深资源类型中，天然气占优势（图4-7）。

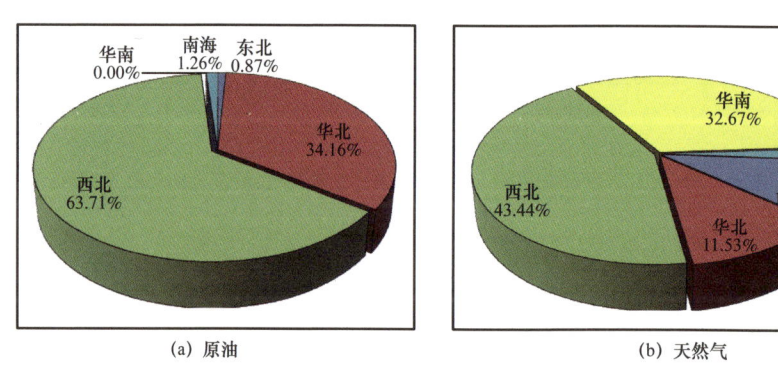

图 4-7 中国石油各油气区超深原油、天然气资源量的相对占比

（二）中国超深油气勘探前景展望

1. 超深油气勘探前景良好

中国石油矿权区内超深石油的已探明储量 23.1×10^8t，探明率为 17.6%，天然气的探明储量为 $3.9\times10^{12}m^3$，探明率为 15.7%（图4-6）。从各油气区的统计结果看（图4-8），原油、天然气的资源探明程度具有一致性：华北油气区相对较高，西北油气区次之，华南、东北油气区相对较低，进一步揭示出我国超深层油气资源总量大，但油气藏隐蔽性强，勘探难度高。目前各油气区探明程度均较低，剩余勘探潜力大，亟待深入开展研究，不断突破地质认识和勘探技术瓶颈，实现超深油气勘探的大规模发现。

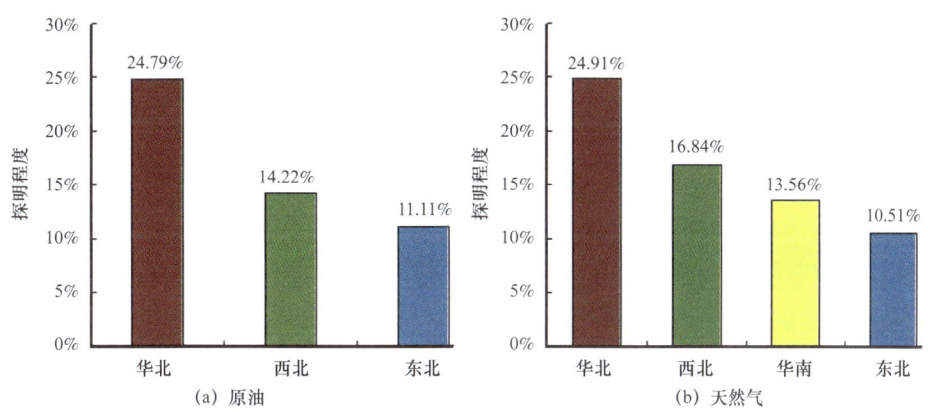

图 4-8 中国石油各油气区超深原油、天然气资源探明程度

2. 中国陆上超深油气勘探重点领域

中国陆上的超深油气资源集中于"超深碳酸盐岩"、"超深碎屑岩"以及"超深火山岩"三大领域，主要分布在塔里木盆地、四川盆地、鄂尔多斯盆地、渤海湾盆地、松辽盆地以及准噶尔盆地（图 4-9），6 大盆地的超深油气资源约 215×10^8t 油当量。

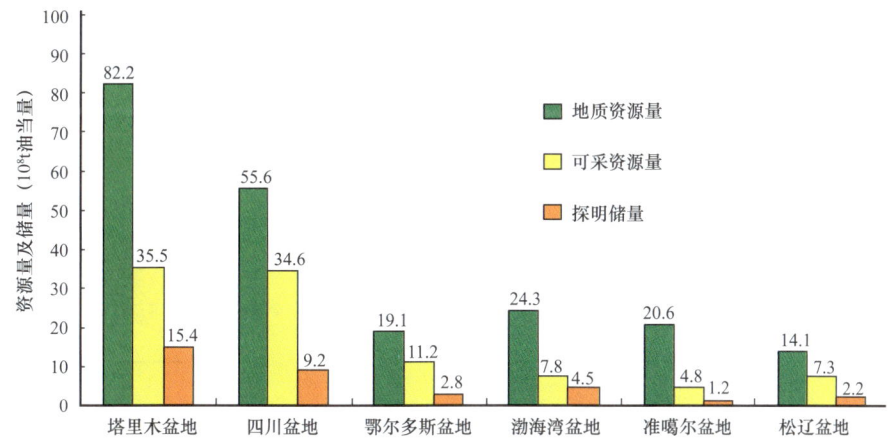

图 4-9 中国陆上主要盆地超深油气地质资源量、可采资源量及探明储量直方图

1）超深碳酸盐岩

我国陆上超深碳酸盐岩中的油气主要分布在塔里木盆地、四川盆地、鄂尔多斯盆地以及渤海湾盆地，油气资源约 95×10^8t 油当量，其中包括 7 个现实勘探领域：塔里木盆地塔北南缘—满西低凸起碳酸盐岩缝洞体系、塔中奥陶系缝洞体系，鄂尔多斯盆地奥陶系盐上白云岩，四川盆地川中古隆起震旦系—寒武系丘滩白云岩、川北—川西北长兴组—飞仙关组礁滩、川西泥盆系—下二叠统白云岩，渤海湾盆地奥陶系深潜山内幕白云岩，有利勘探面积 11×10^4km^2；4 个接替领域：塔里木盆地塔中寒武系盐下白云岩、塔中—塔北奥陶系—寒武系

盐上白云岩，鄂尔多斯盆地奥陶系盐下白云岩，四川盆地川中古隆起外围震旦系—寒武系—下二叠统丘滩白云岩，有利勘探面积 $7\times10^4km^2$；7个准备领域：塔里木盆地塔北南缘—满西低凸起寒武系盐下、巴楚隆起—麦盖提斜坡寒武系盐下，四川盆地蜀南—川东震旦系—寒武系丘滩白云岩、达州—开江古隆起下古生界、奉节—利川台缘带震旦系—寒武系丘滩白云岩，鄂尔多斯盆地奥陶系克里摩里组—平凉组台缘带、中新元古界裂陷槽，有利勘探面积 $10\times10^4km^2$。

2）超深碎屑岩

我国陆上超深碎屑岩油气资源主要分布在塔里木盆地、四川盆地和准噶尔盆地，资源量约为 90×10^8t 油当量，现实勘探领域有塔里木盆地库车凹陷白垩系，四川盆地川中—川西须家河组以及准噶尔盆地南缘侏罗系—白垩系，有利勘探面积约 $9\times10^4km^2$。接替领域有8个：塔里木盆地库车凹陷侏罗系—三叠系、塔西南白垩系—新近系、克拉通区海相砂岩，准噶尔盆地玛湖凹陷二叠系—三叠系、盆1井西凹陷二叠系—三叠系、阜康凹陷二叠系—三叠系，渤海湾盆地深层沙河街组，松辽盆地深层白垩系，有利勘探领域面积约 $38\times10^4km^2$。

3）超深火山岩

我国陆上超深火山岩油气资源约为 30×10^8t 油当量，现实勘探领域主要分布在准噶尔盆地石炭系、二叠系，松辽盆地侏罗系、白垩系，渤海湾盆地侏罗系、古近系，四川盆地二叠系，有利勘探面积 $14\times10^4km^2$；接替领域包括塔里木盆地二叠系，吐哈盆地石炭系—二叠系，有利勘探面积 $15\times10^4km^2$。2018年12月，四川盆地的永探1井（井深5749m）在二叠系火山岩地层获钻获高产工业气流，日产气量达 $22.5\times10^4m^3$，是四川盆地第一口火山岩高产工业气井，控制有利面积 $400km^2$，预测天然气储量超万亿立方米，展现了我国深层—超深层火成岩良好的勘探前景。

三、塔里木盆地超深油气勘探前景

（一）塔里木盆地超深油气资源状况

塔里木盆地沉积历史长、构造演化复杂，存在着海相寒武系、陆相石炭系—二叠系、三叠系—侏罗系等多套优质烃源岩，在不同地质历史时期发生过多次大量生烃及油气充注事件，在不同构造层位均可形成规模油气聚集。不管是海相烃源岩还是陆相烃源岩，它们在坳陷深部的埋深都普遍大于6000～7000m，而埋深大于6000m的超深储层在纵向上更靠近烃源岩，因而从理论上讲它们更加便于就近储集油气。

中国石油第四次资源评价结果显示，塔里木盆地油气地质资源量为石油 75.06×10^8t，天然气 $11.74\times10^{12}m^3$。分深度统计，埋深大于6000m属超深领域的地质资源量为石油 34.5×10^8 t，天然气 5.98×10^{12} m³，分别占盆地石油和天然气总资源量的 46% 和 51%，超深资源量在总资源量中的占比可观（图 4-10）。

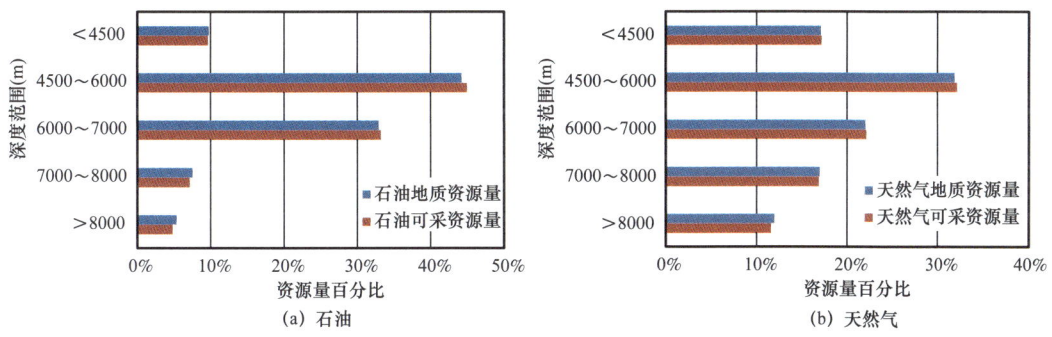

图 4-10 塔里木盆地石油、天然气资源不同深度的分布比例

分构造单元统计，塔里木盆地的超深石油资源主要分布在塔北隆起、塔中隆起、西南坳陷及北部坳陷（图 4-11、表 4-2），上述区域的超深石油资源占了盆地超深石油总资源量的 90%；超深天然气资源主要分布在库车坳陷、塔中隆起、西南坳陷及北部坳陷，上述区域的超深天然气资源也占了盆地超深天然气总资源量的 90%。库车坳陷、塔北隆起、塔中隆起是超深油气最富集的构造单元，勘探已取得规模发现，但是探明程度只有 30%~40%，仍有较大的发现潜力；西南坳陷、北部坳陷超深油气资源也相对丰富，但是勘探发现较少，是拓展超深勘探成果的重要地区。

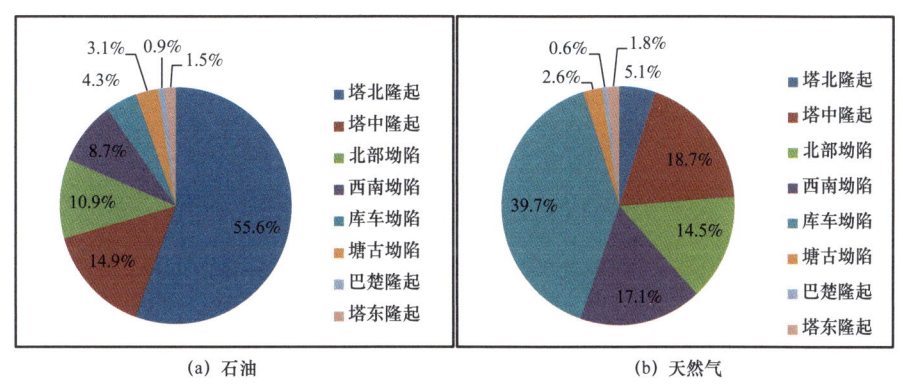

图 4-11 塔里木盆地超深石油、天然气资源不同构造单元的分布比例

表 4-2 塔里木盆地不同构造单元超深石油、天然气资源量状况

构造单元	超深石油资源量（10^8 t）	超深天然气资源量（10^{12} m³）	超深资源量油当量（10^8 t）
塔北隆起	19.2	0.30	21.6
塔中隆起	5.1	1.12	14.0
北部坳陷	3.7	0.87	10.6

续表

构造单元	超深石油资源量（10^8t）	超深天然气资源量（$10^{12}m^3$）	超深资源量油当量（10^8t）
西南坳陷	3.0	1.02	11.2
库车坳陷	1.5	2.38	20.4
塘古坳陷	1.1	0.15	2.3
巴楚隆起	0.3	0.04	0.6
塔东隆起	0.5	0.10	1.3
合计	34.5	5.98	82.2

（二）塔里木盆地超深油气勘探现实领域

塔里木盆地超深领域油气资源丰富，但纵横向分布极为不均。多轮资源评价均认为，库车坳陷及环北部坳陷地区紧邻盆地最大的两个生烃中心，是油气资源最为丰富的区域。多方面优越的石油地质条件形成了盆地两大超深领域：库车前陆区冲断带和克拉通区塔北—塔中超深碳酸盐岩。尽管这两个领域已取得大规模发现，但它们仍然是今后一段时间内获得发现和上产增储的重点领域。根据塔里木盆地超深油气分布特征与勘探现状，现梳理出3个超深勘探现实领域：

1. 库车前陆区克拉苏冲断带

库车前陆冲断带油气富集，根据第四次资源评价结果，克拉苏构造带天然气地质资源量大于 $3×10^{12}m^3$。克拉苏构造带东西长 248km，南北宽 15～30km，自东向西可分为克深段、大北段、博孜段和阿瓦特段（图 2-9），截至 2018 年，天然气规模发现主要集中在克深段（发现气藏 13 个，探明气藏 10 个，探明天然气地质储量 $7270×10^8m^3$，储量占比 74%），在构造带西部的大北段、博孜段和阿瓦特段，勘探程度较低，储量发现较少（发现气藏 11 个，探明气藏 7 个，探明天然气地质储量 $2521×10^8m^3$，储量占比 26%），勘探潜力较大。2018 年通过断裂精细梳理，重点在克拉苏构造带西部落实了断裂相关的构造圈闭 20 多个，合计天然气资源量超过 $6000×10^8m^3$，为在该区域大规模展开勘探部署奠定了基础。克拉苏西部平均单个圈闭的天然气资源量为（200～300）$×10^8m^3$，圈闭规模小于东部的克深段，但是该区天然气藏中普遍含凝析油，气油比最低的博孜 3 气藏，气油比约为 $7000m^3/m^3$。博孜 3 井在试采过程中，日产气 $50×10^4m^3$，同时日产油 70～80t，这种高含凝析油的流体特征有利于气藏开发获得更好的经济效益。

克拉苏构造带已完成高密度三维连片采集，构造、储层、成藏认识基本清楚，进入精细勘探阶段，圈闭钻探成功率保持在70%以上。通过精细落实圈闭，集中部署探井，预计克拉苏气田最终的探明天然气地质储量可达$2\times10^{12}\mathrm{m}^3$。

2. 库车前陆区秋里塔格构造带

秋里塔格构造带位于库车坳陷南缘，夹于拜城凹陷和阳霞凹陷之间（图4-12），呈北东东向带状展布，东西长300km，南北宽10～25km，面积5200km²。该构造带自西向东分为佳木段、西秋段、中秋段及东秋段，其中佳木段和西秋段位于拜城凹陷的南斜坡，处于塔北隆起中、新生界陆相油气运移的必经之路；东秋段则位于克拉苏构造带与阳霞凹陷之间，是克拉苏构造带油气运移的通道；中秋段是位于拜城、阳霞两个生烃凹陷之间的一个正向构造。

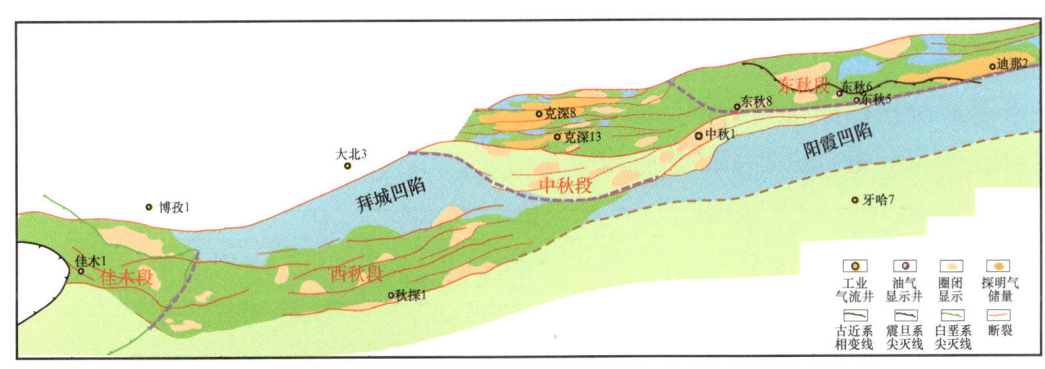

图4-12 塔里木盆地库车秋里塔格构造带圈闭平面分布图

秋里塔格构造带的主要目的层白垩系巴什基奇克组为辫状河三角洲沉积，横向分布稳定，砂岩纵向叠置连片，厚度200～400m，岩石类型以长石岩屑砂岩、岩屑砂岩为主，孔隙类型以粒间溶孔为主，次为粒间孔，少量微孔隙及粒内溶孔，储层由东向西呈现变好趋势，西部为中孔中渗储层，中部为低孔中渗储层，东部为特低孔低渗储层，平均孔隙度8%～14%，储层条件比克拉苏气田更好。

值得指出的是，库车坳陷大型高压气藏赖以赋存的古近系库姆格列木组及新近系吉迪克组膏盐岩在秋里塔格构造带也有分布，而且由于构造变形强烈，膏盐岩层塑性加厚，这在整个库车坳陷也是膏盐岩层厚度最大的地区之一。佳木段和西秋段主要发育古近系膏盐岩，厚度60～1800m；东秋段主要发育新近系膏盐岩，厚度650～1800m；中秋段古近系和新近系两套膏盐岩都有发育。巨厚的膏盐岩，它不但是一套区域滑脱层，有助于形成盐下逆冲叠瓦构造，而且它还是重要的区域盖层，可形成很好的盖层—构造—储层组合。

2018年12月，位于秋里塔格构造带中部的中秋1井在白垩系用5mm油嘴放喷求产，折合日产天然气 $33.4×10^4m^3$，由此发现了中秋1白垩系凝析气藏，天然气地质储量超过 $1000×10^8m^3$，凝析油地质储量近 $800×10^4t$，这标志着秋里塔格构造带中部获得重大突破。中秋1井的发现确认了构造带的含油气性，带动了整个秋里塔格构造带超深领域的勘探。秋里塔格构造带共发现圈闭及圈闭显示27个（图4-12），埋深普遍在 $5500 \sim 6500m$，预计天然气资源量 $8160×10^8m^3$，凝析油资源量 $7650×10^4t$，随着新井的钻探及新三维地震资料的采集，该构造带的认识将更加深入，从而指导规模勘探和发现。

3. 克拉通区满西低凸起碳酸盐岩上组合

塔中—塔北大型台隆整体含油气，来自下寒武统烃源岩的油气沿走滑断裂立体网状运移聚集，呈现多层系、大面积成藏的特点。

纵向上看，克拉通区寒武系—奥陶系碳酸盐岩勘探对象可分为上、中、下三个组合（图4-13）：上组合含油气层位奥陶系良里塔格组、一间房组、鹰山组风化壳；中组合含油气层位奥陶系鹰山组深层、蓬莱坝组；下组合含油气层位下寒武统肖尔布拉克组。目前克拉通区已发现超深的规模储量主要集中在上组合，中、下组合仍处于探索阶段。

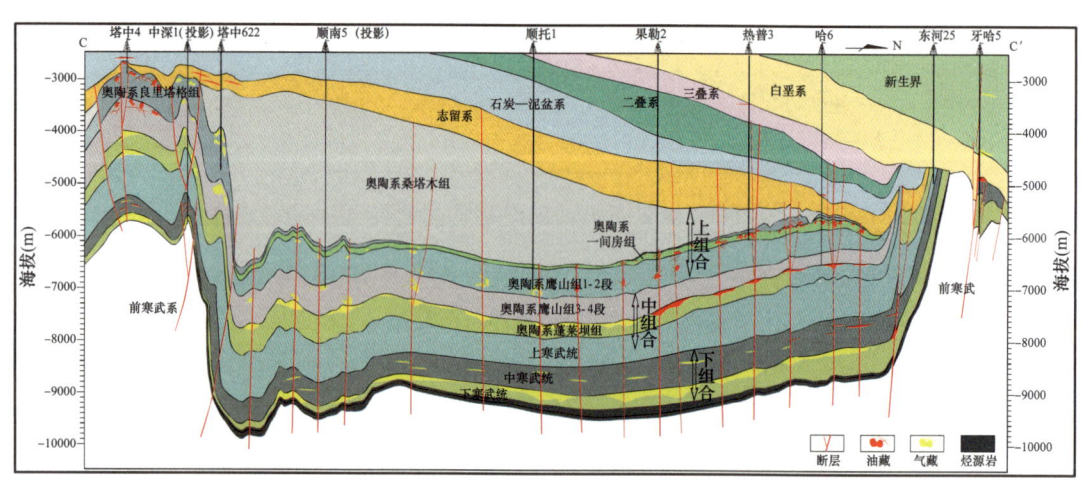

图4-13 塔里木盆地塔中—塔北碳酸盐岩油气藏剖面图

平面上看，塔北南缘和塔中北斜坡碳酸盐岩上组合已基本连片探明，而中间的满西低凸起勘探程度低，勘探面积大于 $4×10^4km^2$，目的层埋深在 $7500 \sim 8000m$ 之间，是上组合勘探的有利区域。满西低凸起位于北部坳陷中部，紧邻生烃中心，作为塔中—塔北大型台隆的一部分，满西低凸起的构造背景和岩溶储层发育背景都与塔北南缘相似，二维地震资料显示该区走滑断裂发育，油气地质条件十分优越。近年来在满西低凸起的顺南、顺托、顺北、果勒等区块，针对奥陶系钻探，均已获得油气突破；未来通过三维连片部署，不断扩展勘探成果，有望形成塔中—满西—塔北连片含油气的格局。

(三)塔里木盆地超深油气勘探接替领域

塔里木盆地在克拉通区寒武系盐下白云岩、古城低凸起奥陶系等超深新区、新领域也已取得了勘探突破,为近期塔里木盆地的超深勘探研究和部署指明了方向。根据油气地质条件评价,塔里木盆地超深勘探重点接替领域包括:塔西南山前前陆区、克拉通区碳酸盐岩中组合及下组合等。

1.塔西南山前前陆区

塔西南山前前陆区主要由西昆仑山挤压褶皱带和西南坳陷组成,自昆仑山前向坳陷深部,随着喜马拉雅晚期剧烈挤压推覆作用的减弱,在西南坳陷的南斜坡部位形成了多排背斜构造带(图4-14),作为主力目的层的白垩系、古近系及新近系也由昆仑山前的地表裸露状态迅速转变为深埋状态,埋深可达5000～10000m。塔西南山前已先后发现柯克亚凝析气田、阿克莫木气田及柯东1凝析气藏,在白垩系、古近系及新近系均发现了规模油气储量,其中白垩系及新近系为砂岩储层,古近系卡拉塔尔组为石灰岩储层。

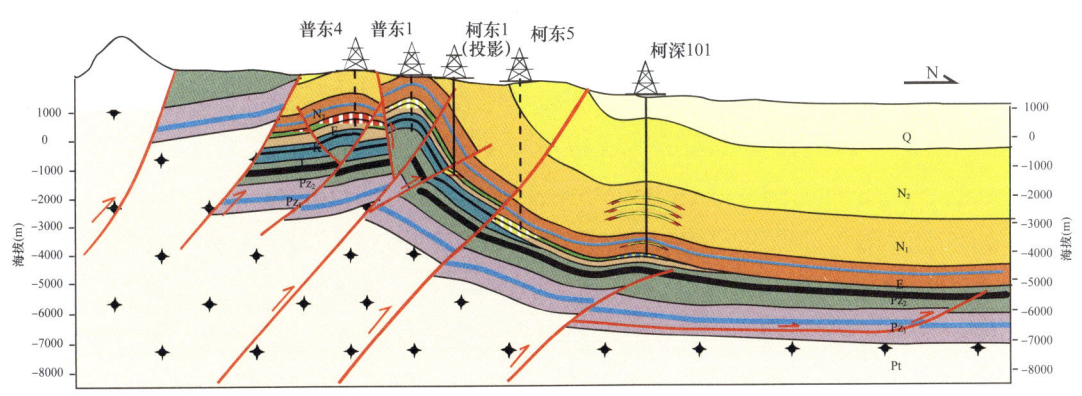

图4-14 塔里木盆地塔西南山前南北向地质剖面图

由于昆仑山前晚期构造挤压强烈,目的层在很多构造部位被推覆至地表,原有构造或者古油藏都被破坏殆尽,因此油气调整及晚期成藏对石油地质条件的要求异常苛刻。虽然近年在山前钻过一些探井,但大部分均因构造落实程度低或者没有钻遇目的层而失利。

而从昆仑山前向北到西南坳陷内部,白垩系—新近系埋深迅速增大,至山前第二、三排构造带,其上已沉积了几千米厚的新近系、古近系砂泥岩,形成了良好的盖层,目的层埋深大于6000m,而且,由于它们距离昆仑山较远,构造破坏程度低,断裂规模小,因而对油气藏的破坏作用也小。柯克亚凝析气田位于柯克亚构造上,属于山前第二排构造带,在新近系西河甫组河道砂体和古近系卡拉塔尔组石灰岩中均获得了高产,白垩系也见到了良好的气测显示,形成了多层系含油气的构造。再往北的固满—合什塔格构造带属于山前第三排构造,也发现了地表油苗。根据现有地震资料解释成果,第二排、第三排构造由多个背斜组成,虽然这些构造落实程度不一,但它们具备良好的石油地质条件,勘探潜力巨大。

塔西南前陆区是塔里木盆地油气勘探的战略接替领域,西昆仑山前从1977年发现柯克亚凝析气田以来,由于受黄土塬区地震资料品质差的制约,40多年一直未有实质性的发现和突破。库车前陆区克拉苏气田的发现,极大地增强了在塔西南前陆区寻找发现大油气田的信心。通过对比库车、塔西南两个前陆盆地的构造变形特征和石油地质条件,发现塔西南与库车前陆冲断带在构造变形强度与主控因素、储盖组合特征与分布、区带与圈闭特点上存在着明显差异。塔西南前陆区油气源条件良好,但是缺乏滑脱层,冲断叠瓦构造不发育,以基底卷入构造为主,在山前冲断带发育断块、断鼻构造(图4-14),在前渊区发育完整的背斜和岩性圈闭,圈闭埋深普遍大于5000m。随着黄土塬区地震采集技术攻关带来的资料品质提升和地质认识的不断深化,塔西南超深领域的勘探有望不断实现突破。

2. 克拉通区碳酸盐岩中组合和下组合

塔里木盆地克拉通区寒武系—奥陶系碳酸盐岩中组合和下组合(图4-13)还处于探索阶段,总体上勘探程度较低。研究表明(邓胜徽等,2008),塔里木盆地上寒武统—奥陶系蓬莱坝组沉积时期曾发生多期的海平面升降,具备发生多期准同生溶蚀作用的条件,钻井也显示蓬莱坝组下部—上寒武统发育一套优质碳酸盐岩储层,以白云岩为主,发育孔隙—裂缝型、孔隙—孔洞型、裂缝—孔洞型和缝洞型等储层,储层的发育程度受岩性、沉积相、准同生岩溶和后期埋藏溶蚀作用的影响。储层之上覆盖的鹰山组以致密石灰岩为主,基质孔隙度仅为0.5%,在裂缝不发育的情况下是可以作为有效盖层的,它与下伏的蓬莱坝组—上寒武统储层构成中组合。中组合在塔中—古城—满西—塔北的有利勘探面积达5万平方千米,除塔中隆起外,目的层埋深大部分在8000~9000m。近年来塔里木盆地首先优选了塔中隆起对中组合进行探索,中古70井在该组合中的鹰山组四段钻遇异常高压,发生溢流,并且油气显示活跃,经完井测试,日产气$17.88 \times 10^4 m^3$,为异常高压气藏,证实了中组合内有规模油气聚集,增强了在全盆地针对中组合展开勘探的信心。

下寒武统肖尔布拉克组发育规模优质储层。储层对比表明,肖尔布拉克组储层分布在巴楚隆起—塔中隆起—塔北隆起,横向上表现出稳定分布特征,在肖尔布拉克组顶部及中部各发育一套储层。肖尔布拉克组的沉积模式为缓坡碳酸盐岩台地,表现为小礁大滩的特点,台缘礁盖及礁前、礁后皆可发育成良好储层。储集空间类型以藻架孔、晶间溶孔、溶蚀孔洞等原生孔隙为主;储层孔隙度平均值 5.5%。中寒武统阿瓦塔格组下部发育一套蒸发岩，沙依里克组下部发育一套蒸发岩，吾松格尔组发育一套泥质白云岩，它们共同构成了下寒武统肖尔布拉克组储层的优质盖层，形成下组合。下组合紧邻下寒武统烃源岩，成藏条件优越，有利勘探区带主要分布在塔北地区、塔中—巴东—古城地区，有利勘探面积 $2.9\times10^4 km^2$，埋深在 9000m 之内。中深 1 井已在该组合中获得高产气流，这是首次在塔里木盆地寒武系盐下发现原生高产气藏。

克拉通区碳酸盐岩中组合、下组合的储层及盖层条件都很好，并且比上组合更加靠近烃源岩，它们是克拉通区碳酸盐岩勘探的有利接替层系。2018 年以来塔里木油田加大了对中组合、下组合的风险勘探投入，部署了多口风险探井，最大设计井深 8500m，已将探索层系拓展到寒武系烃源岩之下的震旦系奇格布拉克组，可以预期，塔里木盆地的超深油气勘探即将翻开新的一页，也将书写出新的篇章。

参考文献

《试油监督》编写组.2004.试油监督（上）[M].北京：石油工业出版社.

车明光，王永辉，袁学芳等.2014.交联酸加砂压裂技术的研究和应用[J].石油与天然气化工，43（4）：413-415.

邓胜徽，黄智斌，景秀春，等.2008.塔里木盆地西部奥陶系内部不整合[J].地质论评，54（6）：741-747.

杜金虎，等，2018.发现大油气田[M].北京：石油工业出版社.

冯增昭，鲍志东，吴茂炳，等.2006.塔里木地区寒武纪岩相古地理[J].古地理学报，8（4）：427-439.

韩剑发，任凭，陈军，等.2016.塔中隆起北斜坡鹰山组沉积微相及有利储集层展布[J].新疆石油地质，37（1）：18-23.

韩剑发，王招明，潘文庆，等.2006.轮南古隆起控油理论及其潜山准层状油气藏勘探[J].石油勘探与开发，33（4）：448-453.

韩剑发，周锦明，等，2011.塔中北斜坡鹰山组碳酸盐岩缝洞储集层预测及成藏规律[J].新疆石油地质，32（3）：281-287.

何登发，贾承造，李德生，等.2005.塔里木多旋回叠合盆地的形成与演化[J].石油与天然气地质，26（1）：64-77.

胡文瑞，鲍敬伟，胡滨.2013.全球油气勘探进展与趋势[J].石油勘探与开发，40（4）：409-413.

贾承造.2005.中国中西部前陆冲断带构造特征与天然气富集规律[J].石油勘探与开发，32（4）：9-15.

贾承造.1997.中国塔里木盆地构造特征与油气[M].石油工业出版社.

贾承造.1999.塔里木盆地构造特征与油气聚集规律[J].新疆石油地质，20（3）：177-183.

贾承造，魏国齐，姚惠君，等.1995.塔里木盆地构造演化与区域构造地质[M].北京：石油工业出版社.

李录明，罗省贤.2003.复杂三维表层模型层析反演与静校正[J].石油地球物理勘探，38（6）：636-641.

李侠清，齐宁，杨菲菲，等.2013.VES自转向酸体系研究进展[J].油田化学，30（4）：630-634.

李献民，杨万祥，黄凯.2012.准噶尔盆地南缘复杂区地震采集技术与成效[J].新疆石油地质，33（6）：730-732.

刘春，张荣虎，张惠良，等.2017.库车前陆冲断带多尺度裂缝成因及其储集意义[J].石油勘探与开发，44（3）：463-472.

刘峰.2009.POWER-V 和 PD-XCEED 垂直导向钻井技术在渤海油田的应用［J］.石油钻采工艺，31（5）：29-32.

刘文忠，易炳刚，范宇，等.2010.VertiTrak 垂直钻井技术在高陡构造天东 004-X3 井的应用［J］.钻采工艺，33（6）：36-39.

刘振宇，易明新，魏广建，等.2007.PowerV 垂直导向钻井技术在普光 7 井的应用［J］.天然气工业，27（3）：58-59.

卢华复，贾承造，陈楚铭，等.1999.库车新生代构造性质和变形时间［J］.地学前缘，6（4）：215-221.

卢良鑫，丁同哲，闫勇，等.2016.基于 Sercel 428 仪器的弯宽线采集技术在塔吉克斯坦山地勘探中的应用［J］.石油管材与仪器，2（3）：74-78.

欧阳健，王贵文，吴继余，等.1999.测井地质分析与油气层定量评价［M］.北京：石油工业出版社.

彭更新，高宏亮，周翼，等.2017.超深缝洞型海相碳酸盐岩地震勘探技术［M］.北京：石油工业出版社.

祁兴中，刘兴礼，傅海成，等.2005.电成像测井资料定量处理方法研究及应用［J］.天然气工业，25（6）：32-34.

邱中建，龚再升.1999.《中国油气勘探》（第二卷 西部油气区）.北京：石油工业出版社，地质出版社：362-426.

史鸿祥，李辉，郑多明，等.2016.基于随钻地震测井的地震导向钻井技术—以塔里木油田哈拉哈塘区块缝洞型储集体为例［J］.石油勘探与开发，43（4）：662-668.

孙崇浩，朱光有，郑多明，等.2016.塔里木盆地哈拉哈塘地区超深碳酸盐岩缝洞型储集层特征与控制因素［J］.矿物岩石地球化学通报，35（5）：1028-1036.

孙龙德，邹才能，朱如凯，等.2013.中国深层油气形成、分布与潜力分析［J］.石油勘探与开发，40（6）：641-650.

唐继平，王书琪，陈勉，等.2004.盐膏层钻井理论与实践［M］.北京：石油工业出版社.

滕学清，白登相，宋周成，等.2017 年.超深缝洞型碳酸盐岩钻井技术［M］.北京：石油工业出版社.

滕学清，白登相，杨成新，等.2013 年，塔北地区深井钻井提速配套技术及其应用，天然气工业，33（7）：68-73.

滕学清，陈勉，杨沛，等.2016.库车前陆盆地超深井全井筒提速技术［J］.中国石油勘探，21（1）：76-88.

王俊良，王植锐，胡建华，等.2016.垂直钻井系统 PowerV 技术首次在川西高陡构造 X01 井的应用效果［J］.钻井工程，36（12）：87-91.

王招明, 李勇, 谢会文, 等 . 2017. 库车前陆盆地超深油气地质理论与勘探实践 [M]. 北京: 石油工业出版社 .

王招明, 谢会文, 李勇, 等 . 2013. 库车前陆冲断带深层盐下大气田的勘探和发现 [J]. 中国石油勘探, 18 (3): 1-11.

王招明, 杨海军, 潘文庆, 等 . 2017. 超深缝洞型海相碳酸盐岩油气地质理论与勘探实践 [M]. 石油工业出版社 (北京) .

王招明 . 2013. 试论库车前陆冲断带构造顶篷效应 [J]. 天然气地球科学, 24 (4): 671-677.

王招明 . 2014. 塔里木盆地库车坳陷克拉苏盐下深层大气田形成机制与富集规律 [J]. 天然气地球科学, 25 (2): 153-166.

王招明, 谢会文, 陈永权, 等 . 2014. 塔里木盆地中深 1 井寒武系盐下白云岩原生油气藏的发现与勘探意义 [J]. 中国石油勘探, 19 (2): 1-13.

王招明, 杨海军, 王清华, 等 . 2012. 塔中隆起海相碳酸盐岩特大型凝析气田油气地质理论与关键技术 [M]. 北京: 科学出版社 .

王招明, 杨海军, 王振宇, 等 . 2010. 塔里木盆地塔中地区奥陶系礁滩体储层地质特征 [M]. 北京: 石油工业出版社 .

王招明, 张丽娟, 孙崇浩 . 2015. 塔里木盆地奥陶系碳酸盐岩岩溶分类、期次及勘探思路 [J]. 古地理学报, 17 (5): 635-644.

魏凌云, 肖立新, 夏雨, 等 . 2014. 霍玛吐背斜带构造演化特征及对油气藏的控制 [J]. 新疆石油地质, 35 (5): 517-520.

邬光辉, 杨海军, 屈泰来, 等 . 2012. 塔里木盆地塔中隆起断裂系统特征及其对海相碳酸盐岩油气的控制作用 [J]. 岩石学报, 28 (3): 793-805.

谢会文, 雷刚林, 徐振平, 等 . 2018. 库车前陆盆地挤压型盐相关构造与油气聚集 [M]. 北京: 石油工业出版社 .

谢会文, 吴超, 徐振平, 等 . 2013. TTI 各向异性叠前深度偏移在高陡构造区应用 [J]. 物探化探计算技术, 35 (4): 399-403.

熊春明, 石阳, 周福建, 等 . 2018. 深层油气藏暂堵转向高效改造增产技术及应用 [J]. 石油勘探与开发, 45 (5): 888-893.

修乃岭, 熊伟, 高树生, 等 . 2008. 缝洞型碳酸盐岩油藏流动机理初探 [J]. 钻采工艺, 31 (1): 63-65.

胥志雄, 龙平, 梁红军, 等 . 2017. 前陆冲断带超深复杂地层钻井技术 [M]. 北京: 石油工业出版社 .

杨海军, 韩剑发, 等 . 2011. 塔中北斜坡奥陶系鹰山组岩溶型储层发育模式与油气勘探 [J]. 石油学报, 32 (2): 199-205.

易积正, 傅英, 郭建春, 等. 2006. 复杂岩性储层酸携砂压裂技术室内研究[J]. 钻采工艺, 29(3): 55-57.

云露, 翟晓先. 2008. 塔里木盆地塔深1井寒武系储层与成藏特征探讨[J]. 石油与天然气地质, 29(6): 726-732.

张春贺, 乔德武, 李世臻, 等. 2012. 柴达木盆地西部复杂山地宽线地震勘探技术[J]. 石油地球物理勘探, 47(2): 189-193.

张福祥, 李元斌, 杨向同, 等. 2017. 超深缝洞型碳酸盐岩油气藏完井与储层改造技术[M]. 北京: 石油工业出版社.

张福祥, 杨向同, 彭建新, 等. 2017. 前陆冲断带超深高温高压砂岩气藏完井与储层改造技术[M]. 北京: 石油工业出版社.

张光亚, 马锋, 梁英波, 等. 2015. 全球深层油气勘探领域及理论技术进展[J]. 石油学报, 36(9): 1156-1166.

张明辉, 白国平, 潘龙, 等. 2013. 全球三大富油气前陆盆地油气分布特征对比[J]. 现代地质, 27(5): 1233-1243.

张水昌, 高志勇, 李建军, 等. 2012. 塔里木盆地寒武系——奥陶系海相烃源岩识别与分布预测[J]. 石油勘探与开发, 39(3): 285-294.

张水昌, 王招明, 王飞宇, 等. 2004. 塔里木盆地塔东2油藏形成历史——原油稳定性与裂解作用实例研究[J]. 石油勘探与开发, 31(6): 25-31.

张杨, 王振兰, 范文同, 等. 2017. 基于裂缝精细评价和力学活动性分析的储层改造方案优选及其在博孜区块的应用[J]. 中国石油勘探, 22(6): 47-58.

张杨, 杨向同, 滕起, 等. 2018. 塔里木油田超深高温高压致密气藏地质工程一体化提产实践与认识[J]. 中国石油勘探, 23(2): 43-50.

章成广, 江万哲, 肖承文, 等. 2004. 声波全波资料识别气层方法研究[J]. 测井技术, 28(5): 397-401.

赵靖舟, 李启明, 2001. 塔里木盆地含油气系统特征与划分[J]. 新疆石油地质, 22(5): 393-396.

赵宽志, 张丽娟, 郑多明, 等. 2015. 塔里木盆地缝洞型碳酸盐岩油气藏储量计算方法[J]. 石油勘探与开发, 42(2): 251-256.

赵宗举, 潘文庆, 张丽娟, 等. 2009. 塔里木盆地奥陶系层序地层格架[J]. 大地构造与成矿学, 33(1): 175-188.

郑多明, 李志华, 赵宽志, 等. 2011. 塔里木油田奥陶系碳酸盐岩缝洞储层的定量地震描述[J]. 中国石油勘探, 16(5): 57-62, 78.

周翼, 王乃建, 彭更新, 等. 2017. 前陆冲断带超深复杂构造山地地震勘探技术[M]. 北京: 石油工业出版社.

周英操,杨雄文,方世良,等.2011.PCDS-1精细控压钻井系统研制与现场试验,石油钻探技术,39(4):7-12.

朱国华,王少依,姚根顺.1994.地温场和埋藏史对碎屑岩储层成岩变化和孔隙演化的影响,南方油气地质,1(1):41-46.

朱鹏宇,杨晗,杨海涛,等.2010.宽线观测大组合接收技术在阜康断裂带的应用[J].勘探地球物理进展,33(5):359-362.

邹灵战,毛蕴才,刘文忠,等.2018.盐下复杂压力系统超深井的非常规井身结构设计——以四川盆地五探1井为例[J].钻井工程,38(7):73-79.

Carlos Baumann, Keith Barnard, Lu Anbao, et al., 2013.Prediction and Reduction of Perforating Gunshock Loads [C].International Petroleum Technology Conference, Beijing.

James N P, Choquette P W, 1988.Paleokarst [M].Berlin:Springer-Verlag.

Kerans, C., 1988.Karst-controlled reservoir heterogeneity in Ellenburger Croup Carbonates of West Taxas.AAPG Bulletin, 72(10):1160-1183.

Kosari, E., Ghareh-Cheloo, S., Kadkhodaie-Ilkhchi, A., et al., 2015.Fracture characterization by fusion of geophysical and geomechanical data:a case study from the Asmari reservoir, the Central Zagros fold-thrust belt [J].Journal of Geophysics and Engineering, 12, 130-143.

LI Yong, HOU Guiting, HARI K R, et al., 2018.The model of fracture development in the faulted folds:the role of folding and faulting [J].Marine and Petroleum Geology, 89(1):243-251.

Norsok D-010, 2013.Well integrity in drilling and well operations [S].Standards Norway.

Zhu G, Liu X, Yang H et al., 2017.Genesis and distribution of hydrogen sulfide in deep heavy oil of the Halahatang area in the Tarim Basin, China [J].Journal of Natural Gas Geoscience, 2(1):57-71.

Zhu G, Wang M, Zhang T., 2016.Identification of polycyclic sulfides hexahydrodibenzothiophenes and their implications for heavy oil accumulation in ultra-deep strata in Tarim Basin [J]. Marine and Petroleum Geology, 78:439-447.

Zhu G, Zou C, Yang H et al., 2015.Hydrocarbon accumulation mechanisms and industrial exploration depth of large-area fracture-cavity carbonates in the Tarim Basin, western China [J]. Journal of Petroleum Science and Engineering, 133:889-907.